浙江省普通高校“十三五”新形态教材
大学生公共基础课系列教材

高等数学

（第2版）

主　编　刘　莹
副主编　周　萍　吕徐莹

電子工業出版社
Publishing House of Electronics Industry
北京 · BEIJING

内 容 简 介

本书是根据教育部制定的《高职高专高等数学课程教学基本要求》，以“应用为目的，够用为度”的定位原则，结合目前高职高专教育现状而编写的。

全书由预备知识、基础模块、专业模块、实验模块 4 个模块组成，主要内容有函数（包含复数）、一元函数微积分及其应用、常微分方程与变换、多元函数微积分及其应用、无穷级数、线性代数初步、MATLAB 数学实验等。

本书适合作为高职高专院校理工科专业的数学基础课教材，也可作为成人高校及其他职业学校的数学参考教材或教学参考书。

图书在版编目（CIP）数据

高等数学 / 刘莹主编. —2 版. —北京：电子工业出版社，2021.8（2023.7 重印）

ISBN 978-7-121-41793-1

Ⅰ. ①高…　Ⅱ. ①刘…　Ⅲ. ①高等数学—高等职业教育—教材　Ⅳ. ①O13

中国版本图书馆 CIP 数据核字（2021）第 162812 号

责任编辑：康　静
印　　刷：三河市鑫金马印装有限公司
装　　订：三河市鑫金马印装有限公司
出版发行：电子工业出版社
　　　　　北京市海淀区万寿路 173 信箱　邮编 100036
开　　本：787 × 1092　1/16　　印张：16.75　　字数：428.8 千字
版　　次：2013 年 5 月第 1 版
　　　　　2021 年 8 月第 2 版
印　　次：2023 年 7 月第 4 次印刷
定　　价：45.00 元

凡所购买电子工业出版社图书有缺损问题，请向购买书店调换。若书店售缺，请与本社发行部联系，联系及邮购电话：（010）88254888，88258888。

质量投诉请发邮件至 zlts@phei.com.cn，盗版侵权举报请发邮件至 dbqq@phei.com.cn。

本书咨询联系方式：（010）88254609，hzh@phei.com.cn。

第 1 版前言

高等数学课程是高职高专院校理工类专业学生必备的一门文化基础课．为能使数学教育进一步适应现代高职教育发展的需要，编者以《高职高专高等数学课程教学基本要求》为依据，在认真总结了高职高专数学教学改革的经验与教训的基础上，编写了此教材．本教材编写过程中始终围绕以下三个教学原则：

第一．用数学思想去思考问题．以案例为背景导入数学概念，培养学生利用数学思想消化、吸收工程概念和工程原理的能力．

第二．用数学方法去认识问题．知识的展开以解决问题为导向，反映数学与实际之间的紧密联系，遵循高职学生的认知规律，淡化数学理论证明要求，提高学生自主学习能力．

第三．用数学能力去解决问题．以数学模型求解为最终目标引入相关的数学计算方法，辅助数学软件提升学生的计算能力，搭建起高职学生用数学能力解决问题的平台，增强学生的可持续发展能力．

全书由预备知识、基础模块、专业模块、实验模块及数学建模模块（阅读材料部分）五个部分组成．其中，预备知识是以中学学习过的函数为基础，并引入复数的概念、复数的运算及其复数的应用（为电气电子类专业学生学习后续专业课程设置）；基础模块主要内容是一元函数微积分，为必学模块；专业模块由常微分方程与变换、多元函数微积分、无穷级数、线性代数初步、离散数学初步五部分组成，建议教师根据专业需要进行模块化教学；实验模块根据每章内容设计介绍 MATLAB 软件相应指令，辅助软件进行教学可以降低学习难度，提高学生学习兴趣；数学建模模块以阅读材料形式给出，分别向学习者介绍了数学建模方法、微分法模型与工程数学建模．选取简单易懂的数学模型，使学生在学数学知识的同时知道如何运用数学工具解决实际问题，提高学生对数学的认识．

本书在内容难易度设计上依据分层教学理念，设计了由浅入深的案例和例题，并设计了新颖的“小贴士”对学生在计算过程中容易出现的错误、容易混淆的概念进行点评与总结．同时在例题后面设计“同步练习”，为学生课后自主学习提供方便，同时减少了教师在教学工作中寻找配套练习题的麻烦．整书的编写分为两个层次，全书中带“*”号章节可供基础较好层次的学生学习使用．

本书每节配有同步练习，每章配有综合练习题，拥有配套的课件、案例汇编、习题参考答案等资源，供学生与教师教学使用．

本书适合作为高职高专院校理工科专业的数学基础课教材，也可作为成人高校及其他职业学校的参考教材或教学参考书．

全书由刘莹主编并统稿，张颖颖、胡松瀛、邢益冰任副主编．具体编写任务：第 1 章、第 9 章、第 10 章及三个阅读材料由浙江商业职业技术学院刘莹编写；第 2 章由台州学院黄道增编写；第 3 章由浙江商业职业技术学院刘莹与张颖颖共同编写；第 4 章由浙江商业职业技术学院石西琳与浙江广播电视大学萧山学院黄德超共同编写；第5章及第7章由浙江商业职业技术学院刘莹与商丘职业技术学院胡松瀛共同编写；第6章由浙江水利水电专科学校邢益冰编写；第8章由浙江商业职业技术学院周萍编写．

本书在编写的过程中得到了出版社相关人员的热情关怀和指导，在此表示感谢．

由于水平所限，书中不当之处敬请读者和同仁给予批评指正．

编　者

2013年5月于杭州

第 2 版前言

本书自 2013 年首次出版发行以来，被多所高职高专院校选用，深受广大读者的喜爱，使用面广、效果好．本书以《高职高专高等数学课程教学基本要求》为依据，编写上兼顾中高职衔接，充分考虑学生多样化与基础情况，内容通俗易懂，例题与习题由浅入深，满足不同专业多层次学生多样化学习的需求．

为了进一步适应高职高专教育不断发展与人才培养工作改革的需要，2020 年 5 月 28 日，教育部印发《高等学校课程思政建设指导纲要》，明确指出全面推进课程思政建设是落实立德树人根本任务的战略，落实立德树人根本任务，必须把价值塑造、知识传授和能力培养融为一体．本书在保持数学科学体系完整性的基础上，将数学课程思政元素融入教程，使教材更加符合当前高职教育改革发展方向，更加切合当前高职人才培养模式和高职数学课程改革的理念．本次教材内容修订主要有以下几个方面：

第一．模块化和专业应用的融合．从结构上分为四大模块，预备知识、基础模块、专业模块、实验模块，其中预备知识和基础模块是所有专业必学的基础内容，专业模块是针对各专业的不同要求而设置的，教师可以根据各专业需求灵活地选择和组织教学内容．

第二．数学应用和数学思想的融合．本书从功能上来看，包括三个方面：实际案例、基础理论及其应用和数学文化，其中基础理论及其应用是显性学时，而实际案例和数学文化则为课外隐性学时．正如李大潜院士说："忽略了数学思想对学生的熏陶以及学生数学素质的提高，就失去了数学课程最本质的特点和要求，失去了开设数学课程的意义．"本书着力扩充有关数学的精神、思想与历史的内容，结合现今的数学发展及其应用，揭示它们在数学文化层面上的意义及作用，使高职数学教育成为学生素质教育培养的重要途径．

第三．强调应用和育人功能．本书在注重学生应用数学的基础上，体现了通识必修课的文化功能．重视数学思想的融合和渗透，例如，中国古代的极限思想、变化率思想、数学家刻苦钻研精神等，以此展示数学思想的形成背景和数学对现实世界的影响，引导学生领会到数学的精神实质和思想方法，有利于发挥数学课程的育人功能．

第四．适当调整章节内容．每一章增加挖掘出来的数学思政元素，比如中国古代数学思想、邮票中的数学思想和数学家的故事等；增加了数学应用案例，比如介绍生活中实用的数学案例、工程中的数学案例和经济中的数学案例；每一章增加了自测题，为学生课后学习增加学习资料．

本书适合作为高职高专院校各专业的数学基础课教材，也可作为成人高校及其他职业学校的数学参考教材或教学参考书．

全书由刘莹主编并统稿，周萍、吕徐莹任副主编．具体编写任务：第 1、2、5 章及阅读材料由浙江商业职业技术学院刘莹编写；第 3 章由浙江商业职业技术学院刘莹与吕徐莹共同编写；第 4 章由浙江商业职业技术学院张颖颖编写；第 6 章由浙江水利水电专科学校邢益冰编写；第 7 章由浙江商业职业技术学院刘莹与商丘职业技术学院胡松瀛共同编写；第 8 章由浙江商业职业技术学院周萍编写，第9章由浙江商业职业技术学院巨进化和刘莹共同编写．

本书在编写的过程中得到了电子工业出版社相关人员的热情关怀和指导，在此表示感谢．

由于水平所限，书中不当之处敬请读者和同仁给予批评指正．

编　者

2021年4月于杭州

目　　录

预备知识

基础模块

专业模块

实验模块

预备知识

第1章　函数

现实世界中的许多变化现象都可以用函数模型描述，并且我们可以通过研究函数的基本性质来了解它们的规律. 函数所反映出的数学思想已广泛渗透到数学的各个领域，是进一步学习数学的重要基础.

微积分学中研究的主要对象是函数，而函数分为实函数与虚函数. 本章通过简要复习函数的基本知识，学习复数的概念，复数的运算，为进一步学习微积分知识奠定基础.

著名数学家，在《方圆阐幽》中较早阐述了微积分的初步理论. 在《垛积比类》中，他说明了高阶等差数列的理论，提出"李善兰恒等式".

李善兰

清朝数学家李善兰在1859年翻译《代数学》中首次将"function"译作"函数"

1.1　函数的概念与性质

1.1.1　函数的定义

在中学我们已学过函数的概念，并且知道用函数可以表示**变量**①之间的依赖关系. 下面我们通过案例 1.1 回忆函数的概念，进一步讨论函数的基本知识.

①在日常生活、生产活动中，经常遇到各种不同的量. 这些量被分为两种：常量与变量.

案例 1.1　某工厂现有 4 台机器，每台机器平均每天可生产 10 件产品. 现准备购进一批同类机器，以提高生产总量，在试生产中发现，由于其他条件没有改变，因此每增加一台机器，每台机器平均每天将少生产 2 件产品. 请写出增加机器的台数与每天的生产总量之间的函数关系式?

【分析】 根据题意可以得到如表 1.1 所示的关系.

表 1.1

增加台数	每天总生产量
1	40
2	32
3	28
---	---

如果用x表示增加台数，则每台每天生产量为$10-2x$，用y表示每天总生产量，就可以得到：$y=(4+x)(10-2x)=-2x^2+2x+40$．它反映了实际问题中增加机器的台数$x$与每天总生产量$y$之间的函数关系．

定义 1.1　设有两个变量x和y，当变量x在非空数集D内取某一数值时，变量y按照某种对应法则f，有唯一确定的数值与之对应，则称变量y为变量x的**函数**，记作

$$y=f(x)$$

其中x称为**自变量**，y称为**函数**或**因变量**，集合D称为函数$f(x)$的**定义域**．

如果x取数值$x_0\in D$时，则函数$f(x)$在x_0处有定义，与x_0对应的数值y_0称为函数$f(x)$在点x_0的**函数值**，记作

$$f(x_0)\ 或\ y|_{x=x_0}$$

【同步练习】

1．已知汽车刹车后轮胎摩擦的痕迹长 s(m)于车速 v(km/h)的平方成正比，当车速为 30km/h 时刹车，测得痕迹长为 3m，试求痕迹长与车速的函数关系？

2．圆柱体内接于高为h、底半径为r的圆锥体内，设圆柱体高为x，试将圆柱体的底半径y和体积V分别表示为x的函数？

案例 1.2　某轻轨路线全长为 20km，票价规定如下：乘坐 4km 以下者收费 1 元，乘坐 4～10km 收费 2 元，10km 以上收费 3 元．试将票价表示成路程的函数，指出函数的定义域和值域，并求乘坐路程分别为 5km，15km 时应付多少票价？

【分析】根据题意用x表示乘客乘坐的路程，用$f(x)$表示票价，可得函数

$$f(x)=\begin{cases}1, & 0<x<4\\ 2, & 4\leqslant x\leqslant 10\\ 3, & 10<x\leqslant 20\end{cases}$$

函数的定义域是$(0,20]$，函数的值域是$\{1,2,3\}$．

乘坐路程分别为 5km、15km 时应付票价各为：$f(5)=2$，$f(15)=3$．像这样的函数称为**分段函数**[②]．

②分段函数是指两个变量之间的函数关系要用两个或多于两个的数学式子来表达，分段函数的定义域为各段自变量取值集合的并集．

例 1.1.1　电学中的常用函数介绍（见图 1.1）．

（1）单位阶跃函数，是电学中的一个常见函数：

$$\varepsilon(t)=\begin{cases}1, & t\geqslant 0\\ 0, & t<0\end{cases}$$

（2）单位脉冲函数，又称为狄拉克函数，记为$\delta(t)$：

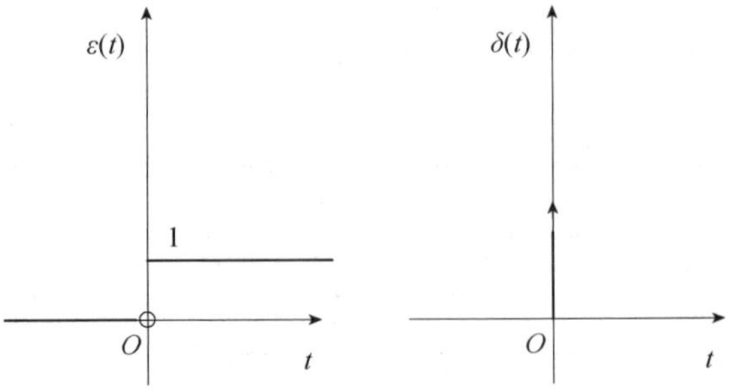

图 1.1

$$\delta(t)=\begin{cases}0, & t\neq 0\\ \infty, & t=0\end{cases}$$

它们都属于分段函数.

例 1.1.2　设函数 $f(x)=\begin{cases}\ln(x+1), & x\geqslant 0\\ x, & x<0\end{cases}$，求：$f(0)$；$f(-1)$；$f(2)$.

解　$f(0)=0$，$f(-1)=-1$，$f(2)=\ln 3$.

【同步练习】

1. 设函数 $f(x)=\begin{cases}e^{x+1}, & x\geqslant 0\\ 3x-2, & x<0\end{cases}$，则 $f(0)=$________；$f(-1)=$________；

2. 已知函数 $f(x+1)=4x-1$，则 $f(x)=$________；

3. 杭州市某型出租车的收费规定如下：当行程不超过 3km（含 3km）时，收费为 10 元；超过 3km 但不超过 10km 时，在收费 10 元的基础上，超过 3km 的部分每千米收费 2.0 元；超过 10km 时，超过 10km 部分每千米收费 2.5 元. 不计等候等费用，设乘车的里程为 x 千米，所付的车费为 y 元. 请写出 y 关于 x 的函数关系式.

1.1.2　函数的定义域

函数关系式包括定义域和对应法则，所以在求函数的关系式时必须要考虑所求函数关系式的定义域，否则所求函数关系式可能是错误的.

例 1.1.3　某单位计划建造一矩形围墙，现有材料可筑墙的总长度为 100m，求矩形的面积 s 与矩形长 x 的函数关系式？

解　设矩形的长为 x 米，则宽为 $(50-x)$ 米，由题意得：

$$s=x(50-x),\ (0<x<50)$$

例 1.1.4　求下列函数的定义域：

（1）$y=\dfrac{\sqrt{5-x}}{x-2}$；　　（2）$y=\ln\left(9-x^2\right)$；

（3）$f(x)=\begin{cases}e^x, & 0\leqslant x<10\\ -1, & -4<x<0\end{cases}$；　　*（4）$y=\arcsin(x-2)$.

解　（1）因为 $\begin{cases}5-x\geqslant 0\\ x-2\neq 0\end{cases}$，解得 $x\leqslant 5$ 且 $x\neq 2$，即定义域为 $(-\infty,2)\cup(2,5]$；

（2）因为 $9-x^2>0$，解得 $-3<x<3$，即定义域为 $(-3,3)$.

（3）因为对表达式 e^x 而言，$0\leqslant x<10$ 的范围是有意义的，对表达式 -1 而言，$-4<x<0$ 的范围是有意义的. 综合两个表示可得分段函数 $f(x)$ 的定义域就为 $(-4,10)$，即分段函数的定义域是各段定义域的并集.

*（4）因为正弦函数的反函数[3]是反正弦函数，其定义域为 $|x-2|\leqslant 1$，解得 $1\leqslant x\leqslant 3$，即定义域为 $[1,3]$.

③原函数 $y=f(x)$，将函数的因变量和自变量进行交换所得的新函数称为原函数的反函数，记为 $y=f^{-1}(x)$. 例：$y=2x-1$ 的反函数 $y=0.5x+0.5$.

归纳常见的定义域问题可得，一般要考虑以下几个方面：

（1）分式中，分母必须不等于零；

（2）偶次根式中，被开方式必须大于等于 0；

（3）对数、真数必须大于零，底大于零且不等于 1；

（4）正切符号下的式子必须不等于 $k\pi+\frac{\pi}{2}$（$k\in Z$）；

（5）分段函数的定义域是各范围的并集；

*（6）反正弦、反余弦函数符号下的式子必须绝对值小于等于 1.

如果表达式中同时有以上几种情况，需同时考虑，并求它们的交集.

【同步练习】求下列函数的定义域：

（1）$y=\sqrt{x^2-2x-3}$；（2）$y=\frac{\ln(x-3)}{x-4}$；

（3）$y=\tan(x+2)$；（4）$f(x)=\begin{cases}\frac{\sin x}{x}, & x\neq 0\\ -1, & x=0\end{cases}$.

1.1.3 函数的性质

函数的基本性质在高中阶段已十分熟悉，包含单调性、奇偶性、有界性及周期性. 下面就通过表 1.2 来回忆相关的概念.

表 1.2

性质	图像	定义
有界性	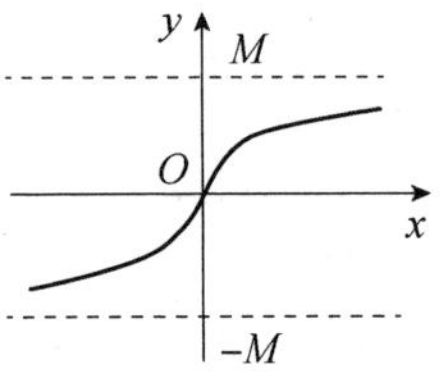	设函数 $y=f(x)$ 的定义域为 D，如果存在正数 M，使得对任意的 $x\in D$，有 $\lvert f(x)\rvert\leqslant M$，则称函数 $f(x)$ 为**有界函数**；否则称为**无界函数**
单调性	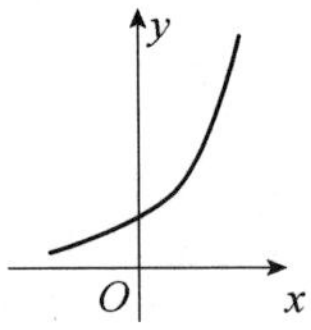	设函数 $f(x)$ 在区间 I 上有定义，如果 x_1、$x_2\in I$，当 $x_1<x_2$ 时，有 $f(x_1)<f(x_2)$，则称函数 $f(x)$ 在 I 上是**单调递增函数**
	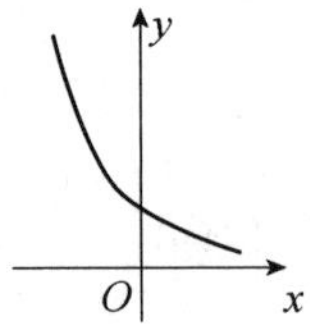	设函数 $f(x)$ 在区间 I 上有定义，如果 x_1、$x_2\in I$，当 $x_1<x_2$ 时，有 $f(x_1)>f(x_2)$，则称函数 $f(x)$ 在 I 上是**单调递减函数**

续表

<table>
<tr><th>性质</th><th>图像</th><th>定义</th></tr>
<tr><td rowspan="2">奇偶性</td><td>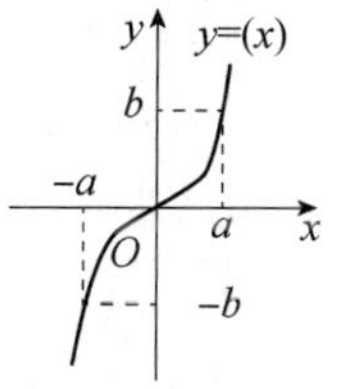
</td><td>设函数 $y=f(x)$ 的定义域 D 关于原点对称，如果对任意 $x\in D$，有 $f(-x)=-f(x)$，则称函数 $f(x)$ 为奇函数. 奇函数的图像关于原点对称</td></tr>
<tr><td>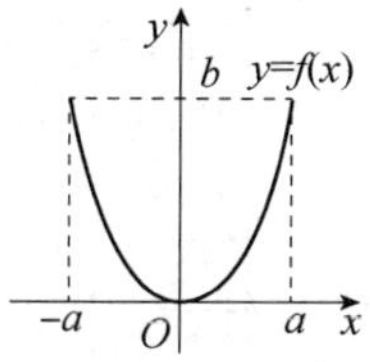
</td><td>设函数 $y=f(x)$ 的定义域 D 关于原点对称，如果对任意 $x\in D$，有 $f(-x)=f(x)$，则称函数 $f(x)$ 为偶函数. 偶函数的图像关于 y 轴对称</td></tr>
<tr><td>周期性</td><td>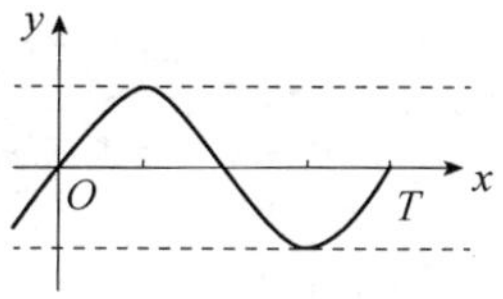
</td><td>设函数 $y=f(x)$ 的定义域为 D，如果存在常数 T，对任意的 $x\in D$，有 $x+T\in D$，且使 $f(x+T)=f(x)$ 恒成立，则称函数 $y=f(x)$ 为周期函数，满足上式的最小正数 T 称为函数 $y=f(x)$ 的周期</td></tr>
</table>

【同步练习】

1．判断下列函数的奇偶性：

（1）$y=2^x$；（2）$y=\sin x^2$；（3）$y=\sqrt[3]{x}$；（4）$y=\lg|x|$.

2．已知函数 $y=f(x)$ 值域分别如下，问符合有界性的是________.

（1）值域是 $[-1,4]$；（2）值域是 $(-1,4)$；（3）值域是 $[-1,4)$；

（4）值域是 $(-\infty,4)$；（5）值域是 $(-\infty,+\infty)$.

1.2　初等函数

1.2.1　基本初等函数

基本初等函数通常指以下六类函数.

（1）常数函数：$y=C$（C 为常数）.

（2）幂函数：$y=x^\alpha$（α 为实数）.

（3）指数函数：$y=a^x\ (a>0,a\neq 1)$.

（4）对数函数：$y=\log_a x\,(a>0,\ a\neq 1)$.

（5）三角函数：$y=\sin x$，$y=\cos x$，$y=\tan x$，$y=\cot x$.

*（6）反三角函数：$y=\arcsin x$，$y=\arccos x$，
$y=\arctan x$，$y=\operatorname{arccot} x$.

基本初等函数的图形及其性质如表 1.3 所示.

表 1.3

函　数	定义域	图　像	性　质
$y=c$ （c 为常数）	R	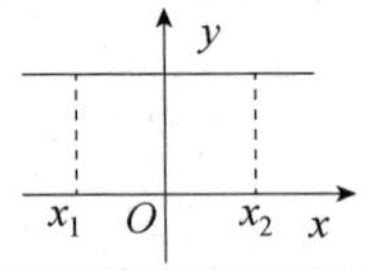 	有界；偶函数
$y=x^{\alpha}$ （α 为任意实数）	根据 α 值的不同定义域也不同	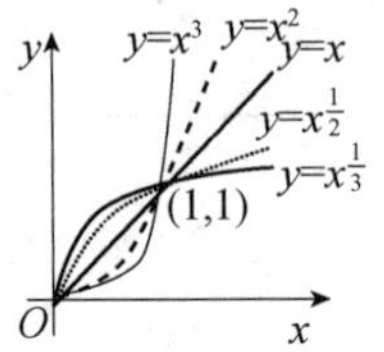 （$\alpha>0$ 的情况）	图像都过 (0,0) 和 (1,1) 点； 在 $[0,+\infty)$ 内单调递增
		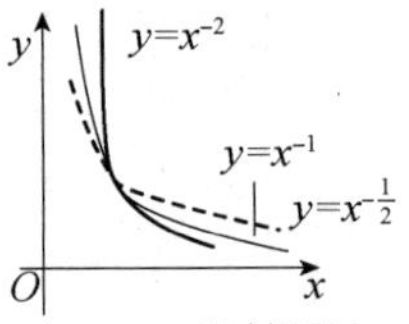 （$\alpha<0$ 的情况）	图像都过 (1,1) 点； 在 $(0,+\infty)$ 内单调递减
$y=a^x$ $(a>0,a\neq 1)$	R	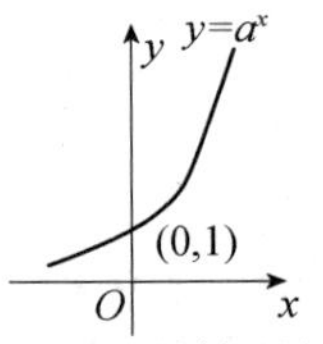 （$\alpha>0$ 的情况）	图像均在 x 轴上方； 均过 (0,1) 点； 单调递增函数
$y=a^x$ $(a>0,a\neq 1)$	R	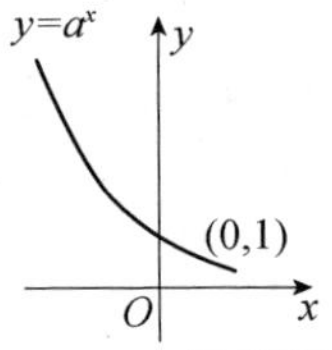 （$0<a<1$ 的情况）	图像均在 x 轴上方； 均过 (0,1) 点； 单调递减函数
$y=\log_a x$ $(a>0,a\neq 1)$	$(0,+\infty)$	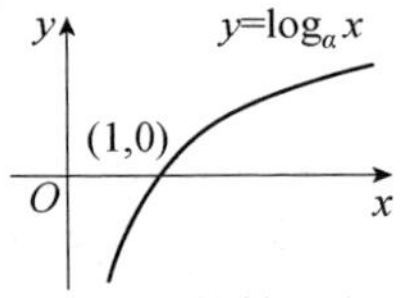 （$a>1$ 的情况）	图像均在 y 轴右侧； 均过 (1,0) 点； 单调递增函数
		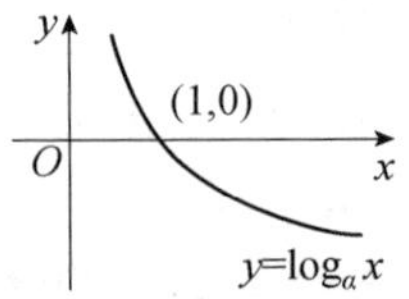 （$0<a<1$ 的情况）	图像均在 y 轴右侧； 均过 (1,0) 点； 单调递减函数

续表

函　数	定义域	图　像	性　质
$y=\sin x$	R	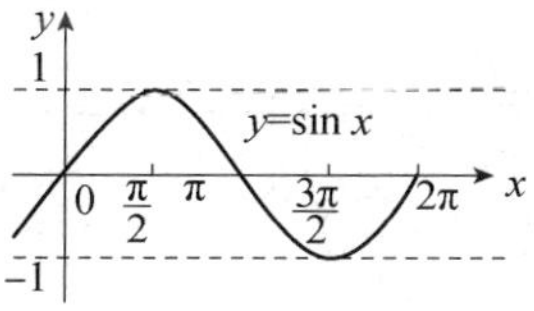	周期为 2π； 有界； 奇函数； 在区间 $\left[-\frac{\pi}{2}+2k\pi,\frac{\pi}{2}+2k\pi\right]$ $(k\in\mathbb{Z})$ 上单调增大； 在区间 $\left[\frac{\pi}{2}+2k\pi,\frac{3\pi}{2}+2k\pi\right]$ $(k\in\mathbb{Z})$ 上单调递减
$y=\cos x$	R	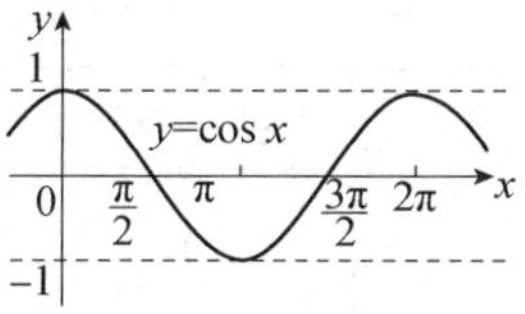	周期为 2π； 有界； 偶函数； 在区间 $[(2k-1)\pi,2k\pi]$ $(k\in\mathbb{Z})$ 上单调递增； 在区间 $[2k\pi,(2k+1)\pi]$ $(k\in\mathbb{Z})$ 上单调递减
$y=\tan x$	$\left\{x\middle\|x\neq k\pi+\frac{\pi}{2},k\in\mathbb{Z}\right\}$	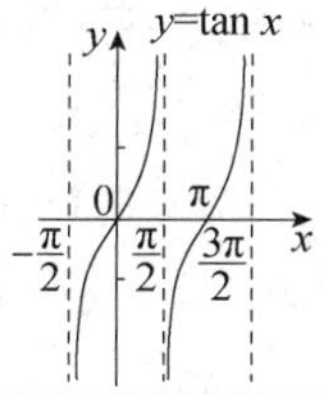	周期为 π； 奇函数； 在区间 $\left(-\frac{\pi}{2}+k\pi,\frac{\pi}{2}+k\pi\right)$ $(k\in\mathbb{Z})$ 上单调递增
$y=\cot x$	$\{x\|x\neq k\pi,k\in\mathbb{Z}\}$	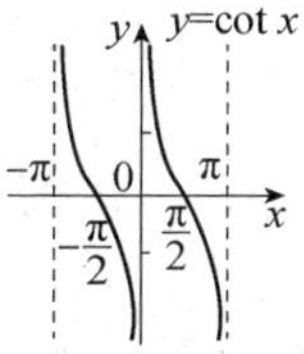	周期为 π； 奇函数； 在区间 $(k\pi,(k+1)\pi)$ $(k\in\mathbb{Z})$ 上单调递减
$y=\arcsin x$	$[-1,1]$	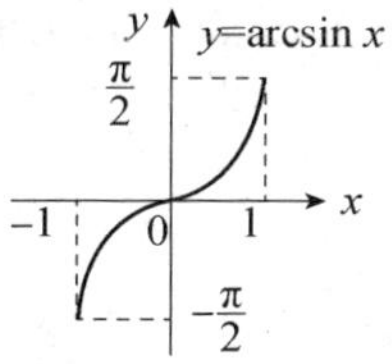	有界； 单调递增； 奇函数
$y=\arccos x$	$[-1,1]$	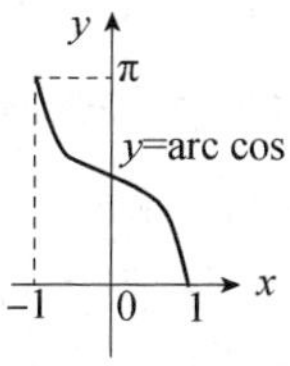	有界； 单调递减函数
$y=\arctan x$	R	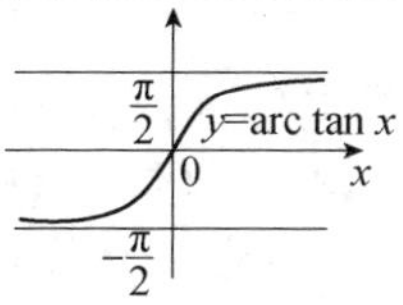	有界； 单调递增； 奇函数

续表

函　数	定义域	图　像	性　质
$y=\operatorname{arccot} x$	R	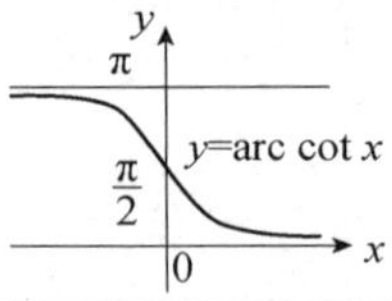	有界； 单调递减函数

1.2.2　复合函数

复合函数视频

比较函数 $y_1=x+1$ 与 $y_2=\sqrt{x+1}$，不难看出，两个的定义域是不同的．观察表 1.4 我们可以发现什么规律？

表 1.4

x 取值	-1	0	2	3	4	---
$x+1$	0	1	3	4	5	---
$\sqrt{x+1}$	0	1	1.732	2	2.236	---

由表 1.4 可知，计算函数值时不是直接由 x 得出，而是先由 x 算得 $x+1$，再得出 $\sqrt{x+1}$ 的．即函数 $y_2=\sqrt{x+1}$ 可以表示成 $y_2=\sqrt{y_1}$，其中 $y_1=x+1$．这也说明了 y_2 与 x 的关系是通过 y_1 来确定的．而且 y_1 的值域落在 y_2 的定义域范围内．

定义 1.2　设 $y=f(u)$ 是 u 的函数，$u=\varphi(x)$ 是 x 的函数．若 $u=\varphi(x)$ 的值域或其部分是 $y=f(u)$ 的定义域的子集，则 y 通过 u 构成 x 的函数称为 x 的**复合函数**，记为

$$y=f[\varphi(x)]$$

通常 u 称为**中间变量**．

复合函数还可以有多个中间变量．如函数 $y=\sin u$，$u=\ln v$，$v=x+1$ 复合成函数 $y=\sin\ln(x+1)$，这里 u，v 都是中间变量．

例 1.2.1　已知下列函数，将 y 表示成 x 的函数．

（1）$y=\mathrm{e}^u$，$u=\sqrt{x^2-1}$；

（2）$y=u^2$，$u=\sin v$，$v=x-3$．

解　（1）将 $u=\sqrt{x^2-1}$ 代入 $y=\mathrm{e}^u$，可得 $y=\mathrm{e}^{\sqrt{x^2-1}}$；

（2）将 $v=x-3$ 代入 u、$u=\sin v$ 代入 $y=u^2$，可得 $y=\sin^2(x-3)$．

例 1.2.2　指出下列复合函数是由哪些简单函数复合而成的：

（1）$y=\cos(2x-3)$；（2）$y=\arctan\sqrt{x}$．

解　（1）函数由 $y=\cos u$，$u=2x-3$ 复合而成；

（2）函数由 $y=\arctan u$，$u=\sqrt{v}$，$v=x$ 复合而成．

【说明】复合函数通常不一定是由纯粹的基本初等函数复合而成的，而更多的是由基本初等函数经过四则运算形成的简单函数构成的，这样，复合函数的合成和分解往往是对简单函数来说的．如函数 $y=\sqrt{x^2-\sin x}$ 可以看成是由函数 $y=\sqrt{u}$ 与 $u=x^2+\sin x$ 复合而成的．

【同步练习】

1. 函数 $y=\mathrm{e}^{x^2}$ 由________________函数复合而成.
2. 函数 $y=\cos^2 x$ 由________________函数复合而成.
3. 函数 $y=\tan\sqrt{1+x}$ 由________________函数复合而成.
4. 函数 $y=\ln\sin\dfrac{1}{x}$ 由________________函数复合而成.

1.2.3　初等函数

由基本初等函数经过有限次的四则运算及有限次的复合而成的函数，叫作**初等函数**.

初等函数都可以用一个解析式表示，例如 $y=\sqrt{x}\tan x$，$y=\ln\sqrt{\cos x}-\pi$ 等都是初等函数；而分段函数不是一个解析式子所能表达的，因此不是初等函数.

1.3　函数应用案例

数学在现实生活中的应用十分广泛，依托现实生活中的背景，提炼相关的数量关系，构造数学模型，将现实问题转化为数学问题，就是数学应用的过程.

建立函数关系的主要步骤如下：

（1）弄清题意，分清问题中哪些是常量；

（2）分清变量中的自变量和因变量；

（3）利用已知条件和有关知识，列出变量之间的等量关系式；

（4）化简，得到需要的函数关系式；

（5）根据题意写出函数的定义域.

1.3.1　生活中的分段函数

例 1.3.1　根据 2018 年第十三届全国人大常委会第五次会议通过的《中华人民共和国个人所得税法修正案（草案）》第七次修正案，自 2019 年 1 月 1 日起，个人所得税个税起征点为 5000 元，个人所得税税率表（综合所得适用）如表 1.5 所示．若每月工资预扣预缴，采用全年累计预扣预缴方式，试表示全年应缴税款 y 和全年应纳税所得额 x 之间的关系.

表 1.5

累计预扣预缴应纳税所得额	预扣税率
不超过 3.6 万元的部分	3%
超过 3.6 万元至 14.4 万元的部分	10%
超过 14.4 万元至 30 万元的部分	20%
超过 30 万元至 42 万元的部分	25%

续表

累计预扣预缴应纳税所得额	预扣税率
超过 42 万元至 66 万元的部分	30%
超过 66 万元至 96 万元的部分	35%
超过 96 万元的部分	45%

解 根据题意得，由于每段税率不同，应缴税款的计算式子也不一样.

当$0\leqslant x\leqslant 3.6$时，应缴税款为$y=x\times 3\%$；

当$3.6<x\leqslant 14.4$时，应缴税款为$y=(x-3.6)\times 10\%+3.6\times 3\%$；

当$14.4<x\leqslant 30$时，应缴税款为

$$y=(x-14.4)\times 20\%+(14.4-3.6)\times 10\%+3.6\times 3\%\text{；}$$

依次类推. 即得

$$y=\begin{cases}x\times 3\%, & 0\leqslant x\leqslant 3.6\\(x-3.6)\times 10\%+0.108, & 3.6<x\leqslant 14.4\\(x-14.4)\times 20\%+1.08+0.108, & 14.4<x\leqslant 30\\(x-30)\times 25\%+3.12+1.08+0.108, & 30<x\leqslant 42\\(x-42)\times 30\%+3+3.12+1.08+0.108, & 42<x\leqslant 66\\(x-66)\times 35\%+7.2+3+3.12+1.08+0.108, & 66<x\leqslant 96\\(x-96)\times 45\%+10.5+7.2+3+3.12+1.08+0.108, & x>96\end{cases}$$

例 1.3.2 某大学 2016 届毕业生小王在大学期间共申请了 24000 元助学贷款，并承诺在毕业后 3 年内（按 36 个月计）全部还清. 签约单位提供的工资标准为第一年每月 1500 元，第 13 个月开始，每月工资比前一个月增加 5%直到 4000 元. 小王计划前 12 个月每月还款额为 500 元，第 13 个月开始，每月还款额比前一个月多x元.

> 国家助学贷款是由政府主导、财政贴息、财政和高校共同给予银行一定风险补偿金，银行、教育行政部门与高校共同操作的专门帮助高校贫困家庭学生的银行贷款，体现党和政府对普通本科高校、高等职业学校家庭经济困难学生的关怀，帮助他们顺利完成学业.

问：（1）假设小王在第m个月还清贷款（$m\leqslant 36$，$m\in\mathbb{N}_+$），试用x和n表示小王第n（$n<m$，$n\in\mathbb{N}_+$）个月的还款额a_n；

（2）当$x=40$时，小王将在第几个月还清最后一笔贷款?

（3）在（2）的条件下，他还清最后一笔贷款的那个月工资的余额是否能满足此月 3000 元的基本生活费？（参考数据：$1.05^{20}=2.653$）

解：（1）根据题设条件的描述，采用分段函数的形式进行表述：

$$a_n=\begin{cases}500, & 1\leqslant n\leqslant 12\\500+(n-12)x, & 13\leqslant n<m\end{cases},\quad n<m,n\in\mathbb{N}_+,\quad m\leqslant 36$$

（2）根据条件，得到含n的不等式关系式，然后通过解二次不等式确定n的取值. 设王某第n个月还清，则应有：

$$12\times 500+(500+40)\times(n-12)+\frac{(n-12)(n-12-1)}{2}\times 40\geqslant 24000$$

整理可得 $n^2+2n-1068\geqslant 0$，得 $n\geqslant -1+\sqrt{1069}>-1+32=31$，取 $n=32$．
即小王 32 个月就可以还清贷款．

（3）在（2）的条件下，计算第 32 个月小王的还款额和工资，并计算其剩余工资．第 32 个月小王的还款额为：

$$24000-\left[12\times 500+(500+40)\times(31-12)\right]+\frac{(31-12)\times(31-12-1)}{2}\times 40=900\text{元}$$

第 32 个月王某的工资为

$$1500\times 1.05^{20}=1500\times 2.653=3979.5\text{元}.$$

因此，王某的剩余工资为 $3979.5-900=3097.5$ 元，能够满足当月的基本生活需求．

1.3.2　工程中的函数

RC 电路，全称**电阻-电容电路**（英语：Resistor-Capacitance circuit），一个 RC 电路由一个电阻器和一个电容器组成．按电阻电容排布，可分为 RC 串联电路和 RC 并联电路．

1．电流函数

例 1.3.3　如图 1.2(1)所示的电路中，合上开关 S 后的充电电流函数为：

$$i=\frac{E}{R}\mathrm{e}^{-\frac{t}{RC}}$$

试做出电流的图像，其中 E 、R 、C 为常数．

解　$i=\frac{E}{R}\mathrm{e}^{-\frac{t}{RC}}$ 是时间 t 的指数函数，底数为 $\frac{1}{\mathrm{e}}<1$，所以电流曲线与 $y=\mathrm{e}^{-x}$ 的曲线类似，如图 1.2(2)所示．

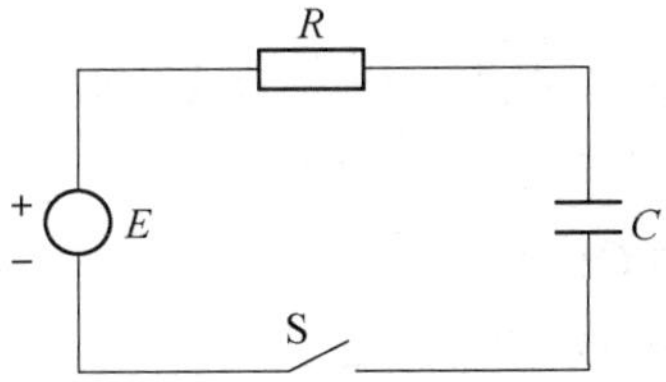

(1)

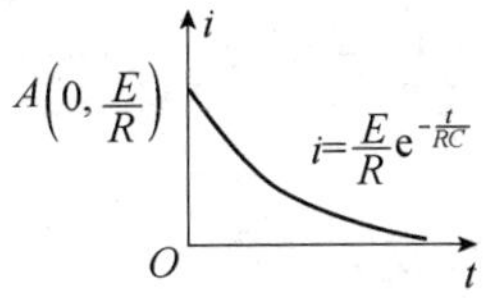

(2)

图 1.2

应当注意：

（1）因为 $t>0$，所以 i 只取第一象限的部分；

（2）当 $t=0$ 时（开关刚闭合的瞬间），电容器两端电压 $u_c=0$（相当于电容器短路），此时充电电流为最大，其值为 $i(0)=\frac{E}{R}\mathrm{e}^0=\frac{E}{R}$，所以图中所示的充电电流曲线 i_c 过点 $A\left(0,\frac{E}{R}\right)$；

（3）随着时间 t 的增加，函数 $i=\frac{E}{R}\mathrm{e}^{-\frac{t}{RC}}$ 将逐渐减小，所以如图 1.2(2)所示充电电流逐渐下降，渐趋于零．

2. 电压函数

例 1.3.4 如图 1.3 所示的电路中，某电压为 E 的电池通过电阻 R 向初值为 0 的电容 C 充电，电容充电过程中两极版的电压 u 的 t 函数关系为

$$U(t)=E\left(1-\mathrm{e}^{-\frac{t}{RC}}\right)$$

其中，E、R、C 为常数，求当 $t=RC$ 和 $t=3RC$ 时，电容器两端电压值.

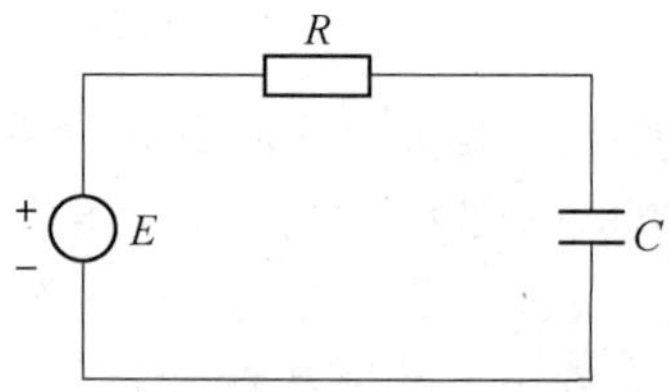

图 1.3

解 当 $t=RC$ 时，$U(RC)=E\left(1-\mathrm{e}^{-\frac{RC}{RC}}\right)=E\left(1-\mathrm{e}^{-1}\right)\approx 0.63E$

当 $t=3RC$ 时，$U(3RC)=E\left(1-\mathrm{e}^{-\frac{3RC}{RC}}\right)=E\left(1-\mathrm{e}^{-3}\right)\approx 0.95E$

由此可得，充电速度越来越慢，一般认为经过 $3RC$ 秒后充电停止，因为再往后 u 增加得就更慢，如表 1.6 所示.

表 1.6

t	RC	$2RC$	$3RC$	$4RC$	$5RC$
u	$0.63E$	$0.86E$	$0.95E$	$0.98E$	$0.99E$

1.3.3 经济中的函数

在社会经济活动中，往往会涉及一些经济变量，它们之间有着各种依存关系. 用数学方法解决经济问题时，就要找出这些经济变量之间的函数关系，建立数学模型. 下面我们介绍一些常见的经济函数模型.

1. 需求函数和供给函数

市场对某种商品的需求量 Q，在假定其他因素不变的条件下，市场需求量 Q 可视为该商品价格 p 的函数，称为**需求函数**，记作

$$Q=Q(p)$$

供给是与需求相对应的概念. 需求是就市场中的消费者而言的，而供给是就市场中的生产销售者而言的. 某种商品的市场供给量 S 也受商品价格 p 的制约，在假定其他因素不变的条件下，供给量 S 也可看成价格 p 的函数，称为**供给函数**，记作

$$S=S(p)$$

当市场上某种商品的需求量与供给量相等时，需求量与供给量持平，此时该商品市场处于平衡状态，称为**供需平衡**，这时商品的价格称为**市场平衡价格或均衡价格**，记为 p_0，对应的需求量称为**均衡量**，记为 Q_0（如图 1.4 所示）.

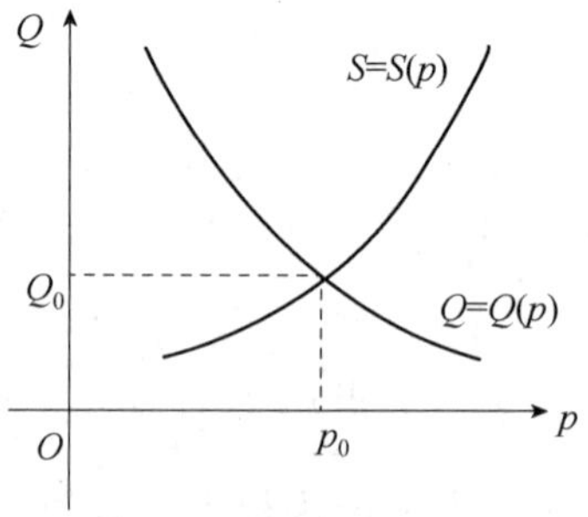

图 1.4

例 1.3.5 设某商品的需求函数为 $Q=\frac{100}{3}-\frac{2}{3}p$，供给函数为 $S=-20+10p$，试求商品的

均衡价格 p_0.

解　由供需均衡条件 $S=Q$，可得

$$\frac{100}{3}-\frac{2}{3}p=-20+10p$$

解得 $p_0=5$，即商品的均衡价格 p_0 为 5.

2. 成本函数、收益函数和利润函数

在产品的生产和经营活动中，成本、收入和利润这些经济变量都与产品的产量或销售量 q 密切相关，它们都可以看作 q 的函数，分别称为**总成本函数**、**总收入函数**、**总利润函数**，并记作 $C(q)$、$R(q)$、$L(q)$.

1）总成本函数

总成本由固定成本 C_0 和可变成本 $C_1(q)$ 两部分组成：

$$C(q)=C_0+C_1(q)$$

其中，固定成本 C_0 与产量 q 无关，如厂房、设备费等；变动成本 $C_1(q)$ 随产量 q 的增加而增加，如原材料费等.

生产 q 个单位产品时的平均成本为：$\overline{C}=\dfrac{C(q)}{q}$.

2）总收入函数

总收入函数与产品的单价和产量或销售量有关. 如果产品的单位售价为 p，销售量为 q，则总收入函数为：$R(q)=pq$.

3）总利润函数

总利润等于总收入与总成本的差，于是总利润函数为：

$$L(q)=R(q)-C(q)$$

例 1.3.6　设某厂生产某种产品的最大生产能力为 5000 个产品，固定费用为 1000 元，每生产 1 个产品，变动费用增加 9 元，试求：

（1）总成本函数；

（2）当生产 100 个该产品时的总成本和平均成本.

解　（1）设 q 为产量，生产 q 个产品的可变成本为 $9q$ 元，则总成本函数为：

$$C(q)=1000+9q(\text{元}),\ q\in[0,5000]$$

（2）产量为 100 个时的总成本为：

$$C(100)=1000+9\times100=1900\ (\text{元})$$

产量为 100 个时的平均成本为：

$$\overline{C}=\frac{C(100)}{100}=\frac{1900}{100}=19(\text{元})$$

例 1.3.7　某厂生产录音机的成本为每台 200 元，预计当以每台 p 元的价格卖出时，消费者每月购买 $300-p$ 台，请将该厂的月利润表达为价格 p 的函数.

解　因为 $C(p)=(300-p)\times200$，由题意得收入函数为：

$$R(p)=(300-p)p$$

所以利润函数为：

$$L(p)=R(p)-C(p)=(300-p)p-(300-p)\times 200$$
$$=(300-p)(p-200)$$

【同步练习】

1．已知需求量 Q 与其价格 p 之间的关系是 $3Q+4p=100$，求需求函数.

2．已知某种产品的总成本函数为 $C(q)=500+0.2q^2$．求当生产 100 个该产品时的总成本和平均成本.

3．已知某产品的成本函数为 $C(q)=2q^2-4q+21$，供给函数为 $q=p-6$，求该产品的利润函数，并说明该产品的盈亏情况.

*1.4　复数的概念及其表示

16 世纪意大利米兰学者卡当（Jerome Cardan，1501—1576）在 1545 年发表的《重要的艺术》一书中，公布了三次方程的一般解法，被后人称为“卡当公式”．他是第一个把负数的平方根写到公式中的数学家，给出“虚数”这一名称的是法国数学家笛卡尔（1596—1650），他在《几何学》（1637 年发表）中使“虚的数”与“实的数”相对应，从此，虚数才流传开来．下面我们先介绍复数的概念.

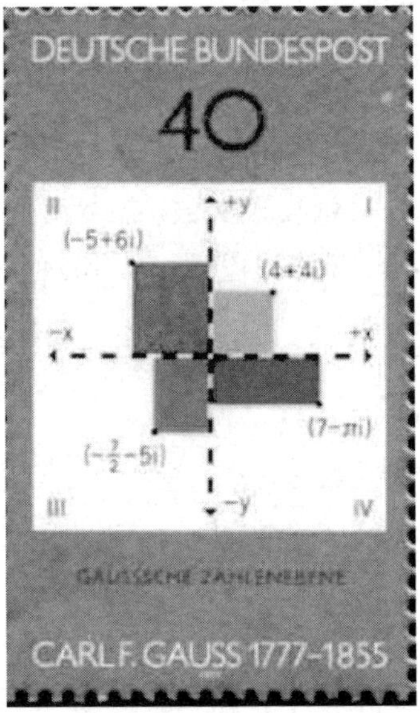

为纪念高斯在复数方面的研究成果，发行的复平面邮票

1.4.1　复数的概念

定义 1.3　设 x，y 为两个任意实数，称形如 $x+\mathrm{i}y$ 的数为**复数**，记为 $z=x+\mathrm{i}y$，其中 i 满足 $\mathrm{i}^2=-1$，称为**虚数单位**．实数 x 和 y 分别称为复数 z 的**实部和虚部**，记为：

$$x=\mathrm{Re}\,z\ ,\quad y=\mathrm{Im}\,z\ .$$

在复数的基础上，我们就可以解决判别式小于 0 的一元二次方程的求解问题.

例 1.4.1　求方程 $x^2+x+1=0$ 的解.

解　根据求根判别式得：$\Delta=1^2-4\times1\times1=-3$，引入虚数可得，$\sqrt{\Delta}=\mathrm{i}\sqrt{3}$，因此方程的解为 $x_1=\dfrac{-1+\mathrm{i}\sqrt{3}}{2}$，$x_2=\dfrac{-1-\mathrm{i}\sqrt{3}}{2}$，即 $x_{1,2}=-\dfrac{1}{2}\pm\mathrm{i}\dfrac{\sqrt{3}}{2}$.

例 1.4.2　求方程 $x^2+9=0$ 的解.

解　根据求根判别式得：$\Delta=-4\times1\times9=-36$，引入虚数可得，$\sqrt{\Delta}=\mathrm{i}6$，因此方程的解为，$x_1=\dfrac{\mathrm{i}6}{2}$，$x_2=\dfrac{-\mathrm{i}6}{2}$，即 $x_{1,2}=\pm\mathrm{i}3$.

全体复数构成的集合称为复数集，记作 C，即

$$C=\{z=x+\mathrm{i}y\,|\,x,y\in\mathbb{R}\}.$$

各数集之间的关系可表示为：

$$\text{复数}\begin{cases}\text{实数}\begin{cases}\text{有理数}\\\text{无理数}\end{cases}\\\text{虚数}\begin{cases}\text{纯虚数}\\\text{非纯虚数}\end{cases}\end{cases}.$$

当 $x=0$，$y\neq 0$ 时，复数 $z=\mathrm{i}y$ 为**纯虚数**；当 $y=0$，复数 $z=x$ 为**实数**.

设 $z_1=x_1+\mathrm{i}y_1$，$z_2=x_2+\mathrm{i}y_2$ 是 C 中任意两个复数，当且仅当 $x_1=x_2$，$y_1=y_2$ 时，称 z_1 与 z_2 相等，记作 $z_1=z_2$，即 $z_1=z_2 \Leftrightarrow x_1=x_2$，$y_1=y_2$.

若 $z_1=x+\mathrm{i}y$，$z_2=x-\mathrm{i}y$，称 z_1 与 z_2 互为共轭复数．任意复数 z 的共轭复数记作 $\bar{z}$，例如，复数 $z=4+\mathrm{i}5$，则 $\bar{z}=4-\mathrm{i}5$.

例 1.4.3　已知 $\bar{z}=-1+\mathrm{i}3$，求复数 z.

解　根据复数共轭的定义可得，$z=-1-\mathrm{i}3$.

【同步练习】　求方程 $x^2+x+1=0$ 的根.

1.4.2　复数的各种表示

复数的表示形式有多种，下面我们主要介绍四种表示形式.

1．复数的代数形式

复数的常用形式是代数形式：

$$z=x+\mathrm{i}y \text{ 或 } z=x+\mathrm{j}y \tag{1.1}$$

其中，x 和 y 分别称为复数 z 的实部和虚部，i 或 j 称为虚数单位．通常 j 这个虚数单位主要出现在电路中，用 j 表示虚数单位的目的是避免与电路中的电流 i 混淆．（下面都以 j 为虚数单位）

以直角坐标系的横轴为实轴，纵轴为虚轴，该坐标系所在的平面称为**复平面**．复平面上的点与复数一一对应.

在系统分析中，系统常常通过拉普拉斯变换从时域变换到频域．该分析建立在复平面的基础上.

如图 1.5 所示，复数可用复平面上的有向线段 $\overrightarrow{OA}$ 表示．其中 $r=\sqrt{x^2+y^2}$ 表示复数的大小，称为复数的**模**．$\theta=\arctan\dfrac{y}{x}$ 表示复数与实轴正方向的夹角，称为复数的**辐角**．记作 $\mathrm{Arg}\,z$，即 $\theta=\mathrm{Arg}\,z$．并规定 θ 按逆时针方向为正，顺时针方向为负.

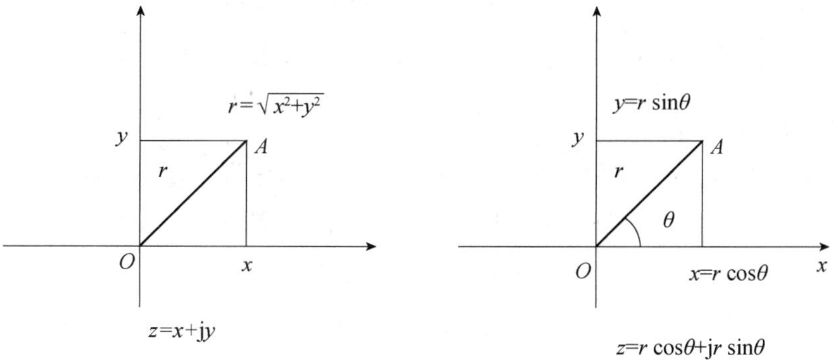

图 1.5

显然，一个复数的辐角有无穷多个，任两个辐角彼此之间相差 2π 的整数倍，其中满足条件 $-\pi<\theta_0\leqslant\pi$ 的辐角 θ_0，称为复数的**辐角主值**，记作 $\arg z$，即 $\theta_0=\arg z$，于是有 $-\pi<\arg z\leqslant\pi$，则

$$\operatorname{Arg} z=\arg z+2k\pi \quad (k=0,\pm1,\pm2,\cdots).$$

当 $z=0$ 时，规定 z 的模为 0，辐角无定义.

2. 复数的三角形式

利用复数 $z=x+\mathrm{j}y$ 的实部、虚部、模与辐角的上述关系式，可知：

$$x=r\cos\theta，\quad y=r\sin\theta.$$

因此可得到复数的三角形式：

$$z=r\cos\theta+\mathrm{j}r\sin\theta. \tag{1.2}$$

例 1.4.4 已知 $z=-1+\mathrm{j}\sqrt{3}$，将复数 z 化为三角形式.

解 因为 $x=\operatorname{Re} z=-1$，$y=\operatorname{Im} z=\sqrt{3}$，

所以：$r=\sqrt{(-1)^2+\left(\sqrt{3}\right)^2}=2$，

设 $\theta=\arg z$，则 $\tan\theta=\dfrac{\sqrt{3}}{-1}=-\sqrt{3}$.

又因为 $z=-1+\mathrm{j}\sqrt{3}$ 位于第Ⅱ象限，所以

$\theta=\arg z=\dfrac{2\pi}{3}$. 于是 $z=-1+\mathrm{j}\sqrt{3}=2\left(\cos\dfrac{2\pi}{3}+\mathrm{j}\sin\dfrac{2\pi}{3}\right)$.

> 信号分析和其他领域使用复数可以方便地表示周期信号. 模表示信号的幅度，辐角表示给定频率的正弦波的相位.

3. 复数的指数形式

根据著名的欧拉（Euler）公式：

$$\cos\theta=\frac{\mathrm{e}^{\mathrm{j}\theta}+\mathrm{e}^{-\mathrm{j}\theta}}{2}，\quad \sin\theta=\frac{\mathrm{e}^{\mathrm{j}\theta}-\mathrm{e}^{-\mathrm{j}\theta}}{2\mathrm{j}}，$$

故

$$\mathrm{e}^{\mathrm{j}\theta}=\cos\theta+\mathrm{j}\sin\theta，$$

因此，可将复数（1.2）表示成：

$$z=r\mathrm{e}^{\mathrm{j}\theta} \tag{1.3}$$

的形式，称为复数 z 的指数形式.

例 1.4.5 求 $z_1=-1$，$z_2=2\mathrm{j}$ 的指数形式.

解 由于 z_1 位于实轴上，且在右半复平面，因此 $\theta_1=\arg z_1=\pi$. 又 $r_1=1$，所以 $z_1=\mathrm{e}^{\mathrm{j}\pi}$. z_2 位于虚轴上，且在上半复平面，因此 $\theta_2=\arg z_2=\dfrac{\pi}{2}$. 又 $r_2=2$，所以 $z_2=2\mathrm{e}^{\mathrm{j}\frac{\pi}{2}}$.

4. 复数的极坐标形式

由于坐标平面上每个点都可以由有序实数对 (r,θ) 唯一确定. 这种确定仅与点到原点的距离 r，及以 x 轴正半轴为始边、点与原点的连线为终边的角 θ 有关；而与 y 轴及 x 轴的负半轴毫无关系. 我们不妨把 y 轴及 x 轴的负半轴在平面中去掉（如图 1.6 所示），得到只含有 x 轴的正半轴，且与 r、θ 有关的新坐标系. 我们把它

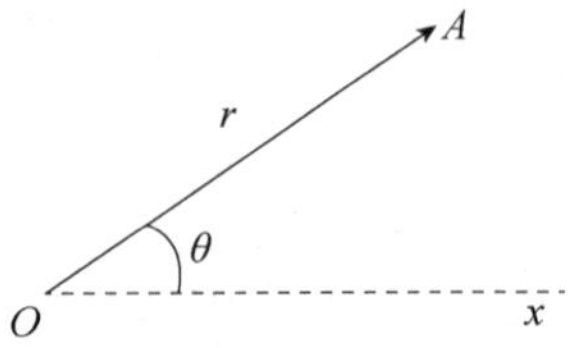

图 1.6

叫作**极坐标系**．原点 O 改称为**极点**，Ox 轴改称为**极轴**，单位长度、角度的正向同前．这样，一个完整的新坐标系就建成了．

因此，可将复数（1.3）表示成：

$$z = r\angle\theta \tag{1.4}$$

称为复数 z 的极坐标形式．

例 1.4.6　请将 $z = 52\angle 30°$ 化为复数的代数形式．

解　由于 $x = r\cos 30° = 52\times\dfrac{\sqrt{3}}{2} = 26\sqrt{3}$，$y = r\sin 30° = 52\times\dfrac{1}{2} = 26$．

所以
$$z = 52(\cos 30° + \mathrm{j}\sin 30°) = 26\sqrt{3} + \mathrm{j}26.$$

> **【同步练习】** 将下列复数表示成各种表示形式：
> （1）$z = 2 + \mathrm{j}2$；　　　（2）$z = 1 - \mathrm{j}$．

*1.5　复数的运算及应用

1.5.1　复数的运算

不同的复数表示法得到的运算原理是有区别的，下面我们以四则运算为主线介绍复数的各种运算．

1．复数的加减运算

在复数的各种形式中，以代数形式的加减法最简单．因此，通常情况下我们可以将其他形式化为代数形式后进行加减运算．

设代数形式的 $z_1 = x_1 + \mathrm{j}y_1$，$z_2 = x_2 + \mathrm{j}y_2$ 是 C 中任意两个复数，定义 z_1 与 z_2 的加减运算法则如下：

（1）加法　$z_1 + z_2 = (x_1 + x_2) + \mathrm{j}(y_1 + y_2)$．

（2）减法　$z_1 - z_2 = (x_1 - x_2) + \mathrm{j}(y_1 - y_2)$．

复数的加减法运算规律如下：

（1）加法交换律　$z_1 + z_2 = z_2 + z_1$．

（2）加法结合律　$z_1 + (z_2 + z_3) = (z_1 + z_2) + z_3$．

例 1.5.1　已知 z_1 与 z_2，计算下列式子中的 $z_1 + z_2$ 与 $z_1 - z_2$ 的值．

（1）$z_1 = 2\angle 90°$，$z_2 = 4\angle 45°$．　　　（2）$z_1 = \mathrm{e}^{\mathrm{j}\frac{\pi}{2}}$，$z_2 = 2\mathrm{e}^{\mathrm{j}\pi}$

解　（1）先把极坐标形式化为代数形式：

$$z_1 = 2\angle 90° = 2(\cos 90° + \mathrm{j}\sin 90°) = 2\mathrm{j}$$

$$z_2 = 4\angle 45° = 4(\cos 45° + \mathrm{j}\sin 45°) = 2\sqrt{2} + \mathrm{j}2\sqrt{2}$$

所以 $z_1 + z_2 = 2\sqrt{2} + \mathrm{j}(2 + 2\sqrt{2})$；$z_1 - z_2 = -2\sqrt{2} - \mathrm{j}(-2 + 2\sqrt{2})$．

（2）先把指数形式化为代数形式：

$$z_1 = e^{j\frac{\pi}{2}} = \cos\frac{\pi}{2} + j\sin\frac{\pi}{2} = j$$

$$z_2 = 2e^{j\pi} = 2(\cos\pi + j\sin\pi) = -2$$

所以 $z_1 + z_2 = -2 + j$；$z_1 - z_2 = 2 + j$.

2. 复数的乘除运算

对复数进行乘除运算，采用复数的三角形、指数形式与极坐标形式较为方便. 具体运算法则如表 1.7 所示.

表 1.7

复数表示形式	乘法运算法则
三角形式	（1）乘法 $z_1 z_2 = r_1 r_2[\cos(\theta_1+\theta_2) + j\sin(\theta_1+\theta_2)]$. （2）除法 $\frac{z_1}{z_2} = \frac{r_1}{r_2}[\cos(\theta_1-\theta_2) + j\sin(\theta_1-\theta_2)]$.
指数形式	（1）乘法 $z_1 z_2 = r_1 r_2 e^{j(\theta_1+\theta_2)}$. （2）除法 $\frac{z_1}{z_2} = \frac{r_1}{r_2} e^{j(\theta_1-\theta_2)}$.
极坐标形式	（1）乘法 $z_1 z_2 = r_1 r_2 \angle(\theta_1+\theta_2)$. （2）除法 $\frac{z_1}{z_2} = r_1 r_2 \angle(\theta_1-\theta_2)$.

复数的乘除法运算规律如下：

（1）乘法交换律 $z_1 \cdot z_2 = z_2 \cdot z_1$.

（2）乘法结合律 $z_1 \cdot (z_2 \cdot z_3) = (z_1 \cdot z_2) \cdot z_3$.

（3）分配律 $z_1 \cdot (z_2 + z_3) = z_1 \cdot z_2 + z_1 \cdot z_3$.

例 1.5.2 已知 z_1 与 z_2，计算下列式子中的 $z_1 z_2$ 和 $\frac{z_1}{z_2}$.

（1）$z_1 = 4 + j3$，$z_2 = 5 + j6$，（2）$z_1 = \sqrt{2}\angle 53°$，$z_2 = \frac{1}{2}\angle(-17)°$.

解 （1）先将 z_1 与 z_2 的代数形式转化为指数形式：

$$z_1 = 4 + j3 = 5e^{j36.87°},$$

$$z_2 = 5 + j6 = 7.81e^{j50.18°}$$

所以

$$z_1 z_2 = 5 \times 7.81 e^{j(36.87°+50.18°)} = 39.05e^{j87.05°};$$

$$\frac{z_1}{z_2} = \frac{5}{7.81} e^{j(36.87°-50.18°)} \approx 0.64e^{j(-13.29°)}.$$

（2）由极坐标形式的运算法则可得：

$$z_1 z_2 = \frac{\sqrt{2}}{2}\angle(53-17)° = \frac{\sqrt{2}}{2}\angle 36°;$$

$$\frac{z_1}{z_2}=2\sqrt{2}\angle(53+17)^\circ=2\sqrt{2}\angle 70^\circ .$$

【同步练习】已知 $z_1=3\angle 34^\circ$，$z_2=2\angle -16^\circ$，计算 z_1+z_2，z_1-z_2，z_1z_2，$\frac{z_1}{z_2}$ 的值.

1.5.2　复数的应用

前面我们讨论了复数的概念、复数的各种表示形式及复数的运算，接下来介绍复数在电路中的应用，即用复数来表示正弦量，并用于正弦交流电路分析计算.

1. 正弦交流电的三要素

在生产和生活中交流电被广泛应用，大小和方向随时间变化的电压或电流称为**交流电**. 特别指出的是，随时间按正弦规律变化的电动势、电压和电流均称为**正弦交流电**. 图 1.7 所示的就是正弦交流电图像.

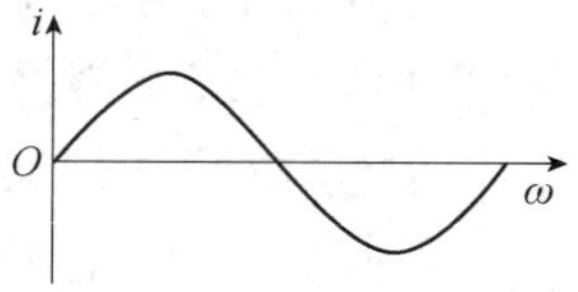

图 1.7

在某一时刻 t 的瞬时值可用三角函数式（解析式）来表示，如表 1.8 所示.

振幅、角频率、初相这三个参数叫作正弦交流电的**三要素**. 任何正弦量都具备三要素.

表 1.8

解析式（又称瞬时值）	三要素		
	振幅（又称最大值）	角频率	初相
$i=I_{\mathrm{m}}\sin(\omega t+\psi)$	I_{m}	ω	ψ
$u=U_{\mathrm{m}}\sin(\omega t+\psi)$	U_{m}	ω	ψ
$e=E_{\mathrm{m}}\sin(\omega t+\psi)$	E_{m}	ω	ψ

（1）周期与频率

正弦交流电完成一次循环变化所用的时间叫作**周期**，用字母 T 表示，单位为秒（s）. 显然正弦交流电流或电压相邻的两个最大值（或相邻的两个最小值）之间的时间间隔即为周期，由三角函数知识可知：

$$T=\frac{2\pi}{\omega}$$

交流电周期的倒数叫作**频率**（用符号 f 表示），即 $\frac{1}{T}$. 它表示正弦交流电在单位时间内做周期性循环变化的次数，即表征交流电交替变化的速率（快慢）. 频率的国际单位制是赫兹（Hz）. 角频率与频率之间的关系为：

$$\omega=2\pi f$$

（2）有效值

在电工技术中，有时并不需要知道交流电的瞬时值，而规定一个能够表征其大小的特定值——有效值，其依据是交流电流和直流电流通过电阻时，电阻都要消耗电能（热效应）. 有效值与瞬时值之间的关系为：

$$I=\frac{I_m}{\sqrt{2}}，U=\frac{U_m}{\sqrt{2}}，E=\frac{E_m}{\sqrt{2}}$$

例 1.5.3 如图 1.8 所示，若购买一台最高耐压为 300V 的电器，是否可用于 220V 的线路上？

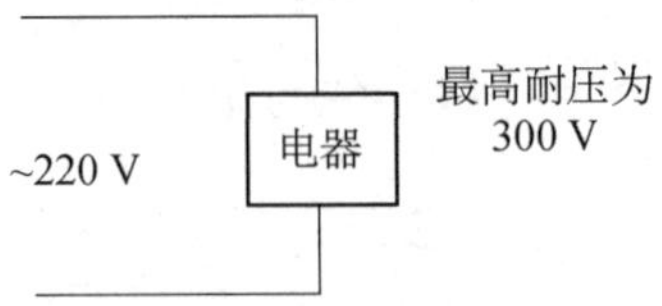

图 1.8

解 根据题意可知，

电源电压的有效值是 $U=220\text{V}$

最大值是 $U_m=\sqrt{2}\times 220\text{V}=311\text{V}$

因为电器的最高耐压低于电源电压的最大值，所以不能用.

（3）相位与相位差

任意一个正弦量 $y=A\sin(\omega t+\psi)$，其中的 $(\omega t+\psi)$ 是**相位**，亦称为相位角，它反映了正弦量的变化进程．相位角 $(\omega t+\psi)$ 中的 ψ 是 $t=0$ 时的相位，称为**初相位**，简称初相.

> 初相给出了观察正弦波的起点和参考，常用于描述多个正弦波相互间的关系.

设两个同频的正弦量 $i_1=I_{m1}\sin(\omega t+\psi_1)$ 与 $i_2=I_{m2}\sin(\omega t+\psi_2)$，则这两个正弦量之间的相位差为：

$$\Delta\psi=\psi_1-\psi_2$$

$\Delta\psi$ 的大小反映两个同频正弦量的相应关系，如表 1.9 所示.

表 1.9

$\Delta\psi=0$	称第一个正弦量与第二个正弦量同相，即同相位
$\Delta\psi>0$	称第一个正弦量比第二个正弦量越前，即相位领先
$\Delta\psi<0$	称第一个正弦量比第二个正弦量滞后，即相位落后

例 1.5.4 求下列正弦量之间的相位差？

（1）$i_1=I_{m1}\sin(\omega t+90°)$，$i_2=I_{m2}\sin(\omega t-90°)$，

（2）$u_1=311\sin(314t-30°)$，$u_2=5\sin(314t+60°)$

解 （1）根据题意得：$\Delta\psi=90°-(-90°)=180°$；

相位差为 $180°$，两波形为反相.

（2）根据题意得：

$$\Delta\psi=-30°-(60°)=-90°，$$

相位差为 $-90°$，两波形为正交.

> 当相位差是 ±180° 时，称为两波形反相；如果相位差是 ±90° 时，称为两波形正交.

例 1.5.5 已知正弦交流电压的有效值 $U=220\text{V}$，频率 $f=50\text{Hz}$，初相位 $\psi=0$，试写出（1）该电压的瞬时值表达式，（2）计算 $t=0.01\text{s}$ 时的电压瞬时值.

解 （1）该电压的瞬时值表达式：

$$u=U_m\sin(\omega t+\psi)=220\sqrt{2}\sin(2\pi\times 50t)=311\sin 314t\text{V}.$$

（2）计算 $t=0.01\text{s}$ 时的电压瞬时值为：

$$u=311\sin(314\times 0.01)=311\sin 3.14=0.$$

【同步练习】 已知 $i_1=2\sin(1000t+30°)$，求振幅、频率及初相位？

2. 正弦量的相量表示法

交流电的表示法有三种：解析式表示法、波形图表示法和相量表示法，前两种不便于运算，下面重点介绍相量表示法.

在正弦交流电路中，用复数的运算方法进行交流电的分析和计算的方法称为相量表示法.

（1）最大值相量表示法

最大值相量表示法是用正弦量的最大值为相量的模（大小）、用初相角作为相量的幅角，与复数的表示形式一样，相量也有四则形式：代数形式、三角形式、指数形式和极坐标形式. 下面主要介绍指数形式与极坐标形式，如表 1.10 所示.

表 1.10

解析式（又称瞬时值）	最大值	相量指数形式	相量极坐标形式
$i = I_m \sin(\omega t + \psi)$	I_m	$\dot{I}_m = I_m e^{j\psi}$	$\dot{I}_m = I_m \angle \psi$
$u = U_m \sin(\omega t + \psi)$	U_m	$\dot{U}_m = U_m e^{j\psi}$	$\dot{U}_m = U_m \angle \psi$
$e = E_m \sin(\omega t + \psi)$	E_m	$\dot{E}_m = E_m e^{j\psi}$	$\dot{E}_m = E_m \angle \psi$

例如，正弦电压 $u = 10\sin(\omega t - 36°)$ 的相量为：

$$\dot{U}_m = 10e^{j(-36°)} = 10\angle(-36°)$$

相量是描述正弦量的有向线段，所以在相量符号上面用打点的大写字母表示.

（2）有效值相量表示法

有效值相量表示法用正弦量的有效值作为相量的模（长度大小）、仍用初相角作为相量的幅角，如表 1.11 所示.

表 1.11

解析式（又称瞬时值）	有效值	相量指数形式	相量极坐标形式
$i = I\sqrt{2}\sin(\omega t + \psi)$	I	$\dot{I} = Ie^{j\psi}$	$\dot{I} = I\angle\psi$
$u = U\sqrt{2}\sin(\omega t + \psi)$	U	$\dot{U} = Ue^{j\psi}$	$\dot{U} = U\angle\psi$
$e = E\sqrt{2}\sin(\omega t + \psi)$	E	$\dot{E} = Ee^{j\psi}$	$\dot{E} = E\angle\psi$

例如，正弦电压 $i = 0.41\sqrt{2}\sin(\omega t + 60°)$ 的相量为：

$$\dot{I} = 0.41e^{j60°} = 0.41\angle 60°$$

例 1.5.6 已在如图 1.9 所示的电路中，设：

$$i_1 = I_{m1}\sin(\omega t + \psi_1) = 100\sin(\omega t + 45°)\text{A},$$
$$i_1 = I_{m2}\sin(\omega t + \psi_2) = 60\sin(\omega t - 30°)\text{A}$$

求总电流 i.

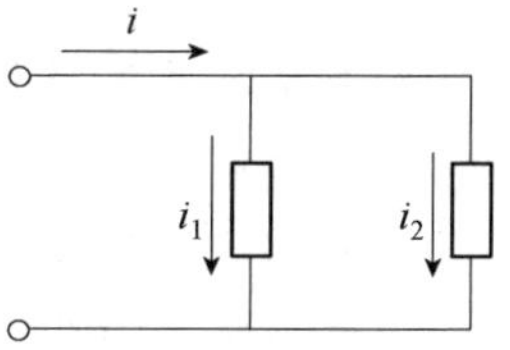

图 1.9

解 用复数形式求解. 根据基尔霍夫电流定律

$$\begin{aligned}\dot{I}_{\mathrm{m}} &= \dot{I}_{\mathrm{m1}} + \dot{I}_{\mathrm{m2}} = I_{\mathrm{m1}}\mathrm{e}^{\mathrm{j}\psi_1} + I_{\mathrm{m2}}\mathrm{e}^{\mathrm{j}\psi_2} = 100\mathrm{e}^{\mathrm{j}45^\circ} + 60\mathrm{e}^{-\mathrm{j}30^\circ} \\ &= (100\cos 45^\circ + \mathrm{j}100\sin 45^\circ) + (60\cos 30^\circ - 60\sin 30^\circ) \\ &= (70.7 + \mathrm{j}70.7) + (52 - \mathrm{j}30) \\ &= 122.7 + \mathrm{j}40.7 = 129\mathrm{e}^{\mathrm{j}18^\circ 20'}\,\mathrm{A}\end{aligned}$$

【同步练习】求 $i_1 = 4\sqrt{2}\sin(\omega t - 30^\circ)\mathrm{A}$ 对应电流的相量为多少.

*【数学应用】

数学建模方法简介

1. 数学建模的起源与发展

数学建模是在20世纪60和70年代进入一些西方国家大学的，我国的几所大学也在80年代初将数学建模引入课堂．1992年由中国工业与应用数学学会组织举办了我国10城市的大学生数学模型联赛，74所院校的314支队伍参加．教育部领导及时发现并扶植、培育了这一新生事物，决定从1994年起由教育部高教司和中国工业与应用数学学会共同主办全国大学生数学建模竞赛，每年一届．二十几年来这项竞赛的规模以平均年增长25%以上的速度发展．数学建模竞赛分为本科与大专两个组．

2. 数学模型的概念

数学模型是一种模拟，是用数学符号、数学式子、程序、图形等对实际课题本质属性的抽象而又简洁的刻画，它或能解释某些客观现象，或能预测未来的发展规律，或能为控制某一现象的发展提供某种意义下的最优策略或较好策略．数学模型一般并非现实问题的直接翻版，它的建立常常既需要人们对现实问题细致入微地观察和分析，又需要人们灵活巧妙地利用各种数学知识．这种应用知识从实际课题中抽象、提炼出数学模型的过程就称为数学建模．

3. 数学建模的一般步骤

建立一个实际问题的数学模型，需要经历过若干个阶段，从现实对象到数学模型，从数学模型到现实对象的循环过程．

步骤一：模型假设

根据实际对象的特征和建模的目的，对问题进行必要的简化，并用精确的语言提出一些恰当的假设．

步骤二：模型建立

在假设的基础上，利用适当的数学工具来刻画各变量之间的数学关系，建立相应的数学结构（尽量用简单的数学工具）.

步骤三：模型求解

利用获取的数据资料，对模型的所有参数做出计算（或近似计算）.

步骤四：模型分析

对所得的结果进行数学上的分析．

步骤五：模型检验

将模型分析结果与实际情形进行比较，以此来验证模型的准确性、合理性和适用性．如果模型与实际较吻合，则要对计算结果给出其实际含义，并进行解释．如果模型与实际吻合较差，则应该修改假设，再次重复建模过程．

4. 初等模型案例

悬崖估高模型 假设你站在崖顶且身上带着一只具有秒表功能的计时器，你也许会出于好奇心想扔下一块石头利用听回声的方法来估计山崖的高度．假设你能准确地测定时间 t，你又怎样来推算山崖的高度 h？

【模型假设】

- 石头下落途中没有碰到任何障碍物；
- 秒表计时准确；
- 不考虑风速等影响．

【符号说明】

- 山崖的高度为 h；
- 测定时间 t；
- 重力加速度为 g．

【模型建立】

情况一：不计空气阻力与回声时间．

利用自由落体运动公式得：

$$h=\frac{1}{2}gt^2$$

如果测得的时间 $t=10\text{s}$，则计算得：

$$h=\frac{1}{2}gt^2=\frac{1}{2}\times 9.8\times 10^2=490$$

估得此悬崖高度为 490m．

【符号说明】

- 山崖的高度为 h；
- 石块自由下落的时间为 t_1，声音传回的时间为 t_2；
- 重力加速度为 g．

【模型建立】

情况二：不计空气阻力，而考虑回声时间．

假设声音以 340 m/s 传播，可得：

$$\begin{cases} h=\frac{1}{2}gt_1^2 \\ h=340t_2 \\ t=t_1+t_2 \end{cases}$$

于是，$t=\frac{h}{340}+\sqrt{\frac{2h}{g}}$，当 $t=10\text{s}$ 时，$h\approx 259.08$．

推算此悬崖高度为 259.08m．

实验作业

英国物理学家和数学家牛顿曾提出物体在常温环境下变化的冷却模型．如果物体的初始温度为θ_1，环境温度为θ_0，则经过时间t后物体的温度θ将满足$\theta=\theta_0+(\theta_1-\theta_0)\mathrm{e}^{-kt}$，其中$k$为正的常数．请设计一个方案，对牛顿的冷却模型进行检验，然后再探讨以下几个问题：

1．一杯开水的温度降到室温大约需要多少时间？

2．应在炒菜前多长时间将冰箱里的肉拿出来解冻？

习题参考答案

习　题　1

1．求下列函数的定义域：

（1）$y=\dfrac{1}{x-3}+\sqrt{x-2}$；　（2）$y=\log_2(5-x)+\sqrt{x+3}$；

（3）$y=\lg\dfrac{x-1}{x}$；　（4）$y=\arcsin(2x+1)$；

（5）$y=\mathrm{e}^x+\sqrt{4-x^2}$；　（6）$y=\begin{cases}\tan x & -\dfrac{\pi}{2}<x<0\\ x^2 & 0\leqslant x\leqslant 1\end{cases}$.

2．判断下列函数的奇偶性：

（1）$y=x+3x^3+\sin x$；　（2）$y=2^{x^2+1}$；

（3）$y=\cos x+x\sin x+1$；　（4）$y=\dfrac{\mathrm{e}^x+\mathrm{e}^{-x}}{2}$.

3．分解下列复合函数：

（1）$y=(x+2)^3$；　（2）$y=\lg\sin x$；

（3）$y=\arctan(1-x)$；　（4）$y=\sqrt{x^2+2x-3}$；

（5）$y=\sqrt[3]{\sin(x-1)}$；　（6）$y=\mathrm{e}^{\cos(2x+1)}$；

*（7）$y=10^{\cos^2 x}$；　*（8）$y=\sqrt{\ln\tan x^3}$.

4．设某商品的供给函数为$S(p)=a+bc^p$，已知$S(2)=30, S(3)=50, S(4)=90$，求$a,b,c$.

5．某厂生产某产品 2000 吨，其销售策略如下：购买 800 吨以下时按每吨 130 元出售，超过 800 吨的部分按九折出售，求销售收入与销量之间的关系．

6．某小型实验水电站输出功率是P，若采用 380V 输电，且输电线路总电阻是 6Ω，试写出输电线路损耗的功率$P_{损}$与P的关系．

7．某厂生产一种机器的固定成本（即固定投入）为 0.5 万元，但每生产 100 台，需要增加可变成本（即另增加投入）0.25 万元．市场对此产品的年需求量为 500 台，销售的收入函数为$R(x)=5x-\dfrac{x^2}{2}$（万元）（$0\leqslant x\leqslant 5$），其中x是产品售出的数量（单位：百台）．试把利润$L(x)$表示为年产量的函数．

8．求下列复数的模、辐角主值及共轭复数：

（1）$\mathrm{j}\sqrt{2}$；（2）$5-\mathrm{j}5$；（3）$-\sqrt{3}+\mathrm{j}$；（4）$2+\mathrm{j}2$.

9．将下列复数表示成三角形式和指数形式：

（1）$z=10$；（2）$z=-\mathrm{j}3$；（3）$z=3-\mathrm{j}3$；（4）$z=-1+\mathrm{j}\sqrt{3}$.

10．将下列复数化为复数的代数形式：

（1）$z=12\angle-30°$；（2）$z=5\angle45°$；（3）$z=57\angle90°$

11．已知 $z_1=2\angle-30°$，$z_2=\angle90°$，计算 z_1+z_2，z_1-z_2 的值.

12．已知 $z_1=1-\mathrm{j}\sqrt{3}$，$z_2=1-\mathrm{j}$，求 z_1z_2 和 $\dfrac{z_1}{z_2}$.

13．已知 $z_1=\mathrm{e}^{\mathrm{j}45°}$，$z_2=2\mathrm{e}^{\mathrm{j}60°}$，计算 $\dfrac{2z_1}{z_2}$ 的值，并把结果化为极坐标形式.

14．已知 $z=(m^2-2m)+\mathrm{j}(m^2-m-2)$，($m\in\mathbb{R}$)，求满足下列条件的 m 的值（1）z 是实数，（2）z 是虚数，（3）z 是纯虚数.

15．求下列正弦量之间的相位差？

（1）$i_1=I_{\mathrm{m1}}\sin(\omega t+30°)$，$i_2=I_{\mathrm{m2}}\sin(\omega t-45°)$，

（2）$u_1=2\sqrt{2}\sin(t-120°)$，$u_2=\sqrt{2}\sin(t+30°)$.

16．已知 $i_1=3\sin(2t-45°)$，求振幅、频率及初相位.

17．将下列函数表示成对应的相量形式（指数形式或者极坐标形式都可以）.

（1）$i_1=6\sqrt{2}\sin(\omega t-45°)\mathrm{A}$，　　（2）$i_1=4\sqrt{2}\sin(\omega t+130°)\mathrm{A}$.

自测题 1

自测题答案

一、单项选择题（每题 3 分，共 18 分）

1．下列各对函数中，为同一函数的是（　　）.

A．$f(x)=\sqrt{x^2}$，$g(x)=x$　　B．$f(x)=\dfrac{x^2+2x+1}{x+1}$，$g(x)=x+1$

C．$f(x)=x$，$g(x)=\mathrm{e}^{\ln x}$　　D．$f(x)=\sqrt{1+\cos 2x}$，$g(x)=\sqrt{2}|\cos x|$

2．复数 $z=\mathrm{j}$ 的三角形式是（　　）.

A．$z=\cos\dfrac{\pi}{2}+\mathrm{j}\sin\dfrac{\pi}{2}$　　B．$z=\sin\dfrac{\pi}{2}+\mathrm{j}\cos\dfrac{\pi}{2}$

C．$z=\cos\left(-\dfrac{\pi}{2}\right)+\mathrm{j}\sin\dfrac{\pi}{2}$　　D．$z=\sin\dfrac{\pi}{2}+\mathrm{j}\cos\left(-\dfrac{\pi}{2}\right)$

3．下列函数中为奇函数的是（　）.

A．$y=\ln(1+x^2)$　　B．$y=x\cos x$

C．$y=\dfrac{a^x+a^{-x}}{2}$　　D．$y=\ln(1+x)$

4．下列函数中定义域为 $[-1,1]$ 的是（　　）.

A．$y=\ln(1-x^2)$　　B．$y=\mathrm{e}^{\sin x}$

C． $y=\sqrt{2-x^2}+\arcsin x$　　D． $y=(1-x^2)^{-\frac{1}{2}}$

5．下列各组函数中不可进行复合运算的是（　　）.

A． $y=\sin u, u=\mathrm{e}^{-x}$　　B． $y=\ln u, u=\sin x-1$

C． $y=\sqrt{u}, u=x-x^x$　　D． $y=\tan u, u=\arctan x$

6．函数 $f(x)=\begin{cases}\ln(1-2x), & x<1\\ x^2+1, & x\geqslant 1\end{cases}$，则 $f\left(\dfrac{1}{3}\right)=$（　　）

A． 0　　B． 1　　C． $\ln\dfrac{1}{3}$　　D． $\ln 3$

二、填空题（每题 3 分，共 21 分）

1．函数 $f(x)=\dfrac{\sqrt{x^2-9}}{x-3}+\ln(1+x)$ 的定义域是________.

2．已知函数 $f(x+1)=x^2+x$，则 $f(x)=$________.

3．函数 $z=-\dfrac{1}{2}+\dfrac{\sqrt{3}}{2}\mathrm{j}$ 的指数形式为________.

4．设 $f(x)=\ln x, g(x)=\sin x$，则 $f[g(x)]=$________； $g[f(x)]=$________.

5．设 $y=f(x)$ 的定义域是 $[0,1]$，则 $f(x^2)$ 的定义域为________.

6．已知 $f(x+\dfrac{1}{x})=x^2+\dfrac{1}{x^2}+3$，则 $f(x)=$________.

7．某工厂生产某产品的总成本函数为 $C(q)=q^3-9q^2+33q+10$，产量为 10 时的平均成本为________.

三、解答题（每题 7 分，共 49 分）

1．设函数 $f(x)=\begin{cases}\mathrm{e}^x\ , & x>0\\ x\ , & x\leqslant 0\end{cases}$，求： $f(-2)$， $f(0)$， $f(1)$.

2．已知 $i_1=10\sqrt{2}\sin(\omega t-60°)\mathrm{A}$， $i_1=12\sqrt{2}\sin(\omega t+30°)\mathrm{A}$，求 i_1+i_2.

3．求函数 $y=\sqrt{x^2-4x+3}$ 的定义域.

4．求函数 $y=\dfrac{1}{\lg(1-x)}+\sqrt{x+2}$ 的定义域.

5．指出函数 $y=\sin^2(1-\dfrac{1}{x})$ 是怎样复合而成的?

6．已知 $f(\dfrac{1}{x})=x+\sqrt{1+x^2}$，求 $f(x+1)$.

7．指出下列函数中哪些是奇函数，哪些是偶函数，哪些是非奇非偶函数（其中 $a>1$）.

（1） $y=2^x$，（2） $y=\log_a(x+\sqrt{x^2+1})$.

四、应用题（每题 6 分，共 12 分）

1．在半径为 R 的半圆内内接一梯形，梯形的一个底边与半圆的直径重合，另一底边的两个端点在半圆上，试将梯形的面积表示成其高的函数.

2．某工厂每天生产 x 件服装的总成本为 $C(x)=\dfrac{1}{9}x^2+x+\dfrac{800}{9}$（元），该种服装独家经营，市场需求规律为 $x=75-3p$，其中 p 表示服装的单价（元）. 问每天生产多少件时，盈亏持平，此时每件服装的价格为多少元?

基础模块

第 2 章　一元函数的极限与连续

函数是变量的变化关系最基本的数学描述，是高等数学的主要对象．而极限揭示了变量在一定的变化过程中的终极状态，极限的思想和方法不仅是高等数学的基础，而且在其他学科中也有广泛的应用．

本章主要学习极限与连续的概念，掌握极限的运算，为进一步学习微积分知识奠定基础．

《随书・律历志》留下一小段关于圆周率（π）的记载，祖冲之算出 π 的值简化为 3.1415926，成为当时世界上最先进的成就．祖冲之入选世界纪录协会世界第一位将圆周率值计算到小数第 7 位的科学家，创造了中国纪协世界之最．这一纪录直到 15 世纪才由阿拉伯数学家卡西打破．

2.1　极限的概念

数列极限的概念视频

2.1.1　数列的极限

案例 2.1　中国古代极限思想　　　　邮票中的数学元素

公元前 5 世纪，《庄子・天下篇》中记载了惠施一段话：“一尺之棰，日取其半，万世不竭”，这是我国较早出现的极限思想．“一尺之棰”说明 2300 年前古代中国就已经有了长度度量单位；“日取其半”即每天取前一天所剩下的 $\frac{1}{2}$，表示当时人们对分数有初步认识；“万世不竭”意为如此进行下去，即使是无限长的时间，也不可能把这根木棰切完．

魏晋数学家刘徽的“割圆术：割之弥细，所失弥少，割之又割，以至于不可割，则与圆合体，而无所失矣”把极限思想运用于解决实际问题．将圆内接正六边形开始割圆，每次边数倍增，12 边形、24 边形……算到 192 边形得 $\pi=3.14$，算到 3072 边形得 $\pi=3.1416$（徽率）．

【分析】下面用计算器来演示惠施的这句话，将数1取其一半得0.5，再取其一半得 0.25，以此类推下去，根据计算可以得到如表 2.1 所示数据．

表 2.1

n	1	2	3	4	5	6	7	…
$(0.5)^n$	0.5	0.25	0.125	0.0625	0.03125	0.015625	0.0078125	…

同样地，我们不妨再用计算器对 2 这个数进行连续开平方或乘法运算，得到如表 2.2 所示数据.

表 2.2

n	1	2	3	4	5	6	…
$2^{\frac{1}{2^n}}$	1.4142	1.1892	1.0905	1.0442	1.0218	1.0109	…
2^n	2	4	8	16	32	64	…

上述表格代表两个数列变化过程，0.5 的连续平方就是数列 $\frac{1}{2},\frac{1}{2^2},\cdots,\frac{1}{2^{2n}},\cdots$，而 2 的连续开平方根可以看成是数列 $2,\sqrt{2},\sqrt{\sqrt{2}},\cdots,2^{\frac{1}{2n}},\cdots$，2 的连续乘法可以看为是数列 $2,2^2,2^3\cdots,2^n,\cdots$，所谓的最终结果从表格里可以发现，当项数无限增大时，数列通项的变化趋势有两种情况，要么无限趋近于某个确定的常数，要么无法趋近于一个常数．将此现象抽象便可以得到数列极限的描述性定义.

定义 2.1 对于数列 $\{x_n\}$，如果当 n 无限增大时，x_n 无限趋近于某个确定的常数 A，则称常数 A 为数列 $\{x_n\}$ 当 n 趋于无穷大时的**极限**，记作

$$\lim_{n\to\infty} x_n = A \text{ 或 } x_n \to A\ (n\to\infty)$$

并称数列 $\{x_n\}$ 是**收敛的**；如果数列 $\{x_n\}$ 极限不存在，就称数列 $\{x_n\}$ 是**发散的**.

根据定义 2.1，显然有 $\lim\limits_{n\to\infty}(0.5)^n=0$，$\lim\limits_{n\to\infty}2^{\frac{1}{2n}}=1$，它们是收敛的；对于数列 $\{2^n\}$，当 $n\to\infty$ 时，极限不存在，故它是发散的.

例 2.1.1 观察数列 $x_n=\frac{1}{n}$ 的变化趋势，求下列数列的极限：

（1）$x_n=\frac{n+2}{2n}$；　　　　（2）$x_n=1-\frac{(-1)^n}{n}$.

解 观察表 2.3 中数列的变化趋势.

表 2.3

数列	图示
$x_n=\frac{1}{n}$，即 $1,\frac{1}{2},\frac{1}{3},\frac{1}{4},\cdots,\frac{1}{n},\cdots$	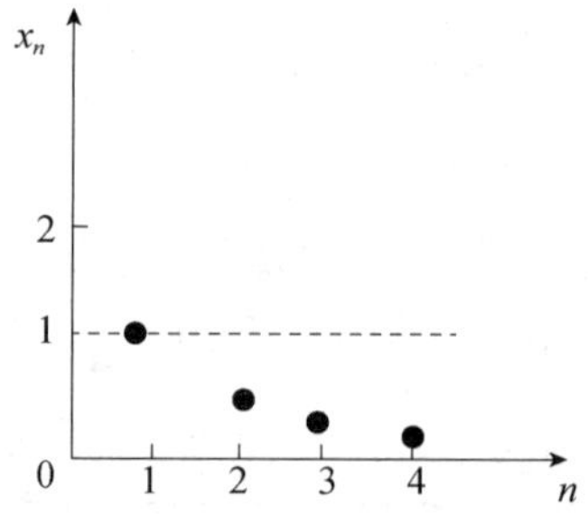

（1）$x_n=\dfrac{n+2}{2n}=\dfrac{1}{2}+\dfrac{1}{n}$，所以$\lim\limits_{n\to\infty}\left(\dfrac{n+2}{2n}\right)=\dfrac{1}{2}$.

（2）$x_n=1-\dfrac{(-1)^n}{n}=\begin{cases}1-\dfrac{1}{n}, & n\text{偶数}\\ 1+\dfrac{1}{n}, & n\text{奇数}\end{cases}$，所以$\lim\limits_{n\to\infty}\left(1-\dfrac{(-1)^n}{n}\right)=1$.

【同步练习】

1．极限$\lim\limits_{n\to\infty}\dfrac{2n-1}{n}$的值为（　　　）.

A．0　　B．2　　C．3　　D．∞

2．当$n\to\infty$时，数列$x_n=\left(-\dfrac{1}{4}\right)^n$的敛散性是________.

3．当$n\to\infty$时，判断下列数列的敛散性：

（1）$x_n=\dfrac{n}{n^2+1}$，（2）$x_n=\sqrt{n+3}$，（3）$x_n=\dfrac{(-1)^n}{2^n}$

2.1.2　函数的极限

数列可以看作是定义在正整数集上的函数，下面将数列的极限推广到一般函数的极限.

1．当$x\to\infty$时函数的极限

案例 2.2	图示
（广告的效用）当一件新的产品发布广告被推出后，试用它的人将越来越多，但随时间的推移，试用这一产品的新人的增长率逐渐减慢，产品总人数关于时间的图像可近似描述为右图.	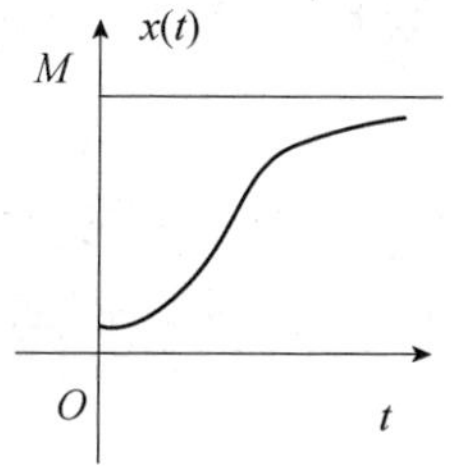
（白薯的温度）将一块白薯放入烤箱，若烤箱温度为恒温100℃，问白薯的温度可否正好达到100℃，何时达到？无论白薯的初始温度是多少，在热交换情况下，温差的缩小速度越来越慢，温度与时间的图像可近似描述为右图.	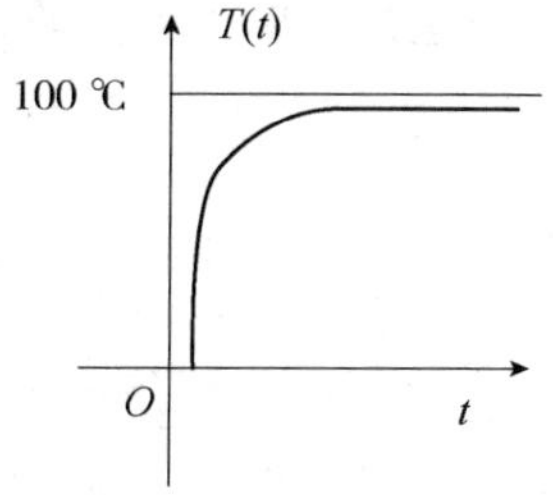

【分析】这两个问题有一个共同特征：当自变量逐渐增大时，相应函数值随之趋于某一常值. 下面我们考察一些熟悉的基本初等函数图像如表 2.4 所示.

表 2.4

函　数	图　像	变化趋势	
$y=c$ （c 为常数）	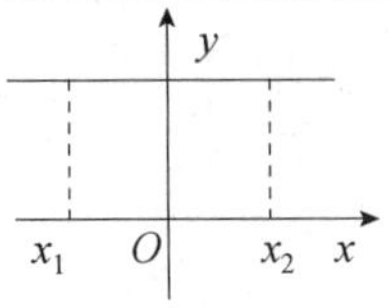	$x\to+\infty$，趋向于常数 c $x\to-\infty$，趋向于常数 c	$x\to\infty$，趋向于常数 c
$y=\mathrm{e}^x$	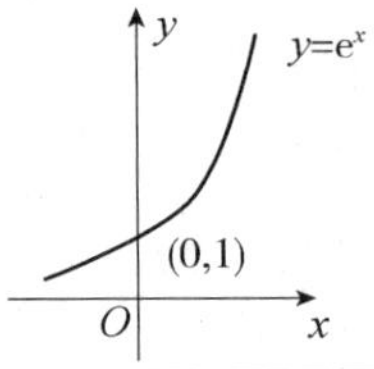	$x\to+\infty$，趋向于 $+\infty$ $x\to-\infty$，趋向于 0	$x\to\infty$，因为两边变化情况不同，所以趋势无法归纳
$y=\arctan x$	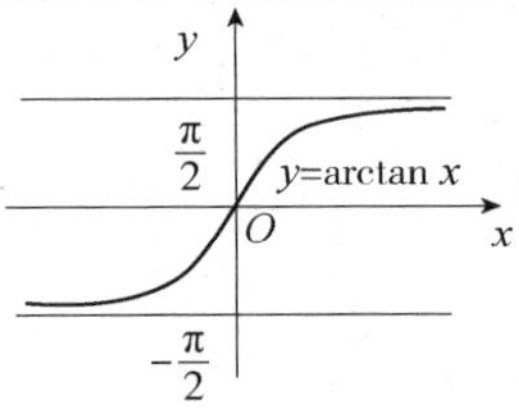	$x\to+\infty$，趋向于 $\frac{\pi}{2}$ $x\to-\infty$，趋向于 $-\frac{\pi}{2}$	$x\to\infty$，因为两边变化情况不同，所以趋势无法归纳

定义 2.2　设函数 $f(x)$ 在 $|x|>a$ 有定义（a 是任意常数），

（1）如果当 x 的绝对值无限增大时，函数 $f(x)$ 无限趋近于某个确定的常数 A，则称常数 A 为函数 $f(x)$ 当 $x\to\infty$ 时的**极限**．记作：

$$\lim_{x\to\infty} f(x)=A \text{ 或 } f(x)\to A\ (x\to\infty)$$

（2）如果当 x 的负值无限增大时，函数 $f(x)$ 无限趋近于某个确定的常数 A，则称常数 A 为函数 $f(x)$ 当 $x\to-\infty$ 时的**极限**．记作：

$$\lim_{x\to-\infty} f(x)=A \text{ 或 } f(x)\to A\ (x\to-\infty)$$

（3）如果当 x 无限增大时，函数 $f(x)$ 无限趋近于某个确定的常数 A，则称常数 A 为函数 $f(x)$ 当 $x\to+\infty$ 时的**极限**．记作：

$$\lim_{x\to+\infty} f(x)=A \text{ 或 } f(x)\to A\ (x\to+\infty)$$

例 2.1.2　观察函数 $f(x)=\frac{1}{x}$ 图像，分析当 $x\to+\infty$，$x\to-\infty$，$x\to\infty$ 的极限．

解　（1）如图 2.1 所示，分析函数 $f(x)=\frac{1}{x}$ 的变化，当 $x\to+\infty$ 时，函数无限趋近于常数 0，所以 $\lim\limits_{x\to+\infty}\frac{1}{x}=0$；当 $x\to-\infty$ 时，函数无限趋近于常数 0，所以 $\lim\limits_{x\to-\infty}\frac{1}{x}=0$．

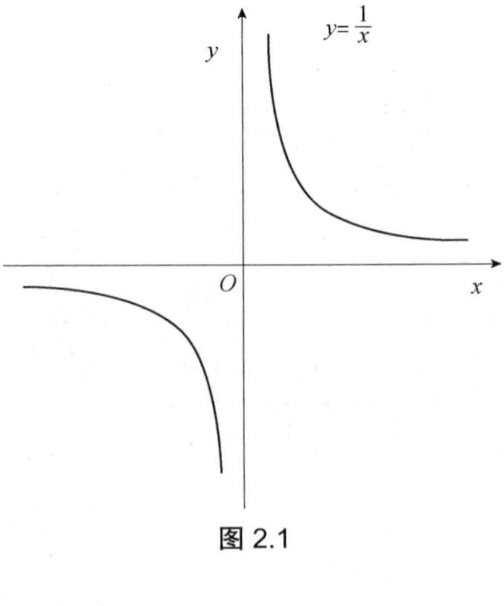

图 2.1

同时，我们还可得下面定理．

定理 2.1　当 $x\to\infty$ 时，函数 $f(x)$ 以 A 为极限的

充要条件是函数 $f(x)$ 当 $x\to-\infty$ 与 $x\to+\infty$ 的极限均为 A．即

$$\lim_{x\to\infty}f(x)=A \Leftrightarrow \lim_{x\to-\infty}f(x)=\lim_{x\to+\infty}f(x)=A.$$

> **【同步练习】**
> 当 $x\to+\infty$ 时，函数 $f(x)=2^{-x}$ 的极限________.
> 当 $x\to\infty$ 时，函数 $f(x)=\sin x$ 的极限________.
> 当 $x\to-\infty$ 时，函数 $f(x)=\ln x$ 的极限________.
> 当 $x\to\infty$ 时，函数 $f(x)=\operatorname{arccot}x$ 的极限________.

2．当 $x\to x_0$ 时函数 $f(x)$ 的极限

接下来我们把研究目标聚集在某一点附近函数的变化情况.

案例 2.3	图示
（人影长度）考虑一个人走向路灯时，其影子的长度问题，目标就是灯的正下方那点，则当此人越来越靠近目标时，其影子的长度逐渐趋于 0.	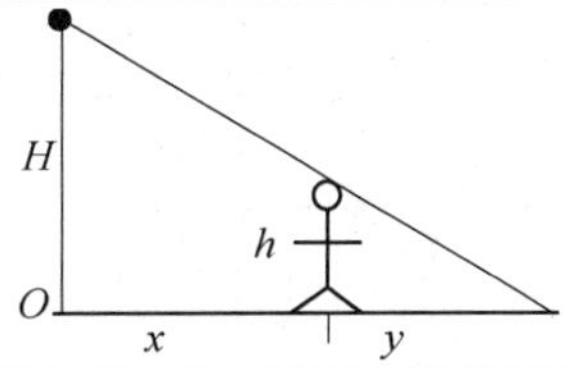

【分析】 该问题涉及这样几个量：人与灯正下方的距离 x，人身高 h，灯高 H 和人影的长度 y，在人移向灯正下方的过程中，人身高与灯高是不变的，而人与灯正下方的距离和人影的长度在不断变化，它们是变量，我们来确定两个变量之间的关系．根据实际经验不难发现，当人与灯正下方的距离 x 越来越趋近于 0 时，函数值人影的长度 y 也越来越趋近于 0.

首先考察一些熟悉的函数图像如表 2.5 所示.

表 2.5

函　数	图　像	变化趋势	
$y=e^x$	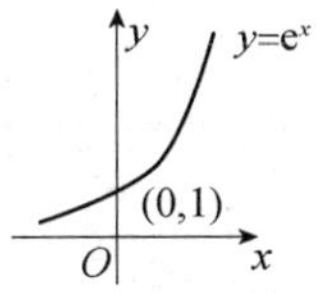	$x>0,x\to0$，趋向于1 $x<0,x\to0$，趋向于1	$x\to0$，趋向于1
$\delta(x)=\begin{cases}1 & x\geqslant0\\0 & x<0\end{cases}$	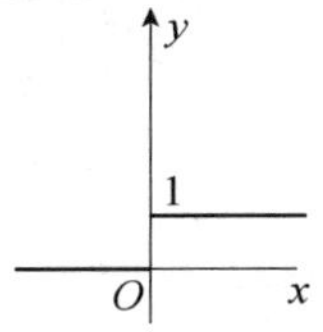	$x>0,x\to0$，趋向于1 $x<0,x\to0$，趋向于0	$x\to0$，因为两边变化情况不同，所以趋势无法归纳

于是我们有下列定义：

定义 2.3　设函数 $y=f(x)$ 在点 x_0 的某个邻域内有定义（点 x_0 本身可以除外），

（1）如果当自变量 x 无限趋近于 x_0（但 $x\neq x_0$）时，函数 $f(x)$

> 当 $x\to x_0$ 时，函数 $f(x)$ 的极限是否存在，与函数 $f(x)$ 在点 x_0 处有无定义和在点 x_0 处函数值的大小无关

无限趋近于一个常数 A，则称常数 A 为函数 $f(x)$ 当 $x\to x_0$ 时的**极限**．记作

$$\lim_{x\to x_0} f(x)=A \text{ 或 } f(x)\to A\ (x\to x_0)$$

（2）如果当 x 从 x_0 的左侧（小于 x_0 的方向）趋近于 x_0 时，函数 $f(x)$ 无限趋近于常数 A，则称常数 A 为函数 $f(x)$ 当 $x\to x_0^-$ 时的**左极限**．记作

$$\lim_{x\to x_0^-} f(x)=A \text{ 或 } f(x)\to A\ (x\to x_0^-)$$

（3）如果当 x 从 x_0 的右侧（大于 x_0 的方向）趋近于 x_0 时，函数 $f(x)$ 无限趋近于常数 A，则称常数 A 为函数 $f(x)$ 当 $x\to x_0^+$ 时的**右极限**．记作

$$\lim_{x\to x_0^+} f(x)=A \text{ 或 } f(x)\to A\ (x\to x_0^+)$$

例 2.1.3 设函数 $f(x)=\begin{cases}x, & x>0\\ -x, & x<0\end{cases}$，试判断 $\lim\limits_{x\to 0} f(x)$ 是否存在．

解 由图 2.2 知，$\lim\limits_{x\to 0^+} f(x)=\lim\limits_{x\to 0^+} x=0$ 且有 $\lim\limits_{x\to 0^-} f(x)=\lim\limits_{x\to 0^-} -x=0$，所以，$\lim\limits_{x\to 0} f(x)=0$．

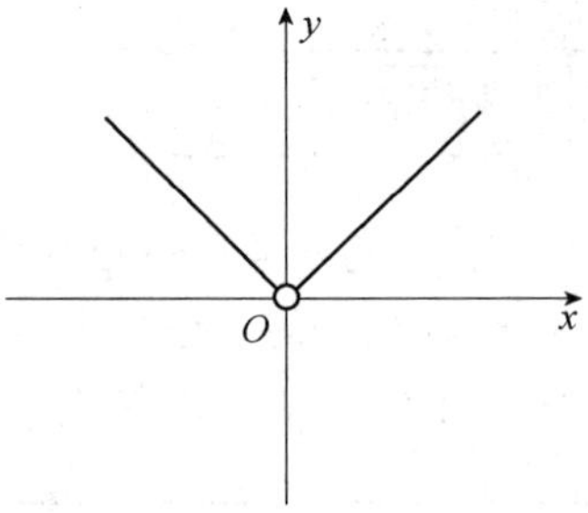

图 2.2

于是，我们类似地可得到函数极限与左、右极限的关系如下：

定理 2.2 当 $x\to x_0$ 时，函数 $f(x)$ 以 A 为极限的充要条件是函数 $f(x)$ 当 $x\to x_0^-$ 与 $x\to x_0^+$ 的极限均为 A．即

$$\lim_{x\to x_0} f(x)=A \Leftrightarrow \lim_{x\to x_0^+} f(x)=\lim_{x\to x_0^-} f(x)=A$$

例 2.1.4 设函数 $f(x)=\begin{cases}e^x, & x\geqslant 0\\ x+a, & x<0\end{cases}$，试问 a 为何值时，极限 $\lim\limits_{x\to 0} f(x)$ 存在，并求 $\lim\limits_{x\to 0} f(x)$．

解 因为 $\lim\limits_{x\to 0^-} f(x)=\lim\limits_{x\to 0^-}(x+a)=a$，$\lim\limits_{x\to 0^+} f(x)=\lim\limits_{x\to 0^+} e^x=1$．由于极限 $\lim\limits_{x\to 0} f(x)$ 存在，根据定理 2.2 知，$a=1$，且 $\lim\limits_{x\to 0} f(x)=1$．

【同步练习】

1．当 $x\to 0$，下列变量中极限为 0 的是（　　）．

A．$\dfrac{5x}{x}$　　B．$4e^x$　　C．$\cos x-1$　　D．$\sin(x^3+6)$

2．当 $x\to 0^+$ 时，函数 $x\cos x$ 的极限是________．

3．已知函数 $f(x)=\begin{cases}x-1, & x>0\\ 1, & x=0\\ -x, & x<0\end{cases}$，求函数分别在 $x\to 0^+$、$x\to 0^-$、$x\to 0$ 时的极限．

2.2　无穷小量与无穷大量

2.2.1　无穷小量与无穷大量的概念

案例 2.4	邮票中的数学元素
（弹球模型）一只球从 100m 的高空掉下，每次弹回的高度为前一次高度的 $\frac{2}{3}$，一直这样运动下去，用球的第 $1,2,\cdots,n,\cdots$ 次的高度来表示球的运动规律，若当弹回次数无限增大时，球弹回的高度无限接近 0.	没有任何问题可以向无穷那样深深地触动人的情感，很少有别的观念能像无穷那样激励理智产生富有成果的思想，然而也没有任何其他的概念能像无穷那样需要加以阐明. ——希尔伯特 
（单摆运动）单摆离开垂直位置的偏度可以用角 θ 来度量，如果让单摆开始摆动，则由于机械摩擦力和空气阻力，随着摆动不断减小，角 θ 无限接近 0.	

观察下列函数在自变量沿着不同趋势变化时，我们可以发现函数值也会出现各种相应变化结果，如表 2.6 所示．接下来我们对函数值最终趋向于零或者无穷的两种特殊情况进行分析.

表 2.6

函　数	图　像	变化趋势	
$y=\ln x$	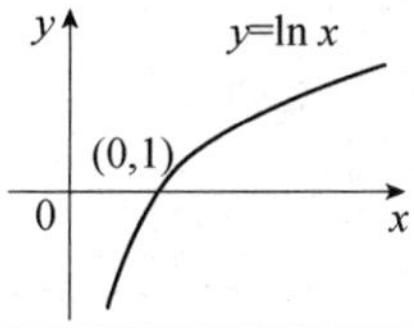	当 $x\to 1$	$y\to 0$
		当 $x\to 0^+$	$y\to -\infty$
		当 $x\to +\infty$	$y\to +\infty$
$y=\mathrm{e}^x$	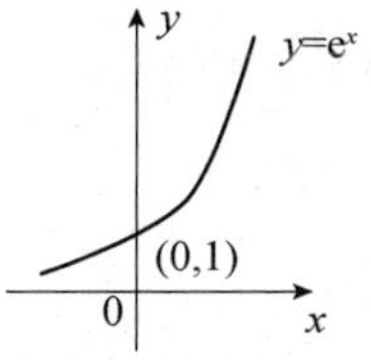	当 $x\to 0$	$y\to 1$
		当 $x\to -\infty$	$y\to 0$
		当 $x\to +\infty$	$y\to +\infty$

具体定义如下：

定义 2.4	记作	记号
（1）在某一变化过程中，以零为极限的变量称为**无穷小量**，简称**无穷小**.	$\lim f(x)=0$	常用 α、β、γ 等表示.
（2）在某一变化过程中，绝对值无限增大的变量称为**无穷大量**，简称**无穷大**.	$\lim f(x)=\infty$	

由于无穷小量与无穷大量两者之间是倒数关系，而无穷小量的极限是存在的，方便讨论．因此我们经常以无穷小量为主要讨论对象．

> 无穷小量是以零为极限的变量，不要把一个绝对值很小的数误认为是无穷小量，但常数0是最特殊的无穷小量．

例 2.2.1 下列变量是否为无穷小量或无穷大量？

（1）$\frac{1}{x}$（$x\to\infty$）； （2）$\arctan x$（$x\to 1$）；

（3）$\sin x$（$x\to\infty$）； （4）$\sqrt{x}$（$x\to+\infty$）．

解 采用观察函数图像的方法可得以下结论：

（1）当$x\to\infty$时，$\frac{1}{x}\to 0$，所以当$x\to\infty$时，$\frac{1}{x}$是无穷小量．

（2）当$x\to 1$时，$\arctan x\to\frac{\pi}{4}$，所以当$x\to 1$时，$\arctan x$既不是无穷小量也不是无穷大量；

（3）当$x\to\infty$时，$\sin x$不稳定，所以当$x\to\infty$时，$\sin x$不是无穷小量；

（4）当$x\to+\infty$时，$\sqrt{x}\to\infty$，所以当$x\to+\infty$时，$\sqrt{x}$是无穷大量．

【同步练习】 下列变量是否为无穷小或无穷大？

（1）当$x\to\infty$时，x^2； （2）当$x\to 1$时，$\frac{1}{x-1}$；

（3）当$x\to\frac{\pi}{2}$时，$\cos x$； （4）当$x\to 1$时，$\ln x$．

2.2.2 无穷小量的性质

无穷小量还有以下性质：

性质 1 有限个无穷小量的代数和仍然是无穷小量；

反例：$\lim\limits_{n\to\infty}\left(\frac{1}{n^2}+\frac{2}{n^2}+\cdots+\frac{n}{n^2}\right)=\lim\limits_{n\to\infty}\frac{\frac{(1+n)n}{2}}{n^2}=\lim\limits_{n\to\infty}\frac{1+n}{2n}=\frac{1}{2}$．

性质 2 有界变量乘无穷小量仍是无穷小量；特别地，常数乘无穷小量仍是无穷小量．

例 2.2.2 求$\lim\limits_{x\to\infty}\frac{1}{x}\sin x$．

解 因为$|\sin x|\leqslant 1$，当$x\to\infty$时，$\frac{1}{x}$是无穷小量．根据性质2，当$x\to\infty$时，乘积$\frac{1}{x}|\sin x|$仍是无穷小量．即$\lim\limits_{x\to\infty}\frac{1}{x}|\sin x|=0$．由同样的道理可得：$\lim\limits_{x\to\infty}\frac{1}{x}\sin x=0$．

无穷小量与函数极限有如下关系：

定理 2.3 函数$f(x)$以常数A为极限的**充分必要条件**是$f(x)$可以表示为常数A与一个无穷小量α之和．即

$$\lim f(x)=A\Leftrightarrow f(x)=A+\alpha\ (\alpha\to 0)$$

*2.2.3　无穷小量的阶

下面我们在 $x \to 0$ 的变化趋势下，观察下列不同无穷小量之间趋向于零的速度是否一样，如表 2.7 所示.

表 2.7

无穷小量	变化趋势							
x	…	0.8	0.7	0.6	0.5	0.4	0.3	0.2	…
$2x$	…	1.6	1.4	1.2	1.0	0.8	0.6	0.4	…
$2x^2$	…	0.64	0.49	0.36	0.25	0.16	0.09	0.04	…

分析表 2.7 不难发现这三个无穷小量趋向于零的速度是不同的．于是我们可以将任意两个无穷小量进行比较，得到以下结论.

定义 2.5　设 α 、β 是同一变化过程中的两个无穷小量，

（1）若 $\lim\dfrac{\beta}{\alpha}=0$，则称 β 是比 α **高阶**的无穷小量，记作 $\beta=o(\alpha)$；

（2）若 $\lim\dfrac{\beta}{\alpha}=\infty$，则称 β 是比 α **低阶**的无穷小量；

（3）若 $\lim\dfrac{\beta}{\alpha}=c(c\neq0,\ c\neq1)$，则称 β 与 α 是**同阶**的无穷小量；

（4）若 $\lim\dfrac{\beta}{\alpha}=1$，则称 β 与 α 是**等价**的无穷小量，记作 $\beta \sim \alpha$.

例如，表 2.7 中，$\lim\limits_{x\to0}\dfrac{x}{2x}=\dfrac{1}{2}$，说明在 $x\to0$ 时，x 与 $2x$ 是同阶的无穷小量；$\lim\limits_{x\to0}\dfrac{x}{x^2}=\infty$，说明在 $x\to0$ 时，x 是比 x^2 低阶的无穷小量.

2.3　极限的运算

为了方便极限运算，我们给出极限的四则运算法则与两个重要极限，证明过程不做要求.

2.3.1　极限的四则运算法则

定理 2.4　如果 $\lim u(x)=A,\ \lim v(x)=B,$则

（1）$\lim[u(x)\pm v(x)]=A\pm B$

（2）$\lim[u(x)\cdot v(x)]=A\cdot B$

（3）$\lim\dfrac{u(x)}{v(x)}=\dfrac{A}{B}$（$B\neq0$）.

> 定理中的（1）与（2）可推广到有限个的情形.（2）的推理：
> $\lim C\cdot u(x)=C\lim u(x)$
> $\lim[u(x)]^n=[\lim u(x)]^n$
> 其中 C 为常数.

例 2.3.1　求下列函数的极限.

（1）$\lim\limits_{x\to\frac{\pi}{2}}\left(\sin x-\mathrm{e}^x+x\right)$；（2）$\lim\limits_{x\to1}\cos x\ln x$；（3）$\lim\limits_{x\to2}\dfrac{3x+4}{x^2-2x+2}$.

解　（1）原式$=\lim\limits_{x\to\frac{\pi}{2}}(\sin x)-\lim\limits_{x\to\frac{\pi}{2}}(\mathrm{e}^{x})+\lim\limits_{x\to\frac{\pi}{2}}(x)=1-\mathrm{e}^{\frac{\pi}{2}}+\frac{\pi}{2}$；

（2）原式$=\lim\limits_{x\to1}\cos x\cdot\lim\limits_{x\to1}\ln x=\cos1\cdot\ln1=0$；

（3）原式$=\dfrac{\lim\limits_{x\to2}(3x+4)}{\lim\limits_{x\to2}(x^2-2x+2)}=\dfrac{3\times2+4}{2^2-2\times2+2}=\dfrac{10}{2}=5$.

下面重点研究 $x\to x_0$ 分式有理函数求极限问题，对于 $f(x)=\dfrac{u(x)}{v(x)}$ 结构，分母是否为零对该问题的极限求解起到很大影响.

> 若函数在 x_0 点函数值存在，则 $\lim\limits_{x\to x_0}f(x)=f(x_0)$.

例 2.3.2　求下列极限：

（1）$\lim\limits_{x\to1}\dfrac{x-3}{x^2-2x+1}$；（2）$\lim\limits_{x\to1}\dfrac{x-1}{x^2+3x-4}$；（3）$\lim\limits_{x\to0}\dfrac{\sqrt{x+1}-1}{x}$.

解　（1）当 $x\to1$ 时，$u(x)=x-3\to-2$，$v(x)=(x-1)^2\to0$．不能直接用商的极限法则来分析．我们可考虑倒数的极限.

$$\lim_{x\to1}\frac{x^2-2x+1}{x-3}=\frac{0}{-2}=0$$

由无穷小与无穷大的关系知：

$$\lim_{x\to1}\frac{x-3}{x^2-2x+1}=\infty.$$

> 当遇到分母的极限为零，分子的极限不为零的分式函数的极限时，可利用倒数的极限与无穷大、小量的关系来确定原式的极限.

（2）当 $x\to1$ 时，$u(x)=x-1\to0$，$v(x)=(x-1)(x+4)\to0$.

因此它也不能直接应用极限的运算法则来分析．我们称这种问题为 $\dfrac{0}{0}$ 型极限问题．可以通过消去零因子的方法，再求极限.

原式$=\lim\limits_{x\to1}\dfrac{x-1}{(x-1)(x+4)}=\lim\limits_{x\to1}\dfrac{1}{x+4}=\dfrac{1}{5}$.

> 对于“$\dfrac{0}{0}$”型极限时，可以用消去零因子的方法求解．消去零因子的方法有因式分解或分子、分母有理化方式.

（3）当 $x\to0$ 时，$u(x)=\sqrt{x+1}-1\to0$，$v(x)=x\to0$．它也属于 $\dfrac{0}{0}$ 型极限问题．可以用分子有理化的方法消去零因子.

$$\text{原式}=\lim_{x\to0}\frac{\left(\sqrt{x+1}-1\right)\left(\sqrt{x+1}+1\right)}{x\left(\sqrt{x+1}+1\right)}$$

$$=\lim_{x\to0}\frac{x+1-1}{x\left(\sqrt{x+1}+1\right)}=\lim_{x\to0}\frac{1}{\left(\sqrt{x+1}+1\right)}=\frac{1}{2}.$$

【同步练习】

1．求下列函数的极限：

$\lim\limits_{x\to2}\dfrac{x+1}{x^2-x-2}$；（2）$\lim\limits_{x\to3}\dfrac{x+3}{x^2-9}$；（3）$\lim\limits_{x\to1}\dfrac{\sqrt{x+8}-3}{x-1}$；

2．已知 $\lim\limits_{x\to 1}\dfrac{x^2-ax+b}{1-x}=1$，求 a，b．

对于 $f(x)=\dfrac{u(x)}{v(x)}$ 结构，当 $x\to\infty$ 时，$u(x)\to\infty$ 且 $v(x)\to\infty$，我们称这种类型为“$\dfrac{\infty}{\infty}$”型．下面研究这种类型的极限问题．

例 2.3.3　求下列极限：

（1）$\lim\limits_{x\to\infty}\dfrac{x^3-3x^2+1}{4x^3-2x+9}$；（2）$\lim\limits_{x\to\infty}\dfrac{3x^2-x+4}{x^4+2x^3-5}$；（3）$\lim\limits_{x\to\infty}\dfrac{3x^2-2x+4}{x-7}$．

解　（1）比较 $\dfrac{u(x)}{v(x)}$ 式中分子分母最高次，不难发现它们的最高次都是 x^3，说明分子分母趋向于 ∞ 的速度是一样的，因此采用以下方法处理．

$$原式=\lim_{x\to\infty}\frac{1-\frac{3}{x}+\frac{1}{x^3}}{4-\frac{2}{x^2}+\frac{9}{x^3}}=\frac{\lim\limits_{x\to\infty}\left(1-\frac{3}{x}+\frac{1}{x^3}\right)}{\lim\limits_{x\to\infty}\left(4-\frac{2}{x^2}+\frac{9}{x^3}\right)}=\frac{1}{4}；$$

（2）比较 $\dfrac{u(x)}{v(x)}$ 式中分子分母最高次，不难发现分母的最高次，为 x^4，说明分母趋向于 ∞ 的速度比分子快，因此采用以下方法处理．

$$原式=\lim_{x\to\infty}\frac{\left(\frac{3}{x^2}-\frac{1}{x^3}+\frac{4}{x^4}\right)}{\left(1+\frac{2}{x}-\frac{5}{x^4}\right)}=\frac{\lim\limits_{x\to\infty}\left(\frac{3}{x^2}-\frac{1}{x^3}+\frac{4}{x^4}\right)}{\lim\limits_{x\to\infty}\left(1+\frac{2}{x}-\frac{5}{x^4}\right)}=0；$$

（3）比较 $\dfrac{u(x)}{v(x)}$ 式中分子分母最高次，不难发现分子的最高次，为 x^2，说明分子趋向于 ∞ 的速度比分母快，因此采用下面方法处理．

$$原式的倒数=\lim_{x\to\infty}\frac{x-7}{3x^2-2x+4}=\lim_{x\to\infty}\frac{\frac{1}{x}-\frac{7}{x^2}}{3-\frac{2}{x}+\frac{4}{x^2}}=\frac{0+0}{3-0+0}=0$$

所以，$\lim\limits_{x\to\infty}\dfrac{3-\frac{2}{x}+\frac{4}{x^2}}{\frac{1}{x}-\frac{7}{x^2}}=\infty$．

一般地，当 $x\to\infty$ 时，有下面的结论：

$$\lim_{x\to\infty}\frac{a_0x^n+a_1x^{n-1}+\cdots+a_n}{b_0x^m+b_1x^{m-1}+\cdots+b_m}=\begin{cases}\dfrac{a_0}{b_0}, & n=m\\ 0, & n<m\\ \infty, & n>m\end{cases}（其中\ a_0\neq 0,\ b_0\neq 0）$$

【同步练习】

1．求下列极限：

（1）$\lim\limits_{x\to\infty}\dfrac{x+1}{x^2-x-2}$；（2）$\lim\limits_{x\to\infty}\dfrac{x^3-2x^2+1}{x^2-4}$；（3）$\lim\limits_{x\to\infty}\dfrac{(2x-1)^2(3x+4)^3}{(3x-1)^5}$．

2．$\lim\limits_{x\to\infty}(1+\dfrac{1}{x})(2-\dfrac{1}{x^2}+\dfrac{1}{x^3})=$________________．

3．$\lim\limits_{x\to\infty}\dfrac{2x^{50}-3x^{20}+1}{(1-x)^{30}(2x+1)^{20}}=$________________．

2.3.2　两个重要极限

1．重要极限一 $\boxed{\lim\limits_{x\to 0}\dfrac{\sin x}{x}=1}$

当$x\to 0$时，考察$\dfrac{\sin x}{x}$的变化趋势（见表 2.8）．

表 2.8

x	±1	±0.5	±0.1	±0.05	±0.01
$\dfrac{\sin x}{x}$	0.84147	0.95885	0.99833	0.99958	0.99998

表中计算说明，即

$$\lim_{x\to 0}\frac{\sin x}{x}=1$$

在应用时应注意它的格式．在某一变化过程中，分子分母的极限都为零（我们称它为$\dfrac{0}{0}$型），且分子是分母的正弦．

> 通过变形转化为 $\lim\limits_{u(x)\to 0}\dfrac{\sin u(x)}{u(x)}=1$ 的结构来求解极限．

例 2.3.4　求下列极限：

（1）$\lim\limits_{x\to 0}\dfrac{\sin 3x}{5x}$；（2）$\lim\limits_{x\to 0}\dfrac{\sin x^2}{x}$；（3）$\lim\limits_{x\to 0}\dfrac{x-\sin x}{x+\sin x}$．

解　（1）原式$=\lim\limits_{x\to 0}\dfrac{3}{5}\dfrac{\sin 3x}{3x}=\dfrac{3}{5}\lim\limits_{x\to 0}\dfrac{\sin 3x}{3x}=\dfrac{3}{5}$；

（2）原式$=\lim\limits_{x\to 0}\dfrac{\sin x^2}{x\cdot x}\cdot x=\lim\limits_{x\to 0}\dfrac{\sin x^2}{x^2}\cdot\lim\limits_{x\to 0}x=1\cdot 0=0$；

（3）原式$=\lim\limits_{x\to 0}\dfrac{1-\dfrac{\sin x}{x}}{1+\dfrac{\sin x}{x}}=\dfrac{1-1}{1+1}=0$．

例 2.3.5　求下列函数的极限：

（1）$\lim\limits_{x\to 0}\dfrac{\tan x}{x}$；（2）$\lim\limits_{x\to 0}\dfrac{\tan 2x}{7x}$；（3）$\lim\limits_{x\to 0}\dfrac{\tan 3x}{\sin 5x}$．

解　（1）原式 $=\lim\limits_{x\to 0}\dfrac{\sin x}{x\cos x}=\lim\limits_{x\to 0}\dfrac{\sin x}{x}\cdot\dfrac{1}{\cos x}$

$=\lim\limits_{x\to 0}\dfrac{\sin x}{x}\lim\limits_{x\to 0}\dfrac{1}{\cos x}=1\cdot 1=1$；

（2）原式 $=\lim\limits_{x\to 0}\dfrac{2}{7}\cdot\dfrac{\tan 2x}{2x}=\dfrac{2}{7}$；

（3）原式 $=\lim\limits_{x\to 0}\dfrac{\tan 3x}{3x}\cdot\dfrac{5x}{\sin 5x}\cdot\dfrac{3}{5}=\dfrac{3}{5}$.

通过变形转化为 $\lim\limits_{u(x)\to 0}\dfrac{\tan u(x)}{u(x)}=1$ 的结构来求解极限.

例 2.3.6　求极限 $\lim\limits_{x\to 0}\dfrac{1-\cos x}{\dfrac{x^2}{2}}$.

解　原式 $=\lim\limits_{x\to 0}\dfrac{2\sin^2\dfrac{x}{2}}{\dfrac{1}{2}x^2}=\lim\limits_{x\to 0}\dfrac{\sin^2\dfrac{x}{2}}{\left(\dfrac{x}{2}\right)^2}=\lim\limits_{x\to 0}\left(\dfrac{\sin\dfrac{x}{2}}{\dfrac{x}{2}}\right)^2=1^2=1$.

【同步练习】

1．下列等式不正确的是（　　）.

A．$\lim\limits_{x\to 0}\dfrac{\sin x}{x}=1$　　B．$\lim\limits_{x\to\infty}\dfrac{\sin x}{x}=0$

C．$\lim\limits_{x\to 0}\dfrac{x}{\sin x}=0$　　D．$\lim\limits_{x\to\infty}x\sin\dfrac{1}{x}=1$

2．求下列极限.

（1）$\lim\limits_{x\to 0}\dfrac{\sin 4x}{\sin 7x}$；（2）$\lim\limits_{x\to 0}\dfrac{\tan 2x}{\sin 3x}$；（3）$\lim\limits_{x\to 0}\dfrac{1-\cos x}{x\sin x}$.

2．重要极限二　$\lim\limits_{x\to\infty}\left(1+\dfrac{1}{x}\right)^x=\mathrm{e}$

当 $x\to\infty$ 时，考察 $\left(1+\dfrac{1}{x}\right)^x$ 的变化趋势．我们来观察 $\left(1+\dfrac{1}{x}\right)^x$ 的一系列对应值（见表 2.9）.

表 2.9

x	…	10	10^2	10^3	10^4	10^5	…
$\left(1+\dfrac{1}{x}\right)^x$	…	2.59374	2.70481	2.71692	2.71815	2.71827	…

表中数据说明，即

$$\lim_{x\to\infty}\left(1+\frac{1}{x}\right)^x=\mathrm{e}$$

在应用时应注意它的格式．在某一变化过程中，底的极限为 1，指数是无穷大量（我们称它为 1^∞ 型），且底中 1 加的部分与指数是倒数关系.

例 2.3.7 求下列极限：

（1）$\lim\limits_{x\to\infty}\left(1+\frac{1}{x}\right)^{4x}$；（2）$\lim\limits_{x\to\infty}\left(1-\frac{1}{3x}\right)^{5x}$；（3）$\lim\limits_{x\to\infty}\left(\frac{x+1}{x-1}\right)^{x+1}$．

通过变形转化为 $\lim\limits_{u(x)\to\infty}\left(1+\frac{1}{u(x)}\right)^{u(x)}=\mathrm{e}$ 的结构求极限．

解 （1）原式 $=\lim\limits_{x\to\infty}\left[\left(1+\frac{1}{x}\right)^{x}\right]^{4}=\mathrm{e}^{4}$；

（2）原式 $=\lim\limits_{x\to\infty}\left[\left(1+\left(-\frac{1}{3x}\right)\right)^{(-3x)}\right]^{\left(-\frac{5}{3}\right)}$

$=\mathrm{e}^{-\frac{5}{3}}$；

（3）原式 $=\lim\limits_{x\to\infty}\left(\frac{1+x}{1-x}\right)^{x}\cdot\lim\limits_{x\to\infty}\left(\frac{1+x}{1-x}\right)=\lim\limits_{x\to\infty}\left(\frac{1+\frac{1}{x}}{1-\frac{1}{x}}\right)^{x}$

$=\dfrac{\lim\limits_{x\to\infty}\left(1+\frac{1}{x}\right)^{x}}{\lim\limits_{x\to\infty}\left(1-\frac{1}{x}\right)^{x}}=\frac{\mathrm{e}}{\mathrm{e}^{-1}}=\mathrm{e}^{2}$．

通过变形转化为 $\lim\limits_{u(x)\to 0}(1+u(x))^{\frac{1}{u(x)}}=\mathrm{e}$ 的结构求极限．

例 2.3.8 求下列极限：

（1）$\lim\limits_{x\to 0}(1+x)^{\frac{1}{x}}$；（2）$\lim\limits_{x\to 0}(1-3x)^{\frac{2}{x}-1}$．

解 （1）令 $\frac{1}{x}=t$，当 $x\to 0$ 时，$t\to\infty$．

于是

$$\lim_{x\to 0}(1+x)^{\frac{1}{x}}=\lim_{t\to\infty}\left(1+\frac{1}{t}\right)^{t}=\mathrm{e}$$

以后，我们可以直接利用结论：$\lim\limits_{x\to 0}(1+x)^{\frac{1}{x}}=\mathrm{e}$．

（2）原式 $=\dfrac{\lim\limits_{x\to 0}(1-3x)^{\frac{2}{x}}}{\lim\limits_{x\to 0}(1-3x)}=\dfrac{\lim\limits_{t\to 0}\left\{[1+(-3x)]^{\frac{1}{-3x}}\right\}^{-6}}{\lim\limits_{x\to 0}(1-3x)}=\mathrm{e}^{-6}$．

【同步练习】

求下列极限：

（1）$\lim\limits_{x\to\infty}\left(1-\frac{1}{x}\right)^{2x-4}$；（2）$\lim\limits_{x\to 0}(1+5x)^{\frac{1}{3x}}$；（3）$\lim\limits_{x\to\infty}\left(\frac{x-1}{x+3}\right)^{x}$．

2.4　函数的连续性

2.4.1　函数连续性的概念

连续性是自然界中各种物态连续变化的数学体现，这方面的实例可以举出很多，如水的连续流动、身高的连续增长等.

案例 2.5

（身高增长）我们知道人体的身高 h 是时间 t 的函数 $h(t)$，h 随时间连续变化. 事实上，当时间 t 的变化微小时，人的身高 h 的变化也是微小的.

（Koch 雪花曲线）1904 年瑞典科学家 Koch 描述了一件有趣的事：一个边长为 a 的正三角形，将每条边三等分，以中间的一段为边，向外凸出一个正三角形，然后把原来边上中间的部分擦掉，得到一个 12 边形，然后，按此方法构造出一个 48 边形，无限次重复以上步骤，所围成的图形称为 Koch 雪花.

邮票中的数学元素

培根说："美在于独特而令人惊异，奇异与和谐是对立的统一."奇异性是数学美的一个重要特征，比如瑞典数学家柯克（Koch）做出的雪花曲线，其面积是有限的，周长却是无限且连续的曲线.

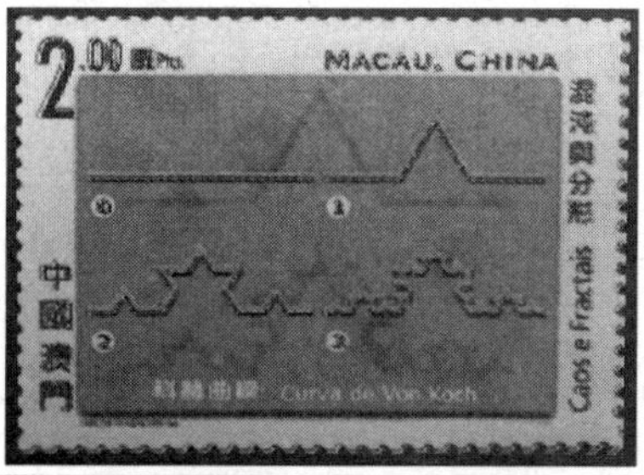

1. 函数的改变量

观察函数 $f(x)=x^2$ 依赖自变量 x 的变化情况，如表 2.10 所示.

表 2.10

x_1	x_0	$\Delta x=x_1-x_0$	$f(x_1)$	$f(x_0)$	$\Delta y=f(x_1)-f(x_0)$
1.01	1	0.01	1.0201	1	0.0201
2.01	2	0.01	4.0401	4	0.0401
…	…	…	…	…	…

定义 2.6　设函数 $y=f(x)$ 在 x_0 的某邻域内有定义，当自变量 x 由 x_0 变到 x，差 $x-x_0$ 被称为自变量 x 在 x_0 处的**改变量或增量**，通常用 Δx 表示，即 $\Delta x=x-x_0$. 相应地，函数值由 $f(x_0)$ 变到 $f(x)$，差 $f(x)-f(x_0)$ 被称为**函数** $f(x)$ 在 x_0 处的**改变量或增量**，记作 Δy，即

$$\Delta y=f(x)-f(x_0) \text{ 或 } \Delta y=f(x_0+\Delta x)-f(x_0)$$

2. 函数 $f(x)$ 在 x_0 处的连续性

观察图 2.3 中两条曲线在 $x=0$ 处的情况，左图函数在 $x=0$ 点时图像断开，右图函数在 $x=0$ 点的图像是连续的.

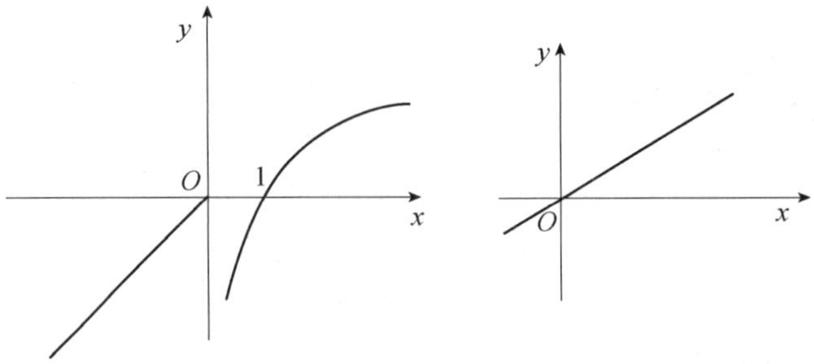

图 2.3

综上分析，我们给出函数连续的定义.

定义 2.7 设函数 $y=f(x)$ 在点 x_0 的某个邻域内有定义，自变量 x 在 x_0 处给以增量 Δx，相应地函数 y 的增量为 Δy，如果 $\lim\limits_{\Delta x\to 0}\Delta y=0$，则称函数 $f(x)$ 在**点 x_0 处连续**，点 x_0 称为函数 $f(x)$ 的**连续点**；否则就称函数 $f(x)$ **在点 x_0 处间断**，点 x_0 称为函数 $f(x)$ 的**间断点**.

如图 2.4 所示，如果令 $x=x_0+\Delta x$，那么 $\Delta x\to 0$ 时，$x\to x_0$；反之，也成立．于是

$$\lim_{\Delta x\to 0}\Delta y=0\Leftrightarrow\lim_{x\to x_0}f(x)=f(x_0)$$

因此，函数 $f(x)$ 在点 x_0 处连续的充要条件是 $\lim\limits_{x\to x_0}f(x)=f(x_0)$.

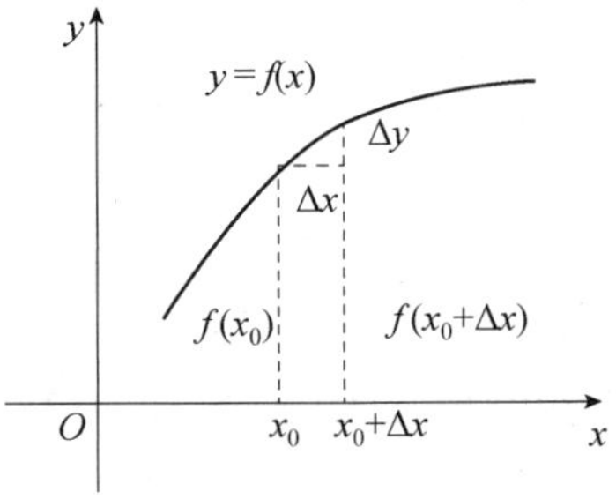

图 2.4

根据定义可知，对于一般初等函数只要 x_0 点对这个函数有意义，那么就一定满足 $\lim\limits_{x\to x_0}f(x)=f(x_0)$，即连续．但对分段函数而言情况就相对复杂，下面介绍函数 $f(x)$ 在点 x_0 左连续与右连续的定义.

如果 $\lim\limits_{x\to x_0^-}f(x)=f(x_0)$，则称函数 $f(x)$ 在点 x_0 **左连续**；

如果 $\lim\limits_{x\to x_0^+}f(x)=f(x_0)$，则称函数 $f(x)$ 在点 x_0 **右连续**.

由于 $\lim\limits_{x\to x_0}f(x)=f(x_0)\Leftrightarrow\lim\limits_{x\to x_0^-}f(x)=\lim\limits_{x\to x_0^+}f(x)=f(x_0)$，函数 $f(x)$ 在点 x_0 连续的**充分必要条件**是函数 $f(x)$ 在点 x_0 处既左连续又右连续.

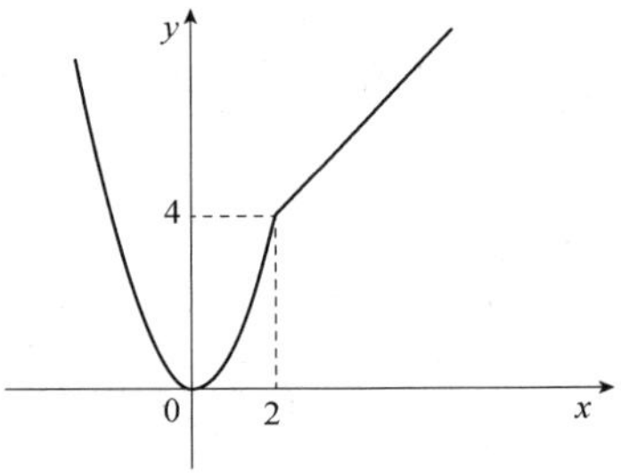

图 2.5

例 2.4.1 讨论函数 $f(x)=\begin{cases}x^2, & x\leqslant 2\\ x+2, & x>2\end{cases}$，在 $x=2$ 处的连续性，如图 2.5 所示.

解 因为 $\lim\limits_{x\to 2^+}(x+2)=4$，$\lim\limits_{x\to 2^-}x^2=4$

得：$\lim\limits_{x\to 2}f(x)=4$，且 $f(2)=4$，满足

$\lim\limits_{x\to 2}f(x)=f(2)$，所以函数在 $x=2$ 处连续.

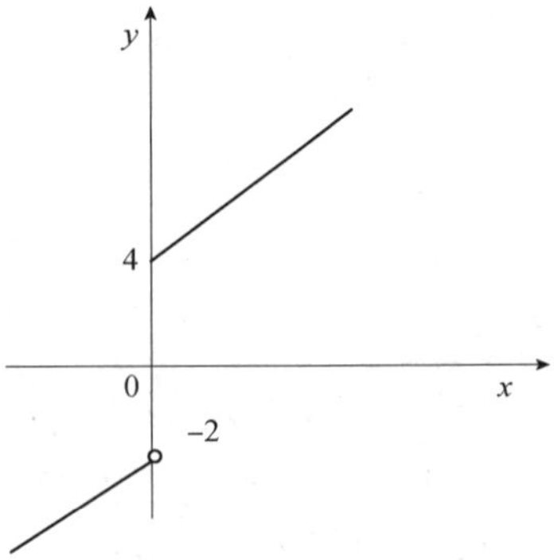

图 2.6

例 2.4.2 讨论函数 $f(x)=\begin{cases}x+2, x\geqslant 0\\ x-2, x<0\end{cases}$ 在 $x=0$ 处的连

续性，如图 2.6 所示.

解 $\lim\limits_{x\to0^+}f(x)=\lim\limits_{x\to0^+}(x+2)=2=f(0)$，

$\lim\limits_{x\to0^-}f(x)=\lim\limits_{x\to0^-}(x-2)=-2\neq f(0)$.

所以 $f(x)$ 在 $x=0$ 处不连续，但是右连续.

例 2.4.3 讨论函数 $f(x)=\begin{cases}\dfrac{\sin x}{x}, & x>0\\ 0, & x\leqslant 0\end{cases}$ 在 $x=0$ 处的连续性.

解 $\lim\limits_{x\to0}\dfrac{\sin x}{x}=1$，但 $f(0)=0$，所以 $\lim\limits_{x\to0^+}f(x)\neq f(0)$，因此函数在 $x=0$ 处不连续.

综上所述，函数 $f(x)$ 在点 x_0 处连续必须同时满足三个条件：

（1）函数 $f(x)$ 在 x_0 点有定义，即 $\lim\limits_{x\to x_0}f(x_0)$ 是一个确定的数；

（2）极限 $\lim\limits_{x\to x_0}f(x)$ 存在，即左极限 $\lim\limits_{x\to x_0^-}f(x)$ 与右极限 $\lim\limits_{x\to x_0^+}f(x)$ 存在，且相等；

（3）极限值等于函数值，即 $\lim\limits_{x\to x_0}f(x)=f(x_0)$.

如果上述条件有一条不满足，则函数 $f(x)$ 在点 x_0 处间断．例如，函数 $f(x)=\dfrac{x^2-1}{x-1}$ 在点 $x=1$ 处没有定义，$x=1$ 就是函数 $f(x)=\dfrac{x^2-1}{x-1}$ 的一个间断点.

***例 2.4.4** 问 a、b 为何值时，函数 $f(x)=\begin{cases}\dfrac{\ln(1+x)}{x}, & x>0\\ a, & x=0\\ \dfrac{\sin bx}{x}, & x<0\end{cases}$ 在 $x=0$ 处连续.

解 因为 $f(0)=a$；又因为 $\lim\limits_{x\to0^-}f(x)=\lim\limits_{x\to0^-}\dfrac{\sin bx}{x}=b$，

$$\lim_{x\to0^+}f(x)=\lim_{x\to0^+}\frac{\ln(1+x)}{x}=\lim_{x\to0^+}\ln(1+x)^{\frac{1}{x}}=\ln\left[\lim_{x\to0^+}(1+x)^{\frac{1}{x}}\right]=1$$

由于 $f(x)$ 在 $x=0$ 处连续，所以 $\lim\limits_{x\to0^-}f(x)=\lim\limits_{x\to0^+}f(x)=f(0)$，

于是 $a=b=1$.

【同步练习】

1．求函数 $f(x)=\begin{cases}x-1, & x\geqslant1\\ \dfrac{\sin(x-1)}{x-1}, & -1<x<1\end{cases}$ 在点 $x=1$ 处的连续性.

2．若 $f(x)=\begin{cases}\dfrac{1-\sqrt{1-x}}{x}, & x<0\\ a+bx, & x\geqslant0\end{cases}$ 在 $x=0$ 处连续，则 a 的值？

3. 函数 $f(x)$ 在区间 $[a,b]$ 上的连续性

观察函数 $f(x)=x^2$，发现在区间 $(-\infty,+\infty)$ 上每一点 x_0 处均连续，我们称函数 $f(x)=x^2$ 在区间 $(-\infty,+\infty)$ 上连续．一般地有：

定义 2.8 若函数 $f(x)$ 在区间 I 上的每一点都连续，则称 $f(x)$ 为 I 上的**连续函数**，对于区间端点上的连续性则按左、右连续来确定．

例如，$y=c$，$y=x$，$y=\sin x$，$y=\cos x$ 是 $(-\infty,+\infty)$ 内的连续函数，函数 $y=\sqrt{1-x^2}$ 在 $(-1,1)$ 的每一点处都连续，在 $x=1$ 处左连续，在 $x=-1$ 处右连续，因而是 $[-1,1]$ 上的连续函数．

由基本初等函数的定义与图像可得：**基本初等函数在其定义域内都是连续的**．

4. 初等函数的连续性

定理 2.4 若函数 $f(x)$，$g(x)$ 在区间 I 上有定义，且都在 $x_0(\in I)$ 处连续，则 $f(x)\pm g(x)$，$f(x)g(x)$，$f(x)/g(x)$（$g(x_0)\neq 0$）在 x_0 点处连续．

定理 2.5 如果函数 $u=\varphi(x)$ 在点 x_0 处连续，函数 $y=f(u)$ 在点 u_0 处连续，且 $u_0=\varphi(x_0)$，则复合函数 $y=f[\varphi(x)]$ 在点 x_0 处连续．

由此可见，**初等函数在其定义区间内都是连续的**．

例 2.4.5 求下列函数的连续区间：

（1）$y=\dfrac{x}{x^2-3x-4}$；（2）$y=\dfrac{\sqrt{x+1}}{x}$．

解 （1）因为函数的定义域为 $(-\infty,-1)\cup(-1,4)\cup(4,+\infty)$，所以函数 $y=\dfrac{x}{x^2-3x-4}$ 的连续区间为 $(-\infty,-1)\cup(-1,4)\cup(4,+\infty)$．

（2）因为函数的定义域为 $[-1,0)\cup(0,+\infty)$，所以函数 $y=\dfrac{\sqrt{x+1}}{x}$ 的连续区间为 $[-1,0)\cup(0,+\infty)$．

上述结论不仅提供了判断一个初等函数连续性的简便方法，同时也提供了求初等函数极限的一种方法：如果函数 $u=\varphi(x)$ 在点 x_0 处有极限，且函数 $y=f(u)$ 在点 u_0 处连续，且 $u_0=\varphi(x_0)$，则

$$\lim_{x\to x_0} f[\varphi(x)]=f[\lim_{x\to x_0}\varphi(x)]$$

例 2.4.6 求下列极限：

（1）$\lim\limits_{x\to 1}\cos\left(1-x^2\right)$；（2）$\lim\limits_{x\to\infty}\sqrt{2-\dfrac{\sin x}{x}}$．

解 （1）原式$=\cos\lim\limits_{x\to 1}\left(1-x^2\right)=\cos 0=1$；

（2）原式$=\sqrt{2-\lim\limits_{x\to\infty}\dfrac{\sin x}{x}}=\sqrt{2-0}=\sqrt{2}$．

【同步练习】

1．函数 $f(x)=\dfrac{\ln(x^2-4)}{\sqrt{3-x}}$ 的连续区间是________________．

2．函数 $y=\dfrac{1}{x-1}+\sqrt{x+2}$ 的连续区间是____________________.

3．函数 $f(x)=\dfrac{1}{x^2+x-2}$ 的间断点是____________________.

4．函数 $f(x)=\dfrac{x+4}{x^2-8x+12}$ 的间断点为（　　）.

A．$x=2;x=6$　　B．$x=2$　　C．$x=6$　　D．$x=-4$

2.4.2　闭区间上连续函数的性质——零点定理

案例 2.6　给你一本书，经查看目录你发现了你感兴趣的某篇文章，记下其所在的页码，若用最少的页码察看次数，你的查找过程是什么？

【分析】仔细分析你的查找过程，必然是第一步：先翻开一页，这样就把书分成两部分，观察页码知道你所找的文章在哪一半；第二步：对含有所找文章的那一半按第一步的方法重复进行，直到找到那篇文章相应的页码为止.

这种查找方法叫二分法，数学上常用这种方法求一个方程的根，它建立在一个闭区间连续函数相关的零点存在定理的基础上.

定理 2.6　（零点定理） 如果函数 $f(x)$ 在闭区间 $[a,b]$ 上连续，且 $f(a)\cdot f(b)<0$，则至少存在一点 $\xi\in(a,b)$ 使得 $f(\xi)=0$.

推论表明：连续函数 $f(x)$ 满足 $f(a)\cdot f(b)<0$，则方程 $f(x)=0$ 在区间 (a,b) 内至少有一个根.

例 2.4.7　证明方程 $x^3-x-1=0$ 在区间 $[1,1.5]$ 内至少存在一个根.

证　设函数 $f(x)=x^3-x-1$，由于函数 $f(x)$ 在闭区间 $[1,1.5]$ 上连续，且

$$f(1)=-1<0,\ f(1.5)=0.875>0.$$

故由零点定理知，至少存在一点 $\xi\in(1,\ 1.5)$，使得

$$f(\xi)=\xi^3-\xi-1=0.$$

即方程 $x^3-x-1=0$ 在区间 $[1,1.5]$ 内至少存在一个根 ξ.

【同步练习】

1．证明方程 $x^5-3x-1=0$ 在区间（1，2）内至少有一个实根.

2．证明方程 $x^3-4x+1=0$ 在区间（0，1）内至少有一个实根.

3．证明方程 $x+1+\ln x=0$ 在区间（e^{-2}，e^2）内至少有一个实根.

【数学文化聚焦】

大学数学重在介绍思想

（中国科学院计算机数学与科学工程计算研究所所长　袁亚湘）

在大学教数学，我们应该教学生什么？不容置疑，要介绍数学的重要的结果、漂亮的方法、巧妙的技巧和广泛的应用．但我认为，最重要的是介绍数学的思想．数学最富有吸引力、最迷人、最具有威力，也是最本质的就是她的思想．能否把数学思想很好地介绍给学生，依赖于许多方面，如课程设计、教材编写、教学形式，等等．关于这些方面，许多老师已发表了很好的具体意见，我不再画蛇添足．因而，我就简单谈谈另外一点：数学思想是不可能像填鸭那样灌输给学生的．能否较好地把数学思想介绍给学生，要求是双向的．既要求老师善于讲，也要求学生有兴趣，肯思考．所以，我觉得紧要的是要培养学生的兴趣，使他们学会思考．

1．思考

在大学里一定要使学生有相当的时间在思考，要培养学生善于思考．

首先，在课程安排上要留出给学生思考的时间．不能课程太多，课时太多，作业太多．早几年社会上在呼吁给中小学生减负，我觉得现在是该给大学生减负的时候了．大学生整天都在上课，上习题课，做题，背英语单词，…… ．根本就没有时间思考．不思考，人就和机器没太多的差别．学生的脑袋不能像个布袋，把知识像货物一样往里装．学习不是为了学习而学习．学习的目的是提高自己的创新能力，只有创新才是推动社会进步的动力．而创新需要想象力．爱因斯坦说过：“Imagination is more important than knowledge”．但人不思考脑袋就会生锈，又哪来想象力呢？

2．兴趣

数学家韦尔斯（Andrew Wiles）十年磨一剑攻克费尔马大定理，就是从小就迷上了这个世界难题．培养学生的兴趣，老师非常关键．物理学家弗里希（O. R. Frisch）认为，“科学家必定有孩童般的好奇心．要成为一个成功的科学家，必须保持这种孩提时的天性”．在大学期间培养学生对数学的兴趣的有利条件有三：一是数学本身的确有趣；二是年青人容易来兴趣；三是学生们暂时还没太多其他的兴趣．什么最能引发学生对数学产生兴趣？是数学的美，学科的重要，还是教材的生动？无疑这些都是重要的因素，但我认为，最最重要的还是老师．一堂课，一个定理，乃至一句话都可能使学生产生对数学终身的爱．

思考和兴趣是学习的两个非常重要的因素．它们本身很有趣，也是很值得我们考虑的．我希望有更多的人对它们感兴趣，对它们进行思考．今天，我们讨论的是数学教学的改革．但数学教育，培养数学专业的学生决不限于教他们数学．在大学应该培养学生什么？知识？能力？做人？我们的大学，表面上什么都在教．政治，体育，外语，什么课都要上．要求学生德、智、体全面发展，但培养出来的学生大多还是善于考试，好像没学到什么东西．这使我想起在英国剑桥大学的一句名言：“In Cambridge，we teach you everything from nothing．”

习题参考答案

习　题　2

1．当 $n\to\infty$ 时，求下列数列的极限：

（1）$x_n=\dfrac{(-1)^n}{n}$；　（2）$x_n=\dfrac{2-n}{n+1}$；　（3）$x_n=2$；

（4）$x_n=(\dfrac{1}{2})^n$；　（5）$x_n=\dfrac{9^n}{10^{n+1}}$；　（6）$x_n=(-\dfrac{3}{8})^n$；

*（7）$x_n=\dfrac{n^2+1}{2n^2+n}$；　*（8）$x_n=\dfrac{2^n+3^{n+1}}{2^{n+1}+3^n}$．

2．分析函数的变化趋势，求下列极限：

（1）$\lim\limits_{x\to-\infty}\left(2-\dfrac{1}{x}\right)$；　（2）$\lim\limits_{x\to0}3^x$；　（3）$\lim\limits_{x\to\pi^-}\sin x$；

（4）$\lim\limits_{x\to0^+}\cos x$；　（5）$\lim\limits_{x\to+\infty}\arctan x$；　（6）$\lim\limits_{x\to-\infty}2^x$．

3．设函数 $f(x)=\begin{cases}x+1, & x<1\\ x-1, & x\geqslant1\end{cases}$，画出它的图像，并求当 $x\to1$ 时函数的左右极限，从而判断函数在 $x\to1$ 时的极限是否存在 ．

4．设函数 $f(x)=\dfrac{|x|}{x}$，判断当 $x\to0$ 时函数的极限是否存在．

*5．设函数 $f(x)=\begin{cases}x^2-2 & x<0\\ a-1 & x=0\\ \dfrac{\ln(1+bx)}{x} & x>0\end{cases}$，当 a,b 取何值时函数在 $x=0$ 处存在极限？

6．下列变量中，哪些是无穷大量？哪些是无穷小量？

（1）$y=x^2-2x(x\to0)$；　（2）$y=\log_2x(x\to1)$；

（3）$y=\sin x(x\to0)$；　（4）$y=\dfrac{1}{x-1}(x\to1)$；

（5）$y=\dfrac{x^2}{1+x}(x\to\infty)$；　（6）$y=\dfrac{x^2+1}{x-3}(x\to3)$；

*（7）$y=\dfrac{100}{x}\sin x(x\to\infty)$；　*（8）$y=3^{\frac{1}{x}}(x\to0)$．

*7．当 $x\to1$ 时，无穷小量 $1-x$ 和 $1-x^3$ 是同阶无穷小还是等价无穷小？

*8．证明：当 $x\to0$ 时，$x\sim\ln(1+x)$．

9．求下函数的极限：

（1）$\lim\limits_{x\to2}(x^2+2x+1)$；　（2）$\lim\limits_{x\to0}x^3\cos x$；　（3）$\lim\limits_{x\to1}\dfrac{x-1}{3x+1}$；

（4）$\lim\limits_{x\to\infty}(2-\dfrac{1}{x}+\dfrac{1}{x^2})$；　（5）$\lim\limits_{x\to2}\dfrac{x^2-4}{x-2}$；　（6）$\lim\limits_{x\to0}\dfrac{x^3+x}{x\cos x}$；

（7）$\lim\limits_{x\to 1}\dfrac{x^2-1}{x^2+2x-3}$；（8）$\lim\limits_{x\to\infty}\dfrac{2x^2+x+1}{3x^2-x}$；（9）$\lim\limits_{x\to\infty}\dfrac{100x+1}{4x^3+5}$；

（10）$\lim\limits_{x\to\infty}\dfrac{x^2+\cos x}{x^3}$；*（11）$\lim\limits_{x\to 2}\left(\dfrac{1}{x-2}-\dfrac{4}{x^2-4}\right)$；

（12）$\lim\limits_{x\to 0}\dfrac{x^2}{\sqrt{x^2+4}-2}$；（13）$\lim\limits_{x\to 0}\dfrac{\tan x-\sin x}{x^2\ln(1-x)}$.

10．求下列函数的极限：

（1）$\lim\limits_{x\to 0}\dfrac{7x}{\tan 2x}$；（2）$\lim\limits_{x\to 0}\dfrac{\sin 3x}{\tan 2x}$；（3）$\lim\limits_{x\to 0}\dfrac{\sin 4x^2}{5x^2}$

（4）$\lim\limits_{x\to 0}\dfrac{\sin 2\sqrt{x}}{9\sqrt{x}}$；（5）$\lim\limits_{x\to 0}\dfrac{\tan x-\sin x}{x}$；（6）$\lim\limits_{x\to 0}\dfrac{\sin x^2}{x\sin 4x}$

（7）$\lim\limits_{x\to 0}\dfrac{2x-\sin x}{x+\sin x}$；（8）$\lim\limits_{x\to 1}\dfrac{\sin(x-1)}{x^2+5x-6}$；（9）$\lim\limits_{x\to 0}\dfrac{\sin(\sin x)}{x}$；

（10）$\lim\limits_{x\to\infty}\left(1+\dfrac{4}{x}\right)^{\frac{x}{3}}$；（11）$\lim\limits_{x\to\infty}\left(1-\dfrac{3}{x}\right)^{5x}$；（12）$\lim\limits_{x\to\infty}\left(1+\dfrac{1}{x}\right)^{2x-1}$；

（13）$\lim\limits_{x\to\infty}\left(1+\dfrac{1}{x+1}\right)^{x}$；（14）$\lim\limits_{x\to 0}(1-x)^{\frac{5}{x}}$；（15）$\lim\limits_{x\to 0}(1+2x)^{\frac{1}{x}+2}$；

（16）$\lim\limits_{x\to\infty}\left(\dfrac{x+3}{x-2}\right)^{x}$；（17）$\lim\limits_{x\to 0}\sqrt[x]{1-2x}$.

11．试判断函数 $f(x)=\begin{cases}x^2 & x<1\\ 2-x & 1\leqslant x<5\end{cases}$ 在 $x=1$ 处是否连续？

12．若函数 $f(x)=\begin{cases}\dfrac{\sin x}{x}, & x\neq 0\\ 2x+k, & x=0\end{cases}$ 在 $x=0$ 处连续，求 k 的值.

13．求下列极限：

（1）$\lim\limits_{x\to 1}\dfrac{\sqrt{3^x+1}}{\lg(9x+1)}$；（2）$\lim\limits_{x\to 0}\ln\dfrac{\sin x}{x}$；*（3）$\lim\limits_{x\to 0}\dfrac{\arctan 2^x}{(x+2)^{\cos x}}$.

*14．证明方程 $x^3-x-1=0$ 在区间（1，2）内至少有一个实根.

自测题 2

自测题答案

一、单项选择题（每题 3 分，共 18 分）

1．下列极限计算不正确的是（　　）.

A．$\lim\limits_{x\to\infty}\dfrac{x^2}{x^2+2}=1$　　B．$\lim\limits_{x\to 0}\ln(1+x)=0$

C．$\lim\limits_{x\to 0}(2^x-1)=0$　　D．$\lim\limits_{x\to\infty}(2^{-x}-1)=-1$

2．当 $x\to 0$ 时，变量（　　）是无穷小量.

A．$\cos\frac{1}{x}$　　B．$\frac{1}{x}$

C．$x\sin\frac{1}{x}$　　D．$\ln(x+2)$

3．下列等式不正确的是（　　）.

A．$\lim\limits_{x\to 0}\frac{\sin x}{x}=1$　　B．$\lim\limits_{x\to\infty}\frac{\sin x}{x}=0$

C．$\lim\limits_{x\to 0}\frac{x}{\sin x}=0$　　D．$\lim\limits_{x\to\infty}x\sin\frac{1}{x}=1$

4．下列等式正确的是（　　）.

A．$\lim\limits_{x\to 0}\left(1+\frac{1}{x}\right)^x=\mathrm{e}$　　B．$\lim\limits_{x\to\infty}\left(1+\frac{1}{x}\right)^x=\mathrm{e}$

C．$\lim\limits_{x\to\infty}\left(1+\frac{1}{x}\right)^{-x}=-\mathrm{e}$　　D．$\lim\limits_{x\to 0}(1-x)^{\frac{1}{x}}=-\mathrm{e}$

5．若函数 $f(x)$ 在点 x_0 处满足（　　），则 $f(x)$ 在点 x_0 处连续.

A．$\lim\limits_{x\to x_0}f(x)=f(x_0)$　　B．$f(x)$ 在点 x_0 的某个邻域内有定义

C．$\lim\limits_{x\to x_0^+}f(x)=f(x_0)$　　D．$\lim\limits_{x\to x_0^+}f(x)=\lim\limits_{x\to x_0^-}f(x)$

6．设 $f(x)=\begin{cases}\mathrm{e}^x, & x<0\\ a+x, & x\geqslant 0\end{cases}$，要使 $f(x)$ 在 $x=0$ 处连续，则 $a=$（　　）.

A．2　　B．1　　C．0　　D．−1

二、填空题（每题 3 分，共 21 分）

1．$\lim\limits_{x\to 0}x^2\sin\frac{1}{2x}=$________.

2．$\lim\limits_{x\to -1}(2x^2+2x+1)=$________.

3．$\lim\limits_{x\to\infty}(1+\frac{1}{x})(2-\frac{1}{x^2}+\frac{1}{x^3})=$________.

4．$\lim\limits_{x\to 0}\frac{\sin 3x}{2x}=$________.

5．$\lim\limits_{x\to\infty}(1+\frac{1}{2x})^x=$________.

6．若函数 $f(x)=\begin{cases}\frac{\sin 2x}{x}, & x<0\\ a+x, & x\geqslant 0\end{cases}$ 在 $x=0$ 处连续，则 $a=$________.

7．函数 $y=\begin{cases}x+1, & x>0\\ \sin x, & x\leqslant 0\end{cases}$ 的间断点是________.

三、解答题（1、2、4 题每题 9 分，3、5、6 题每题 8 分，7 题 10 分，共 61 分）

1．设函数 $f(x)=\begin{cases}x-1, & x<1\\ 2, & x=1\\ x+2, & x>1\end{cases}$，求：$\lim\limits_{x\to 1^-}f(x)$，$\lim\limits_{x\to 1^+}f(x)$，$\lim\limits_{x\to 1}f(x)$.

2．求下列各极限：

（1）$\lim\limits_{x\to\infty}\dfrac{x^2+3x+1}{2+x-3x^3}$；　　（2）$\lim\limits_{x\to 4}\dfrac{x^2-6x+8}{x^2-5x+4}$．

*3．设 $\lim\limits_{x\to -1}\dfrac{x^3+ax^2-x+4}{x+1}=b$，求 a 和 b 的值．

4．求下列函数的极限：

（1）$\lim\limits_{x\to 0}\dfrac{\tan 3x}{\sin 2x}$；　　（2）$\lim\limits_{x\to\infty}\left(\dfrac{x-1}{x+3}\right)^x$．

5．求函数 $\lim\limits_{x\to 0}\dfrac{1-\cos 2x}{x\sin x}$ 极限．

6．求函数 $\lim\limits_{x\to 1}(\dfrac{x}{x-1}-\dfrac{2x}{x^2-1})$ 极限．

7．当 a，b 为何值时，函数 $f(x)=\begin{cases}2x, & x<1\\ ax^2+b, & 1\leqslant x\leqslant 2\\ 4x, & x>2\end{cases}$ 在 $(-\infty,+\infty)$ 内连续？

基础模块

第 3 章　一元函数的微分及其应用

导数与微分是高等数学的一个重要组成部分，是研究函数的各种性态、函数值的计算或近似计算的有效工具. 不但数学的许多分支及物理、化学、计算机、机械、建筑等领域将其视为基本数学工具.

本章主要阐述导数和微分的概念、运算法则，以及一些简单应用.

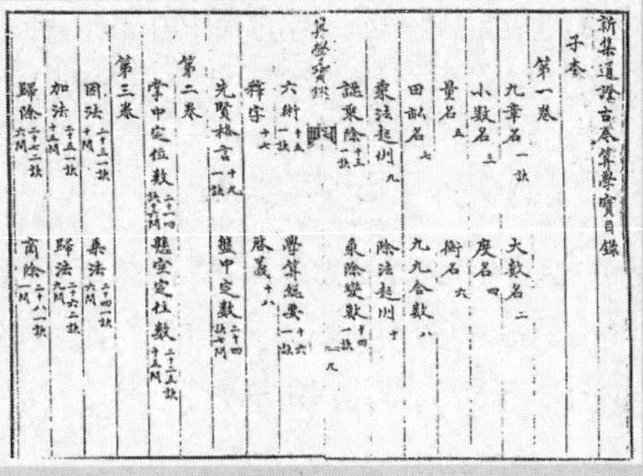

新集通證古今算學寶鑑目錄

子卷

第一卷

九章名　大數名

小數名　度名

量名　畝名

田畝名　九九合數

乘法起例　除法起例

謳乘除　乘除變數

六術　學算總要

釋字

先賢格言　盤中定數

第二卷

掌中定位數　懸空定位數

第三卷

因法　乘法

加法　歸法

歸除　商除

《算学宝鉴》

王文素，字尚彬，山西汾州（今汾阳市）人，约生于明朝 1465 年，以一生之精力，完成《算学宝鉴》这一数学巨著. 他解高次方程的方法较英国的霍纳、意大利的鲁非尼早 200 多年. 在解代数方程上，他走在牛顿、拉夫森的前面 140 年. 对于 17 世纪微积分创立时期出现的导数，王文素在 16 世纪已率先发现并使用.

导数的概念视频

3.1　导数的概念

3.1.1　导数的定义

案例 3.1	变化率模型
（冷却问题）当物体的温度高于周围介质的温度时，物体就会不断冷却，若物体的温度 T 与时间 t 的函数关系为 $T=T(t)$，请表示出物体在 t_0 时刻的冷却速度？	$v(t_0)=\lim\limits_{\Delta t\to 0}\dfrac{\Delta T}{\Delta t}=\lim\limits_{\Delta t\to 0}\dfrac{T(t_0+\Delta t)-T(t_0)}{\Delta t}$
（电流强度）设有非稳恒电流通过导线，从某一时刻开始到时刻 t_0 通过该导线横截面的电量为 Q，则 Q 为 t 的函数 $Q=Q(t)$. 求 t_0 时刻的电流强度？	$I(t_0)=\lim\limits_{\Delta t\to 0}\dfrac{\Delta Q}{\Delta t}=\lim\limits_{\Delta t\to 0}\dfrac{Q(t_0+\Delta t)-Q(t_0)}{\Delta t}$
（瞬时速度问题）一颗石头从悬崖上做自由落体运动，其规律为 $s=\dfrac{1}{2}gt^2$，如何求自由下落后 t_0 时刻的瞬时速度？	$v(t_0)=\lim\limits_{\Delta t\to 0}\dfrac{\Delta s}{\Delta t}=\lim\limits_{\Delta t\to 0}\dfrac{s(t_0+\Delta t)-s(t_0)}{\Delta t}$

【分析】 以瞬时速度问题为例，当石头做匀速直线运动时，它在任何时刻的速度可用公

式 $v=\dfrac{s}{t}$ 来计算，但现在的运动是变速运动，且需要讨论的是物体在运动过程中任一时刻的速度，即所谓的瞬时速度或即时速度.

根据自由落体运动规律 $s=\dfrac{1}{2}gt^2$，当时间 t 从 t_0 变到 $t_0+\Delta t$ 时的平均速度为 $\overline{v}=\dfrac{\Delta s}{\Delta t}=\dfrac{s(t_0+\Delta t)-s(t_0)}{\Delta t}$，如图 3.1 所示，我们可以用这段时间内的平均速度 $\overline{v}$ 去近似地代替物体在 t_0 时刻的瞬时速度.

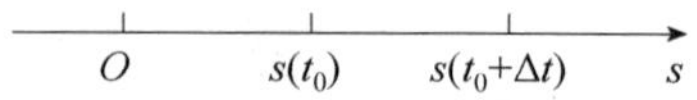

图 3.1

一般来说，当时间 Δt 越小，平均速度 $\overline{v}$ 就越接近于物体在 t_0 时刻的速度，此时，用平均速度 $\overline{v}$ 作为近似值，其精确度也越高. 当时间间隔 $\Delta t\to 0$ 时，如果平均速度 $\overline{v}$ 的极限存在，那么我们就把此极限称为物体在 t_0 时刻的瞬时速度 $v(t_0)$，即

$$v(t_0)=\lim_{\Delta t\to 0}\frac{\Delta s}{\Delta t}=\lim_{\Delta t\to 0}\frac{s(t_0+\Delta t)-s(t_0)}{\Delta t}$$

上面我们讨论的三个例子虽然它们的具体意义各不相同，但从抽象的数量关系来看，其实质是一样的，都是当自变量的改变量趋于零时，函数的改变量与自变量的改变量之比的极限，我们把这种形式的极限定义为函数的导数.

1. 导数的定义

定义 3.1 设函数 $y=f(x)$ 在点 x_0 及其附近有定义，当自变量 x_0 处有改变量 Δx 时，函数 $f(x)$ 取得相应的改变量

$$\Delta y=f(x_0+\Delta x)-f(x_0).$$

如果极限

$$\lim_{\Delta x\to 0}\frac{\Delta y}{\Delta x}=\lim_{\Delta x\to 0}\frac{f(x_0+\Delta x)-f(x_0)}{\Delta x}$$

存在，则称函数 $f(x)$ 在点 x_0 处**可导**，并称上式极限值为函数 $y=f(x)$ 在点 x_0 处的**导数**，记作

$$f'(x_0)\text{ 或 }y'\big|_{x=x_0}\text{ 或 }\frac{\mathrm{d}y}{\mathrm{d}x}\bigg|_{x=x_0}\text{ 或 }\frac{\mathrm{d}f(x)}{\mathrm{d}x}\bigg|_{x=x_0}$$

否则，就称函数 $y=f(x)$ 在点 x_0 处**不可导**.

冷却问题在 t_0 时刻的冷却速度可表示为 $T'(t_0)$、t_0 时刻的电流强度可表示为 $Q'(t_0)$，自由落体运动 t_0 时刻的瞬时速度及加速度分别可表示为 $s'(t_0)$、$v'(t_0)$.

固定 x_0，令 $x_0+\Delta x=x$，则函数 $f(x)$ 在点 x_0 处的导数也可表示为

$$f'(x_0)=\lim_{x\to x_0}\frac{f(x)-f(x_0)}{x-x_0}.$$

2. 左、右导数

前面我们已知对某些函数而言，在点 x_0 左右两边要分情况讨论. 因此可得函数 $f(x)$ 在点 x_0 处左导数与右导数的定义.

> 函数 $y=f(x)$ 在 x_0 处有意义，则就有 $f'(x_0)=f'(x)\big|_{x=x_0}$.

$$\lim_{\Delta x\to 0^-}\frac{\Delta y}{\Delta x}=\lim_{\Delta x\to 0^-}\frac{f(x_0+\Delta x)-f(x_0)}{\Delta x}$$

$$\lim_{\Delta x\to 0^+}\frac{\Delta y}{\Delta x}=\lim_{\Delta x\to 0^+}\frac{f(x_0+\Delta x)-f(x_0)}{\Delta x}$$

分别称它们为 x_0 的**左导数与右导数**，记为 $f'_-(x_0)$ 与 $f'_+(x_0)$．且 $f'(x_0)$ 存在的充分必要条件是 $f'_-(x_0)$ 与 $f'_+(x_0)$ 都存在且相等.

3. 导函数的概念

案例 3.1 中，自由落体运动 t_0 时刻的瞬时速度为 gt_0，时间 t_0 可以是某时间区间 (a,b) 的任一时刻，也即 $s(t)$ 在 (a,b) 内每一点可导．于是有：

定义 3.2　如果函数 $f(x)$ 在 (a,b) 内每一点 x 处可导，则称函数 $f(x)$ 在区间 (a,b) 内可导．显然导数值 $f'(x)$ 也是 x 的函数，我们称它为函数 $y=f(x)$ 的**导函数**，今后在不会发生混淆的情况下，也简称**导数**．记作

$$f'(x) \text{ 或 } y' \text{ 或 } \frac{\mathrm{d}y}{\mathrm{d}x} \text{ 或 } \frac{\mathrm{d}f(x)}{\mathrm{d}x}$$

即

$$f'(x)=\lim_{\Delta x\to 0}\frac{f(x+\Delta x)-f(x)}{\Delta x}$$

如果函数 $f(x)$ 在 (a,b) 内可导，且在 a 点处右导数存在，在 b 点处左导数存在，则称函数 $f(x)$ 在闭区间 $[a,b]$ 内可导.

由导数的定义可知，求函数的导数可分为以下三个步骤：

（1）求函数的改变量 $\Delta y=f(x+\Delta x)-f(x)$；

（2）算比值 $\dfrac{\Delta y}{\Delta x}=\dfrac{f(x+\Delta x)-f(x)}{\Delta x}$；

（3）取极限 $y'=\lim\limits_{\Delta x\to 0}\dfrac{f(x+\Delta x)-f(x)}{\Delta x}$.

例 3.1.1　用定义求下列函数的导数及导数值：

（1）设函数 $y=x^2$，求 y' 及 $y'|_{x=2}$；

（2）设函数 $y=\sin x$，求 $(\sin x)'$ 及 $(\sin x)'\Big|_{x=\frac{\pi}{2}}$.

解　（1）由导数的定义可知，求函数的导数可分为以下三个步骤.

第一步：求函数的改变量 $\Delta y=(x+\Delta x)^2-x^2=2x\Delta x+(\Delta x)^2$；

第二步：计算比值 $\dfrac{\Delta y}{\Delta x}=\dfrac{2x\Delta x+(\Delta x)^2}{\Delta x}=2x+\Delta x$；

第三步：求极限 $y'=\lim\limits_{\Delta x\to 0}\dfrac{\Delta y}{\Delta x}=\lim\limits_{\Delta x\to 0}(2x+\Delta x)=2x$.

即　$(x^2)'=2x$，$y'|_{x=2}=2x|_{x=2}=4$.

（2）由导数的定义可知，求函数的导数可分为以下三个步骤.

第一步：求函数的改变量

$$\begin{aligned}\Delta y&=\sin(x+\Delta x)-\sin x\\&=2\sin\frac{\Delta x}{2}\cos\left(x+\frac{\Delta x}{2}\right)\end{aligned}$$

> 本题在第一步变换时用到了三角函数的和差化积公式：
> $\sin\alpha-\sin\beta=$
> $=2\sin\dfrac{(\alpha-\beta)}{2}\cos\dfrac{(\alpha+\beta)}{2}$

第二步：计算比值

$$\frac{\Delta y}{\Delta x}=\frac{2\sin\frac{\Delta x}{2}\cos\left(x+\frac{\Delta x}{2}\right)}{\Delta x}$$

第三步：求极限 $(\sin x)'=\lim\limits_{\Delta x\to 0}\dfrac{2\sin\frac{\Delta x}{2}\cos\left(x+\frac{\Delta x}{2}\right)}{\Delta x}=\cos x$.

即 $(\sin x)'=\cos x$ ，$(\sin x)'\Big|_{x=\frac{\pi}{2}}=0$.

另外，容易验证 $(\cos x)'=-\sin x$

【同步练习】

1. 用定义求解下列函数的导数或导数值：

（1）$y=10x^3$，求 $y'\big|_{x=-1}$；（2）$y=2x-3$，求 $y'\big|_{x=2}$；

（3）$y=\cos x$，求 y'；（4）$y=\ln x$，求 y' .

2. 设 $\lim\limits_{x\to a}\dfrac{f(x)-f(a)}{x-a}=k$（常数），则 $k=$________.

3.1.2 导数的几何意义

案例 3.2 （平面曲线的切线斜率）已知平面曲线 $y=f(x)$，求该曲线在点 x_0 处的切线斜率？

【分析】 如图 3.2 所示，设平面曲线 $y=f(x)$ 上点 P 的横坐标为 x_0，点 Q 的横坐标为 $x_0+\Delta x$（Δx 可正可负），PR 平行于 x 轴，设 PQ 的倾角为 ϕ，则 PQ 的斜率为

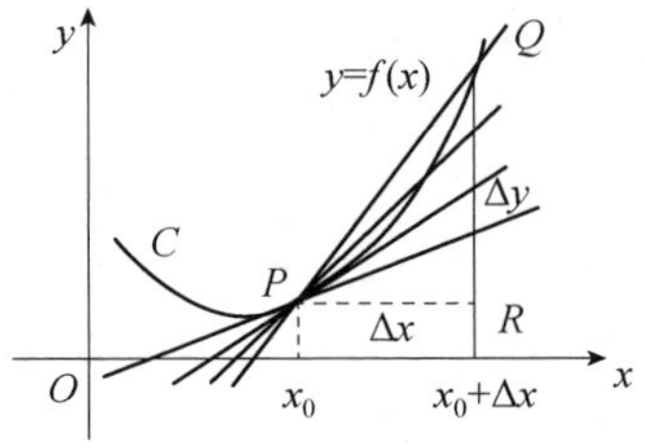

图 3.2

$$\tan\phi=\frac{RQ}{PR}=\frac{f(x_0+\Delta x)-f(x_0)}{\Delta x}$$

当点 Q 沿曲线 C 无限趋近于点 P 时（这时 $\Delta x\to 0$，ϕ 也趋近于 PQ 的倾角 α，这时切线 PQ 的斜率

$$\tan\alpha=\lim_{\Delta x\to 0}\frac{f(x_0+\Delta x)-f(x_0)}{\Delta x}$$

由前面的讨论可知，函数 $y=f(x)$ 在点 x_0 处的导数 $f'(x_0)$ 等于函数所表示的曲线 L 在相应点 (x_0,y_0) 处的切线斜率，这就是导数的几何意义.

有了曲线在点 (x_0,y_0) 处的切线斜率，就很容易写出曲线在该点处的切线方程. 事实上，若 $f'(x_0)$ 存在，则曲线 L 在点 $P_0(x_0,y_0)$ 处的切线方程与法线方程分别是

切线方程：$y-y_0=f'(x_0)(x-x_0)$

法线方程：$y-y_0=\dfrac{-1}{f'(x_0)}(x-x_0)$

例 3.1.2　求抛物线 $y = x^2$ 在点 $(2,4)$ 处的切线方程与法线方程.

解　因为 $y' = 2x$，于是在点 $(2,4)$ 处的切线斜率为 $y'|_{x=2} = 4$. 所以，所求的切线方程为：$y - 4 = 4(x-2)$，即 $4x - y - 4 = 0$；

法线方程为：$y - 4 = -\frac{1}{4}(x-2)$，即 $x + 4y - 14 = 0$.

> **【同步练习】**
>
> 1．求下列函数的切线方程与法线方程：
>
> （1）$y = 2^x$ 在点 $(0,1)$ 处；　　（2）$y = x - \ln x$ 在点 $(1,1)$ 处.
>
> 2．设曲线 $y = x^2 + x - 2$，已知该曲线在点 M 处的切线斜率为 3，则点 M 的坐标为________.

3.1.3　导数在实际问题中的意义

导数的概念是从实际问题中抽象出来的，因而导数有着广泛的应用. 除了上面三个实际问题外，还有经济中的边际成本、边际利润、产量的变化率、国债的增长率，物理学中的线密度、角速度、比热容，生物学中的生长速度、血液的流速、传染病的传播速度，化学中的压缩系数，心理学中的成绩提高率，地质学中的热传导速度，社会学中的传闻的传播速度、人口增长率等相关概念都是导数在实际问题中的应用.

案例 3.3　设某厂生产某种产品的总成本函数为 $C(q) = 200 + 4q + 0.05q^2$ 元（q 为产量）. （1）求产量为 200 时的边际成本，并说明其经济意义； （2）如果对该厂征收固定税收，问固定税收对产品的边际成本是否会有影响？为什么？试举例说明.（边际成本）	（边际成本）总成本函数 $C(q)$ 的导数 $C'(q)$ 称为边际成本函数，简称边际成本，记为 MC. 即 $\mathrm{MC} = \frac{\mathrm{d}C}{\mathrm{d}q} = C'(q)$

解　（1）边际成本函数为 $C'(q) = 4 + 0.1q$，则

$$C'(200) = 4 + 20 = 24$$

即当产量达到 200 个单位时，再多生产一个单位产品，总成本将增加 24 元.

（2）因国家对该厂征收的固定税收与产量 q 无关，这种固定税收可列入固定成本，因此对边际成本没有影响. 例如，国家征收的固定税收为 100 元，则总成本为

$$C(q) = (200 + 100) + 4q + 0.05q^2 = 300 + 4q + 0.05q^2,$$

因而边际成本仍为 $C'(q) = 4 + 0.1q$.

案例 3.4　设产品的需求函数为 $q = 100 - 5p$，其中 p 为价格，q 为需求量. 求边际收入函数，及 $q = 20$，50，70 时的边际收入，并解释所得结果的经济意义.	（边际收入）总收入函数 $R(q)$ 的导数 $R'(q)$ 称为边际收入函数，简称边际收入，记为 MR，即 $\mathrm{MR} = \frac{\mathrm{d}R}{\mathrm{d}q} = R'(q)$

解 根据 $q=100-5p$ 得 $p=\dfrac{100-q}{5}$，所以总收入函数为

$$R(q)=pq=\frac{100-q}{5}\cdot q=\frac{1}{5}(100q-q^2)$$

则边际收入函数为：$R'(q)=\dfrac{1}{5}(100-2q)$，所以

$$R'(20)=12,\ R'(50)=0,\ R'(70)=-8$$

即销售量为 20 个单位时，再多销售一个单位产品，总收入增加 12 个单位；当销售量为 50 个单位时，扩大销售，收入不会增加；当销售量为 70 个单位时，再多销售一个单位产品，总收入将减少 8 个单位.

案例 3.5 设某加工厂生产某种产品的总成本函数和总收入函数分别为 $C(q)=100+2q+0.02q^2$（元）与 $R(q)=7q+0.01q^2$（元）.
求边际利润函数及当日产量分别是 200 千克、250 千克和 300 千克时的边际利润，并说明其经济意义.

（边际利润）总利润函数 $L(q)$ 的导数 $L'(q)$ 称为边际利润函数，简称边际利润，记为 ML．即

$$\mathrm{ML}=\frac{\mathrm{d}L}{\mathrm{d}q}=L'(q)$$

其中 $\mathrm{ML}=\mathrm{MR}-\mathrm{MC}$．

解 总利润函数为 $L(q)=R(q)-C(q)=-0.01q^2+5q-100$，所以边际利润函数为

$$L'(q)=-0.02q+5$$

日产量为 200 千克、250 千克和 300 千克时的边际利润分别是

$$L'(200)=1\ （元），\ L'(250)=0\ （元），\ L'(300)=-1\ （元）$$

其经济意义是，在日产量为 200 千克的基础上，再增加 1 千克产量，总利润可增加 1 元；在日产量为 250 千克的基础上，再增加 1 千克产量，总利润无增加；在日产量为 300 千克的基础上，再增加 1 千克产量，总利润将减少 1 元.

*3.1.4 函数可导与连续的关系

定理 3.1 若函数 $y=f(x)$ 在点 x 处可导，则它在 x 处一定连续. 反之，不一定成立.

事实上，若函数 $y=f(x)$ 在点 x 处可导，即 $\lim\limits_{\Delta x\to 0}\dfrac{\Delta y}{\Delta x}=f'(x)$ 存在，这时有

$$\lim_{\Delta x\to 0}\Delta y=\lim_{\Delta x\to 0}\frac{\Delta y}{\Delta x}\cdot\Delta x=\lim_{\Delta x\to 0}\frac{\Delta y}{\Delta x}\cdot\lim_{\Delta x\to 0}\Delta x=f'(x)\cdot 0=0$$

所以，$y=f(x)$ 在 x 处连续.

函数 $y=f(x)$ 在点 x 处可导则一定连续，但连续不一定可导.

例 3.1.3 讨论 $f(x)=|x|$ 在 $x=0$ 的可导性，如图 3.3 所示.

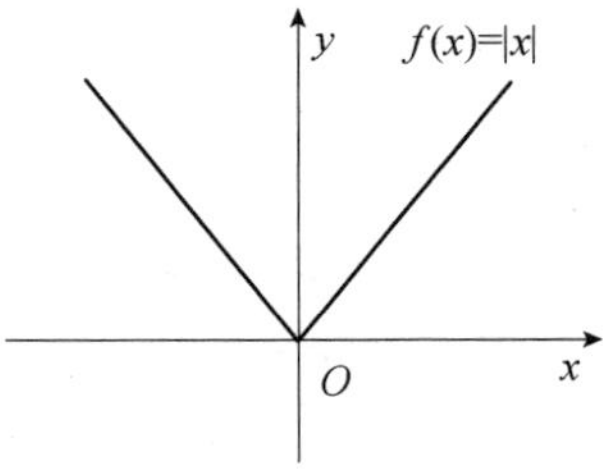

图 3.3

解 因为 $f(x)=|x|=\begin{cases}x, & x\geqslant 0\\ -x, & x<0\end{cases}$

$$\lim_{x\to 0^-}\frac{f(x)-f(0)}{x-0}=\lim_{x\to 0^-}\frac{-x-0}{x}=-1,$$

$$\lim_{x\to 0^+}\frac{f(x)-f(0)}{x-0}=\lim_{x\to 0^+}\frac{x-0}{x}=1.$$

左、右极限不相等，$\lim\limits_{\Delta x\to 0}\frac{\Delta y}{\Delta x}$不存在．故 $f(x)=|x|$ 在 $x=0$ 处不可导．但 $f(x)$ 显然在 $x=0$ 处连续．

【同步练习】判断下列函数的可导性：

（1）设函数 $f(x)=\begin{cases}x-1 & x\leqslant 0\\ x^2-1 & x>0\end{cases}$，求函数在 $x=0$ 处的可导性？

（2）设函数 $f(x)=\begin{cases}e^x & x\leqslant 0\\ 2x-1 & x>0\end{cases}$，求函数在 $x=0$ 处的可导性？

3.2　导数的运算

按照定义计算导数通常比较复杂或不太可行．为了便于应用，常利用导数公式及求导法则来计算导数．

3.2.1　导数的基本公式

导数的基本公式如下所示：

（1）	$c'=0$（c 为任意常数）	
（2）	$(x^\alpha)'=\alpha x^{\alpha-1}$（$\alpha$ 为任意实数）	
（3）	$(a^x)'=a^x\ln a$（$a>0$ 且 $a\neq 1$）	特别 $(e^x)'=e^x$
（4）	$(\log_a x)'=\frac{1}{x\ln a}$（$a>0$ 且 $a\neq 1$）	特别 $(\ln x)'=\frac{1}{x}$
（5）	$(\sin x)'=\cos x$	$(\cos x)'=-\sin x$
	$(\tan x)'=\sec^2 x=\frac{1}{\cos^2 x}$	$(\cot x)'=-\csc^2 x=-\frac{1}{\sin^2 x}$
	*$(\sec x)'=\sec x\cdot\tan x$	*$(\csc x)'=\csc x\cdot\cot x$
*（6）	$(\arcsin x)'=\frac{1}{\sqrt{1-x^2}}$	$(\arccos x)'=-\frac{1}{\sqrt{1-x^2}}$
	$(\arctan x)'=\frac{1}{1+x^2}$	$(\mathrm{arccot}\, x)'=-\frac{1}{1+x^2}$

3.2.2 导数的四则运算法则

定理 3.2 设函数 $u=u(x),v=v(x)$ 都是可导函数，则有

（1）$(u\pm v)'=u'\pm v'$；

（2）$(uv)'=u'v+uv'$，特别地，当 c 为任意常数时 $(cu)'=cu'$；

（3）$\left(\dfrac{u}{v}\right)'=\dfrac{u'v-uv'}{v^2}$.

其中（1）与（2）可推广到有限个的情形

$$(u_1\pm u_2\pm\cdots\pm u_n)'=u_1'\pm u_2'\pm\cdots\pm u_n'$$

$$(u_1\cdot u_2\cdots u_n)'=u_1'u_2\cdots u_n+u_1u_2'\cdots u_n+\cdots+u_1u_2\cdots u_n'$$

例 3.2.1 求下列函数的导数：

（1）$y=x\sqrt{x}+\ln x-\mathrm{e}$；（2）$y=\mathrm{e}^x\sin x$；

（3）$y=\tan x$；（4）$y=\dfrac{x^3+\sqrt{x}-2}{x}$.

解 （1）$y=\left(x^{\frac{3}{2}}\right)'+(\ln x)'-\mathrm{e}'=\dfrac{3}{2}x^{\frac{1}{2}}+\dfrac{1}{x}$；

（2）$y=(\mathrm{e}^x)'\sin x+\mathrm{e}^x(\sin x)'=\mathrm{e}^x\sin x+\mathrm{e}^x\cos x$；

（3）$y'=\left(\dfrac{\sin x}{\cos x}\right)'=\dfrac{\cos^2 x+\sin^2 x}{\cos^2 x}=\dfrac{1}{\cos^2 x}=\sec^2 x$；

（4）因为 $y=\dfrac{x^3+\sqrt{x}-2}{x}=x^2+x^{-\frac{1}{2}}-2x^{-1}$，

所以 $y'=2x-\dfrac{1}{2}x^{-\frac{3}{2}}+2x^{-2}$.

> 通常遇到较繁的式子时，若能简化，一般先简化，后求导.

【同步练习】

1．设 $f(x)=\cos\dfrac{\pi}{5}$，则 $f'(x)=$ ________________.

2．求下列函数导数：

（1）$y=\sqrt[3]{x}+\dfrac{1}{x}-\tan x$；（2）$y=x\cos x$；（3）$y=\dfrac{1-\ln x}{1+\ln x}$.

3.2.3 复合函数的导数

复合函数的导数视频

当遇到 $y=\sin 2x$ 、$y=(2x+1)^5$ 这些函数时，我们会发觉上面介绍的公式已不够用．因此，接下来继续研究新的求导公式．不难发现这里的函数属于复合函数，都可以分解为 $y=u$，$u=g(x)$ 的结构．下面介绍这类函数的求解方法.

定理 3.3　如果函数 $u=g(x)$ 在点 x 处可导，函数 $y=f(u)$ 在点 u 处可导，则复合函数 $y=f(g(x))$ 在点 x 处可导，且

$$\frac{\mathrm{d}y}{\mathrm{d}x}=\frac{\mathrm{d}y}{\mathrm{d}u}\cdot\frac{\mathrm{d}u}{\mathrm{d}x} \text{ 或 } \frac{\mathrm{d}y}{\mathrm{d}x}=f'(u)\cdot g'(x) \text{ 或 } y'_x=y'_u\cdot u'_x$$

这个法则说明：复合函数对自变量的导数等于复合函数对中间变量的导数乘以中间变量对自变量的导数. 同时，也可以推广到多个中间变量的情况.

我们把 $y=\sin 2x$ 分解为 $y=\sin u$ ，$u=2x$. 所以

$$y'_x=y'_u\cdot y'_x=(\sin u)'\cdot(2x)'=2\cos u\xrightarrow{u=2x}y'_x=2\cos(2x)$$

但熟练整个求解过程后，我们可以直接按下面方法求解.

$$y'=\cos(2x)(2x)'=2\cos 2x$$

同样方法求解 $y=(2x+1)^5$ 可得

$$y'=5(2x+1)^4(2x+1)'=10(2x+1)^4$$

例 3.2.2　求下列函数的导数：

（1）$y=\mathrm{e}^{3x-4}$ ；　　（2）$y=\arcsin\left(x^2\right)$；

（3）$y=\ln\sqrt{\dfrac{x-1}{x+1}}$ ；　　（4）$y=(1-x)^2\tan 2x$ ；

*（5）$y=\tan^2(1-x)$ ；　　*（6）$y=\ln\left(x+\sqrt{x^2+1}\right)$.

解　（1）$y'=\left(\mathrm{e}^{3x-4}\right)'=\mathrm{e}^{3x-4}(3x-4)'=3\mathrm{e}^{3x-4}$ ；

（2）$y'=\arcsin\left(x^2\right)'=\dfrac{1}{\sqrt{1-x^4}}\left(x^2\right)'=\dfrac{2x}{\sqrt{1-x^4}}$ ；

（3）因为　$y=\dfrac{1}{2}\ln(x-1)-\dfrac{1}{2}\ln(x+1)$ ，

所以　$y'=\dfrac{1}{2}\cdot\dfrac{1}{x-1}-\dfrac{1}{2}\cdot\dfrac{1}{x+1}=\dfrac{1}{x^2-1}$ ；

（4）$y'=\left((1-x)^2\right)'\tan 2x+(1-x)^2(\tan 2x)'$

$=-2(1-x)\tan 2x+2(1-x)^2\sec^2 2x$ ；

*（5）$y=2\tan(1-x)(\tan(1-x))'=-2\tan(1-x)\sec^2(1-x)$ ；

*（6）$y'=\dfrac{1}{x+\sqrt{x^2+1}}\left(x+\sqrt{x^2+1}\right)'$

$$=\frac{1}{x+\sqrt{x^2+1}}\left[1+\frac{1}{2\sqrt{x^2+1}}\left(x^2+1\right)'\right]$$

$$=\frac{1}{x+\sqrt{x^2+1}}\left[1+\frac{1}{2\sqrt{x^2+1}}2x\right]$$

$$=\frac{1}{x+\sqrt{x^2+1}}\frac{x+\sqrt{x^2+1}}{\sqrt{x^2+1}}=\frac{1}{\sqrt{x^2+1}}.$$

【同步练习】

1．设函数 $f(x)=\mathrm{e}^{-x}$，则 $[f(2x)]'=$________________.

2．求下列函数的导数：

（1）$y=\sqrt{1+x^2}$；（2）$y=\sin(1+2x)\mathrm{e}^{3x}$；（3）$y=\dfrac{\ln(1-2x)}{\sin x^2}$.

3．设 $f(x)=\sin 2x+\mathrm{e}^{-x}$，则 $f'(x)=$________________.

3.3 隐函数与参数方程的导数

隐函数的求导法则视频

3.3.1 隐函数的导数

1．隐函数求导法

案例 3.6 求椭圆 $4x^2+2y^2=8$ 在点 $(1,\sqrt{2})$ 处的切线方程？

有时隐函数是不能“解出”来的，需要用隐函数求导法求解；或者有些函数即使能“解出”来，但表达式太过复杂，还是不“解出”来为好.

【分析】上述曲线 y 与 x 的关系由方程 $\dfrac{x^2}{2}+\dfrac{y^2}{4}=1$ 确定. 也可以把这个方程改写成 $y=f(x)$ 的结构然后利用导数几何意义求出切线的斜率. 如果想直接在方程 $\dfrac{x^2}{2}+\dfrac{y^2}{4}=1$ 上进行求导该如何处理？通常我们把这种应变量 y 与自变量 x 的对应关系不明显地隐含在一个二元方程 $F(x,y)=0$ 中的函数称为**隐函数**. 那么如何求隐函数的导数呢？

首先明确方程 $F(x,y)=0$ 中 y 是 x 的函数，其次将方程 $F(x,y)=0$ 两边同时对 x 求导，遇到 y 时，要把 y 看作 x 的复合函数，而 y 是中间变量，然后从所得的关系式中解出 y'_x，即得隐函数的导数.

解 对方程 $4x^2+2y^2=8$ 两边同时关于 x 求导得

$$8x+4y\cdot y'=0\text{，解得：}y'=-\frac{2x}{y}$$

所以 $k=y'\Big|_{\substack{x=1\\y=2}}==-\dfrac{2x}{y}\Big|_{\substack{x=1\\y=\sqrt{2}}}=-\sqrt{2}$，故所求的切线方程为

$$y-\sqrt{2}=-\sqrt{2}(x-1)\text{，即 }y=-\sqrt{2}x+2\sqrt{2}.$$

例 3.3.1 求下列隐函数的导数或导数值：

（1）由方程 $\mathrm{e}^y+xy-\sin x=0$ 所确定的隐函数导数 $\dfrac{\mathrm{d}y}{\mathrm{d}x}$；

（2）由双曲线 $2y^2-x^2=17$ 在点 $(1,3)$ 处的切线方程.

解 （1）对方程 $\mathrm{e}^y+xy-\sin x=0$ 两边同时关于 x 求导，得

$$\mathrm{e}^y y'+y+xy'-\cos x=0,$$

解得：
$$y'=\frac{\cos x-y}{x+\mathrm{e}^y}$$

即：
$$\frac{\mathrm{d}y}{\mathrm{d}x}=\frac{\cos x-y}{x+\mathrm{e}^y}.$$

（2）对方程 $2y^2-x^2=17$ 两边同时关于 x 求导，得
$$4yy'-2x=0$$

解得：
$$y'=\frac{x}{2y}$$

则：$\left.\dfrac{\mathrm{d}y}{\mathrm{d}x}\right|_{\substack{x=1\\y=3}}=\dfrac{1}{6}$. 故切线方程为 $y-3=\dfrac{1}{6}(x-1)$ 即 $y=\dfrac{x}{6}+\dfrac{17}{6}$

【同步练习】

1．设 $x^2+y^2=1$，则 $\dfrac{\mathrm{d}y}{\mathrm{d}x}=$（　　　　）.

A．$\dfrac{x}{y}$　　B．$-\dfrac{x}{y}$　　C．$\dfrac{x^2}{y^2}$　　D．$-\dfrac{x^2}{y^2}$

2．求由下列方程所确定的隐函数的导数：

（1）$\sin y+xy-\mathrm{e}^x=0$；　　（2）$\mathrm{e}^{\frac{y}{x}}-\cos x+y^2=0$.

2．取对数求导法

隐函数求导除了可以用来求解隐函数的导数，还可以作为一种方法求解一类由几个因子通过乘、除、开方所构成的复杂函数；或者是形如“$f(x)^{g(x)}$”结构的幂指函数.

对数求导法则视频

例 3.3.2　设函数 $y=\sqrt[3]{\dfrac{x^2(1-x)}{2x+1}}$，求 y'.

【分析】该题如果直接求导，计算将较为复杂，考虑等式右边涉及乘、除、乘方、开方运算，若两边取对数，可利用对数的运算法则化成和、差等形式再计算就较简单，故可用对数求导法求解.

解　两边同时取对数，得
$$\ln y=\ln\sqrt[3]{\frac{x^2(1-x)}{2x+1}}=\frac{1}{3}[2\ln x+\ln(1-x)-\ln(2x+1)].$$

上式两边再对 x 求导，得 $\dfrac{1}{y}\cdot y'=\dfrac{1}{3}\left(\dfrac{2}{x}+\dfrac{-1}{1-x}-\dfrac{2}{2x+1}\right)$. 解出 y'，得
$$y'=\frac{y}{3}\left(\frac{2}{x}+\frac{-1}{1-x}-\frac{2}{2x+1}\right)=\frac{1}{3}\sqrt[3]{\frac{x^2(1-x)}{2x+1}}\left(\frac{2}{x}+\frac{-1}{1-x}-\frac{2}{2x+1}\right).$$

例 3.3.3　设函数 $y=x^{\cos x}\ (x>0)$，求 y'.

【分析】该题中的函数是幂指函数. 如果直接求导，计算将比较困难. 若两边取对数，可利用对数的运算法则将等式右边化成积的形式再计算就较为简单，故可用对数求导法求解.

解 两边同时取对数，得 $\ln y=\cos x\ln x$

上式两边再对 x 求导，得 $\frac{1}{y}y'=-\sin x\ln x+\frac{\cos x}{x}$. 得

$$y'=y\left(-\sin x\ln x+\frac{\cos x}{x}\right)=x^{\sin x}\left(-\sin x\ln x+\frac{\cos x}{x}\right).$$

【同步练习】

1．下列导函数正确的是（　　　）.

A．$(\sin 2x)'=\cos 2x$　　B．$(x^x)'=x\cdot x^{x-1}$

C．$(x^x)'=x^x\ln a$　　D．$(e^x)''=e^x$

2．求下列函数的导数：

（1）$y=\frac{(2x+3)\sqrt[3]{x-6}}{\sqrt{x+1}}$；（2）$y=x^{3x}$；（3）$y=(1+x^2)^{\sqrt{x}}$.

*3.3.2　参数方程的导数

案例 3.7　一架救援飞机在离灾区地面 500m 高处以 100m/s 的速度做水平直线飞行．为使投放救援物资准确落于灾区指定的地面（不记空气阻力），飞行员应如何确定投放时机呢？

【分析】物资投出机舱后，它的运动由下列两种运动合成：①沿 ox 做初速为 100m/s 的匀速直线运动；②沿 oy 反方向做自由落体运动．设物资出舱后在水平位置的位移为 x，垂直位置的位移为 y．所以

$$\begin{cases}x=100t\\ y=500-\frac{1}{2}gt^2\end{cases}$$

上式中 x、y 都是 t 的函数，通过消除参数 t 可以得到 y 与 x 的函数．我们称这种函数关系所表示的函数为**参数方程**．一般可以表示为

$$\begin{cases}x=\phi(t)\\ y=\psi(t)\end{cases}，其中 t 是参数$$

由参数方程所确定的函数的求导通常不需要消去 t，化为 y 与 x 之间的函数后再求导

$$\frac{dy}{dx}=\frac{dy}{dt}\cdot\frac{dt}{dx}=\frac{\psi'(t)}{\phi'(t)}.$$

例 3.3.4　求下列函数的导数：

（1）求由参数方程 $\begin{cases}x=\frac{3t}{1+t}\\ y=\frac{4-t}{1+t}\end{cases}$ 所确定的函数的导数 $\frac{dy}{dx}$；

*（2）设 $\begin{cases} x = t^2 + 4t \\ y = t^3 - 12t - 4 \end{cases}$，求 $\dfrac{d^2 y}{dx^2}$.

解　（1）首先，有 $\dfrac{dy}{dx} = \dfrac{dy}{dt} \cdot \dfrac{dt}{dx} = \dfrac{\left(\dfrac{4-t}{1+t}\right)'}{\left(\dfrac{3t}{1+t}\right)'} = \dfrac{\dfrac{-(1+t)-(4-t)}{(1+t)^2}}{\dfrac{3(1+t)-3t}{(1+t)^2}} = -\dfrac{5}{3}$；

（2）首先，有 $\dfrac{dy}{dx} = \dfrac{dy}{dt} \cdot \dfrac{dt}{dx} = \dfrac{(t^3 - 12t - 4)'}{(t^2 + 4t)'} = \dfrac{3t^2 - 12}{2t + 4} = \dfrac{3}{2}(t-2)$

其次，建立参数方程 $\begin{cases} x = t^2 + 4t \\ \dfrac{dy}{dx} = \dfrac{3}{2}(t-2) \end{cases}$

> 参数方程的二阶导数 $\dfrac{d^2 y}{dx^2}$ 指的是 $\dfrac{dy}{dx}$ 对 x 求导.

得

$$\frac{d^2 y}{dx^2} = \frac{d}{dt}\left(\frac{dy}{dx}\right) \cdot \frac{dt}{dx} = \frac{\left(\frac{3}{2}(t-2)\right)'}{(t^2 + 4t)'} = \frac{\frac{3}{2}}{2t+4} = \frac{3}{4(t+2)}.$$

【同步练习】 设参数方程 $\begin{cases} x = \dfrac{1}{t+1} \\ y = \dfrac{t}{(t+1)^2} \end{cases}$，求 $\dfrac{dy}{dx}$ 及 $\dfrac{d^2 y}{dx^2}$.

3.3.3　高阶导数

案例 3.8　（瞬时速度问题）一颗石头从悬崖上做自由落体运动，其规律为 $s = \dfrac{1}{2} g t^2$，如何求自由下落后在 t_0 时刻的加速度？

【分析】 从物理学中知道，加速度 a 是速度 v 对时间 t 的变化率. 也就是说，加速度 a 等于速度 v 对时间 t 的导数，即 $a = v'(t)$ 或 $a = \dfrac{dv}{dt}$. 又因为 $v = s'(t)$，所以 $a = [s'(t)]'$ 或 $a = \dfrac{d}{dt}(\dfrac{ds}{dt})$. 这种导数的导数 $[s'(t)]'$ 或 $\dfrac{d}{dt}(\dfrac{ds}{dt})$ 称为 s 对 t 的二阶导数. 我们有如下定义.

定义 3.3　考虑函数 $y = f(x)$ 的导函数 $f'(x)$，若 $f'(x)$ 仍可导，则称它的导数 $[f'(x)]'$ 为 $y = f(x)$ 的**二阶导数**，记作 $f''(x)$、y''、$\dfrac{d^2 y}{dx^2}$、$\dfrac{d^2 f(x)}{dx^2}$. 同时称 $f'(x)$ 为函数 $y = f(x)$ 的一阶导数.

类似地，可以得到函数的 n 阶导数，即函数 $y = f(x)$ 的 n 阶导数为 $n-1$ 阶导数的导数，记作 $f^{(n)}(x)$、$y^{(n)}$、$\dfrac{d^n y}{dx^n}$、$\dfrac{d^n f(x)}{dx^n}$.

在点 x_0 处的 n 阶导数值则记为 $f^{(n)}(x_0)$、$\left.\dfrac{\mathrm{d}^n y}{\mathrm{d}x^n}\right|_{x=x_0}$ 等 .

我们把二阶或二阶以上的导数统称为**高阶导数**.

例 3.3.5 求下列函数的高阶导数：

（1）设 $y=2x^3-4x^2+5x-9$，求 y'''；

（2）求函数 $y=\ln x$ 的 y'', y''', $y^{(n)}$ 导数.

解 （1）$y'=\left(2x^3-4x^2+5x-9\right)'=6x^2-8x+5$；

$y''=\left(6x^2-8x+5\right)'=12x-8$；

$y'''=\left(12x-8\right)'=12$.

（2）$y'=\dfrac{1}{x}=x^{-1}$，$y''=-x^{-2}$，$y'''=2x^{-3}$，…

由数学归纳法可得

$$y^{(n)}=(-1)^{n-1}(n-1)!x^{-n}$$.

> **【同步练习】** 求下列函数的高阶导数：
>
> （1）$y=x^4-9x^2+2x-3$，求 y'''；
>
> （2）函数 $y=\mathrm{e}^{2x}$ 的 y'', y''', $y^{(n)}$ 导数;
>
> （3）函数 $y=\sin x$ 的 y'', y''', $y^{(4)}$, $y^{(n)}$ 导数.

3.4 微分中值定理及其应用

3.4.1 两个微分中值定理

函数与其导函数是两个不同的函数，导函数只能反映函数在某一点的局部特征．微分中值定理就是沟通函数与导函数之间的桥梁，利用中值定理可以通过导数去研究函数的形态．下面介绍两个中值定理.

定理 3.4	图示
（罗尔中值定理）如果函数 $y=f(x)$ 满足下列条件：（1）在闭区间 $[a,b]$ 上连续，开区间 (a,b) 内可导，（2）$f(a)=f(b)$，结论：至少有一点 $\xi\in(a,b)$，使得 $f'(\xi)=0$.	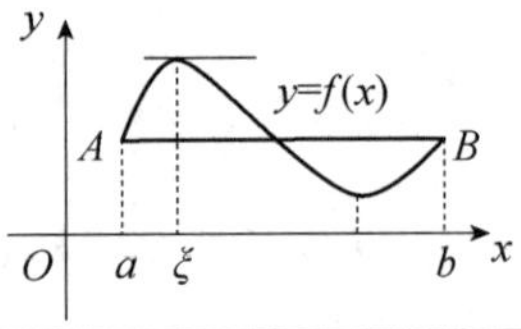
（拉格朗日中值定理）如果函数 $y=f(x)$ 满足下列条件：在闭区间 $[a,b]$ 上连续，开区间 (a,b) 内可导，结论：至少有一点 $\xi\in(a,b)$，使得：$f'(\xi)=\dfrac{f(b)-f(a)}{b-a}$ 或 $f(b)-f(a)=(b-a)f'(\xi)$	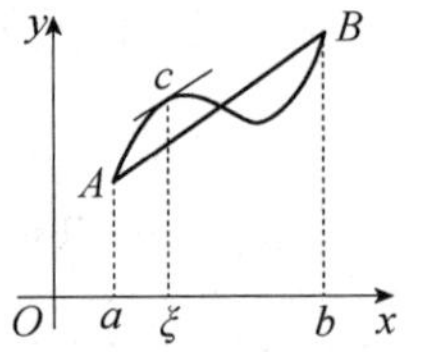

从几何解释上显然可知，罗尔定理是拉格朗日定理的特殊情况.

例 3.4.1　利用上述两个中值定理验证下面结论的正确性：

（1）验证罗尔定理对函数 $f(x)=3x^2-1$ 在区间 $[-1,1]$ 上的正确性，并求出罗尔定理结论中的 ξ .

（2）验证拉格朗日定理对函数 $f(x)=\sin x$ 在区间 $\left[-\dfrac{\pi}{2},\dfrac{\pi}{2}\right]$ 上的正确性，并求出满足拉格朗日定理结论中的 ξ .

解　（1）由初等函数连续性可知：$f(x)$ 在 $[-1,1]$ 上连续，又因为 $f'(x)=6x$ ，$f(x)$ 在 $(-1,1)$ 内可导，且 $f(-1)=f(1)=2$ ，所以 $f(x)$ 在 $[-1,1]$ 上满足罗尔定理条件.

令 $f'(\xi)=0$ ，即 $6\xi=0$ ，

得
$$\xi=0\in(-1,1),$$

即为所求的 ξ .

（2）由初等函数的连续性可知函数在 $\left[-\dfrac{\pi}{2},\dfrac{\pi}{2}\right]$ 上连续，在开区间 $\left(-\dfrac{\pi}{2},\dfrac{\pi}{2}\right)$ 内可导，故 $f(x)$ 在 $\left[-\dfrac{\pi}{2},\dfrac{\pi}{2}\right]$ 上满足拉格朗日中值定理的条件.

而
$$\frac{f\left(\dfrac{\pi}{2}\right)-f\left(-\dfrac{\pi}{2}\right)}{\pi}=\frac{2}{\pi},$$

令 $f'(\xi)=\cos\xi$ ，即 $\cos\xi=\dfrac{2}{\pi}$ ，

得
$$\xi=\arccos\frac{2}{\pi}\in\left(-\frac{\pi}{2},\frac{\pi}{2}\right),$$

即为所求的 ξ .

常数函数的导数为零；那么反过来，在某一区间上导数处处为零的函数是否一定为常数函数？答案是肯定的. 我们根据拉格朗日定理可以得到下面的推论.

推论 1　如果函数 $y=f(x)$ 在区间 (a,b) 内每一点的导数恒为零，则函数 $y=f(x)\equiv C$（C 为常数），$x\in(a,b)$.

推论 2　如果 $f'(x)=g'(x)$ ，$x\in(a,b)$ ，则 $f(x)=g(x)+C$ （C 为常数）.

根据拉格朗日定理推论 1，可以证明恒等式.

例 3.4.2　证明：$\arcsin x+\arccos x=\dfrac{\pi}{2}$　$(-1\leqslant x\leqslant 1)$

证明　设 $f(x)=\arcsin x+\arccos x$ ，则 $f(x)$ 在 $[-1,1]$ 上连续，

又
$$f'(x)=\frac{1}{\sqrt{1-x^2}}+\frac{-1}{\sqrt{1-x^2}}=0$$

由推论 1 得 $f(x)=C$ ，又因为

$$f(0)=\arcsin 0+\arccos 0=\frac{\pi}{2}$$

所以 $C=\dfrac{\pi}{2}$，即

$$\arcsin x+\arccos x=\frac{\pi}{2}\quad(-1\leqslant x\leqslant 1)$$

【同步练习】验证下列函数符合拉格朗日定理，求ξ：
（1）$f(x)=\sqrt{x}$， $x\in[1,4]$；（2）$f(x)=\arctan x$， $x\in[0,1]$.

3.4.2 导数符号在函数单调性中的应用

高中的时候我们根据定义来判断函数的单调性，下面我们想利用导数符号来判断函数的单调性. 那么单调性和导数符号之间到底有什么关系呢？观察 $y=x^2$ 的函数图像（见图 3.4），可以发现函数在区间 $(-\infty,0)$ 上是单调递减的，在 $(0,+\infty)$ 上是单调递增的. 分析该函数导数值符号情况如表 3.1 所示.

表 3.1

x	$(-\infty,0)$	0	$(0,+\infty)$
$y'=2x$ 的符号	负号	0	正号
单调性	递减		递增

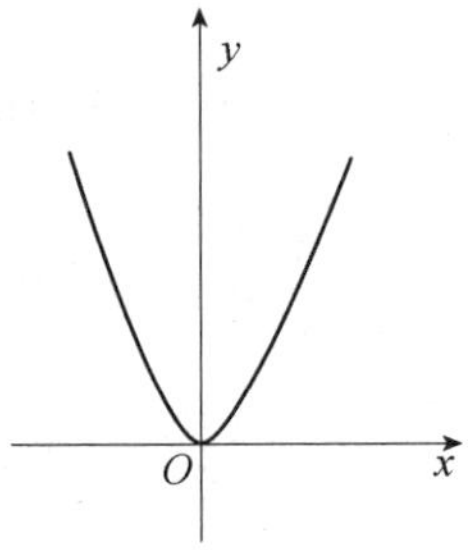

图 3.4

当 $x\in(-\infty,0)$ 时， $y'<0$ ，说明函数曲线在区间 (a,b) 内每一点的切线的倾斜角都是钝角，因此它们的斜率都是负的，即 $f'(x)<0$.

当 $x\in(0,+\infty)$ 时， $y'>0$ ，说明函数曲线在区间 (a,b) 内每一点的切线的倾斜角都是锐角，因此它们的斜率都是正的，即 $f'(x)>0$.

可见，函数的单调性与它导数的符号之间有着密切的联系，那么，能否用导数的符号来判断函数的单调性呢？

下面我们给出函数单调性的判定方法.

1. 函数单调性的判定

定理 3.5 设函数 $y=f(x)$ 在 (a,b) 内可导，

（1）如果在 (a,b) 内 $f'(x)>0$，那么函数 $y=f(x)$ 在 (a,b) 内单调增加，区间 (a,b) 称为函数 $y=f(x)$ 的**单调增区间**；

根据拉格朗日中值定理，可以证明定理 3.5.

（2）如果在 (a,b) 内 $f'(x)<0$，那么函数 $y=f(x)$ 在 (a,b) 内单调减小，区间 (a,b) 称为函数 $y=f(x)$ 的**单调减区间**.

不论是单调增区间，还是单调减区间，统称为函数的**单调区间**.

例 3.4.3 求函数 $f(x)=\dfrac{1}{3}x^3-x^2+1$ 的单调区间.

解 函数的定义域为 $(-\infty,+\infty)$ ，因为

$$f'(x)=x^2-2x=x(x-2)$$

令 $f'(x)=0$ 得 $x=0$ 或 $x=2$ ，用它将定义域分成 3 个区间：$(-\infty,0)$，$(0\,,2)$，$(2\,,+\infty)$．列表讨论如表 3.2 所示.

表 3.2

x	$(-\infty,0)$	0	$(0,2)$	2	$(2,+\infty)$
$f'(x)$	+	0	—	0	+
$f(x)$	↗		↘		↗

所以，函数的单调增区间为 $(-\infty,0)\cup(2,+\infty)$；单调减区间为 $(0,2)$.

例 3.4.4　讨论函数 $f(x)=\sqrt[5]{x^4}$ 的单调性.

解　函数定义域为 $(-\infty,+\infty)$，因为 $f'(x)=\dfrac{4}{5\sqrt[5]{x}}$，显然，$x=0$ 是函数 $f(x)$ 的不可导点. 根据定理 3.5 可得表 3.3 所示结果.

表 3.3

x	$(-\infty,0)$	0	$(0,+\infty)$
y'	—	0	+
单调性	↘		↗

所以函数 $f(x)=\sqrt[3]{x^2}$ 在区间 $(-\infty,0)$ 上单调递减；在区间 $(0,+\infty)$ 上单调递增.

由定理 3.5 可知，讨论函数的单调性，需要根据函数的一阶导数的符号来进行判定. 当 $f(x)$ 连续时，$f'(x)$ 正负值的分界点是使 $f'(x)=0$ 或 $f'(x)$ 不存在的点.

我们把使 $f'(x)=0$ 的点 x_0 称为函数 $f(x)$ 的**驻点**或**稳定点**.

由上述几个例子，我们可以得出讨论函数单调性的步骤为：

（1）求函数 $f(x)$ 的定义域；

（2）求导数 $f'(x)$，并进一步求出 $f(x)$ 的驻点与不可导点；

（3）用（2）中的点对定义域进行划分；

（4）在每个开区间内判定 $f'(x)$ 的符号，由定理 3.5 得出相应的结果.

一般地，如果 $f'(x)$ 在某区间内有限个点处为零，在其余各点处均为正（或负）时，那么 $f(x)$ 在该区间上仍旧是单调递增（或递减）的.

【同步练习】

1．函数 $y=x^2+1$ 在区间 $[-2,0]$ 上是（　　）.

A．单调递增　　B．单调递减

C．不增不减　　D．有增有减

2．函数 $y=2x^2-\ln x(x>0)$ 的单调递增区间是________.

3．求下列函数的单调区间：

（1）$f(x)=(x-1)^{\frac{2}{3}}$；　　（2）$f(x)=x^3-6x^2+9$.

2. 利用函数的单调性证明不等式

函数的单调性是函数的重要性质之一，在不等式证明中扮演着重要的角色. 在利用单调性证明不等式中，常用的方法是构造辅助函数法，下面通过例子说明.

例 3.4.5 利用函数单调性证明下列不等式：

（1）证明不等式：$e^x > ex$（$x>1$）；

（2）证明不等式：$2\sqrt{x} > 3-\dfrac{1}{x}$（$x>1$）.

证明 （1）$f(x)=e^x-ex$，显然 $f(x)$ 在 $x>1$ 时连续，且 $f(1)=0$.

又因为 $f'(x)=e^x-e>0$（$x>1$）

所以函数 $f(x)$ 在 $(1,+\infty)$ 上单调递增，当 $x>1$ 时，$f(x)>f(1)$，即

$$e^x-ex>0 \ (x>1)$$

因此

$$e^x>ex \ (x>1).$$

（2）$f(x)=2\sqrt{x}-3+\dfrac{1}{x}$，显然 $f(x)$ 在 $x>1$ 时连续，且 $f(1)=0$.

又因为 $f'(x)=\dfrac{1}{\sqrt{x}}-\dfrac{1}{x^2}=\dfrac{x^2-\sqrt{x}}{x^2\sqrt{x}}>0$（$x>1$）

所以函数 $f(x)$ 在 $(1,+\infty)$ 上单调递增，当 $x>1$ 时，$f(x)>f(1)$，即

$$2\sqrt{x}>3-\frac{1}{x}>0 \ (x>1)$$

因此

$$2\sqrt{x}>3-\frac{1}{x} \ (x>1).$$

从上面例子看出，用函数的单调性可证明不等式的基本步骤为：

（1）构造辅助函数；

（2）判断辅助函数的单调性；

（3）利用单调性证明不等式成立.

> **【同步练习】** 利用单调性证明下列不等式.
>
> （1）当 $x>0$ 时，证明不等式：$e^x>1+x$.
>
> （2）当 $x>0$ 时，证明不等式：$\ln(1+x)>x-\dfrac{1}{2}x^2$.

*3.4.3 洛必达法则

微分中值定理除了上述两个以外，还有一个是建立在两个函数 $f(x)$ 与 $g(x)$ 为研究对象基础上的，名称为柯西中值定理.

定理 3.6 （柯西中值定理）如果函数 $f(x)$ 与 $g(x)$ 满足下列条件：

（1）在闭区间 $[a,b]$ 上连续，开区间 (a,b) 内可导；

（2）$g'(x)$ 在 (a,b) 内每点均不为零.

结论：至少有一点 $\xi\in(a,b)$，使得 $\dfrac{f'(\xi)}{g'(\xi)}=\dfrac{f(b)-f(a)}{g(b)-g(a)}$.

本定理不做证明，但从结论上可以发现该定理可以用来求解满足一定条件的两函数之商的极限问题. 我们把这种方法称为**洛必达法则**.

从形式上，显然分子与分母的极限均为 0 或 ∞，我们把这类当分子分母都是无穷小或都是无穷大时，两个函数之比的极限可能存在也可能不存在的极限形式称为 $\frac{0}{0}$ **型不定式**或 $\frac{\infty}{\infty}$ **型不定式**．下面主要介绍用导数来求不定式极限的洛必达法则．

1. $\frac{0}{0}$ 型不定式的极限

定理 3.7（洛必达法则一）　如果函数 $f(x)$ 与 $g(x)$ 满足下列条件：

（1）$\lim\limits_{x \to x_0} f(x) = \lim\limits_{x \to x_0} g(x) = 0$；

（2）在点 x_0 的某邻域内（x_0 可除外），$f'(x)$，$g'(x)$ 都存在，且 $g'(x) \neq 0$；

（3）$\lim\limits_{x \to x_0} \dfrac{f'(x)}{g'(x)} = A$（或 ∞），则

$$\lim_{x \to x_0} \frac{f(x)}{g(x)} = \lim_{x \to x_0} \frac{f'(x)}{g'(x)} = A \text{（或} \infty \text{）}.$$

例 3.4.6　求下列函数的极限：

（1）$\lim\limits_{x \to 2} \dfrac{x^4 - 16}{x - 2}$；　　（2）$\lim\limits_{x \to 0} \dfrac{\ln(1+2x)}{5x}$；

*（3）$\lim\limits_{x \to 0} \dfrac{x^2}{x - \sin x}$；　　*（4）$\lim\limits_{x \to 0} \dfrac{x - \sin x}{x - x\cos x}$．

解　（1）当 $x \to 2$ 时，这是 $\frac{0}{0}$ 型不定式，由洛必达法则得

$$\lim_{x \to 2} \frac{x^4 - 16}{x - 2} = \lim_{x \to 2} \frac{4x^3}{1} = 32;$$

（2）当 $x \to 0$ 时，这是 $\frac{0}{0}$ 型不定式，由洛必达法则得

$$\lim_{x \to 0} \frac{\ln(1+2x)}{5x} = \lim_{x \to 0} \frac{\frac{2}{1+2x}}{5} = \frac{2}{5};$$

> 使用洛必达法则之前要首先进行检验，如果不满足定理 3.7 的条件就不能使用洛必达法则．在条件满足的情况下，洛必达法则可以重复使用．

（3）当 $x \to 0$ 时，这是 $\frac{0}{0}$ 型不定式，由洛必达法则得

$$\begin{aligned} \lim_{x \to 0} \frac{x^2}{x - \sin x} &= \lim_{x \to 0} \frac{2x}{1 - \cos x} \quad \text{（使用洛必达法则 1 次）} \\ &= \lim_{x \to 0} \frac{2}{\sin x} \quad \text{（使用洛必达法则 2 次）} \\ &= \infty \end{aligned}$$

所以　$\lim\limits_{x \to 0} \dfrac{x^2}{x - \sin x} = \infty$；

（4）当 $x \to 0$ 时，这是 $\frac{0}{0}$ 型不定式，由洛必达法则得

$$\lim_{x \to 0} \frac{x - \sin x}{x - x\cos x} = \lim_{x \to 0} \frac{1 - \cos x}{1 - \cos x + x\sin x} \quad \text{（使用洛必达法则 1 次）}$$

$$=\lim_{x\to 0}\frac{\sin x}{2\sin x+x\cos x}\quad（使用洛必达法则 2 次）$$
$$=\lim_{x\to 0}\frac{\cos x}{3\cos x-x\sin x}\quad（使用洛必达法则 3 次）$$
$$=\frac{1}{3}.$$

【同步练习】 求下列函数的极限：

（1）$\lim\limits_{x\to 0}\dfrac{2^x-1}{5x}$；（2）$\lim\limits_{x\to 0}\dfrac{x^3}{x-\sin x}$；

（3）$\lim\limits_{x\to 0}\dfrac{e^x-e^{-x}}{x+\cos x-1}$；（4）$\lim\limits_{x\to 0}\dfrac{x(e^x-1)}{\cos x-1}$.

2. $\dfrac{\infty}{\infty}$ 型不定式的极限

定理 3.8（洛必达法则二） 如果函数 $f(x)$ 与 $g(x)$ 满足下列条件：

（1）$\lim\limits_{x\to x_0}f(x)=\infty$，$\lim\limits_{x\to x_0}g(x)=\infty$；

（2）在点 x_0 的某邻域内（x_0 可除外），$f'(x)$，$g'(x)$ 都存在，且 $g'(x)\neq 0$；

（3）$\lim\limits_{x\to x_0}\dfrac{f'(x)}{g'(x)}=A$（或 ∞），则

$$\lim_{x\to x_0}\frac{f(x)}{g(x)}=\lim_{x\to x_0}\frac{f'(x)}{g'(x)}=A\ （或\ \infty）.$$

例 3.4.7 求下列函数的极限：

（1）$\lim\limits_{x\to +\infty}\dfrac{x}{\ln x}$；（2）$\lim\limits_{x\to -\infty}\dfrac{x^2}{e^{-x}}$；*（3）$\lim\limits_{x\to 0^+}\dfrac{\ln(\tan 3x)}{\ln(\tan 2x)}$.

> 在使用洛必达法则时，有时为了使计算简化，往往会利用等价无穷小量替换.

解 （1）当 $x\to +\infty$ 时，这是 $\dfrac{\infty}{\infty}$ 型不定式，由洛必达法则得

$$\lim_{x\to +\infty}\frac{x}{\ln x}=\lim_{x\to +\infty}\frac{1}{x^{-1}}=\lim_{x\to +\infty}x=+\infty；$$

（2）因为当 $x\to -\infty$ 时，这是 $\dfrac{\infty}{\infty}$ 型不定式，由洛必达法则得

$$\lim_{x\to -\infty}\frac{x^2}{e^{-x}}=\lim_{x\to -\infty}\frac{2x}{-e^{-x}}=\lim_{x\to -\infty}\frac{2}{e^{-x}}=0.$$

（3）当 $x\to 0^+$ 时，这是 $\dfrac{\infty}{\infty}$ 型不定式，由洛必达法则得

$$\lim_{x\to 0^+}\frac{\ln(\tan 3x)}{\ln(\tan 2x)}=\lim_{x\to 0^+}\frac{\tan 2x\cdot 3\sec^2 3x}{\tan 3x\cdot 2\sec^2 2x}\quad（\frac{\infty}{\infty}\ 型不定式）$$
$$=\frac{3}{2}\lim_{x\to 0^+}\frac{\tan 2x}{\tan 3x}\quad（\frac{0}{0}\ 型不定式）$$
$$=\frac{3}{2}\lim_{x\to 0^+}\frac{2x}{3x}\quad（\frac{0}{0}\ 型不定式）$$
$$=1.$$

洛必达法则虽然是解决未定式极限的一种较好的方法，但不是所有未定式的极限都可以通过洛必达法则得到解决的.

> 洛必达法则不是万能的公式，有时候也是会失效的.

*例 3.4.8　求下列函数的极限：

（1）求极限 $\lim\limits_{x\to\infty}\dfrac{x-\sin x}{x+\sin x}$；　　（2）$\lim\limits_{x\to+\infty}\dfrac{\sqrt{1+x^2}}{x}$.

解　（1）这是 $\dfrac{\infty}{\infty}$ 型，若用洛必达法则，$\lim\limits_{x\to\infty}\dfrac{x-\sin x}{x+\sin x}=\lim\limits_{x\to\infty}\dfrac{1-\cos x}{1+\cos x}$，而后者的极限不存在（也不是 ∞），即定理 3.4 的条件（3）不满足，因此洛必达法则失效. 但是这个函数的极限是存在的.

$$\lim_{x\to\infty}\frac{x-\sin x}{x+\sin x}=\lim_{x\to\infty}\frac{1-\dfrac{1}{x}\sin x}{1+\dfrac{1}{x}\sin x}=1;$$

（2）
$$\lim_{x\to+\infty}\frac{\sqrt{1+x^2}}{x}=\lim_{x\to+\infty}\frac{\left(\sqrt{1+x^2}\right)'}{(x)'}=\lim_{x\to+\infty}\frac{x}{\sqrt{1+x^2}}$$
$$=\lim_{x\to+\infty}\frac{(x)'}{\left(\sqrt{1+x^2}\right)'}=\lim_{x\to+\infty}\frac{\sqrt{1+x^2}}{x}=\cdots$$

因此，洛必达法则失效. 但是这个函数的极限是存在的，

$$\lim_{x\to+\infty}\frac{\sqrt{1+x^2}}{x}=\lim_{x\to+\infty}\sqrt{\frac{1}{x^2}+1}=1.$$

【同步练习】求下列函数的极限：

（1）$\lim\limits_{x\to+\infty}\dfrac{x^6}{e^{x^3}}$；（2）$\lim\limits_{x\to-\infty}\dfrac{x^2}{e^{-x}}$；（3）$\lim\limits_{x\to\infty}\dfrac{x^2+x-3}{2x^2+x+4}$.

*3. 其他类型不定式的极限

在求极限过程中，我们还会遇到 $0\cdot\infty$、$\infty-\infty$、1^∞、0^0、∞^0 等其他类型的不定式，对于这些不定式的极限问题，通常要转化为 $\dfrac{0}{0}$ 型（或 $\dfrac{\infty}{\infty}$ 型）后，再利用洛必达法则求极限.

> 对 1^∞、0^0、∞^0 等不定式都将通过恒等变形转化，然后再用洛必达法则求解.

*例 3.4.9　求极限 $\lim\limits_{x\to0^+}x\ln x$.

解　这是 $0\cdot\infty$ 型，因为 $x\ln x=\dfrac{\ln x}{x^{-1}}$，转化为 $\dfrac{\infty}{\infty}$ 型.

$$\lim_{x\to0^+}x\ln x=\lim_{x\to0^+}\frac{\ln x}{x^{-1}}=\lim_{x\to0^+}\frac{x^{-1}}{-x^{-2}}=-\lim_{x\to0^+}x=0.$$

*例 3.4.10　求极限 $\lim\limits_{x\to0}\left(\dfrac{1}{e^x-1}-\dfrac{1}{x}\right)$.

解 这是 $\infty-\infty$ 型未定式，通分得 $\dfrac{x-e^x+1}{x(e^x-1)}$，转化为 $\dfrac{0}{0}$ 型.

$$\lim_{x\to 0}\left(\frac{1}{e^x-1}-\frac{1}{x}\right)=\lim_{x\to 0}\frac{x-e^x+1}{x(e^x-1)}=\lim_{x\to 0}\frac{1-e^x}{e^x-1+xe^x}$$

$$=\lim_{x\to 0}\frac{-e^x}{2e^x+xe^x}=-\frac{1}{2}.$$

*例 3.4.11 求极限 $\lim\limits_{x\to 0^+}(\sin x)^x$.

解 这是 0^0 型，作变形 $(\sin x)^x=e^{\ln(\sin x)^x}=e^{x\ln\sin x}$，转化为 $0\cdot\infty$ 型.

$$\lim_{x\to 0^+}(\sin x)^x \xlongequal{\text{恒等变换}} \lim_{x\to 0^+}e^{\ln(\sin x)^x}=e^{\lim\limits_{x\to 0^+}x\ln(\sin x)}\quad(0\cdot\infty\text{型})$$

$$\xlongequal{\text{转化}} e^{\lim\limits_{x\to 0^+}\frac{\ln(\sin x)}{x^{-1}}}\left(\frac{\infty}{\infty}\text{型}\right)\xlongequal{\text{洛必达法则}} e^{\lim\limits_{x\to 0^+}\frac{\frac{1}{\sin x}\cos x}{-\frac{1}{x^2}}}$$

$$\xlongequal{\text{整理}} e^{-\lim\limits_{x\to 0^+}\frac{x^2\cos x}{\sin x}}=e^0=1.$$

【同步练习】求下列函数的极限：

（1）$\lim\limits_{x\to 1}\left(\dfrac{x}{x-1}-\dfrac{1}{\ln x}\right)$；（2）$\lim\limits_{x\to 0^+}\left(\dfrac{1}{x}\right)^{\sin x}$；（3）$\lim\limits_{x\to\infty}x^{\frac{1}{x}}$.

3.5 导数在实际问题中的应用

3.5.1 函数的极值

1. 函数极值的定义

观察图 3.5 不难看出：x_1、x_3、x_5 点附近任何一点 x 的函数值都比它们的函数值要小；而 x_0、x_4 点附近任何一点 x 的函数值都比它们的函数值要大. 于是我们定义如下：

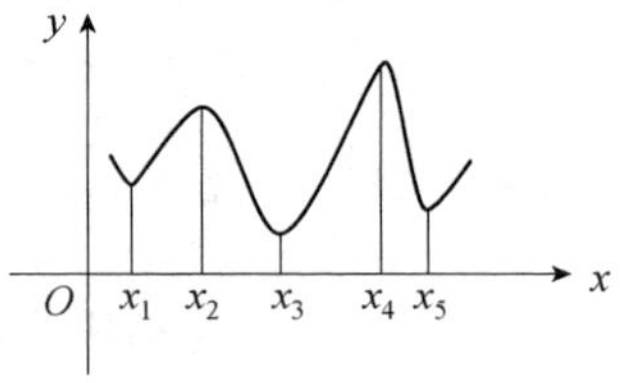

图 3.5

定义 3.4 设函数 $f(x)$ 在点 x_0 的某邻域内有定义，如果在该邻域内任取一点 x（$x\neq x_0$），均有 $f(x)<f(x_0)$，则称 $f(x_0)$ 是函数 $f(x)$ 的一个**极大值**，称 x_0 为 $f(x)$ 的**极大值点**；如果在该邻域内任取一点 x（$x\neq x_0$），均有 $f(x)>f(x_0)$，则称 $f(x_0)$ 是函数 $f(x)$ 的一个**极小值**，称 x_0 为 $f(x)$ 的**极小值点**.

函数的极大值与极小值统称为**极值**，极大值点与极小值点统称为**极值点**.

2. 函数极值的判定

从图 3.5 可以看出，函数的极值可以在驻点或连续不可导点取得. 那么驻点或不可导点是否一定是函数的极值点呢？下面给出函数取得极值的必要条件和充分条件.

定理 3.9（极值存在的必要条件） 如果函数 $f(x)$ 在点 x_0 处可导，且在点 x_0 处取得极值，

则必有 $f'(x_0)=0$.

定理 3.9 说明可导函数的极值点一定是函数的驻点，但驻点不一定是函数的极值点.

例 3.5.1　图 3.6 所示函数中哪些函数在 $x=0$ 是该函数的极值点？

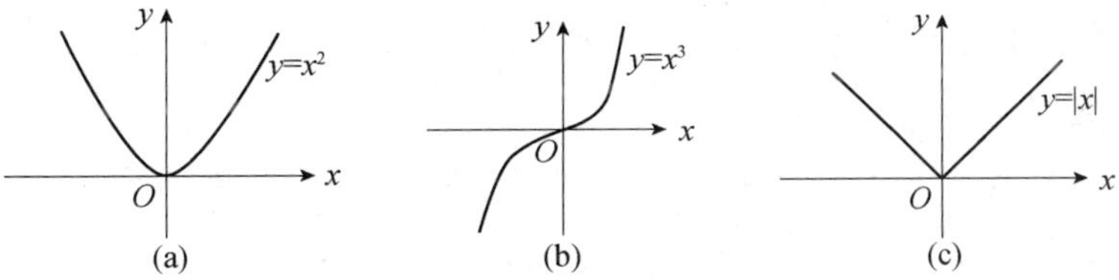

图 3.6

解　我们从图 3.6（a）、图 3.6（b）中可知：

O 点是函数 $y=x^2$ 的驻点，它也是函数 $y=x^2$ 的极小值点；点 $x=0$ 是函数 $y=x^3$ 的驻点，但它却不是函数 $y=x^3$ 的极值点. 由图 3.6（c）可知：点 $x=0$ 是函数 $y=|x|$ 的连续不可导点，它也是函数 $y=|x|$ 的极小值点；连续不可导点也可能是极值点.

> 极值点可能在驻点或不可导点取到. 只需对驻点和连续不可导数点逐个进行判断即可.

下面给出判断极值的充分条件：

定理 3.10（极值的第一充分条件）　设函数 $f(x)$ 在点 x_0 的某邻域内可导（点 x_0 可除外，但在点 x_0 处必须连续），且 $f'(x_0)=0$ 或 $f'(x_0)$ 不存在，

（1）如果当 $x>x_0$ 时，$f'(x)>0$ ；当 $x<x_0$ 时，$f'(x)<0$ ，则函数 $f(x)$ 在 x_0 处取得极大值；

（2）如果当 $x>x_0$ 时，$f'(x)<0$ ；当 $x<x_0$ 时，$f'(x)>0$ ，则函数 $f(x)$ 在 x_0 处取得极小值；

（3）如果在 x_0 的两侧，$f'(x)$ 具有相同的符号，则函数 $f(x)$ 在 x_0 处无极值.

综上所述，求函数 $f(x)$ 的极值点和极值的一般步骤为：

（1）确定函数 $f(x)$ 的定义域；

（2）求导数 $f'(x)$ ，解方程 $f'(x)=0$ ，求出驻点，并找出使 $f'(x)$ 不存在的点（函数 $f(x)$ 的连续不可导点）；

（3）用上述诸点按从小到大的顺序将定义区间分为若干子区间；列表考察 $f'(x)$ 在各个子区间内的符号，判定出函数 $f(x)$ 在子区间上的单调性，也就得到了极值点；

（4）求出各极值点处的函数值，就得到函数 $f(x)$ 的全部极值.

例 3.5.2　求函数 $f(x)=\dfrac{1}{3}x^3-4x$ 的极值.

解　因为函数 $f(x)$ 的定义域为 $(-\infty，+\infty)$ ，又因为

$$f'(x)=x^2-4=(x+2)(x-2)$$

令 $f'(x)=0$ ，解得 $x_1=-2$ ，$x_2=2$ ；列表讨论如表 3.4 所示.

表 3.4

x	$(-\infty,-2)$	-2	$(-2,2)$	2	$(2,+\infty)$
$f'(x)$	+	0	—	0	+
$f(x)$	↗	有极大值	↘	有极小值	↗

所以函数 $f(x)$ 在 $x_1=-2$ 处取得极大值，极大值为 $f(-2)=-\dfrac{16}{3}$；函数 $f(x)$ 在 $x_2=2$ 处取得极小值，极小值为 $f(2)=-\dfrac{16}{3}$.

*例 3.5.3 求函数 $f(x)=x\cdot\sqrt[3]{(x-1)^2}$ 的极值.

解 函数定义域为 $(-\infty,+\infty)$，因为

$$f'(x)=\sqrt[3]{(x-1)^2}+\frac{2}{3}\cdot\frac{x}{\sqrt[3]{(x-1)}}=\frac{5x-3}{3\sqrt[3]{x-1}}$$

令 $f'(x)=0$ 得驻点 $x=\dfrac{3}{5}$，又因为 $f(x)$ 的不可导点是 $x=1$，用它们将定义域分成三个区间：$\left(-\infty,\dfrac{3}{5}\right)$，$\left(\dfrac{3}{5},1\right)$，$(1,+\infty)$. 列表讨论如表 3.5 所示.

表 3.5

x	$\left(-\infty,\frac{3}{5}\right)$	$\frac{3}{5}$	$\left(\frac{3}{5},1\right)$	1	$(1,+\infty)$
$f'(x)$	+	0	—	0	+
$f(x)$	↗		↘		↗

所以函数 $f(x)$ 在 $x=1$ 处取得极小值，极小值 $f(1)=0$；函数 $f(x)$ 在 $x=\dfrac{3}{5}$ 处取得极大值，极大值为 $f\left(\dfrac{3}{5}\right)=\dfrac{3\sqrt[3]{20}}{25}$.

上述定理给出了判定极值点的充分条件一，如果函数在驻点处具有二阶导数，则有下面的判定方法.

> 极值充分条件二只适合于驻点且在驻点的二阶导数不为零的情况.

定理 3.11 （极值充分条件二） 设 x_0 是函数 $f(x)$ 的驻点，且 $f''(x_0)$ 存在，则

（1）如果 $f''(x_0)<0$，则 $f(x_0)$ 是函数 $f(x)$ 的极大值；

（2）如果 $f''(x_0)>0$，则 $f(x_0)$ 是函数 $f(x)$ 的极小值；

（3）如果 $f''(x_0)=0$，则 $f(x_0)$ 是否为函数 $f(x)$ 的极值还需进一步判断.

例 3.5.4 求函数 $f(x)=\dfrac{1}{3}x^3-\dfrac{1}{2}x^2-2x+1$ 的极值.

解 因为 $f(x)$ 的定义域为 $(-\infty,+\infty)$，且 $f'(x)=x^2-x-2$，令 $f'(x)=0$，得驻点 $x_1=-1$，$x_2=2$.

又因为 $f''(x)=2x-1$，$f''(-1)=-3<0$，所以函数 $f(x)$ 在 $x_1=-1$ 处取得极大值 $f(-1)=\dfrac{13}{6}$；$f''(2)=3>0$ 所以函数 $f(x)$ 在 $x_2=2$ 处取得极小值为 $f(2)=-\dfrac{7}{3}$.

【同步练习】求下列的极值：

（1）$f(x)=x^4-\frac{4}{3}x^3-2$；　　　　（2）$f(x)=\frac{2}{3}x-\sqrt[3]{(x-2)^2}$.

3.5.2　函数的最值

顾名思义，我们把函数在某一范围内取得的最大的函数值称为**函数的最大值**，取得的最小的函数值称为**函数的最小值**，最大值与最小值统称为**函数的最值**.

观察图 3.7 就可知：函数的极值与函数的最值是两个不同的概念，极值是一种局部性的概念，它只限于与 x_0 的某邻域的函数值比较来说的；而最值是一个整体概念，它是就整个区间的函数值比较来说的．那么如何求最值呢？

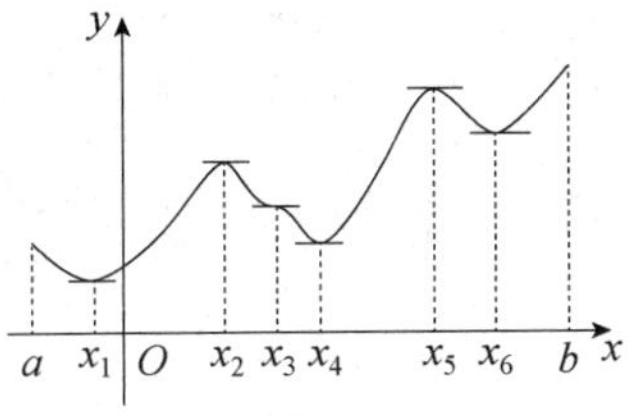

图 3.7

对于闭区间上的连续函数来说一定有最值，其最值一定在函数的驻点、一阶导数不存在的点、区间端点处取得，我们只要求出这些点所对应的函数值，找出其中最大的就是函数的最大值，最小的就是函数的最小值．于是我们可以归纳出求函数 $f(x)$ 在闭区间 $[a,b]$ 上最值的方法：

（1）先通过求导数 $f'(x)$ 求出区间 (a,b) 上的驻点与不可导点；

（2）计算上述驻点与不可导点及区间端点的函数值；

（3）比较上述各函数值，最大的就是函数的最大值，最小的就是函数的最小值.

例 3.5.5　求函数 $f(x)=x^4-2x^2+5$ 在区间 $[-2,2]$ 上的最大值和最小值.

解　定义域为 $(-\infty,\infty)$，则 $f'(x)=4x^3-4x=4x(x+1)(x-1)$.

令 $f'(x)=0$，得驻点　$x_1=-1,\ x_2=0,\ x_3=1$，

在驻点处函数值分别为：$f(-1)=4,\ f(0)=5,\ f(1)=4$，

在端点处的函数值为：$f(-2)=f(2)=13$.

比较上述 5 个点的函数值，即可得出在区间 $[-2,2]$ 上的最大值为 $f(-2)=f(2)=13$，最小值为 $f(-1)=4,\ f(1)=4$.

3.5.3　最值问题应用

1．生活中的应用

例 3.5.6　（选址问题）甲、乙两个工厂，甲厂位于一直线河岸的岸边 A 处，乙厂与甲厂在河的同侧，乙厂位于离河岸 40km 的 B 处，乙厂到河岸的垂足 D 与 A 相距 50km，两厂要在此岸边合建一个供水站 C，从供水站到甲厂和乙厂的水管费用分别为每千米 $3a$ 元和 $5a$ 元，问供水站 C 建在岸边何处才能使水管费用最省？

解　根据题意知，只有点 C 在线段 AD 上某一适当位置，才能使总运费最省，设 C 点距 D 点 x km，则 $BD=40, AC=50-x$，

$\therefore BC=\sqrt{BD^2+CD^2}=\sqrt{x^2+40^2}$

又设总的水管费用为 y 元，依题意有：

$$y = 3a(50-x) + 5a\sqrt{x^2+40^2} \quad (0<x<50)$$

$$y' = -3a + \frac{5ax}{\sqrt{x^2+40^2}}，令 y'=0，解得 x=30 .$$

在 $(0,50)$ 上，y 只有一个极值点，根据实际问题的意义，函数在 $x=30\text{km}$ 处取得最小值，此时 $AC=50-x=20\text{km}$，所以，供水站建在 A 、D 之间距甲厂 20 km 处，可使水管费用最省.

2. 工程中的应用

例 3.5.7 （最大输出功率问题）如图 3.8 所示的电路中，电源电动势为 E，内阻为 r（ E 、r 均为常量），问负载电阻 R 为多大时，输出功率 P 最大？

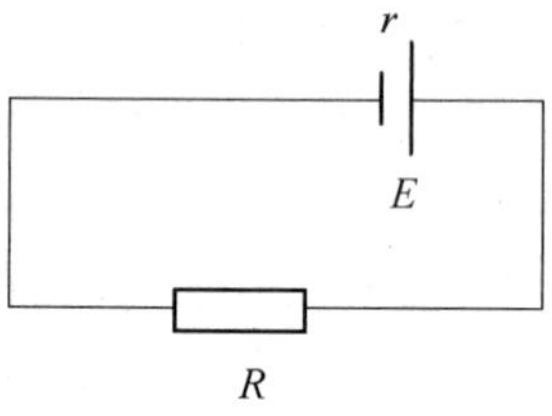

图 3.8

解 消耗在电阻 R 上的功率为 $P=I^2R$，其中 I 是回路中的电流. 由欧姆定律知 $I=\dfrac{E}{R+r}$，所以输出功率为

$$P=\frac{E^2R}{(R+r)^2}，\ R>0$$

输出功率 P 关于 R 的导数为

$$\frac{\mathrm{d}P}{\mathrm{d}R}=\frac{E^2}{(R+r)^3}(r-R)，\ R>0$$

令 $\dfrac{\mathrm{d}P}{\mathrm{d}R}=0$，得 $R=r$.

所以，当 $R=r$ 时，输出功率取到最大值 $P=\dfrac{E^2}{4r}$.

3. 经济中的应用

例 3.5.8 设某产品的总成本为 $C(x)=900+20x+x^2$（ x 为产量，单位：件），问产量为多少件时，每件产品的平均成本最低？

解 已知 $\bar{C}(x)=\dfrac{C(x)}{x}=\dfrac{900}{x}+x+20$，求导得 $\bar{C}'(x)=-\dfrac{900}{x^2}+1$，令 $\bar{C}'(x)=0$，得唯一的驻点 $x=30$；又因为 $\bar{C}''(30)=\dfrac{1800}{x^3}\Big|_{x=30}=\dfrac{1}{15}>0$，所以唯一的极小值点 $x=30$ 就是该问题的最值点，即当产量为 30 件时，每件产品的平均成本最低.

例 3.5.9 已知生产某产品 x 件的成本为 $C(x)=5x^2$（元），所得收益为 $R(x)=250x$（元），问应生产多少单位产品，才能使总利润最大？并求最大利润.

解 总利润函数为

$$L(x)=R(x)-C(x)=-5x^2+250x$$

因为 $L'(x)=-10x+250$，令 $L'(x)=0$，得唯一的驻点 $x=25$，又因为 $L''(25)=-10<0$，所以唯一的驻点必是极大值点. 因此，生产 25 件产品时总利润最大. 最大利润为

$$L(20)=-5\times25^2+25\times250=3125 .$$

【同步练习】

1．建造一个容积为 300m³ 圆柱形无盖水池，已知池底的单位造价是侧围单位造价的两倍，问如何设计使造价最低？

2．制作一个底面为正方形、体积为 125m³ 的长方体容器（无盖）．已知地面单位造价是周围单位造价的两倍，如何设计使总造价最低？

3.6　微分及其应用

3.6.1　微分的定义

微分是分析增大或减小的变化情况的工具，在自然、社会、经济等领域中，微分知识都是必不可少的．

<table>
<tr><th>案例 3.9</th><th>图示</th></tr>
<tr><td>（金属薄片受热膨胀后面积的改变量）一块正方形的金属薄片受热均匀膨胀，其边长由 x_0 变到 $x_0+\Delta x$ ，问此薄片的面积改变了多少？</td><td>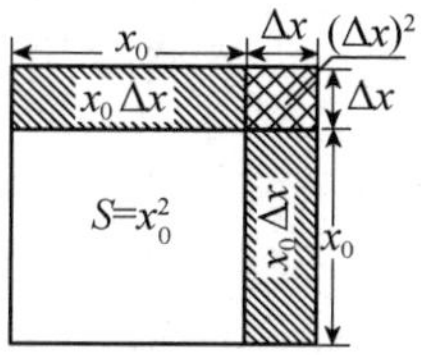
</td></tr>
<tr><td>（铅球受热膨胀后体积的改变量）一个铅球受热均匀膨胀，其半径由 r_0 变到 $r_0+\Delta r$ ，问此铅球的体积改变了多少？</td><td>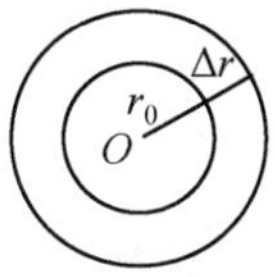
</td></tr>
</table>

【分析】由铅球横截面可知，当球的半径由 r_0 变到 $r_0+\Delta r$ 时，相应地，体积的增量为 ΔV ，即

$$\Delta V=\frac{4}{3}\pi(r_0+\Delta r)^3-\frac{4}{3}\pi r_0{}^3=4\pi r_0{}^2\Delta r+4\pi r_0(\Delta r)^2+\frac{4}{3}\pi(\Delta r)^3$$

上式表明，ΔV 由两部分组成，第一部为 $4\pi r_0{}^2\Delta r$ ，它是 Δr 的线性函数，称为 ΔV 的线性主要部分；第二部分为 $4\pi r_0(\Delta r)^2+\frac{4}{3}\pi(\Delta r)^3$ ，它是 ΔV 的次要部分，当 $\Delta r\to 0$ 时，它是比 Δr 高阶的无穷小量．即

$$\lim_{\Delta r\to 0}\frac{4\pi r_0(\Delta r)^2+\frac{4}{3}\pi(\Delta r)^3}{\Delta r}=\lim_{\Delta r\to 0}4\pi r_0\Delta r+\frac{4}{3}\pi(\Delta r)^2=0\ .$$

当取定 $r_0=1$ 时，我们取不同的 Δr ，分别计算 ΔV 两部分的值可得表 3.6．从表中不难发现当 $\Delta r\to 0$ 时，第二部分的数值越来越小，可以忽略不计．

表 3.6

Δr	…	0.1	0.01	0.001	---
$4\pi r_0^2\Delta r$	…	1.256	0.1256	0.01256	---
$4\pi r_0(\Delta r)^2+\frac{4}{3}\pi(\Delta r)^3$	…	0.12979	0.00126	0.00001256	---

因此 $\Delta V\approx 4\pi r_0^2\Delta r$ ，而 $V'(r_0)=4\pi r_0^2$ ，所以 $\Delta V\approx V'(r_0)\Delta r$. 事实上，上述结论对于一般的可导函数也是成立的.

设函数 $y=f(x)$ 在点 x_0 处可导，即 $\lim\limits_{\Delta x\to 0}\dfrac{\Delta y}{\Delta x}=f'(x_0)$. 根据函数的极限与无穷小的关系有：$\dfrac{\Delta y}{\Delta x}=f'(x_0)+\alpha$. 其中，α 是当 $\Delta x\to 0$ 时的无穷小量. 于是

$$\Delta y=f'(x_0)\Delta x+\alpha\cdot\Delta x$$

显然，Δy 可以分成两部分，一部分是它的线性主要部分 $f'(x_0)\Delta x$ ，另一部分是比 Δx 高阶的无穷小量 $\alpha\cdot\Delta x$ ，当 $|\Delta x|$ 很小时，这一部分可以忽略不计，所以有 $\Delta y\approx f'(x_0)\Delta x$.

定义 3.4 设函数 $y=f(x)$ 在点 x_0 处可导，则称 $f'(x_0)\Delta x$ 为**函数** $f(x)$ **在点** x_0 **处的微分**，记作 $\mathrm{d}y|_{x=x_0}$ ，即

$$\mathrm{d}y|_{x=x_0}=f'(x_0)\Delta x$$

并称函数 $f(x)$ 在点 x_0 处**可微**.

如果函数 $y=f(x)$ 在 x 处可导，则称 $f'(x)\Delta x$ 为函数 $f(x)$ 在 x 处的微分，简称函数的微分. 记作

$$\mathrm{d}y=f'(x)\Delta x \text{ 或 } \mathrm{d}f(x)=f'(x)\Delta x$$

显然 $\mathrm{d}x=(x)'\Delta x=\Delta x$ ，即 $\mathrm{d}x=\Delta x$ ，这就是说，自变量 x 的微分 $\mathrm{d}x$ 就是它的改变量 Δx ，因此，微分记号中可用 $\mathrm{d}x$ 代替 Δx ，即

$$\mathrm{d}y=f'(x)\mathrm{d}x \text{ 或 } \mathrm{d}f(x)=f'(x)\mathrm{d}x$$

于是

$$\frac{\mathrm{d}y}{\mathrm{d}x}=f'(x)$$

这就表明了函数的微分与导数的关系，即函数的导数等于函数的微分与自变量的微分之商，所以导数又称**微商**，而函数的微分则等于函数的导数与自变量的微分之积.

显然，用 $\dfrac{\mathrm{d}y}{\mathrm{d}x}$ 来表示函数 y 对于自变量 x 的导数是很方便的，它既是导数记号，又是微分 $\mathrm{d}y$ 与 $\mathrm{d}x$ 之比. 因此已知导数可以求微分；反过来，已知微分也可以求导数.

例 3.6.1 求函数 $y=\ln x$ 在 $x=1$ ，$\Delta x=0.01$ 时的改变量 Δy 及微分 $\mathrm{d}y$.

解 $\Delta y=\ln(1+0.01)-\ln 1\approx 0.00995$；

$$\mathrm{d}y=(\ln x)'\Delta x=\frac{\Delta x}{x}，\quad \mathrm{d}y\Big|_{\substack{x=1\\ \Delta x=0.01}}=\frac{0.01}{1}=0.01 .$$

例 3.6.2 设函数 $y=\sqrt{x}\sin x$ ，求 $\mathrm{d}y$.

解　$dy=(\sqrt{x}\sin x)'dx=\left(\frac{\sin x}{2\sqrt{x}}+\sqrt{x}\cos x\right)dx$.

【同步练习】求函数 $y=x^2$ 在 $x=1$，$\Delta x=0.01$ 时的改变量 Δy 及微分 dy .

3.6.2　微分的运算及其应用

根据 $dy=f'(x)dx$ ，由导数的基本公式与运算法则就可得到微分基本公式和运算法则.

1. 微分的基本公式

微分的基本公式如表 3.7 所示.

表 3.7

（1）	$d(c)=0$（c 为常数）	
（2）	$d(x^{\alpha})=\alpha x^{\alpha-1}dx$	
（3）	$d(a^x)=a^x\ln a dx$	特别　$d(e^x)=e^x dx$
（4）	$d(\log_a x)=\frac{1}{x\ln a}dx$	特别　$d(\ln x)=\frac{1}{x}dx$
（5）	$d(\sin x)=\cos x dx$	$d(\cos x)=-\sin x dx$
	$d(\tan x)=\sec^2 x dx$	$d(\cot x)=-\csc^2 x dx$
（6）	$d(\arcsin x)=\frac{1}{\sqrt{1-x^2}}dx$	$d(\arccos x)=-\frac{1}{\sqrt{1-x^2}}dx$
	$d(\arctan x)=\frac{1}{1+x^2}dx$	$d(\text{arccot}\, x)=-\frac{1}{1+x^2}dx$

2. 函数的和、差、积、商的微分法则

设函数 $u=u(x)$ 和 $v=v(x)$ 在 x 处可微，c 为常数，则

（1）$d(u\pm v)=du\pm dv$ ；

（2）$d(uv)=vdu+udv$ ，特别地，$d(cu)=cdu$ ；

（3）$d\left(\frac{u}{v}\right)=\frac{vdu-udv}{v^2}(v\neq 0)$.

例 3.6.3　求下列函数的微分

（1）设函数 $y=x\arctan x$ ，求 dy ；

（2）设函数 $y=\frac{\ln x}{x}$ ，求 dy .

解　（1）$dy=\arctan x dx+x d(\arctan x)$

$$=\arctan x dx+\frac{x}{1+x^2}dx ;$$

（2）$dy=\frac{x d(\ln x)-\ln x dx}{x^2}$

$$=\frac{x\frac{1}{x}dx-\ln x dx}{x^2}=\frac{(1-\ln x)dx}{x^2} .$$

3. 复合函数的微分法则

设函数 $y=f(u)$ 在 u 处可微，则当 u 是自变量时，函数 $y=f(u)$ 的微分为 $\mathrm{d}y=f'(u)\mathrm{d}u$.

如果 u 不是自变量，而是另一变量 x 的可微函数 $u=\varphi(x)$ ，则由复合函数的求导法则可得复合函数 $y=f[\varphi(x)]$ 的微分为：

$$\mathrm{d}y=y'_x\mathrm{d}x=f'(u)\varphi'(x)\mathrm{d}x$$

由于

$$\varphi'(x)\mathrm{d}x=\mathrm{d}u$$

于是

$$\mathrm{d}y=f'(u)\mathrm{d}u$$

由此可见，不论 u 是自变量还是函数（中间变量），函数 $y=f(u)$ 的微分总可保持同一形式 $\mathrm{d}y=f'(u)\mathrm{d}u$ ，这个性质称为**一阶微分形式的不变性**. 利用这个性质容易求得复合函数的微分.

例 3.6.4 设函数 $y=\tan(1-x)$ ，求 $\mathrm{d}y$.

解 $\mathrm{d}y=\mathrm{d}\tan(1-x)=\sec^2(1-x)\mathrm{d}(1-x)=-\sec^2(1-x)\mathrm{d}x$

例 3.6.5 设 $y=x^2\ln(2x+1)$，求 $\mathrm{d}y$.

解
$$\begin{aligned}\mathrm{d}y&=\ln(2x+1)\mathrm{d}x^2+x^2\mathrm{d}\ln(2x+1)\\&=2x\ln(2x+1)\mathrm{d}x+\frac{x^2}{2x+1}\mathrm{d}(2x+1)\\&=2x\ln(2x+1)\mathrm{d}x+\frac{2x^2}{2x+1}\mathrm{d}x .\end{aligned}$$

例 3.6.6 $y=y(x)$ 是由方程 $x\mathrm{e}^y-\ln y+2=0$ 所确定的隐函数，求 $\mathrm{d}y$.

解 利用一阶微分形式不变性，对方程两边求微分，得

$$x\mathrm{d}\mathrm{e}^y+\mathrm{e}^y\mathrm{d}x-\frac{1}{y}\mathrm{d}y=0$$

即

$$x\mathrm{e}^y\mathrm{d}y+\mathrm{e}^y\mathrm{d}x-\frac{1}{y}\mathrm{d}y=0$$

解得

$$\mathrm{d}y=\frac{y\mathrm{e}^y}{1-xy\mathrm{e}^y}\mathrm{d}x .$$

【同步练习】

1．下列等式不成立的是（　　）.

A．$\mathrm{e}^x\mathrm{d}x=\mathrm{d}(\mathrm{e}^x)$　　B．$-\sin x\mathrm{d}x=\mathrm{d}(\cos x)$

C．$\frac{1}{2\sqrt{x}}\mathrm{d}x=\mathrm{d}\sqrt{x}$　　D．$\ln x\mathrm{d}x=\mathrm{d}(\frac{1}{x})$

2．求下列函数的微分：

（1）$y=x\ln x-x^2$；　（2）$y=x^2+\sin^2x-3x+4$；

（3）$y=\ln\tan\frac{x}{2}$；　（4）$y=1+x\mathrm{e}^y$；　（5）$y=x+\ln y$.

例 3.6.7　将适当的函数填入括号内，使等式成立：

（1）$\mathrm{d}(\qquad)=x^2\mathrm{d}x$；　　（2）$\mathrm{d}(\qquad)=\dfrac{1}{\sqrt{x}}\mathrm{d}x$；

（3）$\mathrm{d}(\qquad)=\cos 3x\mathrm{d}x$；　　（4）$\mathrm{d}(\qquad)=x\mathrm{e}^{x^2}\mathrm{d}x$.

解　（1）由于 $\mathrm{d}(x^3)=3x^2\mathrm{d}x$，逆向 $x^2\mathrm{d}x=\dfrac{1}{3}\mathrm{d}(x^3)=\mathrm{d}\left(\dfrac{x^3}{3}\right)$，因此 $\mathrm{d}\left(\dfrac{x^3}{3}\right)=x^2\mathrm{d}x$，而且

> 根据微分基本公式可以进行反推，该思想方法称为“凑微分”.

$$\mathrm{d}\left(\frac{x^3}{3}+1\right)=x^2\mathrm{d}x,\quad \mathrm{d}\left(\frac{x^3}{3}-5\right)=x^2\mathrm{d}x.$$

显然，答案不唯一.

即：$\mathrm{d}\left(\dfrac{x^3}{3}+C\right)=x^2\mathrm{d}x$，其中 C 是任意常数.

（2）由于 $(\sqrt{x})'=\dfrac{1}{2\sqrt{x}}$，逆向 $(2\sqrt{x})'=\dfrac{1}{\sqrt{x}}$，

> 根据一阶微分不变性可以进行反推，该思想方法称为“凑微分”.

因此　$\mathrm{d}\left(2\sqrt{x}\right)=\dfrac{1}{\sqrt{x}}\mathrm{d}x$，

所以　$\mathrm{d}\left(2\sqrt{x}+C\right)=\dfrac{1}{\sqrt{x}}\mathrm{d}x$，其中 C 是任意常数.

（3）由于 $\mathrm{d}(\sin 3x)=\cos 3x\mathrm{d}3x=3\cos 3x\mathrm{d}x$，

逆向：
$$\cos 3x\mathrm{d}x=\frac{1}{3}\mathrm{d}\sin 3x=\mathrm{d}\left(\frac{1}{3}\sin 3x\right),$$

所以得
$$\mathrm{d}\left(\frac{1}{3}\sin 3x+C\right)=\cos 3x\mathrm{d}x.$$

（4）$\mathrm{d}\left(\mathrm{e}^{x^2}\right)=\mathrm{e}^{x^2}\mathrm{d}\left(x^2\right)=2x\mathrm{e}^{x^2}\mathrm{d}x$，逆向：

$$x\mathrm{e}^{x^2}\mathrm{d}x=\frac{1}{2}\mathrm{e}^{x^2}\mathrm{d}\left(x^2\right)=\mathrm{d}\left(\frac{1}{2}\mathrm{e}^{x^2}\right),$$

即：
$$\mathrm{d}\left(\frac{1}{2}\mathrm{e}^{x^2}+C\right)=x\mathrm{e}^{x^2}\mathrm{d}x.$$

【同步练习】 下列各括号中填入一个函数，使各等式成立.

（1）$3x^2\mathrm{d}x=\mathrm{d}(\qquad)$；　　（2）$\dfrac{1}{1+x^2}\mathrm{d}x=\mathrm{d}(\qquad)$；

（3）$2\cos 2x\mathrm{d}x=\mathrm{d}(\qquad)$；　　（4）$\dfrac{1}{x-1}\mathrm{d}x=\mathrm{d}(\qquad)$；

（5）$\ln x\cdot\dfrac{1}{x}\mathrm{d}x=\mathrm{d}(\qquad)$；　　（6）$\sqrt{a+bx}\mathrm{d}x=\mathrm{d}(\qquad)$.

***例 3.6.8** 利用微分求方程$\begin{cases}x=2\cos t\\y=2\sin t\end{cases}$，$(0\leqslant t\leqslant 2\pi)$确定的函数的$\dfrac{\mathrm{d}y}{\mathrm{d}x}$及$\dfrac{\mathrm{d}^2y}{\mathrm{d}x^2}$.

解 $\mathrm{d}x=-2\sin t\mathrm{d}t$，$\mathrm{d}y=2\cos t\mathrm{d}t$，所以$\dfrac{\mathrm{d}y}{\mathrm{d}x}=\dfrac{2\cos t}{-2\sin t}=-\cot t$，

$$\frac{\mathrm{d}^2y}{\mathrm{d}x^2}=\frac{\mathrm{d}}{\mathrm{d}x}\left(\frac{\mathrm{d}y}{\mathrm{d}x}\right)=\frac{\mathrm{d}(-\cot t)}{\mathrm{d}x}=\frac{-\csc^2 t\mathrm{d}t}{-2\sin t\mathrm{d}t}=-\frac{1}{2\sin^3 t}.$$

微分在科学技术和工程领域中会被用于计算近似值问题，下面举例说明微分方程的应用.

***例 3.6.9** 计算$\arctan(1.05)$.

解 设$f(x)=\arctan x$，其中$x_0=1$，$\Delta x=0.05$. 根据

$$\Delta y=f(x_0+\Delta x)-f(x_0)\approx \mathrm{d}y=f'(x_0)\Delta x$$

得 $f(x_0+\Delta x)\approx f(x_0)+f'(x_0)\Delta x$. 所以

$$\begin{aligned}\arctan(1.05)&=\arctan(1+0.05)\\&\approx\arctan 1+\frac{1}{1+1^2}\times 0.05\\&=\frac{\pi}{4}+0.025\approx 0.81.\end{aligned}$$

> 在实际问题中经常用微分做近似计算，计算方法如例 3.6.9.

【同步练习】 求下列近似值：

（1）$\ln 0.9$；（2）$\cos 61°$；（3）$\sqrt[3]{1.001}$.

例 3.6.10 半径为 10cm 的金属圆片加热后，半径伸长了 0.05cm. 问其面积增大的精确值为多少？其近似值又为多少？

解 （1）设圆面积为s，半径为r，则$s=\pi r^2$，已知$r=10\text{cm}$，$\Delta r=0.05\text{cm}$. 故圆面积s的增量的精确值为

$$\Delta s=\pi(10+0.05)^2-\pi\times 10^2=1.0025\pi\ \text{cm}^2$$

（2）面积增加的近似值为$\mathrm{d}s$，则

$$\mathrm{d}s=2\pi r\mathrm{d}r=2\pi\times 10\times 0.05=\pi\ \text{cm}^2.$$

例 3.6.11 如图 3.9 所示，有一电阻负载$R=25\Omega$，现负载功率P从 400W 变到 401W，求负载两端电压U的改变量.

解 由电学知识，负载$P=\dfrac{U^2}{R}$，

即$U=\sqrt{PR}$，故

$$\mathrm{d}U=\left(\sqrt{PR}\right)'\Delta P=\frac{\sqrt{R}}{2\sqrt{P}}\Delta P$$

所以，电压U的改变量为

$$\Delta U\approx\mathrm{d}U=\frac{\sqrt{25}}{2\sqrt{400}}\times 1=0.125\text{V}.$$

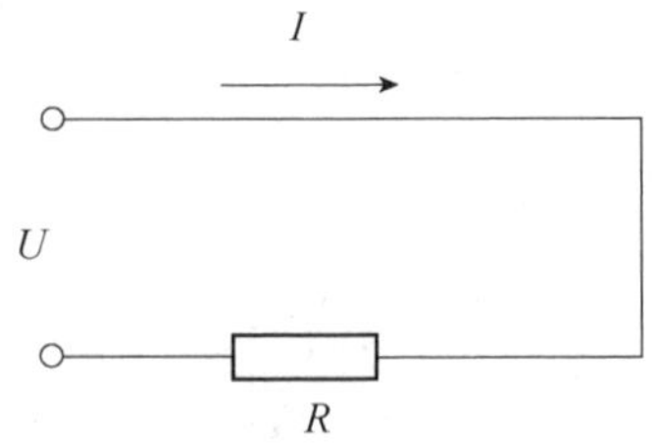

图 3.9

【同步练习】一正方体的棱长 $x=10\text{m}$，如果棱长增长 0.1m，求此正方体体积增加的精确值和近似值.

【数学应用】

数学在经济中的应用

弹性作为一个数学概念是指相对变化率，用比例来说，是自变量变化 1%所引起因变量变化的百分数，因为弹性是一种不依赖于任何单位的计量法，即是无量纲的．函数的相对改变量 $\dfrac{\Delta y}{y_0}$ 与自变量的相对改变量 $\dfrac{\Delta x}{x_0}$ 之比 $\dfrac{\frac{\Delta y}{y_0}}{\frac{\Delta x}{x_0}}$，称为函数 $f(x)$ 从 x_0 到 $x_0+\Delta x$ 的相对变化率．当 $\Delta x\to 0$ 时，若极限 $\lim\limits_{\Delta x\to 0}\dfrac{\frac{\Delta y}{y_0}}{\frac{\Delta x}{x_0}}$ 存在，则称此极限值为函数 $f(x)$ 在点 x_0 处的弹性，记作 $\left.\dfrac{Ey}{Ex}\right|_{x=x_0}$ 或 $E(x_0)$．记为：$E(x_0)=\lim\limits_{\Delta x\to 0}\dfrac{x_0}{y_0}\cdot\dfrac{\Delta y}{\Delta x}=\dfrac{x_0}{y_0}f'(x_0)$，$E(x_0)$ 表示在点 $x=x_0$ 处，当自变量 x 产生1%的变化时，函数 $f(x)$ 会近似地改变 $|E(x_0)|\%$．

在实际生活中经常有这样的问题，商品甲的价格由 10 元/件涨到 11 元/件，商品乙的价格由 1000 元/件涨到 1001 元/件，两种商品价格的绝对改变量是相同的，但其实质意义不同．很显然，商品甲的涨幅要比商品乙的涨幅大很多．因此，在经济活动中，我们不仅要分析一些经济量的绝对改变量，而且需要考虑一些经济量的相对改变量．将弹性理论引入经济学，为经济分析提供了有力的工具．下面介绍需求的价格弹性，它表示一种商品的需求对该商品本身的价格变化的反应程度，即等于百分之一的价格变化所引起的需求量的百分比变化．

设需求函数 $Q=Q(p)$ 在 p 处可导，价格为 p 时的需求弹性 $-\dfrac{p}{Q}Q'(p)$，记为 $\dfrac{EQ}{Ep}$，即 $\dfrac{EQ}{Ep}=-\dfrac{p}{Q}Q'(p)$．它表示在价格 p 的基础上，当商品价格上涨 1%时，需求量会减小 $\dfrac{EQ}{Ep}\%$．

例　设某商品的需求函数为 $Q(p)=75-p^2$，求 $p=4$，5，6 时的需求弹性，并给出经济解释．

解　因为 $\dfrac{EQ}{Ep}=-\dfrac{p}{Q}Q'(p)=-\dfrac{p}{75-p^2}(-2p)=\dfrac{2p^2}{75-p^2}$，所以

$$\left.\frac{EQ}{Ep}\right|_{p=4}=\frac{32}{59},\quad \left.\frac{EQ}{Ep}\right|_{p=5}=\frac{2\times 5^2}{75-5^2}=1,\quad \left.\frac{EQ}{Ep}\right|_{p=6}=\frac{72}{39}.$$

说明：在价格为 4 个单位时，价格上涨 1%，需求量会减少 $\dfrac{32}{59}\%$，此时为低弹性；在价格为 5 个单位时，价格上涨 1%，需求量会减少 1%，此时为单位弹性；在价格为 6 个单位时，价格上涨 1%，需求量会减少 $\dfrac{72}{39}\%$，此时为高弹性．

一般地，当 $\frac{EQ}{Ep}>1$ 时，称为高弹性，此时，商品需求量变化的百分比高于价格变化的百分比，价格的变动对需求量的影响较大；当 $0<\frac{EQ}{Ep}<1$ 时，称为低弹性，此时，商品需求量变化的百分比低于价格变化的百分比，价格的变动对需求量的影响不大；当 $\frac{EQ}{Ep}=1$ 时，称为单位弹性，此时商品需求量变化的百分比等于价格变化的百分比，价格的变动对需求量没有影响．

习题参考答案

习　题　3

1．设 $f(x)=-5x+2$，试按定义求 $f'(1)$．

2．设 $y=x^2-x$，试按定义求 $\frac{\mathrm{d}y}{\mathrm{d}x}$．

3．求下列曲线在指定点的切线方程和法线方程：

（1）$y=x^3$ 在点 $(2,8)$；　　（2）$y=\mathrm{e}^x$ 在点 $(0,1)$．

4．试讨论 $f(x)=\begin{cases} x &, x\leqslant 1 \\ 2-x &, x>1 \end{cases}$ 在 $x=1$ 处的连续性、可导性．

5．已知函数 $f(x)=\begin{cases} x^2 &, x\geqslant 0 \\ -x &, x<0 \end{cases}$ 求 $f'_+(0)$ 及 $f'_-(0)$．

6．若函数 $f(x)=\begin{cases} \ln x &, x\geqslant 2 \\ ax+b &, x<2 \end{cases}$ 在 $x=2$ 处可导，求 a 与 b 的值.

7．设函数 $f(x)=\begin{cases} \mathrm{e}^x, & x\leqslant 0 \\ 2x+1, & x>0 \end{cases}$，试确定函数在 $x=0$ 处的可导性.

8．求下列函数的导数：

（1）$y=2x^3-6x+6$；　　（2）$y=3\cos x+\mathrm{e}^x+3$；

（3）$y=3^x-\ln x+2$；　　（4）$y=\sqrt{x}+\frac{1}{\sqrt{x}}$；

（5）$y=x\tan x$；　　（6）$y=2x^3\ln x$；

（7）$y=x\sin x+\cos x$；　　（8）$y=\frac{\ln x}{x}$；

（9）$y=\frac{x+5}{2x-1}$；　　（10）$y=\frac{\mathrm{e}^x+2x}{x}$；

（11）$y=\frac{x^2-1}{x-1}$；　　（12）$y=\frac{x^3+1}{x+1}$；

*（13）$y=\frac{1+\ln x}{1-\ln x}$；　　*（14）$y=\mathrm{e}^x\arcsin x$；

*（15）$y=x^2\tan x\ln x$；　　*（16）$y=x(x+1)(x+2)$．

9．求下列函数在给定点的导数值：

（1）$f(t)=\dfrac{1-\sqrt{t}}{1+\sqrt{t}}$，求 $f'(t)$；

（2）$f(x)=\dfrac{3}{5-x}+\dfrac{x^2}{5}$，求 $f'(0)$ 和 $f'(2)$．

10．求下列函数的导数：

（1）$y=\mathrm{e}^{-2x}$；　　（2）$y=(2x+5)^5$；

（3）$y=\sin(3x+2)$；　　（4）$y=\arctan\sqrt{x}$；

（5）$y=\ln(1+\mathrm{e}^x)$；　　（6）$y=\mathrm{e}^{\sin x}$；

（7）$y=\cos^4 x$；　　（8）$y=\left(\sqrt{x}-x\right)^2$；

（9）$y=7^{x^2+2x}$；　　（10）$y=\arctan\dfrac{a}{x}$；

（11）$y=x\mathrm{e}^{\sin x}$；　　（12）$y=x^2\ln 3x$；

（13）$y=\sqrt{x+\sqrt{x}}$；　　（14）$y=\ln\tan\dfrac{x}{2}$；

（15）$y=\dfrac{\mathrm{e}^x-\mathrm{e}^{-x}}{\mathrm{e}^x+\mathrm{e}^{-x}}$；　　（16）$y=\ln\sqrt{\dfrac{1+x}{1-x}}$；

*（17）$y=\ln(x+\sqrt{1+x^2})$；　　*（18）$y=\sin^2 x\cdot\sin(x^2)$．

11．求下列隐函数的导数：

（1）$y^2=4x$；　　（2）$x^2+3xy+y^2+1=0$；

（3）$y^3-3y+x=0$；　　（4）$xy=\mathrm{e}^{x+y}$；

（5）$y=1-x\mathrm{e}^y$；　　（6）$y=\sin xy$．

12．求椭圆 $\dfrac{x^2}{4}+\dfrac{y^2}{9}=1$ 在点 $\left(1,\dfrac{3\sqrt{3}}{2}\right)$ 处的切线方程．

*13．设 $y=y(x)$ 是由方程 $1+\sin(x+y)=\mathrm{e}^{-xy}$ 所确定的隐函数，求曲线 $y=y(x)$ 在点 $(0,0)$ 处的切线方程．

*14．应用取对数求导法，求下列各函数的导数：

（1）$y=x^{\sin x}$；　　（2）$y=\dfrac{\sqrt{x^2+2x}}{\sqrt[3]{x^3+2}}$．

*15．求下列参数方程的导数 $\dfrac{\mathrm{d}y}{\mathrm{d}x}$：

（1）$\begin{cases}x=2\cos t+2\\ y=4\sin t\end{cases}$；　　（2）$\begin{cases}x=\mathrm{e}^t\sin t\\ y=\mathrm{e}^t\cos t\end{cases}$．

16．求下列函数的二阶导数：

（1）$y=\arctan x$；　　（2）$y=\cos 2x+\sin 2x$；

（3）$y=\mathrm{e}^{\sin x}$；　　（4）$y=x\mathrm{e}^{x^2}$．

17．设函数 $f(x)=\mathrm{e}^{2x}$，求 $f^{(4)}(1)$；$f^{(n)}(0)$．

18．判断下列函数在给定区间上是否满足罗尔定理的条件，若满足条件，求出相应的 ξ 值：

（1）$f(x)=|x|$ 在 $[-1,1]$ 上；（2）$f(x)=x^2-2x$ 在 $[0,2]$ 上.

19. 判断下列函数在给定区间上是否满足拉格朗日定理的条件，若满足条件，求出相应的 ξ 值：

（1）$f(x)=x^3+2x$ 在 $[0,2]$ 上；（2）$f(x)=\ln x$ 在 $[1,\mathrm{e}]$ 上.

20. 求下列函数的单调区间：

（1）$y=x^3-3x$；（2）$y=\mathrm{e}^{-x^2}+5$；

（3）$y=\sqrt{1-x}+x$；（4）$y=x\mathrm{e}^x$.

21. 利用单调性证明不等式：

（1）$\ln(1+x)<x\ (x>0)$；（2）$1+\dfrac{1}{2}x>\sqrt{1+x}\ (x>0)$；

（3）$x-\dfrac{x^3}{6}<\sin x\ (x>0)$.

22. 用洛比达法则求下列极限：

（1）$\lim\limits_{x\to 0}\dfrac{\cos x-1}{x}$；（2）$\lim\limits_{x\to 1}\dfrac{\ln x}{x-1}$；

（3）$\lim\limits_{x\to 1}\dfrac{x^3-3x^2+2}{x^3-x^2-x+1}$；（4）$\lim\limits_{x\to 0}\dfrac{\tan x-x}{x-\sin x}$；

（5）$\lim\limits_{x\to 0}\dfrac{\mathrm{e}^x-\mathrm{e}^{-x}-2x}{x-\sin x}$；（6）$\lim\limits_{x\to 0}\dfrac{1-\cos x^2}{x^3\sin x}$；

（7）$\lim\limits_{x\to 0^+}\dfrac{\ln(\sin 3x)}{\ln(\sin 5x)}$；（8）$\lim\limits_{x\to 0}x\cot 2x$；

（9）$\lim\limits_{x\to 0}\dfrac{x\sin x}{\sqrt{1+x^2}-1}$；（10）$\lim\limits_{x\to 0}\left(\dfrac{1}{x}-\dfrac{1}{\mathrm{e}^x-1}\right)$；

（11）$\lim\limits_{x\to 1}\left(\dfrac{1}{\ln x}-\dfrac{x}{x-1}\right)$；（12）$\lim\limits_{x\to 0^+}\left(\dfrac{1}{x}\right)^{\tan x}$.

23. 求下列函数的极值：

（1）$y=x^3-3x+7$；（2）$y=-x^4+2x^2$；

（3）$y=x-\ln(1+x)$；（4）$y=x^2\mathrm{e}^{-x}$；

（5）$y=3-2\sqrt[3]{x+1}$.

24. 求下列函数的最值：

（1）$y=2x^3-3x^2$，$-1\leqslant x\leqslant 2$；（2）$y=x\mathrm{e}^x$，$-2\leqslant x\leqslant 0$；

（3）$y=x+\sqrt{1-x}$，$-5\leqslant x\leqslant 1$；（4）$y=x\ln x$，$1\leqslant x\leqslant \mathrm{e}$.

25. 已知圆柱形罐头盒的体积是 V（常数），问它的高与底半径多大能使罐头盒的表面积为最小？

26. 血液从心脏流出，经主动脉后流到毛细血管，再通过静脉流回心脏. 医生建立某病人在心脏收缩的一个周期内血压 P（单位：mmHg）的数学模型 $P=\dfrac{25t^2+123}{t^2+1}$，$t$ 表示血液流出心脏流出的时间（单位：s），问在心脏收缩的一个周期里，血压最大值是多少？

27. 汽车厂家正在测试新的汽车发动机的效率，发动机的效率 P（%）与汽车速度 v（单位：km/h）之间的关系为 $P = 0.768v - 0.00004v^3$，问发动机的最大效率是多少？

28．设 $y = x^2 - x$，求 Δy 及 $\mathrm{d}y$，并求出当 $x = 1$，$\Delta x = 0.1$ 时的 Δy 及 $\mathrm{d}y$ 的值.

29．求下列函数的微分：

（1）$y = x^2 - 3x + 4$；　　（2）$y = \dfrac{1}{x} + 2\sqrt{x}$；

（3）$y = \ln(2 + x^2)$；　　（4）$y = \mathrm{e}^x \sin x$；

（5）$y = \arctan\sqrt{x}$；　　（6）$y = \mathrm{e}^{\cos 2x}$.

*30．利用微分知识，求近似值：

（1）$\sqrt[5]{0.95}$；　　（2）$\cos 29°$.

自测题 3

自测题答案

一、单项选择题（每题 3 分，共 18 分）

1．设 $\lim\limits_{x \to a} \dfrac{f(x) - f(a)}{x - a} = k$（常数），则 $k =$（　　）.

A．$f'(x)$　　B．$\dfrac{\mathrm{d}f(x)}{\mathrm{d}x}$　　C．$f'(a)$　　D．$f'(0)$

2. 设曲线 $y = x^2 + x - 2$，已知该曲线在点 M 处的切线斜率为 3，则点 M 的坐标为（　　）.

A．$(0,1)$　　B．$(1,0)$　　C．$(0,0)$　　D．$(1,1)$

3．设 $f(x) = \cos\dfrac{\pi}{5}$，则 $f'(x) =$（　　）.

A．$\sin\dfrac{\pi}{5}$　　B．$-\sin\dfrac{\pi}{5}$　　C．1　　D．0

4．设 $x^2 + y^2 = 1$，则 $\dfrac{\mathrm{d}y}{\mathrm{d}x} =$（　　）.

A．$\dfrac{x}{y}$　　B．$-\dfrac{x}{y}$　　C．$\dfrac{x^2}{y^2}$　　D．$-\dfrac{x^2}{y^2}$

5．下列导函数中正确的是（　　）.

A．$(\sin 2x)' = \cos 2x$　　B．$(x^x)' = x \cdot x^{x-1}$

C．$(\mathrm{e}^x)'' = \mathrm{e}^x$　　D．$(x^x)' = x^x \ln a$

6．函数 $y = 16x^2(x-1)$ 在区间 $(0,1)$ 内（　　）.

A．单调递减　　B．单调递增

C．不增不减　　D．有增有减

二、填空题（每题 3 分，共 21 分）

1．设质点运动方程为 $s = 49t - 4.9t^2$（m），则 $v(t) =$____；$v(10) =$____.

2．设函数 $f(x) = \mathrm{e}^{-x}$，则 $[f(2x)]' =$____________.

3．设 $f(x) = \sin(-x) + \mathrm{e}^{-x}$，则 $f'(x) =$____________.

4．函数 $y=x+\dfrac{4}{x}$ 在其定义域内的极小值是________.

5．函数 $y=x^2+(8-x)^2$ 在 $[2,8]$ 上当____时，有最小值.

6．d（　　　　）$=\dfrac{1}{\sqrt{x}}\mathrm{d}x$.

7．某工厂生产某产品的总成本函数为 $C(q)=q^3-9q^2+33q+10$ ，产量 q 为 10 时的边际成本____________，经济意义是____________.

三、解答题（每题 7 分，共 49 分）

1．求函数 $y=\ln(1-3x)$ 的导数 y'.

2．已知函数 $y=\dfrac{1-\cos x}{1+\cos x}$ ，求 $y'\big|_{x=\frac{\pi}{2}}$.

3．设 $y=\mathrm{e}^{-x}\tan 3x$ ，求 y .

4．求方程 $xy+\mathrm{e}^x-\mathrm{e}^y=0$ 所确定的函数的导数 y'.

5．设 $y=\ln(1+5x)$ ，求 y'' .

6．求函数 $y=x-\dfrac{3}{2}x^{\frac{2}{3}}$ 的极值和单调区间.

7．求下列各极限：

（1）$\lim\limits_{x\to 0}\dfrac{x^3}{x-\sin x}$ ；　　　　（2）$\lim\limits_{x\to 0}\dfrac{\mathrm{e}^x-\mathrm{e}^{-x}}{x+\cos x-1}$.

四、应用题（每题 6 分，共 12 分）

1．某厂每天生产某种产品 q 件的成本函数为 $C(q)=\dfrac{1}{2}q^2+36q+18$（元）. 为使平均成本最低，每天产量应为多少？

2．依墙围一个面积为 $128\mathrm{m}^2$ 的矩形，如何围用材最少？

基础模块

第 4 章　一元函数的积分及其应用

不定积分与定积分是积分学的两个基本概念，是研究力学、电学、几何学等许多领域中诸如变力对物体做功、电场中的场强、曲边梯形面积等一些实际问题的有力工具.

本章通过无限和的实例学习定积分的基本概念，学习微积分学基本定理，掌握积分的运算方法. 学会使用“微元法”的思想，解决一些简单的实际问题.

Archimedes
阿基米德-希腊
西元前 287—212

公元前三世纪，古希腊的阿基米德在研究解决抛物弓形的面积、球和球冠面积、螺线下面积和旋转双曲体的体积的问题中，就隐含着近代积分学的思想.

4.1　定积分

定积分的概念视频

4.1.1　定积分的概念

案例 4.1	和式极限模型
（变速直线运动的路程问题）设某物体做直线运动，已知速度 $v=v(t)$ 是时间间隔 $[T_1,T_2]$ 上 t 的连续函数，且 $v(t)\geqslant 0$，计算在这段时间内物体所经过的路程 S.	$S=\lim\limits_{\lambda\to 0}\sum\limits_{i=1}^{n}v(\xi_i)\Delta t$
（变力做功的问题）设物体在变力 $F(x)$ 作用下沿 x 轴由 a 处移动到 b 处，求变力所做的功.	$W=\lim\limits_{\lambda\to 0}\sum\limits_{i=1}^{n}F(\xi_i)\Delta x$
（曲边梯形的面积问题）由曲线 $y=f(x)$（$f(x)>0$），直线 $x=a$，$x=b$，$y=0$ 所围成的平面图形，如何求其面积?	$A=\lim\limits_{\lambda\to 0}\sum\limits_{i=1}^{n}f(\xi_i)\Delta x_i$

【分析】以变速直线运动为例，当物体做匀速直线运动时，则物体在 $[T_1,T_2]$ 时间段所经过的路程可按公式 $S=vt$ 进行计算. 但是当物体做直线运动时其速度是随时间变化而变化的，此时物体在 $[T_1,T_2]$ 这一时间段所经过的路程就不能按公式 $S=v\cdot t$ 进行计算了，即 $S\neq v\cdot(T_2-T_1)$.

设想，在某一个时间段 $[t_{i-1},t_i]$ 上用其中一个时间点上的速度作为这个时间段上的速度，即看作是一个不变的速度，则此时间段上所经过的路程为

$$\Delta S_i\approx v(\xi_i)\Delta t_i\ (\ \Delta t_i=t_i-t_{i-1}\ ).$$

通常可以认为，当时间段越短，速度的变化越小，这时所经过的路程用匀速直线运动路

程公式就能越精确地表示变速运动所经过的路程．将时间段$[T_1,T_2]$分成若干个小时间段，即在$[T_1,T_2]$内任意插入若干个分点

$$T_1=t_0<t_1<t_2<\cdots t_{n-1}<t_n=T_2$$

把$[T_1,T_2]$分成 n 个小段

$$[t_0,t_1],\ [t_1,t_2],\ \cdots,\ [t_{n-1},t_n]$$

各小段时间长依次为

$$\Delta t_1=t_1-t_0,\Delta t_2=t_2-t_1,\cdots,\Delta t_n=t_n-t_{n-1},$$

相应各时间段所经过的路程为

$$\Delta S_1,\Delta S_2,\cdots,\Delta S_n$$

在各时间段$[t_{i-1},t_i]$（$i=1,2,\cdots,n$）上任取一个时刻$\xi_i(t_{i-1}\leqslant\xi_i\leqslant t_i)$，以$\xi_i$时的速度$v(\xi_i)$来代替$[t_{i-1},t_i]$上各个时刻的速度，则得

$$\Delta S_i\approx v(\xi_i)\Delta t_i \qquad (i=1,2,\cdots,n)$$

进一步得到

$$S\approx v(\xi_1)\Delta t_1+v(\xi_2)\Delta t_2+\cdots+v(\xi_n)\Delta t_n=\sum_{i=1}^{n}v(\xi_1)\Delta t_1\ .$$

设$\lambda=\max\{\Delta t_1,\Delta t_2,\cdots,\Delta t_n\}$,当$\lambda\to 0$时，得

$$S=\lim_{\lambda\to 0}\sum_{i=1}^{n}v(\xi_i)\Delta t$$

由上述三例可见，虽然所计算的量不同，但它们都决定于一个函数及其自变量的变化区间，其次它们的计算方法与步骤都相同，最终归纳为一种和式极限模型，即

$$\text{路程 } S=\lim_{\lambda\to 0}\sum_{i=1}^{n}v(T_i)\Delta t_i\ ,$$

$$\text{功 } W=\lim_{\lambda\to 0}\sum_{i=1}^{n}F(\xi_i)\Delta x\ ,$$

$$\text{面积 } A=\lim_{\lambda\to 0}\sum_{i=1}^{n}f(\xi_i)\Delta x_i\ .$$

将这种方法加以数学叙述，得到定积分的定义．

定义 4.1　设函数$f(x)$在$[a,b]$上有定义，在$[a,\ b]$中任意插入若干个分点

$$a=x_0<x_1<x_2<\cdots<x_{n-1}<x_n=b$$

把区间$[a,\ b]$分成n个小区间

$$[x_0,x_1],[x_1,x_2],\cdots,[x_{n-1},x_n],$$

各个小区间的长度依次为

$$\Delta x_1=x_1-x_0,\Delta x_2=x_2-x_1,\cdots,\Delta x_n=x_n-x_{n-1}\ .$$

在每个小区间$[x_{i-1},x_i]$上任取一点$\xi_i(x_{i-1}\leqslant\xi_i\leqslant x_i)$，做函数值$f(\xi_i)$与小区间长度$\Delta x_i$的乘积$f(\xi_i)\Delta x_i(i=1,2,\cdots,n)$, 并求和

$$S=\sum_{i=1}^{n}f(\xi_i)\Delta x_i\ .$$

记$\lambda=\max\{\Delta x_1,\Delta x_2,\cdots,\Delta x_n\}$，如果不论对$[a,\ b]$怎样分法，也不论在小区间$[x_{i-1},x_i]$上的点$\xi_i$怎

样取法，只要当$\lambda\to 0$时，和S总趋于确定的极限I，这时我们称这个极限I为函数$f(x)$在区间$[a，b]$上的定积分（简称积分），记作 $\int_a^b f(x)\mathrm{d}x$，即

$$\int_a^b f(x)\mathrm{d}x = I = \lim_{\lambda\to 0}\sum_{i=1}^{n} f(\xi_i)\Delta x_i$$

其中，符号“$\int$ ”称为**积分号**，函数$f(x)$称为**被积函数**，式$f(x)\mathrm{d}x$称为**被积表达式**，x称为**积分变量**，a称为**积分下限**，b称为**积分上限**，区间$[a，b]$称为**积分区间**.

【说明】

（1）定积分是一个常数，它仅与被积函数及积分区间有关，而与积分变量用什么字母表示无关，即

$$\int_a^b f(x)\mathrm{d}x = \int_a^b f(u)\mathrm{d}u .$$

（2）定积分定义中$a<b$，如果$b<a$，根据定积分定义，我们有

$$\int_a^b f(x)\mathrm{d}x = -\int_b^a f(x)\mathrm{d}x$$

特别地，当$a=b$时，有$\int_a^a f(x)\mathrm{d}x = 0$.

（3）定积分的存在性：当函数$f(x)$在闭区间$[a,b]$上连续或只有有限个间断点的有界函数，$f(x)$在区间$[a,b]$上是可积的.

例 4.1.1　将以上三个实例用定积分表示.

解　$[T_1,T_2]$时段所经过的路程$S=\lim\limits_{\lambda\to 0}\sum\limits_{i=1}^{n} v(T_i)\Delta t_i = \int_{T_1}^{T_2} v(t)\mathrm{d}t$；

物体在变力$F(x)$作用下从a处移动到b处所做的功

$$W = \lim_{\lambda\to 0}\sum_{i=1}^{n} F(\xi_i)\Delta x = \int_a^b F(x)\mathrm{d}x ;$$

由曲线$y=f(x)$（$f(x)>0$），直线$x=a, x=b, y=0$所围成的平面图形面积

$$A = \lim_{\lambda\to 0}\sum_{i=1}^{n} f(\xi_i)\Delta x_i = \int_a^b f(x)\mathrm{d}x .$$

【同步练习】

（1）一物体做直线运动，其速度为$v=\sqrt{1+t}$（m/s），用定积分表示物体从t=0s 到t=10s 所走过的路程.

（2）将由曲线$y=x^2$、直线$x=1$、$x=2$、$y=0$所围成的平面图形面积用定积分表示.

4.1.2　定积分的几何意义

案例 4.2　（平面图形的面积）由曲线$y=f(x)$（$f(x)>0$）、直线$x=a$、$x=b$及x轴所围成的平面图形，如何求其面积?

【分析】如图 4.1 所示即为所求的图形，通常称这种由一条曲线、两条垂直于x轴的直线及x轴所围的图形为曲边梯形. 显然曲边梯形面积的计算不能用矩形、圆等规则图形的计算

公式直接计算．我国古代经典《九章算术》中有记载“以六觚之一面乘一弧半径，三之，得十二觚之幂．若又割之，次以十二觚之一乘一弧之半径，六之，则得觚之幂．割之弥细，所失弥少．割之又割，以至于不可割，则与圆周合体而无所失矣”说的是不断倍增圆内接正多边形的边数求出圆周长的方法．

这给后人以提示：分割、以直代曲、无限分割直至合为一体的计算思想方法．如图 4.2 所示，把区间$[a,\ b]$分成n个小区间，经过每一个分点做平行于y轴的直线段，把曲边梯形分成n个窄曲边梯形，在每个小区间$[x_{i-1},x_i]$上任取一点ξ_i，以$[x_{i-1},x_i]$为底，$f(\xi_i)$为高的窄边矩形近似替代第i个曲边梯形（$i=1,2,\cdots,n$），把这样得到的n个小矩形面积$f(\xi_i)\Delta x_i(i=1,2\cdots,n)$之和$=\sum_{i=1}^{n}f(\xi_i)\Delta x_i$作为所求曲边梯形面积$A$的近似值，即

$$A\approx\sum_{i=1}^{n}f(\xi_i)\Delta x_i$$

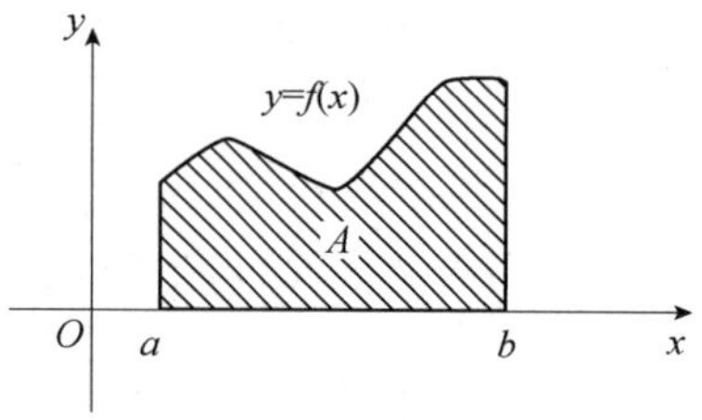

图 4.1

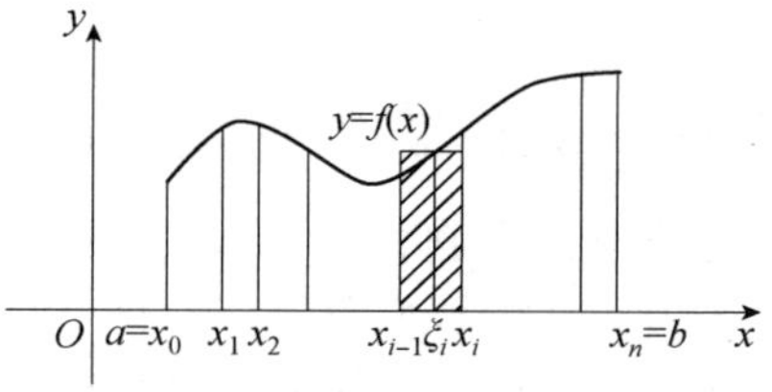

图 4.2

设λ为这些小矩形最长的底边，则当$\lambda\to 0$时，可得曲边梯形的面积

$$A=\lim_{\lambda\to 0}\sum_{i=1}^{n}f(\xi_i)\Delta x_i=\int_a^b f(x)\mathrm{d}x\ .$$

综上所述，结合定积分的定义不难知道：当连续函数$f(x)\geqslant 0$，$a\leqslant x\leqslant b$时，$\int_a^b f(x)\mathrm{d}x$表示以$y=f(x)$为曲边，与直线$x=a$、$x=b$及x轴所围成的曲边梯形面积（见图 4.1）；当连续函数$f(x)\leqslant 0$，$a\leqslant x\leqslant b$时，$\int_a^b f(x)\mathrm{d}x$表示以曲边梯形面积的负值（见图 4.3）；当$f(x)$在$a\leqslant x\leqslant b$上的值有正有负（见图 4.4），这时$\int_a^b f(x)\mathrm{d}x=A_1-A_2+A_3$．这就是区间$[a,b]$上的定积分的几何意义．

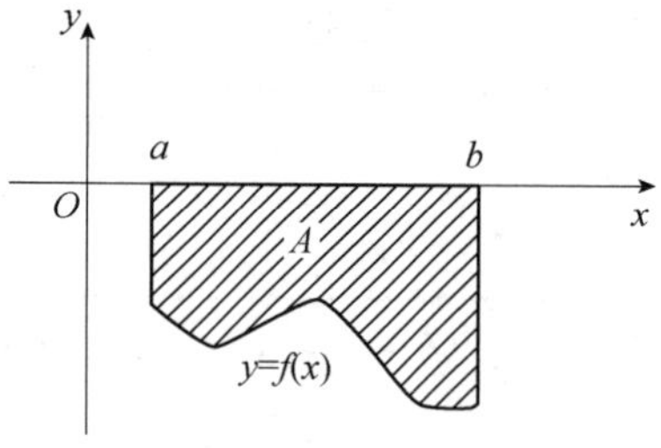

图 4.3

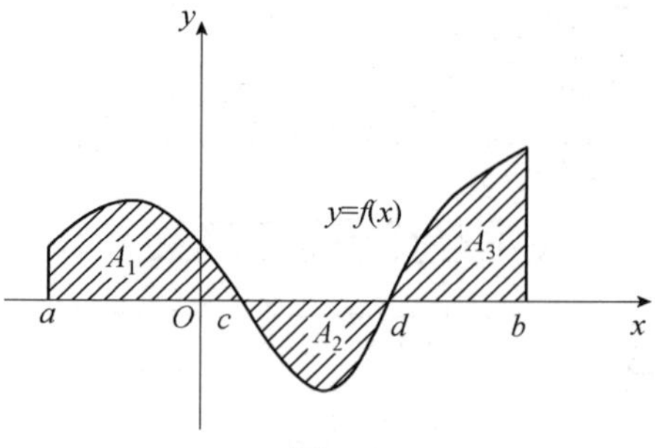

图 4.4

例 4.1.2　由定积分几何意义计算下列定积分：

（1）$\int_a^b 1\mathrm{d}x$；　　（2）$\int_0^a \sqrt{a^2-x^2}\,\mathrm{d}x$；　　（3）$\int_{-\pi}^{\pi} \sin x\mathrm{d}x$.

解　由定积分几何意义以上各题如图 4.5 所示，得：

（1）$\int_a^b 1\mathrm{d}x = b-a$；　　（2）$\int_0^a \sqrt{a^2-x^2}\,\mathrm{d}x = \frac{\pi}{4}a^2$；　　（3）$\int_{-\pi}^{\pi} \sin x\mathrm{d}x = 0$.

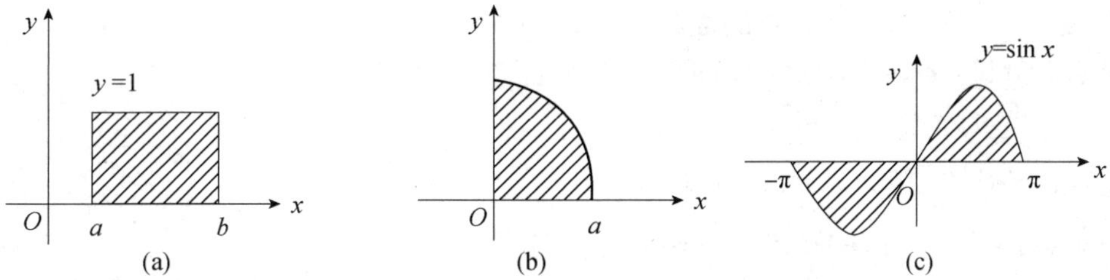

图 4.5

【同步练习】根据定积分的几何意义计算下列定积分：

（1）$\int_0^2 \sqrt{4-x^2}\,\mathrm{d}x$；　　（2）$\int_{-\pi}^{\pi} \cos x\mathrm{d}x$；　　（3）$\int_{-1}^{1} x^2\mathrm{d}x$.

4.1.3　定积分的性质

根据定积分的定义，不难得到定积分的如下一些性质（不加证明）. 在以下的讨论中，我们都假定 $f(x)$ 和 $g(x)$ 都在区间 $[a,b]$ 上可积.

性质 1（线性性质）

$$\int_a^b [\alpha f(x) \pm \beta g(x)]\mathrm{d}x = \alpha\int_a^b f(x)\mathrm{d}x \pm \beta\int_a^b g(x)\mathrm{d}x \quad (\alpha,\beta \text{ 为常数}).$$

此性质可推广至有限项的情形，即

$$\int_a^b [\alpha_1 f_1(x) \pm \alpha_2 f_2(x) \pm \cdots \pm \alpha_n f_n(x)]\mathrm{d}x$$
$$= \alpha_1\int_a^b f_1(x)\mathrm{d}x \pm \alpha_2\int_a^b f_2(x)\mathrm{d}x \pm \cdots \pm \alpha_n\int_a^b f_n(x)\mathrm{d}x.$$

性质 2（对积分区间的可加性）　对任意实数 a,b,c 有

$$\int_a^b f(x)\mathrm{d}x = \int_a^c f(x)\mathrm{d}x + \int_c^b f(x)\mathrm{d}x .$$

对积分区间的可加性可由定积分的几何意义加以说明.

性质 3（不等关系性质）　若在 $[a,b]$ 上 $f(x) \geqslant 0$，则有 $\int_a^b f(x)\mathrm{d}x \geqslant 0$.

推论　（1）若在区间 $[a,b]$ 上均有 $f(x) \leqslant g(x)$，则 $\int_a^b f(x)\mathrm{d}x \leqslant \int_a^b g(x)\mathrm{d}x$.

（2）设在区间 $[a,b]$ 上有 $m \leqslant f(x) \leqslant M$，则有定积分的估值公式

$$m(b-a) \leqslant \int_a^b f(x)\mathrm{d}x \leqslant M(b-a) .$$

性质 4　（积分中值定理）设函数 $f(x)$ 在闭区间 $[a,b]$ 上连续，则在 $[a,b]$ 上至少存在一点 ξ，使得

$$\int_a^b f(x)\mathrm{d}x = f(\xi)(b-a) \quad a \leqslant \xi \leqslant b .$$

将此式恒等变形：

$$f(\xi)=\frac{1}{b-a}\int_a^b f(x)\mathrm{d}x$$

在此，$f(\xi)$就是连续函数$f(x)$在区间$[a,b]$上的平均值.

积分中值定理有其明显的几何意义：当曲线$y=f(x)$在$[a,b]$上连续时，曲边梯形$ABCD$的面积等于以$[a,b]$上某点ξ处的函数值$f(\xi)$为高而同底的矩形$ABC'D'$面积（见图 4.6）.

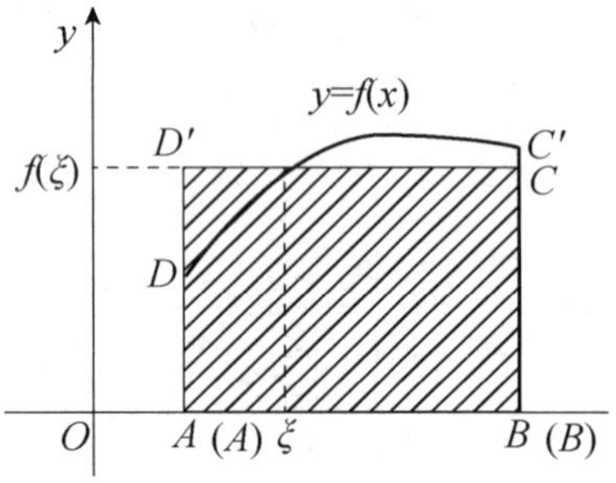

图 4.6

例 4.1.3 估计定积分$\int_0^1 \mathrm{e}^x\mathrm{d}x$的值.

解 被积函数e^x在区间$[0,1]$上连续且单调递增，即

$$1=f(0)<\mathrm{e}^x<f(1)=\mathrm{e},$$

由定积分性质 3 的推论（2）得

$$1\cdot(1-0)\leqslant\int_0^1 \mathrm{e}^x\mathrm{d}x\leqslant \mathrm{e}\cdot(1-0)$$

即

$$1\leqslant\int_0^1 \mathrm{e}^x\mathrm{d}x\leqslant \mathrm{e}.$$

例 4.1.4 计算函数$y=\sqrt{2-x^2}$在区间$[0,\sqrt{2}]$上的平均值.

解 由定积分的几何意义可得 $\int_0^{\sqrt{2}}\sqrt{2-x^2}\mathrm{d}x=\frac{\pi}{4}\times 2=\frac{\pi}{2}$.

根据积分中值定理，$y=\sqrt{2-x^2}$在区间$[0,\sqrt{2}]$上的平均值为：

$$f(\xi)=\frac{1}{\sqrt{2}}\int_0^{\sqrt{2}}\sqrt{2-x^2}\mathrm{d}x=\frac{\pi}{2\sqrt{2}}=\frac{\sqrt{2}}{4}\pi.$$

【同步练习】（1）估计定积分$\int_{-1}^1 x^2\mathrm{d}x$的值.

（2）计算函数$y=\sqrt{1-x^2}$在区间$[0,1]$上的平均值.

（3）试证明性质 3 的推论.

4.2 原函数与微积分基本定理

定积分定义中任意插入若干个分点、任意取小区间内的点所决定的这种特殊和式的极限，计算烦琐并困难. 微积分基本定理给定积分计算提出了一种简便有效的计算方法.

4.2.1 变上限积分函数

若函数$f(x)$在区间$[a,b]$上可积，则对于$[a,b]$上的任意一点x，积分$\int_a^x f(t)\mathrm{d}t$一定存在，其值是积分上限x的一个函数，通常称为**变上限积分函数**（简称变上限积分），记作$\varPhi(x)$，即

$$\Phi(x)=\int_a^x f(t)\mathrm{d}t,\quad (a\leqslant x\leqslant b).$$

在几何上，它可以看作是一个右端边界流动的曲边梯形的“面积”（见图 4.7）.

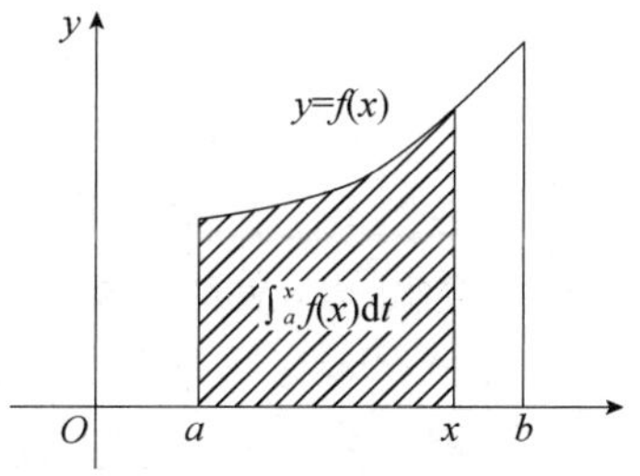

图 4.7

定理 4.1（变上限积分函数的导数定理） 设函数 $y=f(x)$ 在闭区间 $[a,b]$ 上连续，则积分上限函数 $\Phi(x)=\int_a^x f(t)\mathrm{d}t$ 在 $[a,b]$ 上一定可导，且有

$$\frac{\mathrm{d}}{\mathrm{d}x}\Phi(x)=\frac{\mathrm{d}}{\mathrm{d}x}\int_a^x f(t)\mathrm{d}t=f(x).$$

例 4.2.1 求（1）$\frac{\mathrm{d}}{\mathrm{d}x}\int_1^x \mathrm{e}^{-t^2}\mathrm{d}t$；（2）$\frac{\mathrm{d}}{\mathrm{d}x}\int_x^1\sqrt{1+t^2}\mathrm{d}t$；*（3）$\frac{\mathrm{d}}{\mathrm{d}x}\int_0^{x^2}\frac{1}{\sqrt{1+t^4}}\mathrm{d}t$.

解　（1）因为 $f(t)=\mathrm{e}^{-t^2}$ 为连续函数，故有 $\frac{\mathrm{d}}{\mathrm{d}x}\int_1^x \mathrm{e}^{-t^2}\mathrm{d}t=\mathrm{e}^{-x^2}$.

（2）因为 $\int_x^1\sqrt{1+t^2}\mathrm{d}t$ 是积分下限为变量的函数，所以

$$\int_x^1\sqrt{1+t^2}\mathrm{d}t=-\int_1^x\sqrt{1+t^2}\mathrm{d}t$$

则　$$\frac{\mathrm{d}}{\mathrm{d}x}\int_x^1\sqrt{1+t^2}\mathrm{d}t=-\frac{\mathrm{d}}{\mathrm{d}x}\int_1^x\sqrt{1+t^2}\mathrm{d}t=-\sqrt{1+x^2}.$$

*（3）这里 $f(t)=\frac{1}{\sqrt{1+t^4}}$ 为连续函数，$\int_0^{x^2}\frac{1}{\sqrt{1+t^4}}\mathrm{d}t$ 其上限为 x 的函数，令 $u=x^2$，应用定理 4.1 及定理 3.3（复合函数导数法则），得

$$\frac{\mathrm{d}}{\mathrm{d}x}\int_0^{x^2}\frac{1}{\sqrt{1+t^4}}\mathrm{d}t=\frac{\mathrm{d}}{\mathrm{d}u}\int_0^u\frac{1}{\sqrt{1+t^4}}\mathrm{d}t\cdot 2x=\frac{2x}{\sqrt{1+u^4}}=\frac{2x}{\sqrt{1+x^8}}.$$

【同步练习】（1）求 $\frac{\mathrm{d}}{\mathrm{d}x}\int_0^x\sin t^2\mathrm{d}t$.（2）设 $F(x)=\int_x^1\frac{\sin t}{t}\mathrm{d}t$，求 $F'(\pi)$. *(3)求 $\frac{\mathrm{d}}{\mathrm{d}x}\int_0^{\mathrm{e}^x}\varphi(t)\mathrm{d}t$.

4.2.2　原函数与微积分基本定理

变上限积分函数的导数定理给我们的启示是：当 $f(x)$ 在闭区间 $[a,b]$ 上连续时，变上限积分函数 $\Phi(x)=\int_a^x f(t)\mathrm{d}t$ 的导数等于被积函数 $f(x)$. 我们把满足这种关系的两个函数定义为原函数.

定义 4.2　设 $f(x)$ 是定义在区间 I 上的已知函数，如果存在函数 $F(x)$，对于该区间内的任意一点 x，都有 $F'(x)=f(x)$（或 $\mathrm{d}F(x)=F'(x)\mathrm{d}x$），那么称函数 $F(x)$ 是函数 $f(x)$ 在区间 I 内的一个原函数.

例如，由于 $\Phi'(x)=\frac{\mathrm{d}}{\mathrm{d}x}\int_a^x f(t)\mathrm{d}t=f(x)$，所以积分上限函数 $\Phi(x)=\int_a^x f(t)\mathrm{d}t$ 是被积函数 $f(x)$ 在区间 $[a,b]$ 上的一个原函数；因为 $\left(\frac{\sin 3x}{3}\right)'=\cos 3x$，$x\in(-\infty,+\infty)$，所以 $\frac{1}{3}\sin 3x$ 是 $\cos 3x$

在 $(-\infty,+\infty)$ 上的一个原函数；因为 $(\ln(x+\sqrt{1+x^2}))'=\dfrac{1}{\sqrt{1+x^2}}$，$x\in(-\infty,+\infty)$，所以 $\ln(x+\sqrt{1+x^2})$ 是 $\dfrac{1}{\sqrt{1+x^2}}$ 在 $(-\infty,+\infty)$ 上的一个原函数.

若在区间 I 上有 $F'(x)=f(x)$，那么对于任意常数 C，均有 $(F(x)+C)'=f(x)$. 由常数 C 的任意性可知，如果函数 $f(x)$ 有原函数 $F(x)$ 存在，那么 $F(x)+C$ 也是 $f(x)$ 的一个原函数，即原函数必有无数多个.

定理 4.2（微积分基本定理） 若函数 $f(x)$ 在 $[a,b]$ 上连续，$F(x)$ 是 $f(x)$ 的一个原函数，则

$$\int_a^b f(x)\mathrm{d}x=F(b)-F(a)$$

或记为

$$\int_a^b f(x)\mathrm{d}x=F(x)\big|_a^b=F(b)-F(a).$$

这个公式称为**牛顿–莱布尼兹**（Newton-Leibniz）公式. 它把定积分的计算归结为通过求原函数的方法来完成，从而为定积分的计算找到了简便有效的途径. 它连结了微分和积分的关系，是整个微积分学中最重要的定理之一.

例 4.2.2 计算下列定积分：

（1）$\displaystyle\int_0^1\frac{\mathrm{d}x}{1+x^2}$；（2）$\displaystyle\int_0^1 \mathrm{e}^x\mathrm{d}x$；（3）$\displaystyle\int_1^2\frac{\mathrm{d}x}{x}$；（4）$\displaystyle\int_0^\pi \sin x\mathrm{d}x$.

解 （1）因为 $(\arctan x)'=\dfrac{1}{1+x^2}$，所以 $\displaystyle\int_0^1\frac{\mathrm{d}x}{1+x^2}=\arctan x\Big|_0^1=\frac{\pi}{4}$；

（2）因为 $(\mathrm{e}^x)'=\mathrm{e}^x$，所以 $\displaystyle\int_0^1\mathrm{e}^x\mathrm{d}x=\mathrm{e}^x\Big|_0^1=\mathrm{e}-1$；

（3）当 $x>0$，$(\ln x)'=\dfrac{1}{x}$，所以 $\displaystyle\int_1^2\frac{\mathrm{d}x}{x}=\ln x\Big|_1^2=\ln 2$；

（4）因为 $(-\cos x)'=\sin x$，所以 $\displaystyle\int_0^\pi\sin x\mathrm{d}x=-\cos x\Big|_0^\pi=2$.

【同步练习】 计算下列定积分：

（1）$\displaystyle\int_0^{\frac{1}{2}}\frac{\mathrm{d}x}{\sqrt{1-x^2}}$；（2）$\displaystyle\int_0^1 x^2\mathrm{d}x$；（3）$\displaystyle\int_0^\pi\cos x\mathrm{d}x$；

（4）$\displaystyle\int_0^1 2^x\mathrm{d}x$；*（5）$\displaystyle\int_{\frac{\pi}{4}}^{\frac{\pi}{2}}\csc^2 x\mathrm{d}x$；*（6）$\displaystyle\int_0^{\frac{\pi}{4}}\sec^2 x\mathrm{d}x$.

4.3 积分计算

由微积分基本定理可知，定积分可以通过求被积函数的原函数来完成. 但是绝大部分被积函数的原函数并不是很方便就能想到的. 本节将介绍不定积分的概念、基本积分公式与积分方法，计算定积分.

原函数与不定积分有何区别与联系？不定积分与定积分有什么关系？

4.3.1　不定积分及其基本公式

定义 4.3　设 $F(x)$ 是函数 $f(x)$ 在某区间上的一个原函数，则称 $F(x)+C$（C 为任意常数）为 $f(x)$ 在该区间上的不定积分，记作 $\int f(x)\mathrm{d}x$，即

$$\int f(x)\mathrm{d}x = F(x)+C$$

其中，称符号"$\int$"为积分号，$f(x)$ 为被积函数，$f(x)\mathrm{d}x$ 为被积表达式，x 为积分变量，C 称为积分常数．积分和微分的关系如图 4.8 所示．

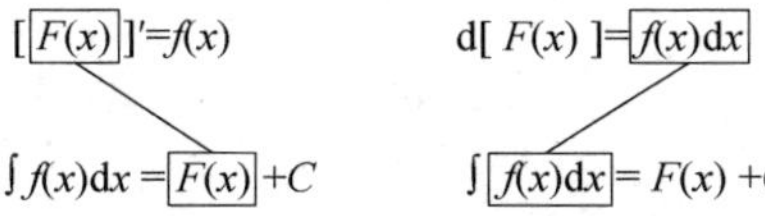

图 4.8　积分与微分的关系

根据不定积分定义，要求一个函数的不定积分，只要找出它的一个原函数加上任意常数 C 即可．所以由导数基本公式，不难验证有如下不定积分基本公式．

	导数基本公式	不定积分基本公式
（1）	$(c)'=0$	$\int 0\mathrm{d}x=c$（c 是常数，余同）
（2）	$(x^{\alpha})'=\alpha x^{\alpha-1}$	$\int x^{\alpha}\mathrm{d}x=\dfrac{x^{\alpha+1}}{\alpha+1}+c$（$\alpha\neq -1$）
（3）	$(\ln\|x\|)'=\dfrac{1}{x}$	$\int \dfrac{1}{x}\mathrm{d}x=\ln\|x\|+c$
（4）	$(a^x)'=a^x\ln a$	$\int a^x\mathrm{d}x=\dfrac{a^x}{\ln a}+c$，
	特别 $(\mathrm{e}^x)'=\mathrm{e}^x$	$\int \mathrm{e}^x\mathrm{d}x=\mathrm{e}^x+c$
（5）	$(\sin x)'=\cos x$	$\int \cos x\mathrm{d}x=\sin x+c$
	$(\cos x)'=-\sin x$	$\int \sin x\mathrm{d}x=-\cos x+c$
	$(\tan x)'=\sec^2 x$	$\int \sec^2 x\mathrm{d}x=\tan x+c$
	$(\cot x)'=-\csc^2 x$	$\int \csc^2 x\mathrm{d}x=-\cot x+c$
（6）	$(\arcsin x)'=\dfrac{1}{\sqrt{1-x^2}}$	$\int \dfrac{\mathrm{d}x}{\sqrt{1-x^2}}=\arcsin x+c$
	$(\arccos x)'=-\dfrac{1}{\sqrt{1-x^2}}$	$\int \dfrac{-\mathrm{d}x}{\sqrt{1-x^2}}=\arccos x+c$
	$(\arctan x)'=\dfrac{1}{1+x^2}$	$\int \dfrac{\mathrm{d}x}{1+x^2}=\arctan x+c$
	$(\mathrm{arc}\cot x)'=\dfrac{-1}{1+x^2}$	$\int \dfrac{-\mathrm{d}x}{1+x^2}=\mathrm{arc}\cot x+c$

由微分运算法则，相应地可以得出以下不定积分运算法则：

法则 1 $\int kf(x)\mathrm{d}x = k\int f(x)\mathrm{d}x$.

法则 2 $\int [f(x) \pm g(x)]\mathrm{d}x = \int f(x)\mathrm{d}x \pm \int g(x)\mathrm{d}x$.

从上面的概念我们已知寻找原函数的过程就是进行积分运算，那么如何进行积分运算？与求导数相比，积分运算有较大的灵活性和较高难度. 因此，常常要将被积函数通过恒等变形并进行简化，转化为基本积分公式中的被积函数，再运用基本积分公式直接求解，这种积分方法称为**直接积分法**.

例 4.3.1 求下列不定积分：

（1）$\int (x\sqrt{x} + \frac{1}{\sqrt{x}})\mathrm{d}x$；　（2）$\int \frac{x^2}{1+x^2}\mathrm{d}x$；　（3）$\int \frac{1}{\sin^2 x\cos^2 x}\mathrm{d}x$.

解 （1）$\int (x\sqrt{x} + \frac{1}{\sqrt{x}})\mathrm{d}x = \int x^{\frac{3}{2}}\mathrm{d}x + \int x^{-\frac{1}{2}}\mathrm{d}x$

$$= \frac{2}{5}x^{\frac{5}{2}} + 2\sqrt{x} + C ;$$

$\int f(x)\mathrm{d}x$ 计算步骤：①求原函数 $F(x)$；②求全体原函数 $F(x)+C$.

（2）$\int \frac{x^2}{1+x^2}\mathrm{d}x = \int \frac{x^2+1-1}{1+x^2}\mathrm{d}x = \int (1-\frac{1}{1+x^2})\,\mathrm{d}x$;

$$= x - \arctan x + C$$

（3）$\int \frac{1}{\sin^2 x\cos^2 x}\mathrm{d}x = \int \frac{1}{\sin^2 x}\mathrm{d}x + \int \frac{1}{\cos^2 x}\mathrm{d}x$

$$= \tan x - \cot x + C .$$

根据定积分的定义，对于同一个函数 $f(x)$ 而言，计算不定积分 $\int f(x)\mathrm{d}x$ 与计算定积分 $\int_a^b f(x)\mathrm{d}x$ 共用同一个原函数 $F(x)$. 由此可见，它们的计算方法也是相同的. 原函数、不定积分与定积分的关系如图 4.9 所示.

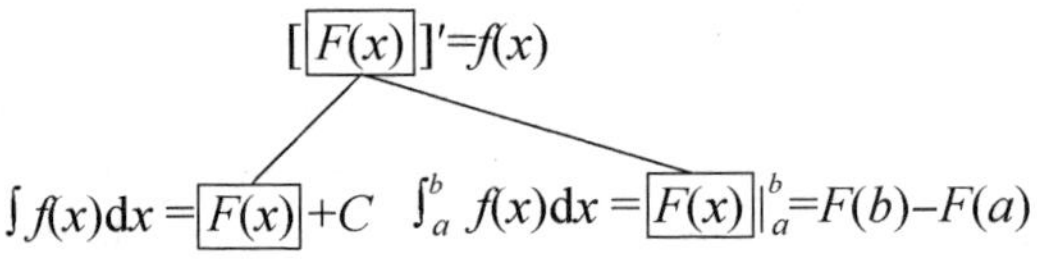

图 4.9 原函数、不定积分与定积分的关系

例 4.3.2 计算下列定积分：

（1）$\int_0^1 (3^x + 2x)\mathrm{d}x$；　（2）$\int_0^{\pi} \cos x\mathrm{d}x$；　（3）$\int_0^2 |1-x|\mathrm{d}x$.

解 （1）$\int_0^1 (3^x + 2x)\mathrm{d}x = \int_0^1 3^x\mathrm{d}x + 2\int_0^1 x\mathrm{d}x$

$$= \left.\frac{3^x}{\ln 3}\right|_0^1 + x^2\Big|_0^1 = \frac{2}{\ln 3} + 1 ;$$

$\int_a^b f(x)\mathrm{d}x$ 计算步骤：①求原函数 $F(x)$；②计算 $F(b)-F(a)$.

（2）$\int_0^{\pi} \cos x\mathrm{d}x = \sin x\big|_0^{\pi}$

$$= \sin\pi - \sin 0 = 0 ;$$

(3) $\int_0^2 |1-x|\mathrm{d}x = \int_0^1 (1-x)\mathrm{d}x + \int_1^2 (x-1)\mathrm{d}x$

$$= \left[x-\frac{1}{2}x^2\right]_0^1 + \left[\frac{1}{2}x^2 - x\right]_1^2 = 1.$$

【同步练习】计算下列积分：

(1) $\int (\mathrm{e}^{x-1} - \frac{1}{2\sqrt{1-x^2}} + \mathrm{e})\mathrm{d}x$；　　(2) $\int \frac{x^2+1}{x}\mathrm{d}x$；

(3) $\int_0^2 \left(x^2-2x+3\right)\mathrm{d}x$；　　(4) $\int_0^{\pi} |\cos x|\mathrm{d}x$.

4.3.2　换元积分法

仅仅利用直接积分法所能求出的积分是很有限的，下面我们将介绍两种换元积分方法，弥补直接积分法的不足.

1. 凑微分法——第一类换元积分法

比如遇到 $\int \cos 2x\mathrm{d}x$、$\int \mathrm{e}^{3x}\mathrm{d}x$ 这类积分问题时，直接积分方法对它们已无能为力. 由复合函数的求导法则，可以得到求这类积分的最为灵活和重要的方法.

【分析】不定积分 $\int \cos 2x\mathrm{d}x$ 虽然基本积分公式中没有，但考察积分公式可得

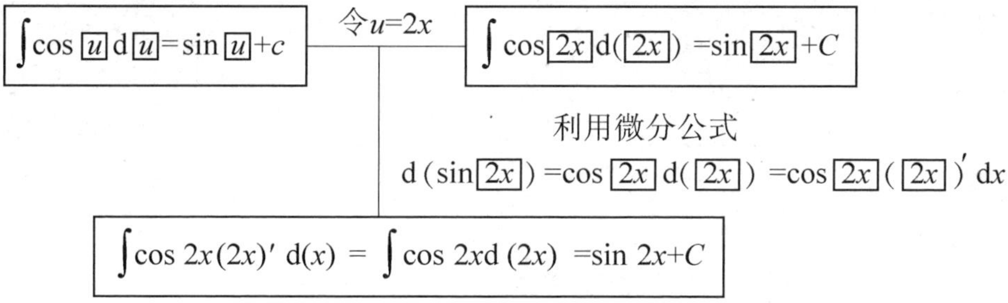

于是

$$\int \cos 2x\mathrm{d}x = \frac{1}{2}\int \cos 2x\left(2x\right)'\mathrm{d}x = \frac{1}{2}\int \cos 2x\mathrm{d}(2x) = \frac{1}{2}\sin 2x + C.$$

上面这种方法适用于被积函数为某个复合函数的导数的情形. 求解时只需将中间变量的导数部分凑入微分号，然后视中间变量为一整体，这样就大大地扩展了基本积分公式的使用范围.

定理 4.3（凑微分法——第一类换元积分法）

设函数 $u=\varphi(x)$，且 $f(u)$ 具有原函数 $F(u)$，$\varphi'(t)$ 是连续函数，则

$$\int f\left[\varphi(x)\right]\mathrm{d}\varphi(x) = F\left[\varphi(t)\right] + C$$

这种先“凑”微分，再做变量代换的方法，称为**凑微分法**，也称**第一类换元积分法**.

例如：

$$\int \frac{\mathrm{d}x}{1-2x} \xlongequal{\text{凑微分}} -\frac{1}{2}\int \frac{\mathrm{d}(1-2x)}{1-2x} = -\frac{1}{2}\ln|1-2x| + C;$$

$$\int(2x+1)^{10}\mathrm{d}x \xlongequal{\text{凑微分}} \frac{1}{2}\int(2x+1)^{10}\mathrm{d}(2x+1)=\frac{1}{22}(2x+1)^{11}+C\ ;$$

$$\int\tan x\mathrm{d}x=\int\frac{\sin x}{\cos x}\mathrm{d}x \xlongequal{\text{凑微分}} -\int\frac{\mathrm{d}(\cos x)}{\cos x}=-\ln|\cos x|+C\ .$$

例 4.3.3 计算下列不定积分：

（1）$\int \mathrm{e}^{2x}\mathrm{d}x$；（2）$\int(1-4x)^3\mathrm{d}x$；（3）$\int\sin^3 x\cos x\mathrm{d}x$.

解 （1）$\int \mathrm{e}^{2x}\mathrm{d}x=\frac{1}{2}\int \mathrm{e}^{2x}\mathrm{d}(2x)=\frac{1}{2}\mathrm{e}^{2x}+C$；

（2）$\int(1-4x)^3\mathrm{d}x=-\frac{1}{4}\int(1-4x)^3\mathrm{d}(1-4x)=-\frac{1}{16}(1-4x)^4+C$；

（3）$\int\sin^3 x\cos x\mathrm{d}x=\int\sin^3 x\mathrm{d}\sin x=\frac{1}{4}\sin^4 x+C$.

> 公式 $\int \mathrm{e}^u\mathrm{d}u=\mathrm{e}^u+C$ 令 $u=2x$ 可得.

> 公式 $\int u^\alpha\mathrm{d}u=\frac{u^{\alpha+1}}{\alpha+1}+C$ 令 $u=1-4x$ 可得.

> 凑微分 $\cos x\mathrm{d}x=\mathrm{d}\sin x$ 公式 $\int u^\alpha\mathrm{d}u=\frac{u^{\alpha+1}}{\alpha+1}+C$ 令 $u=\sin x$ 可得.

例 4.3.4 计算下列定积分：

（1）$\int_{\mathrm{e}}^{\mathrm{e}^2}\frac{\ln x}{x}\mathrm{d}x$；（2）$\int_0^1\frac{1}{4+x^2}\mathrm{d}x$；（3）$\int_0^{\ln 3}\mathrm{e}^x\left(1+\mathrm{e}^x\right)^2\mathrm{d}x$.

解 （1）
$$\int_{\mathrm{e}}^{\mathrm{e}^2}\frac{\ln x}{x}\mathrm{d}x=\int_{\mathrm{e}}^{\mathrm{e}^2}\ln x\mathrm{d}(\ln x)=\frac{1}{2}\ln^2 x\Big|_{\mathrm{e}}^{\mathrm{e}^2}=\frac{1}{2}(4-1)=\frac{3}{2}\ ;$$

> 凑微分 $\frac{1}{x}\mathrm{d}x=\mathrm{d}\ln|x|$

（2）
$$\int_0^1\frac{1}{4+x^2}\mathrm{d}x=\frac{1}{4}\int_0^1\frac{1}{1+\left(\frac{x}{2}\right)^2}\mathrm{d}x=\frac{1}{2}\int_0^1\frac{1}{1+\left(\frac{x}{2}\right)^2}\mathrm{d}\frac{x}{2}=\frac{1}{2}\arctan\frac{x}{2}\Big|_0^1=\frac{1}{2}\arctan\frac{1}{2}\ ;$$

> 公式 $\int\frac{\mathrm{d}x}{1+u^2}=\arctan u+C$ 令 $u=\frac{x}{2}$.

（3）
$$\int_0^{\ln 3}\mathrm{e}^x\left(1+\mathrm{e}^x\right)^2\mathrm{d}x=\int_0^{\ln 3}\left(1+\mathrm{e}^x\right)^2\mathrm{d}\mathrm{e}^x=\int_0^{\ln 3}\left(1+\mathrm{e}^x\right)^2\mathrm{d}\left(1+\mathrm{e}^x\right)=\frac{1}{3}\left[1+\mathrm{e}^x\right]_0^{\ln 3}=1\ .$$

> 凑微分 $\mathrm{e}^x\mathrm{d}x=\mathrm{d}\mathrm{e}^x$

【同步练习】 计算下列积分：

（1）$\int\frac{\mathrm{d}x}{x(\ln x+1)}$；（2）$\int\frac{\sin x}{1+\cos^2 x}\mathrm{d}x$；（3）$\int_0^{\frac{\pi}{2}}\frac{1}{\sqrt{4-x^2}}\mathrm{d}x$；（4）$\int_0^1 x\mathrm{e}^{x^2}\mathrm{d}x$.

2. 第二类换元积分法

对给定的积分 $\int_a^b f(x)\mathrm{d}x$，直接使用牛顿–莱布尼兹公式来求解时被积函数的原函数有时并不容易找，当直接应用基本积分公式、凑微分都不易找到其原函数时，也可将积分变量 x 用可微函数 $\varphi(t)$ 替代，使原积分化为对新的变量 t 的积分，若这样可求出原函数，也一样可达到我们计算定积分的目的.

定理 4.4　（换元积分法）设函数 $f(x)$ 在 $[a,b]$ 上连续，令 $x=\varphi(t)$，若

（1）$\varphi(\alpha)=a,\varphi(\beta)=b$；

（2）$\varphi(t)$ 在 $[\alpha,\beta]$ 上单调且具有连续的导数 $\varphi'(t)$；

（3）当 $t\in[\alpha,\beta]$ 时，$x=\varphi(t)\in[a,b]$，则有**定积分换元公式**

$$\int_a^b f(x)\mathrm{d}x=\int_\alpha^\beta f[\varphi(t)]\varphi'(t)\mathrm{d}t$$

例 4.3.5　计算下列定积分：

（1）$\int_0^1\frac{\mathrm{d}x}{1+\sqrt[3]{x}}$；　　　　（2）$\int_0^1 x^2\sqrt{1-x^2}\,\mathrm{d}x$.

解　（1）设 $t=\sqrt[3]{x}$，则 $x=t^3$，$\mathrm{d}x=3t^2\mathrm{d}t$

换限：当 $x=0$ 时，$t=0$，当 $x=1$ 时，$t=1$，于是

$$\begin{aligned}\int_0^1\frac{\mathrm{d}x}{1+\sqrt[3]{x}}&=\int_0^1\frac{3t^2}{1+t}\mathrm{d}t\\&=3\int_0^1\frac{t^2-1+1}{1+t}\mathrm{d}t=3\int_0^1\left(t-1+\frac{1}{1+t}\right)\mathrm{d}t\\&=3\left[\frac{1}{2}t^2-t+\ln(1+t)\right]_0^1=3\ln 2-\frac{3}{2}.\end{aligned}$$

（2）设 $x=\sin t\left(0\leqslant t\leqslant\frac{\pi}{2}\right)$，则 $\mathrm{d}x=\cos t\mathrm{d}t$

换限：当 $x=0$ 时，$t=0$，当 $x=1$ 时，$t=\frac{\pi}{2}$，于是

$$\begin{aligned}\int_0^1 x^2\sqrt{1-x^2}\,\mathrm{d}x&=\int_0^{\frac{\pi}{2}}\sin^2 t\cdot\cos^2 t\,\mathrm{d}t\\&=\frac{1}{4}\int_0^{\frac{\pi}{2}}\sin^2 2t\,\mathrm{d}t=\frac{1}{8}\int_0^{\frac{\pi}{2}}(1-\cos 4t)\,\mathrm{d}t\\&=\frac{1}{8}\left(t-\frac{1}{4}\sin 4t\right)\Bigg|_0^{\frac{\pi}{2}}=\frac{\pi}{16}.\end{aligned}$$

通常被积函数中含有形如 $\sqrt{a^2\pm x^2}$ 或 $\sqrt{x^2-a^2}$（$a>0$）的因子，为便于求出原函数，一般用三角函数进行代换：含 $\sqrt{a^2-x^2}$ 因子，令 $x=a\sin t$ 或 $x=a\cos t$；含 $\sqrt{a^2+x^2}$ 因子，令 $x=a\tan t$ 或 $x=a\cot t$；含 $\sqrt{x^2-a^2}$ 因子，令 $x=a\sec t$ 或 $x=a\csc t$.

前面我们通过定积分的几何意义计算了定积分 $\int_{-\pi}^{\pi}\sin x\mathrm{d}x$ 与 $\int_{-\pi}^{\pi}\cos x\mathrm{d}x$，其值分别是：$\int_{-\pi}^{\pi}\sin x\mathrm{d}x=0$，$\int_{-\pi}^{\pi}\cos x\mathrm{d}x=2\int_0^{\pi}\cos x\mathrm{d}x$. 下面针对一般情形进行证明.

例 4.3.6　设函数 $f(x)$ 在对称区间 $[-a,a]$ 上连续，求证：

（1）当 $f(x)$ 为奇函数时，$\int_{-a}^{a}f(x)\mathrm{d}x=0$；

（2）当 $f(x)$ 为偶函数时，$\int_{-a}^{a}f(x)\mathrm{d}x=2\int_0^a f(x)\mathrm{d}x$.

证明　由定积分的可加性，有 $\int_{-a}^{a}f(x)\mathrm{d}x=\int_{-a}^{0}f(x)\mathrm{d}x+\int_0^a f(x)\mathrm{d}x$，

对积分式 $\int_{-a}^{0}f(x)\mathrm{d}x$，令 $x=-t$，则 $\mathrm{d}x=-\mathrm{d}t$，

换限：当 $x=0$ 时，$t=0$，当 $x=-a$ 时，$t=a$，

于是 $\int_{-a}^{0} f(x)\mathrm{d}x=\int_{a}^{0} f(-t)\mathrm{d}(-t)=\int_{0}^{a} f(-t)\mathrm{d}t=\int_{0}^{a} f(-x)\mathrm{d}x$，

若 $f(x)$ 是奇函数，则 $f(-x)=-f(x)$，$\int_{-a}^{0} f(x)\mathrm{d}x=-\int_{0}^{a} f(x)\mathrm{d}x$

所以 $\int_{-a}^{a} f(x)\mathrm{d}x=0$；

同理可得，当 $f(x)$ 是偶函数时，则 $\int_{-a}^{a} f(x)\mathrm{d}x=2\int_{0}^{a} f(x)\mathrm{d}x$.

例 4.3.7 计算 $\int_{-\sqrt{3}}^{\sqrt{3}} \frac{x^5 \sin^2 x}{1+x^2+x^4}\mathrm{d}x$

解 因为 $\frac{x^5 \sin^2 x}{1+x^2+x^4}$ 是奇函数，所以 $\int_{-\sqrt{3}}^{\sqrt{3}} \frac{x^5 \sin^2 x}{1+x^2+x^4}\mathrm{d}x=0$.

【同步练习】计算下列积分：

（1）$\int_0^1 \frac{\mathrm{d}x}{1+\sqrt{x}}$；（2）$\int_0^1 \sqrt{1-x^2}\,\mathrm{d}x$；（3）$\int_{-\sqrt{3}}^{\sqrt{3}} \frac{x^3}{\sqrt{1+x^2}}\mathrm{d}x$；（4）$\int_{-\sqrt{3}}^{\sqrt{3}} \sin^2 x\mathrm{d}x$.

4.3.3 分部积分法

如何计算被积函数为两个不同类型函数乘积的积分？如

$$\int_0^{\pi} x\sin x\mathrm{d}x、\int_0^1 x\mathrm{e}^x\mathrm{d}x、\int_1^2 x\ln x\mathrm{d}x、\int_0^1 \mathrm{e}^x \sin x\mathrm{d}x .$$

既然原函数与不定积分是一种导数关系，则先考虑以下乘积的导数公式

$$[u(x)v(x)]'=u'(x)v(x)+u(x)v'(x)$$

整理，得

$$u(x)v'(x)=[u(x)v(x)]'-u'(x)v(x)$$

两边求积分得

$$\int_a^b u(x)v'(x)\mathrm{d}x=\int_a^b (u(x)v(x))'\mathrm{d}x-\int_a^b u'(x)v(x)\mathrm{d}x$$

即

$$\int_a^b u(x)\mathrm{d}v(x)=[u(x)v(x)]\Big|_a^b-\int_a^b v(x)\mathrm{d}u(x) .$$

因此，对于此类函数的积分，有下面的定理.

定理 4.5 设函数 $u(x)$ 和 $v(x)$ 在区间 $[a,b]$ 上有连续导数 $u'(x)$，$v'(x)$，则

$$\int_a^b u(x)\mathrm{d}v(x)=[u(x)v(x)]\Big|_a^b-\int_a^b v(x)\mathrm{d}u(x)$$

这种积分法称为分部积分法，以上公式称为**分部积分公式**. 它是把形如 $\int_a^b u(x)v'(x)\mathrm{d}x$ 的定积分凑微分为 $\int_a^b u(x)\mathrm{d}v(x)$ 的形式，再根据分部积分公式将求 $\int_a^b u(x)\mathrm{d}v(x)$ 中的一部分先积出来，而另一部分转化为较易求解的 $\int_a^b v(x)\mathrm{d}u(x)$ 形式，分部积分法起到了化难为易的作用.

例 4.3.8 计算下列定积分：

（1）$\int_0^1 x\mathrm{e}^x\mathrm{d}x$；（2）$\int_1^2 x\ln x\mathrm{d}x$；（3）$\int_0^{\pi} x\sin x\mathrm{d}x$.

解　（1）$\int_0^1 xe^x dx = \int_0^1 xd(e^x) = xe^x |_0^1 - \int_0^1 e^x dx = e - e^x |_0^1 = 1$；

（2）$\int_1^2 x\ln x dx = \frac{1}{2}\int_1^2 \ln x d(x^2) = \frac{1}{2}(x^2 \ln x|_1^2 - \int_1^2 x^2 d(\ln x))$

$$= \frac{1}{2}(4\ln 2 - \int_1^2 x dx) = 2\ln 2 - \frac{1}{4}x^2\Big|_1^2 = 2\ln 2 - \frac{3}{4};$$

（3）$\int_0^{\pi} x\sin x dx = -\int_0^{\pi} xd(\cos x)$

$$= -(x\cos x|_0^{\pi} - \int_0^{\pi} \cos x dx) = -(-\pi - \sin x|_0^{\pi}) = \pi.$$

以上三题中的被积函数分别是幂函数与指数函数、对数函数和三角函数的乘积，通过分部积分法公式求出一部分后，剩下的那个积分一般要比原积分容易“积出”. 请观察以下积分题的求解.

例 4.3.9　计算定积分 $\int_0^1 e^x \sin x dx$.

解　$\int_0^1 e^x \sin x dx = \int_0^1 \sin x d(e^x) = e^x \sin x|_0^1 - \int_0^1 e^x \cos x dx$

$$= e\sin 1 - \int_0^1 e^x \cos x dx$$

$$= e\sin 1 - e\cos 1 - \int_0^1 e^x \sin x dx$$

解积分方程，得
$$\int_0^1 e^x \sin x dx = \frac{e(\sin 1 - \cos 1)}{2}.$$

从以上例题可知，分部积分法一般适用于被积函数为两个不同类型函数的积的情形.

【同步练习】计算下列定积分：

（1）$\int_0^1 xe^{-x} dx$；　（2）$\int_0^{\frac{\pi}{2}} x\cos x dx$；　（3）$\int_0^{e-1} \ln(1+x) dx$.

4.4　积分的应用

4.4.1　积分在物理中的应用

积分在物理学中有着广泛的应用. 可以用定积分计算变力做功、不均匀物质质量、液体压强等问题.

1. 变力做功问题

案例 4.3　一条弹簧，原长 1m，把它每压缩 1cm 时所用的力为 0.05N. 问在弹性范围内把它由 1m 压缩到 60cm（见图 4.10）所做的功?

【分析】在做功的问题中，恒力做功是最简单的，公式为 $W = F \cdot S$. 弹簧所受到的力是一个变力，可以采用“以常代变”的方法，利用功的微元法将变力看成恒力，然后借助恒力做功公式计算.

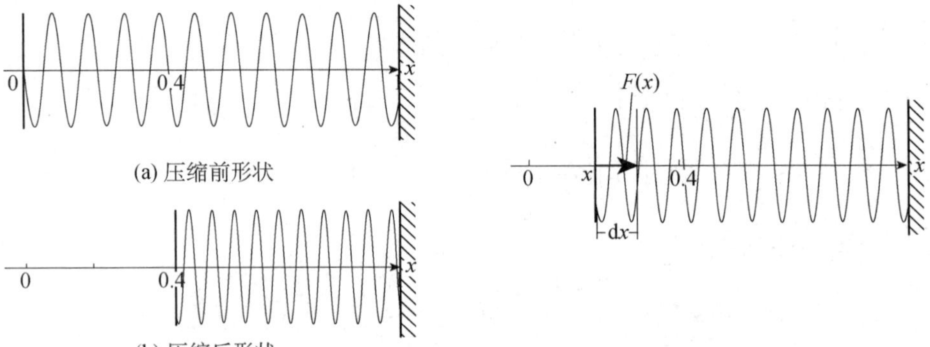

图 4.10

解　令起点为原点，压缩的方向为 x 轴的正方向．当把弹簧自原点压缩至 $[0,0.4]$ 之间的任意点 x 处时（见图 4.10），由胡克定律知所承受的弹簧的压力为

$$F(x)=\frac{0.05}{0.01}x=5x$$

在此力的作用下，再继续压缩一点点 $\mathrm{d}x$，即压缩至 $x+\mathrm{d}x$ 处由于 $\mathrm{d}x$ 很小，这个压缩过程可认为力 $F(x)$ 不变，即恒力做功，则由恒力做功公式得出功的微元为

$$\mathrm{d}W=F(x)\mathrm{d}x$$

积分得

$$W=\int_0^{0.4}F(x)\mathrm{d}x=\int_0^{0.4}5x\mathrm{d}x=\frac{5}{2}x^2\bigg|_0^{0.4}=0.4\ (\mathrm{J}).$$

例 4.4.1　一圆台形水池，深 15m，上下口半径分别为 20m 和 10m，如果把其中盛满的水全部抽干，需要做多少功?

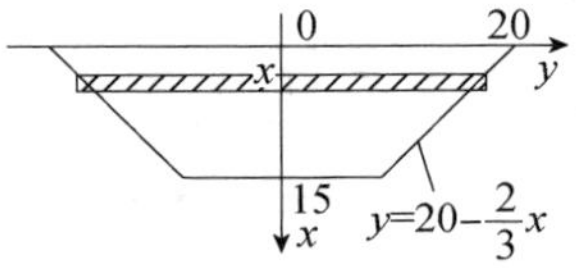

图 4.11

解　水是被“一层层”地抽出去的，在这个过程中，不但每层水的重力在变，提升的高度也在连续地变化，其中抽出任意一层水（x 处厚为 $\mathrm{d}x$ 的扁圆柱体，如图 4.11 中阴影部分）所做的功为抽水做功的微元 $\mathrm{d}W$，即

$$\mathrm{d}W=\mathrm{d}m\cdot g\cdot x=\mathrm{d}V\cdot\gamma\cdot g\cdot x=\gamma gx\left(20-\frac{2}{3}x\right)^2\pi\mathrm{d}x$$

则

$$W=\int_0^{15}\gamma gx\left(20-\frac{2}{3}x\right)^2\pi\mathrm{d}x=\gamma g\pi\int_0^{15}x\left(20-\frac{2}{3}x\right)^2\mathrm{d}x$$

$$=\gamma g\pi\left(200x^2-\frac{80}{9}x^3+\frac{1}{9}x^4\right)\bigg|_0^{15}=20625\gamma g\pi=202125000\pi\ (\mathrm{J}).$$

例 4.4.2　在 x 轴上做直线运动的质点，在任意点 x 处所受的力为 $F(x)=1-\mathrm{e}^{-x}$，试求质点从 $x=0$ 运动到 $x=1$ 处所做的功．

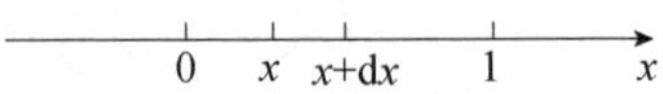

图 4.12

解　设从任意点 x 处到 $x+\mathrm{d}x$（见图 4.12）处所受的力为恒力，可得功的微元 $\mathrm{d}W$，即

$$\mathrm{d}W=F(x)\mathrm{d}x=\left(1-\mathrm{e}^{-x}\right)\mathrm{d}x$$

则

$$W=\int_0^1\left(1-\mathrm{e}^{-x}\right)\mathrm{d}x=\left(x+\mathrm{e}^{-x}\right)\Big|_0^1=\frac{1}{\mathrm{e}}.$$

2. 不均匀物质质量问题

案例 4.4 一半圆形金属丝，其上任意点处的线密度函数是 $\gamma_l(x)=ky=k\sqrt{R^2-x^2}\ (k>0)$，求金属丝的质量？

【分析】对于密度均匀的物体的质量 $m=\gamma_l\cdot l$ 或 $m=\gamma_A\cdot A$、$m=\gamma\cdot V$，这时密度是常量；但对于密度不均匀（密度是变量）的物体的质量就不能直接用上述公式了，可以采用“以均代不均”的方法，利用质量的微元法将不均匀看成均匀，然后借助均匀物质质量公式计算.

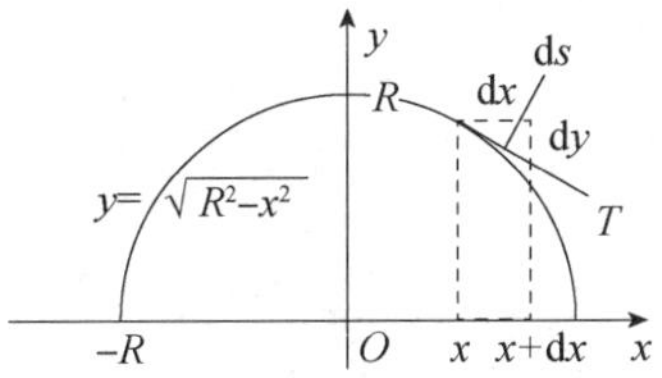

图 4.13

解　建立如图 4.13 所示坐标系，已知线密度函数 $\gamma_l(x)=ky=k\sqrt{R^2-x^2}\ (k>0)$，则 $y'=\dfrac{-x}{\sqrt{R^2-x^2}}$，

由
$$\mathrm{d}s=\sqrt{(\mathrm{d}x)^2+(\mathrm{d}y)^2}=\sqrt{1+y'^2}\,\mathrm{d}x=\frac{R}{\sqrt{R^2-x^2}}\mathrm{d}x$$

得质量的微元 $\mathrm{d}m=\gamma_l(x)\cdot\mathrm{d}s=k\sqrt{R^2-x^2}\cdot\dfrac{R}{\sqrt{R^2-x^2}}\mathrm{d}x=kR\mathrm{d}x$

则

$$m=\int_{-R}^{R}kR\mathrm{d}x=2kR^2.$$

例 4.4.3　物质曲线 $y=\ln x$ 上任意点 x 处的线密度 $\gamma_l(x)=x^2$，求 $x\in\left[\sqrt{3},\sqrt{8}\right]$ 一段物质曲线的质量.

解　已知线密度函数 $\gamma_l(x)=x^2$，由物质曲线方程得 $y'=\dfrac{1}{x}$

面积微元
$$\mathrm{d}s=\sqrt{1+y'^2}\,\mathrm{d}x=\frac{\sqrt{x^2+1}}{x}\mathrm{d}x$$

质量微元
$$\mathrm{d}m=\gamma_l(x)\mathrm{d}s=\gamma_l(x)\frac{\sqrt{x^2+1}}{x}\mathrm{d}x=x\sqrt{x^2+1}\mathrm{d}x$$

则

$$m=\int_{\sqrt{3}}^{\sqrt{8}}x\sqrt{x^2+1}\mathrm{d}x=\frac{1}{2}\int_{\sqrt{3}}^{\sqrt{8}}\left(x^2+1\right)^{\frac{1}{2}}\mathrm{d}\left(x^2+1\right)=\frac{1}{3}\left(x^2+1\right)^{\frac{3}{2}}\Big|_{\sqrt{3}}^{\sqrt{8}}=\frac{19}{3}.$$

3. 液体压强问题

案例 4.5 三峡大坝有一上底、下底、高分别为 40、20、15m 的等腰梯形闸门，闸门垂直放置且上边与水面齐，试计算闸门一侧所承受的水压力？

【分析】由物理学可知，一水平放置在液体中的薄片，若其面积为 A，距离液体表面的深度为 h，则该薄片的一侧所受的压力为：

$$P=\gamma gh\cdot A \text{（其中}\gamma\text{为液体密度）}$$

但若薄片铅直放置在液体中，由于不同深度的点压强不一样，此时，薄片的一侧所受的压力就不能利用上述方法计算，可以采用“以均代不均”的方法，利用压强的微元法将不均匀看成均匀，然后借助恒压公式计算.

解 侧压力微元 $\mathrm{d}P$ 为 x 处一层水对应的闸门的一个小窄条所承受的水压力，即

$$\mathrm{d}P=\gamma gx\mathrm{d}A=\gamma gx2y\mathrm{d}x=2\gamma gx\left(20-\frac{2}{3}x\right)\mathrm{d}x$$

则

$$P=\int_0^{15}2\gamma gx\left(20-\frac{2}{3}x\right)\mathrm{d}x=\gamma g\int_0^{15}\left(40x-\frac{4}{3}x^2\right)\mathrm{d}x$$

$$=9800\left(20x^2-\frac{4}{9}x^3\right)\Big|_0^{15}=29400000(\mathrm{N}).$$

例 4.4.4 一底为 8m，高为 6m 的等腰三角形钢质薄板，垂直地沉没在水中，顶在上，底在下且与水面平行，而顶离水面 3m，求它一侧所受水的压力.

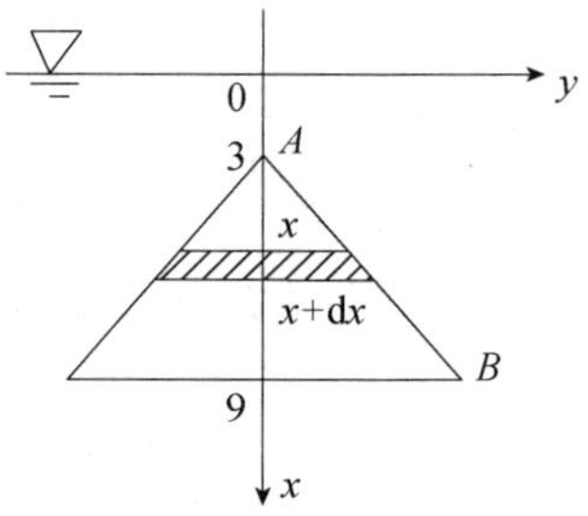

图 4.14

解 建立如图 4.14 所示的坐标系，取为 x 积分变量，则积分区间为 $[3,9]$.

AB 边所在的直线方程为 $y=\frac{2}{3}x-2$，设 $[x,x+\mathrm{d}x]$ 为 $[3,9]$ 上任一小区间，三角形薄板上与之相应的窄条可近似看成是水平放置在距水面深度为 x 的位置上的，且面积近似等于 $4\left(\frac{x}{3}-1\right)\mathrm{d}x$，于是得压力微元为

$$\mathrm{d}p=4\gamma x\left(\frac{x}{3}-1\right)\mathrm{d}x$$

因此，所求压力为

$$P=4\gamma\int_3^9\left(\frac{1}{3}x^2-x\right)\mathrm{d}x=4\gamma\left[\frac{1}{9}x^3-\frac{1}{2}x^2\right]_3^9$$

$$\approx 1.65\times 10^6(\mathrm{N}).$$

4.4.2 积分在几何中的应用

积分的另一个应用，即求解几何问题中，如可以用定积分计算平面图形的面积、旋转体的体积、平面曲线的弧长等问题.

直角坐标系下平面图形的面积

	当积分变量为 x 时	当积分变量为 y 时
问题	曲线 $y=f_1(x)$，$y=f_2(x)$ 及直线 $x=a,x=b$ 所围成图形	曲线 $x=g_1(y)$，$x=g_2(y)$ 及直线 $y=c,y=d$ 所围成图形

续表

	当积分变量为 x 时	当积分变量为 y 时
图形	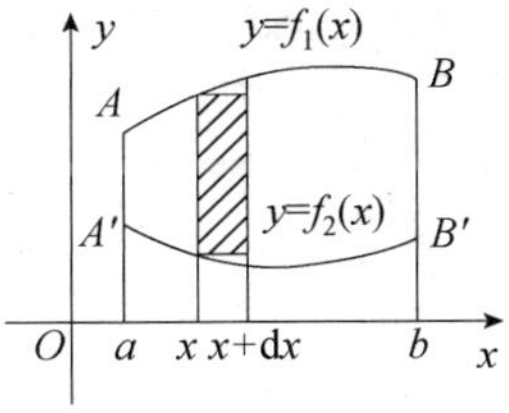	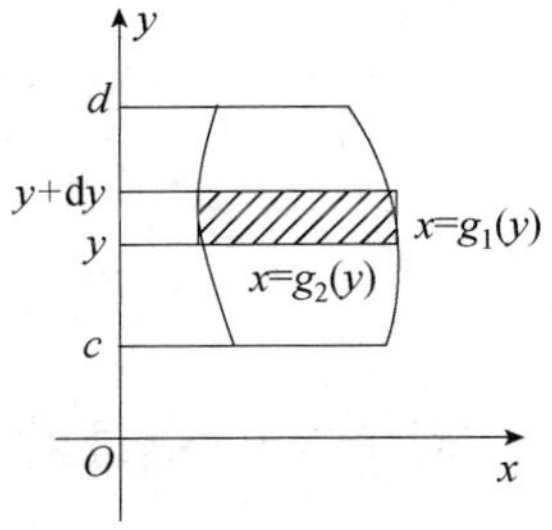
公式	$A=\int_a^b[f_1(x)-f_2(x)]\mathrm{d}x$	$A=\int_c^d[g_1(y)-g_2(y)]\mathrm{d}y$

例 4.4.5　计算由两条抛物线 $y^2=x$ 和 $y=x^2$ 所围平面图形的面积（见图 4.15）.

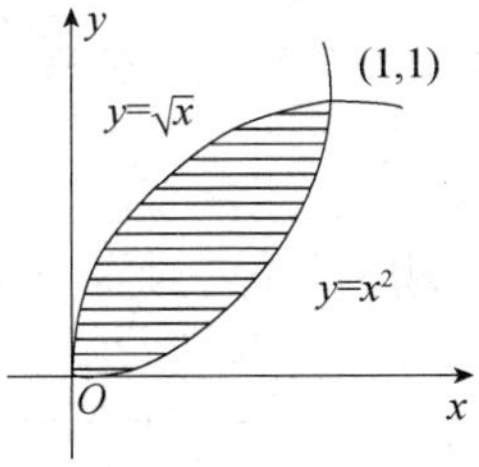

图 4.15

解　（当积分变量为 x 时）为了确定积分的上、下限，先求出这两条曲线的交点 $(0,0)$ 和 $(1,1)$，在区间 $[0,1]$ 上 $\sqrt{x}>x^2$，则所求面积为

$$A=\int_0^1[\sqrt{x}-x^2]\mathrm{d}x=\left[\frac{2}{3}x^{\frac{3}{2}}-\frac{1}{3}x^3\right]_0^1=\frac{1}{3};$$

（当积分变量为 y 时）先求出两曲线的交点 $(0,0)$ 和 $(1,1)$，在区间 $[0,1]$ 上 $\sqrt{y}\geqslant y^2$，则所求面积为

$$A=\int_0^1(\sqrt{y}-y^2)\mathrm{d}y=\frac{1}{3}.$$

> 在实际计算时，应选取合适的积分变量，使计算简化.

例 4.4.6　计算抛物线 $y^2=2x$ 与直线 $x-y=4$ 所围平面图形的面积（见图 4.16）.

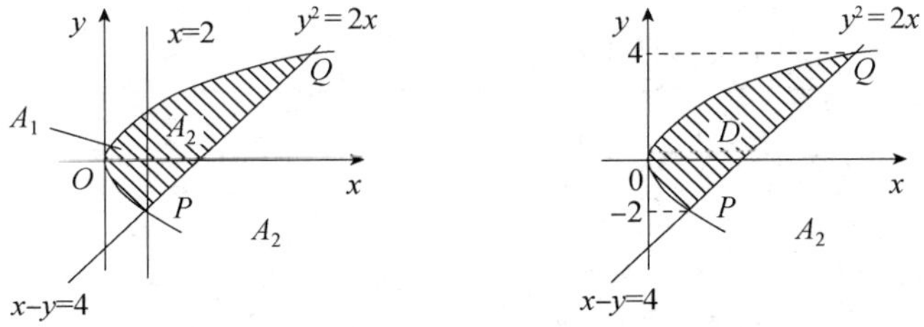

(a)　　(b)

图 4.16

解　（当积分变量为 x 时）用直线 $x=2$ 将图形分成两部分，左侧图形的面积为

$$A_1=\int_0^2[\sqrt{2x}-(-\sqrt{2x})]\mathrm{d}x=2\sqrt{2}\left[\frac{2}{3}x^{\frac{3}{2}}\right]_0^2=\frac{16}{3};$$

右侧图形的面积为

$$A_2=\int_2^8[\sqrt{2x}-(x-4)]\mathrm{d}x=\left[\frac{2\sqrt{2}}{3}x^{\frac{3}{2}}-\frac{1}{2}x^2+4x\right]_2^8=\frac{38}{3};$$

则所求图形的面积为

$$A = A_1 + A_2 = \frac{16}{3} + \frac{38}{3} = 18 .$$

（当积分变量为 y 时）求出两条曲线的交点 $(2,-2)$ 和 $(8,4)$，所求面积为

$$A = \int_{-2}^{4}\left(y + 4 - \frac{1}{2}y^2\right)\mathrm{d}y = \left[\frac{y^2}{2} + 4y - \frac{y^3}{6}\right]_{-2}^{4} = 18 .$$

4.4.3　积分在经济中的应用

在人们的日常生活中，积分的应用是非常广泛的，比如：已知经济函数 $y = f(x)$ 的变化率 $f'(x)$（边际函数），可以利用积分的方法求出总量函数 $y = f(x)$ 和总量函数的改变量. 在经济领域中，需求函数、成本函数、利润函数、生产函数、收益函数等都是经常用到的函数，这些函数的边际函数如果已知，那么我们就可以求解它们的原函数和原函数的改变量.

案例 4.6　设某产品的边际成本函数为：$C'(Q) = 10Q + 28$，固定成本为 50. 求：总成本函数 $C(Q)$.

解　应用微积分基本公式

$$C(Q) - C(0) = \int_0^Q C'(t)\mathrm{d}t = \int_0^Q (10t + 28)\mathrm{d}t\text{，其中 } C(0) = 50$$

则 $\int_0^Q C'(t)\mathrm{d}t = \int_0^Q (10t + 28)\mathrm{d}t = (5t^2 + 28t)\big|_0^Q = 5Q^2 + 28Q$

所以，$C(Q) - C(0) = 5Q^2 + 28Q$

将 $C(0) = 50$ 代入上式得：$C(Q) = 5Q^2 + 28Q + 50$.

案例 4.7　设某产品的边际成本函数为：$C'(Q) = 2$，固定成本为 10. 边际收入函数为 $R'(Q) = 8 - 2Q$，求：总利润函数 $L(Q)$.

解　因为 $C(Q) - C(0) = \int_0^Q C'(t)\mathrm{d}t = \int_0^Q 2\mathrm{d}t = 2Q$，其中 $C(0) = 10$，

所以 $C(Q) = 2Q + 10$，

$R(Q) = R(Q) - R(0) = \int_0^Q R'(t)\mathrm{d}t = \int_0^Q (8 - 2t)\mathrm{d}t = 8Q - Q^2$，

那么，利润函数为

$L(Q) = R(Q) - C(Q) = (8Q - Q^2) - (8 - 2Q) = -Q^2 + 10Q - 8$.

案例 4.8　已知某产品销售量为 Q 时，收入变化率为 $R'(Q) = 100 - Q$，

求：（1）销售量为 10 时的总收入；

（2）销售量从 20 到 30 时，总收入是多少？

解　（1）$R(10) = R(10) - R(0)$

$$=\int_0^{10}(100-Q)\mathrm{d}Q=\left(100Q-\frac{1}{2}Q^2\right)\Bigg|_0^{10}=950,$$

销售量为 10 时的总收入为 950.

（2）$R(30)-R(20)=\left(100Q-\frac{1}{2}Q^2\right)\Bigg|_{20}^{30}=750$.

销售量从 20 增加到 30 时总收入为 750.

例 4.4.7　某企业每月生产某种产品 x 单位时，其边际成本函数为 $C'=5x+10$（单位：万元），固定成本为 20，边际收益为 $R'=60$（单位：万元），

求　（1）每月生产多少单位产品时，利润最大？

（2）如果利润达到了最大时，再多生产 10 个单位，利润将有什么变化？

解　（1）要使利润最大，应有 $L'=R'-C'=0$.

即 $R'-C'=60-(5x+10)=50-5x=0$.

即，当 $x=10$ 时，利润最大.

因为 $R(x)=R(x)-R(0)=\int_0^x R'\mathrm{d}x$

$$C(x)-C(0)=\int_0^x C'\mathrm{d}x$$

所以，最大利润为

$$L(10)=\int_0^{10}(R'-C')\mathrm{d}x-C_0=\int_0^{10}(50-5x)\mathrm{d}x-C_0$$

$$=\left(50x-\frac{5}{2}x^2\right)\Bigg|_0^{10}-C_0=250-20=230(\text{万元})$$

（2）再多生产 10 个单位产品时，利润变化为

$$\Delta L=\int_{10}^{20}(R'-C')\mathrm{d}x=\int_{10}^{20}(50-5x)\mathrm{d}x$$

$$=\left(50x-\frac{5}{2}x^2\right)\Bigg|_{10}^{20}=-230\ (\text{万元}).$$

所以，再多生产 10 个单位产品，利润将减少 230 万元.

【同步练习】

（1）设某产品的边际成本函数为：$C'(Q)=10Q+28$，固定成本为 50，求：总成本函数 $C(Q)$.

（2）设某产品的边际成本函数为：$C'(Q)=2$，固定成本为 10，边际收入函数为：$R'(Q)=8-2Q$，求：总利润函数 $L(Q)$.

（3）已知某产品销售量为 Q 时，收入变化率为 $R'(Q)=100-Q$，

求：（1）销售量为 15 时的总收入；（2）销售量从 20 增加到 30 时，总收入是多少？

4.5 广义积分

4.5.1 无穷区间上的广义积分

案例 4.9 求双曲线 $xy=6$，$x=2$ 与 x 轴之间的面积？

【分析】观察图 4.17 可知阴影部分面积的被积区间是 $[2,+\infty)$，其中的右端点是趋向于无穷大的一个无限区域. 如果要表示成积分的形式，则为 $S=\int_2^{+\infty}\frac{6}{x}\mathrm{d}x$.

我们把这种积分称为广义积分.

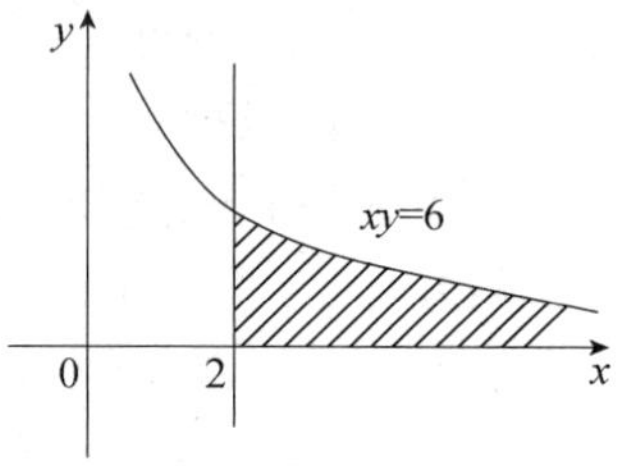

图 4.17

定义 4.4 设函数 $f(x)$ 在 $[a,+\infty)$ 上有定义，极限 $\lim\limits_{b\to+\infty}\int_a^b f(x)\mathrm{d}x$ 存在，就称此极限为在**区间 $[a,+\infty)$ 上的广义积分**.

记作
$$\int_a^{+\infty} f(x)\mathrm{d}x=\lim_{b\to+\infty}\int_a^b f(x)\mathrm{d}x .$$

此时，也称广义积分收敛，若上述极限不存在，则称广义积分发散.

案例 4.10 求曲线 $y=\mathrm{e}^x$，$x=0$ 与 x 轴之间夹的面积？

【分析】观察图 4.18 可知阴影部分面积的被积区间是 $(-\infty,0]$，其中左端点是趋向于无穷小的一个无限区域. 如果要表示成积分的形式，则为 $S=\int_{-\infty}^0 \mathrm{e}^x\mathrm{d}x$.

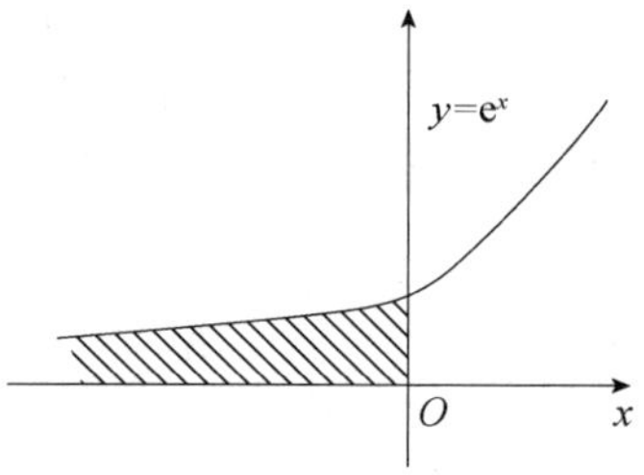

图 4.18

定义 4.5 设函数 $f(x)$ 在 $(-\infty,b]$ 上有定义，极限 $\lim\limits_{a\to-\infty}\int_a^b f(x)\mathrm{d}x$ 存在，就称此极限为在区间 $(-\infty,b]$ 上的广义积分.

记作
$$\int_{-\infty}^b f(x)\mathrm{d}x=\lim_{a\to-\infty}\int_a^b f(x)\mathrm{d}x .$$

此时，也称广义积分收敛，若上述极限不存在，则称广义积分发散.

案例 4.11 求曲线 $y=\frac{1}{1+x^2}$，与 x 轴之间夹的面积？

【分析】观察图 4.19 可知阴影部分面积的被积区间是 $(-\infty,+\infty)$，其中端点是趋向于无穷的一个无限区域. 如果要表示成积分的形式，则为

$$S=\int_{-\infty}^{+\infty}\frac{1}{1+x^2}\mathrm{d}x=\int_{-\infty}^0\frac{1}{1+x^2}\mathrm{d}x+\int_0^{+\infty}\frac{1}{1+x^2}\mathrm{d}x.$$

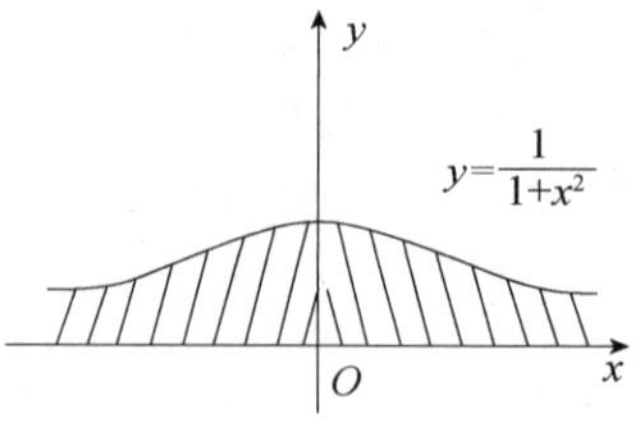

图 4.19

定义 4.6 设函数 $f(x)$ 在 $(-\infty,+\infty)$ 上有定义，如果 $\int_{-\infty}^0 f(x)\mathrm{d}x$ 和 $\int_0^{+\infty} f(x)\mathrm{d}x$ 都存在，就称 $\int_{-\infty}^{+\infty} f(x)\mathrm{d}x$ 在区间

$(-\infty,+\infty)$ 收敛，并且定义：

$$\int_{-\infty}^{+\infty} f(x)\mathrm{d}x = \int_{-\infty}^{0} f(x)\mathrm{d}x + \int_{0}^{+\infty} f(x)\mathrm{d}x$$

否则，称广义积分发散.

例 4.5.1　讨论下列积分的敛散性：

（1）$\int_0^{+\infty} t\mathrm{e}^{-t}\mathrm{d}t$；　（2）$\int_{-\infty}^{-1} \frac{1}{x}\mathrm{d}x$；　（3）$\int_{-\infty}^{+\infty} \frac{1}{1+x^2}\mathrm{d}x$.

解　（1）$\int_0^{+\infty} t\mathrm{e}^{-t}\mathrm{d}x = \lim\limits_{b\to+\infty}\int_0^b t\mathrm{e}^{-t}\mathrm{d}t = \lim\limits_{b\to+\infty}\{[-t\mathrm{e}^{-t}]_0^b + \int_0^b \mathrm{e}^{-t}\mathrm{d}t\}$

$$= \lim_{b\to+\infty}(-b\mathrm{e}^{-b} - \mathrm{e}^{-b} + 1) = 1,$$

所以，广义积分 $\int_0^{+\infty} t\mathrm{e}^{-t}\mathrm{d}t$ 收敛.

（2）$\int_{-\infty}^{-1} \frac{1}{x}\mathrm{d}x = \lim\limits_{a\to-\infty}\int_a^{-1}\frac{1}{x}\mathrm{d}x = \lim\limits_{a\to-\infty} \ln|x|\Big|_a^{-1}$

$$= \lim_{a\to-\infty}\left(\ln 1 - \ln|a|\right) = -\infty,$$

所以，广义积分 $\int_{-\infty}^{-1}\frac{1}{x}\mathrm{d}x$ 发散.

（3）$\int_{-\infty}^{+\infty}\frac{1}{1+x^2}\mathrm{d}x = \int_{-\infty}^{0}\frac{1}{1+x^2}\mathrm{d}x + \int_0^{+\infty}\frac{1}{1+x^2}\mathrm{d}x$

$$= \lim_{a\to-\infty}\int_a^0\frac{\mathrm{d}x}{1+x^2} + \lim_{b\to+\infty}\int_0^b\frac{\mathrm{d}x}{1+x^2}$$

$$= \lim_{a\to-\infty}(-\arctan a) + \lim_{b\to+\infty}\arctan b$$

$$= -\left(-\frac{\pi}{2}\right) + \frac{\pi}{2} = \pi.$$

所以，广义积分 $\int_{-\infty}^{+\infty}\frac{1}{1+x^2}\mathrm{d}x$ 收敛.

例 4.5.2　在原点处有一带电量为 $+q$ 的点电荷，在它的周围形成了一个电场. 现在 $x=a$ 处有一单位正电荷沿 x 轴正方向移至 $x=b$ 处，求电场力所做的功. 若把该电荷继续移动，移动至无穷远处，电场力要做多少功.

解　点电荷在任意点 x 处时所受的电场力为 $F(x)=k\frac{q}{x^2}$（k 为常数），电场力做功的微元 $\mathrm{d}W$ 为点电荷由任意点 x 处移动至 $x+\mathrm{d}x$ 处时电场力 $F(x)$ 所做的功，即

$$\mathrm{d}W = F(x)\mathrm{d}x = k\frac{q}{x^2}\mathrm{d}x$$

则移至 $x=b$ 处电场力做的功为

$$W = \int_a^b k\frac{q}{x^2}\mathrm{d}x = -kq\frac{1}{x}\Big|_a^b = kq\left(\frac{1}{a}-\frac{1}{b}\right),$$

移至无穷远处电场力做的功为

$$W = \int_a^{+\infty} k\frac{q}{x^2}\mathrm{d}x = \frac{kq}{a}$$（物理学中称此值为电场在 $x=a$ 处的电位）.

【同步练习】计算下列广义积分：

（1）$\int_{2}^{+\infty}\frac{6}{x}\mathrm{d}x$；　（2）$\int_{-\infty}^{0}\mathrm{e}^{x}\mathrm{d}x$；　（3）$\int_{-\infty}^{+\infty}\frac{|x|}{1+x^{2}}\mathrm{d}x$．

*4.5.2　无界函数的广义积分

案例 4.12　求曲线 $y=\ln x$，与 x 轴之间夹的面积？

【分析】观察图 4.20 可知阴影部分面积的被积区间是 $[0,1]$，其中左端点是 $y=\ln x$ 的无意义点．如果要表示成积分的形式，则为

$$S=\int_{0}^{1}\ln x\mathrm{d}x .$$

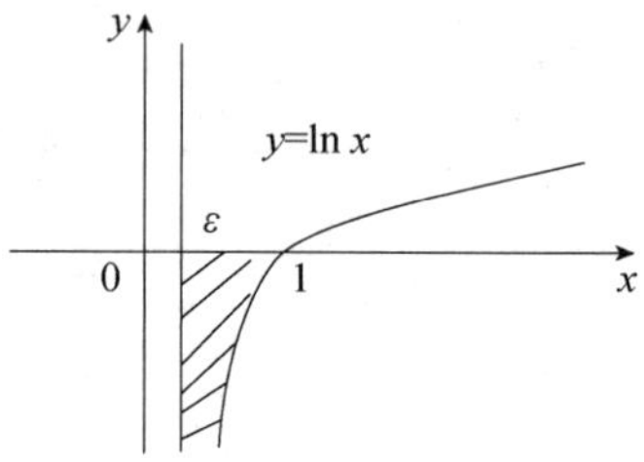

图 4.20

定义 4.7　设 $f(x)$ 在 $x=a$ 的临近无界（我们称 a 点为 $f(x)$ 的奇点），任取充分小的正数 ε，$f(x)$ 在 $[a+\varepsilon,b]$ 上可积，即

$$\lim_{\varepsilon\to0^{+}}\int_{a+\varepsilon}^{b}f(x)\mathrm{d}x(\varepsilon>0)$$

存在时，称该极限值 I 为无界函数 $f(x)$ 在 $[a,b]$ 上的广义积分．

$$\int_{a}^{b}f(x)\mathrm{d}x=\lim_{\varepsilon\to0^{+}}\int_{a+\varepsilon}^{b}f(x)\mathrm{d}x(\varepsilon>0) .$$

如果上述的极限不存在，就称 $\int_{a}^{b}f(x)\mathrm{d}x$ 发散．

案例 4.13　求曲线 $y=\frac{1}{(x-1)^{2}}$，$x=1$ 与 x 轴之间夹的面积？

【分析】观察图 4.21 可知阴影部分面积的被积区间是 $[0,1]$，其中右端点是 $y=\frac{1}{(x-1)^{2}}$ 的无意义点．如果要表示成积分的形式，则为 $S=\int_{0}^{1}\frac{1}{(x-1)^{2}}\mathrm{d}x$.

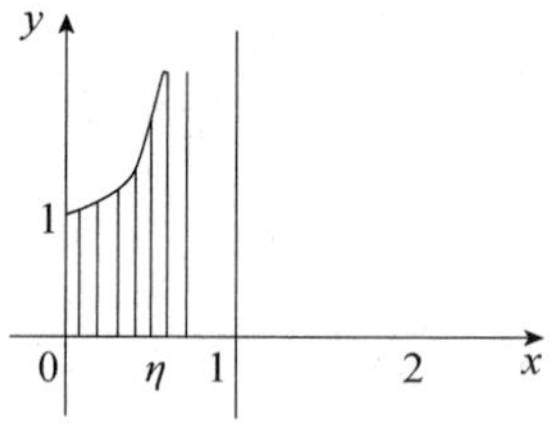

图 4.21

定义 4.8　设 $f(x)$ 在 $x=b$ 的临近无界（我们称 b 点为 $f(x)$ 的奇点），任取充分小的正数 η，$f(x)$ 在 $[a,b-\eta]$ 上可积，即

$$\lim_{\eta\to0^{+}}\int_{a}^{b-\eta}f(x)\mathrm{d}x$$

存在时，称该极限值 I 为无界函数 $f(x)$ 在 $[a,b]$ 上的广义积分．

$$\int_{a}^{b}f(x)\mathrm{d}x=\lim_{\eta\to0^{+}}\int_{a}^{b-\eta}f(x)\mathrm{d}x .$$

如果上述的极限不存在，就称 $\int_{a}^{b}f(x)\mathrm{d}x$ 发散．

案例 4.14　求曲线 $y=\dfrac{1}{(x-1)^2}$，$x=0$、$x=2$ 与 x 轴之间夹的面积？

【分析】 观察图 4.22 可知阴影部分面积的被积区间是 $[0,2]$，其中中间端点是 $y=\dfrac{1}{(x-1)^2}$ 的无意义点．如果要表示成积分的形式，则为

$$S=\int_0^2\frac{1}{(x-1)^2}\mathrm{d}x=\int_0^1\frac{1}{(x-1)^2}\mathrm{d}x+\int_1^2\frac{1}{(x-1)^2}\mathrm{d}x.$$

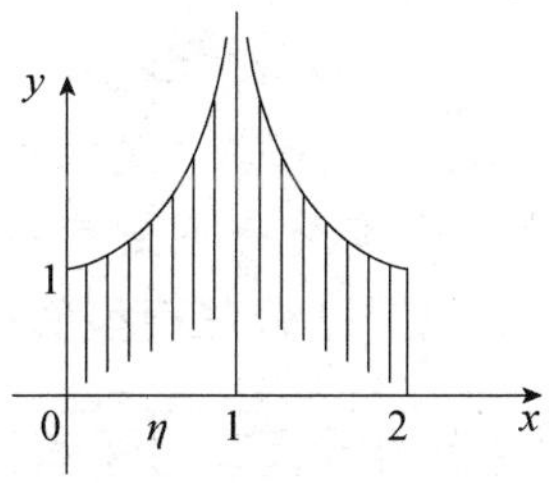

图 4.22

定义 4.9　如果 $f(x)$ 在 $[a,b]$ 内部有一个奇点 c，$a<c<b$，当 $\int_a^c f(x)\mathrm{d}x$ 和 $\int_c^b f(x)\mathrm{d}x$ 都收敛时，就称 $\int_a^b f(x)\mathrm{d}x$ 收敛，并且有

$$\int_a^b f(x)\mathrm{d}x=\int_a^c f(x)\mathrm{d}x+\int_c^b f(x)\mathrm{d}x.$$

如果上式右边的任何一个积分发散，就称 $\int_{-\infty}^{+\infty} f(x)\mathrm{d}x$ 发散．

例 4.5.3　讨论下列积分的敛散性：

（1）$\int_0^2\dfrac{1}{\sqrt{4-x^2}}\mathrm{d}x$；　　（2）$\int_{-1}^1\dfrac{1}{x^2}\mathrm{d}x$．

解　（1）$x=2$ 是被积函数的奇点．

$$\int_0^2\frac{1}{\sqrt{4-x^2}}\mathrm{d}x=\lim_{\eta\to0^+}\int_0^{2-\eta}\frac{1}{\sqrt{4-x^2}}\mathrm{d}x=\lim_{\eta\to0^+}\left(\arcsin\frac{x}{2}\right)\Big|_0^{2-\eta}$$
$$=\lim_{\eta\to0^+}\left(\arcsin\frac{2-\eta}{2}\right)=\frac{\pi}{2},$$

所以，广义积分 $\int_0^2\dfrac{1}{\sqrt{4-x^2}}\mathrm{d}x$ 收敛．

（2）$x=0$ 是被积函数的奇点．

$$\int_{-1}^1\frac{1}{x^2}\mathrm{d}x=\int_{-1}^0\frac{1}{x^2}\mathrm{d}x+\int_0^1\frac{1}{x^2}\mathrm{d}x$$

其中

$$\int_{-1}^0\frac{1}{x^2}\mathrm{d}x=\lim_{\eta\to0^+}\left(-\frac{1}{x}\right)\Big|_{-1}^{0-\eta}=\lim_{\varepsilon\to0^+}\left(\frac{1}{\eta}-1\right)=+\infty,$$

$$\int_0^1\frac{1}{x^2}\mathrm{d}x=\lim_{\varepsilon\to0^+}\left(-\frac{1}{x}\right)\Big|_{0+\varepsilon}^{1}=\lim_{\varepsilon\to0^+}\left(-1+\frac{1}{\varepsilon}\right)=+\infty.$$

所以，广义积分 $\int_{-1}^1\dfrac{1}{x^2}\mathrm{d}x$ 发散．

【同步练习】 计算下列广义积分：

（1）$S=\int_0^1\ln x\mathrm{d}x$；　　（2）$\int_0^2\dfrac{1}{(x-1)^2}\mathrm{d}x$．

*【数学应用】

微分法模型简介

1．微分法模型

微分法模型是指用微分的知识和方法建立的数学建模．微分学中主要反映的是变化率问题，而变化率问题存在于物理、几何、经济学等各个领域．

2．微分法模型案例

磁盘的最大存储量模型 微型计算机数据存储在磁盘上，磁盘是带有磁性介质的圆盘，可以将其格式化成磁道和扇区．磁道是指不同半径所构成的同心轨道，扇区是指被圆心角分隔所成的扇形区域．磁道上的定长弧段可作为基本存储单元，根据其磁化与否分别记录数据0或1，这个基本单元通常被称为比特（bit）．如何设计磁盘才能使磁盘的存储容量最大？

【模型假设】

（1）磁道宽度不小于ρ_t；

（2）每比特所占用的磁道长度不小于ρ_b；

（3）磁盘格式化时要求所有磁道要具有相同的比特数；

（4）磁盘的外半径为R，内半径为r，磁盘的存储区是半径介于r与R之间的环形区域（见图4.23）．

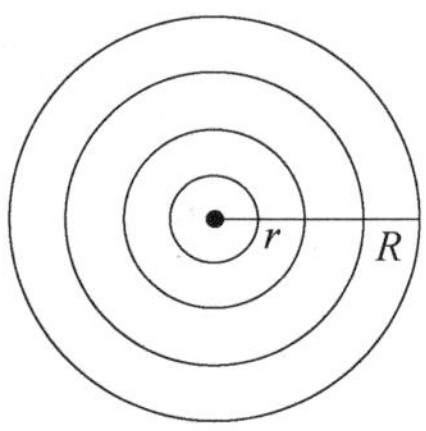

图4.23

【符号说明】

（1）磁道宽度ρ_t；

（2）磁道长度ρ_b；

（3）磁盘的外半径为R，内半径为r．

【模型建立】

磁盘的存储量＝磁道数×每磁道的比特数，所以，磁道数量最多可达$\dfrac{R-r}{\rho_t}$．

由于每条磁道上的比特数相同，为获得最大存储量，最内一条磁道必须装满，即每条磁道上的比特数可达到$\dfrac{2\pi r}{\rho_b}$，所以单面磁盘总存储量为

$$B(r)=\frac{R-r}{\rho_t}\cdot\frac{2\pi r}{\rho_b}=\frac{2\pi r}{\rho_t\rho_b}(R-r)$$

问题转化为：求r使$B(r)$达到最大值．

$$B'(r)=\frac{2\pi}{\rho_t\rho_b}(R-r)-\frac{2\pi r}{\rho_t\rho_b}=\frac{2\pi}{\rho_t\rho_b}(R-2r).$$

令$B'(r)=0$，得唯一驻点$r=\dfrac{R}{2}$．又因为$B''(r)=-\dfrac{4\pi}{\rho_t\rho_b}<0$，

所以当$r=\dfrac{R}{2}$时，磁盘具有最大的存储量．此时可分为$\dfrac{R}{2\rho_t}$条磁道，每条磁道可达到$\dfrac{\pi R}{\rho_b}$比特数．单面最大存储量$B_{\max}=\dfrac{\pi R^2}{2\rho_t\rho_b}$．

实验作业

我们只要稍加留意就会发现销量很大的饮料（例如，饮料量为 355ml 的可口可乐、青岛啤酒等）的饮料罐（即易拉罐）的形状和尺寸几乎都是一样的．看来，这并非偶然，这应该是某种意义下的最优设计．当然，对于单个的易拉罐来说，这种最优设计可以节省的钱可能是很有限的，但是如果是生产几亿，甚至几十亿个易拉罐的话，可以节约的钱就很可观了．

（1）取一个饮料量为 355ml 的易拉罐，例如，355ml 的可口可乐饮料罐，测量你们认为验证模型所需要的数据，例如，易拉罐各部分的直径、高度、厚度等，并把数据列表加以说明．

（2）设计易拉罐的中心纵断面，即上面部分是一个正圆台，下面部分是一个正圆柱体．什么是它的最优设计？其结果是否可以合理地说明你们所测量的易拉罐的形状．

习　题　4

习题参考答案

1．用定积分的几何意义（曲边梯形面积），说明下列各等式成立：

（1）$\int_a^b k\mathrm{d}x = k(b-a)$（$k$ 为常数）；　　（2）$\int_a^b x\mathrm{d}x = \frac{1}{2}(b^2-a^2)$；

（3）当 $f(x)$ 为奇函数时 $\int_{-a}^{a} f(x)\mathrm{d}x = 0$；

（4）当 $f(x)$ 为偶函数时 $\int_{-a}^{a} f(x)\mathrm{d}x = 2\int_0^a f(x)\mathrm{d}x$．

2．应用定积分性质，证明下列不等式：

（1）$0 \leqslant \int_1^2 \ln x\mathrm{d}x \leqslant \ln 2$；　　（2）$3 \leqslant \int_{-1}^{2}(x^2+1)\mathrm{d}x \leqslant 15$；

（3）$\frac{3}{\mathrm{e}^4} \leqslant \int_{-1}^{2}\mathrm{e}^{-x^2}\mathrm{d}x \leqslant 1$；　　（4）$\frac{1}{2} \leqslant \int_{\frac{\pi}{4}}^{\frac{\pi}{2}}\frac{\sin x}{x}\mathrm{d}x \leqslant \frac{\sqrt{2}}{2}$．

3．试问函数 $\arctan x$ 是哪个函数的一个原函数？

4．已知函数 $f(x)$ 的一个原函数为 $\sin x$，则 $\int f(x)\mathrm{d}x = ?$　$\int f(ax+b)\mathrm{d}x = ?$

5．计算下列不定积分：

（1）$\int \mathrm{e}^x(3-\mathrm{e}^{-x}\sin x)\mathrm{d}x$；　　（2）$\int \frac{(\sqrt{x}-2)^2}{x}\mathrm{d}x$；

（3）$\int 9^{\frac{x}{2}}\cdot 2^x\mathrm{d}x$（提示 $9^{\frac{x}{2}} = 3^x$）；　　（4）$\int \frac{2x^2+x+2}{x(1+x^2)}\mathrm{d}x$；

（5）$\int \tan^2 x\mathrm{d}x$；　　（6）$\int (\tan x+\cot x)^2\mathrm{d}x$；

（7）$\int (3x-1)^2\mathrm{d}x$；　　（8）$\int \frac{\mathrm{d}x}{(2x+3)^2}$；

（9）$\int \frac{\sin\sqrt{x}}{\sqrt{x}}\mathrm{d}x$；　　（10）$\int x\sqrt{1-x^2}\mathrm{d}x$；

（11）$\int \frac{dx}{\sqrt{1-9x^2}}$；　（12）$\int \frac{dx}{1+4x^2}$；

*（13）$\int \frac{dx}{a^2+x^2}$；　*（14）$\int \frac{2x+1}{x^2+2x+2}dx$；

*（15）$\int \sin^{10} x \cos x dx$；　*（16）$\int \frac{f'(x)dx}{1+f^2(x)}$.

6．计算下列定积分：

（1）$\int_0^1 x^{100}dx$；　（2）$\int_{-2}^1 x^2|x|dx$；

（3）$3\int_0^{\frac{\pi}{2}} \sin x dx$；　（4）$\int_0^{2\pi} |\cos x| dx$；

（5）$\int_{\frac{\pi}{4}}^{\frac{\pi}{2}} \csc x(\csc x - \cot x)dx$；　（6）$\int_0^1 xe^{x^2}dx$；

（7）$\int_{-2}^{-1} \frac{1}{(11+5x)^3}dx$；　（8）$\int_2^{-13} \frac{1}{\sqrt[5]{(3-x)^4}}dx$；

（9）$\int_0^1 \frac{1}{4-x^2}dx$；　（10）$\int_0^1 x(e^{x^2}+\sin x^2)dx$；

（11）$\int_0^1 \frac{dx}{e^x+e^{-x}}$；　（12）$\int_1^e \frac{1+\ln x}{x}dx$；

（13）$\int_{\frac{\pi}{4}}^{\frac{\pi}{3}} \frac{1-\sin\theta}{\cos^2\theta}d\theta$；　*（14）$\int_0^1 \frac{1}{e^x+1}dx$；

*（15）$\int_0^{\frac{\sqrt{3}}{2}} \frac{\arcsin x}{\sqrt{1-x^2}}dx$；　*（16）$\int_{-2}^0 \frac{1}{x^2+2x+2}dx$.

*（17）已知 $f(x)=\begin{cases} x^3, & -1 \leqslant x < \frac{\pi}{2} \\ \cos x+1, & \frac{\pi}{2} \leqslant x \leqslant 2\pi \end{cases}$，求 $\int_{-\frac{1}{2}}^{\pi} f(x)dx$.

7．用换元积分法计算下列定积分：

（1）$\int_0^1 \frac{1}{\sqrt[3]{x}+\sqrt{x}}dx$；　*（2）$\int_0^1 \frac{1}{\sqrt{4+x^2}}dx$；

（3）$\int_0^{\ln 2} \sqrt{e^x-1}dx$；　*（4）$\int_1^2 \frac{\sqrt{x^2-1}}{x}dx$.

8．用分部积分法计算下列定积分：

（1）$\int_0^1 xe^{2x}dx$；　（2）$\int_1^2 \ln x dx$；

（3）$\int_0^1 x \cdot \arctan x dx$；　（4）$\int_0^1 x\cos 2x dx$；

（5）$\int_1^4 \frac{\ln x}{\sqrt{x}}dx$；　（6）$\int_0^1 (\arcsin x)^2 dx$；

（7）$\int_0^{\frac{\pi}{2}} e^{2x}\cos x dx$；　*（8）$\int_{\frac{\pi}{4}}^{\frac{\pi}{3}} \frac{x}{\sin^2 x}dx$.

9．已知弹簧每拉长 0.02m 要用 9.8N 的力，求把弹簧拉长 0.1m 所做的功．

10．一横截面为圆形的半径为 1m 的水井，深 10m，水面距地面 4m．如果把水全部抽干（不考虑渗漏因素），要做多少功？

11．一底为 8cm 高为 12cm 的矩形薄片垂直沉没于水中，上底在水深 5cm 处并与水面平行，求薄片一侧所受的侧压力．

12．利用定积分求下列平面图形面积：

（1）计算由曲线 $y=\mathrm{e}^x$ 和直线 $x=1$ 及坐标轴所围成的平面图形的面积；

（2）计算由曲线 $y=x^2$ 和 $y=x$ 所围成的平面图形的面积；

（3）计算由曲线 $y=\ln x$ 和 $x=\mathrm{e}$ 及 x 轴所围成的平面图形的面积；

（4）计算由曲线 $y=x^2$ 及直线 $y=-x+2$ 所围成的平面图形的面积；

（5）计算由曲线 $y^2=x$ 及直线 $x=1$ 所围成的平面图形的面积；

（6）计算由曲线 $y+1=x^2$ 及直线 $y=x+1$ 所围成的平面图形的面积．

*13．求三叶线 $r=a\sin 3\theta$ 围成图形的面积．

*14．有一物体，以长半轴 $a=10$，短半轴 $b=5$ 的椭圆为底，而垂直于长轴的截面都是等边三角形，求其体积．

*15．求曲线 $y=\ln x$ 及直线 $x=\mathrm{e}$ 绕 x 轴旋转所得立体围成的体积．

*16．求曲线 $y=x^2$ 及 $y=1$ 绕 y 轴旋转所得立体围成的体积．

17．计算下列广义积分：

（1）$\int_1^{+\infty}\frac{1}{x^4}\mathrm{d}x$；（2）$\int_{-\infty}^{1}\frac{1}{1+x^2}\mathrm{d}x$；（3）$\int_{\mathrm{e}}^{+\infty}\frac{1}{x\ln^2 x}\mathrm{d}x$；

（4）$\int_{-\infty}^{+\infty}x\mathrm{e}^{-x}\mathrm{d}x$；*（5）$\int_0^a\frac{1}{\sqrt{a^2-x^2}}\mathrm{d}x\ (a>0)$；*（6）$\int_0^1\frac{\ln x}{\sqrt{x}}\mathrm{d}x$．

*18．如图 4.24 所示，设一立体为曲线 $y=\frac{1}{1+x^2}$ 关于 x 轴的旋转体，其上任一点 x 的体密度等于其横坐标的绝对值即 $\gamma(x)=|x|$，试求该立体的质量．

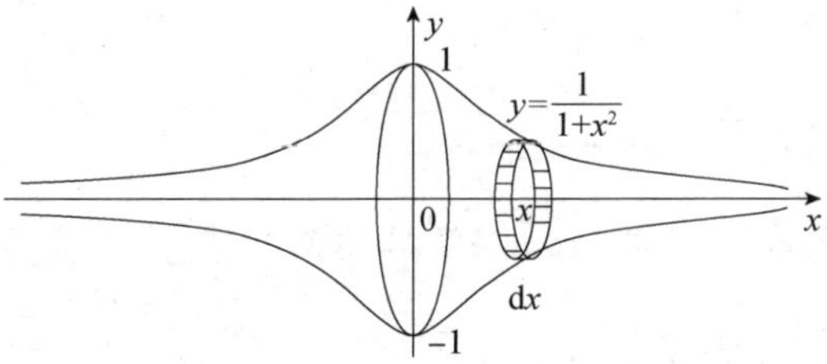

图 4.24

自测题 4

自测题答案

一、单项选择题（每题 3 分，共 18 分）

1．若 $f(x)$ 的一个原函数是 $\frac{1}{x}$，则 $f'(x)=$（　　）．

A． $\ln|x|$　　B． $-\dfrac{1}{x^2}$　　C． $\dfrac{1}{x}$　　D． $\dfrac{2}{x^3}$

2． $\int\dfrac{1}{1-x}\mathrm{d}x=$（　　）.

A． $\ln|1-x|+C$；　B． $\dfrac{1}{(1-x)^2}+C$；　C． $-\ln|1-x|+C$；　D． $\ln(1-x)+C$

3． 设 $f(x)=\begin{cases}x, & x\leqslant 1\\ 1, & x>1\end{cases}$，则 $\int_0^2 f(x)\mathrm{d}x=$（　　）.

A． 3　　B． 2　　C． $\dfrac{2}{3}$　　D． $\dfrac{3}{2}$

4． 设 $b>0$，且 $\int_1^b \ln x\mathrm{d}x=1$，则 $b=$（　　）.

A． 2　　B． 1　　C． e　　D． e^{-1}

5． 曲线 $y=\sin x$ 在 $[0,2\pi]$ 上与 x 轴所围成的平面图形的面积为（　　）.

A． $\int_0^{2\pi}\sin x\mathrm{d}x$　　B． $-\int_0^{2\pi}\sin x\mathrm{d}x$

C． $\int_0^{\pi}\sin x\mathrm{d}x+\int_{\pi}^{2\pi}\sin x\mathrm{d}x$　　D． $\int_0^{\pi}\sin x\mathrm{d}x-\int_{\pi}^{2\pi}\sin x\mathrm{d}x$

6． 下列无穷限积分收敛的是（　　）.

A． $\int_1^{+\infty}\dfrac{1}{x}\mathrm{d}x$　　B． $\int_0^{+\infty}\mathrm{e}^x\mathrm{d}x$　　C． $\int_1^{+\infty}\dfrac{1}{\sqrt{x}}\mathrm{d}x$　　D． $\int_1^{+\infty}\dfrac{1}{x^2}\mathrm{d}x$

二、填空题（每题 3 分，共 21 分）

1． 一曲线经过点 $(-1,2)$ 且在任一点的切线斜率等于该点横坐标的平方，则该曲线的方程为______________.

2． 若 $\int f(x)\mathrm{d}x=\cos 3x+C$，则 $f'(x)=$______________.

3． 设 $f(x)=\begin{cases}\mathrm{e}^x+1, & 0\leqslant x\leqslant 2\\ x, & 2<x\leqslant 3\end{cases}$，则 $\int_0^3 f(x)\mathrm{d}x=$______________.

4． 求定积分 $\int_{-1}^{1}\dfrac{\mathrm{d}x}{(7+5x)^2}=$______________.

5． 设 $f(x)$ 的一个原函数是 x^3-x，则 $\int f(2x)\mathrm{d}x=$______________.

6． 设 $f(x)=\begin{cases}x, & x\leqslant 1\\ 1, & x>1\end{cases}$，则 $\int_0^2 f(x)\mathrm{d}x=$______________.

7． 已知 $\int_0^{+\infty}x\mathrm{e}^{-x^2}\mathrm{d}x$ 是______________的.（收敛或发散）

三、解答题（每题 7 分，共 49 分）

1． 求不定积分 $\int\left(x^2+2^x-\dfrac{4}{\sqrt{1-x^2}}\right)\mathrm{d}x$.

2． 求不定积分 $\int\dfrac{1}{x\ln x}\mathrm{d}x$.

3．求不定积分$\int \frac{dx}{1+\sqrt{x+1}}$.

4．求$\int x\sin 3x dx$不定积分.

5．计算定积分$\int_0^1 \frac{x}{x^2+1}dx$.

6．计算定积分$\int_1^e x\ln x dx$.

7．计算广义积分：$\int_0^{+\infty} e^{-x}\sin x dx$.

四、应用题（每题 6 分，共 12 分）

1．求曲线$y=x^2$与直线$x+y=2$所围成的平面图形的面积.

2．求由曲线$y^2=2x$及直线$y=x-4$所围成的平面图形的面积.

专业模块

第 5 章　常微分方程与变换

微积分的研究对象是变量之间的函数关系，但在许多的实际问题中，往往不能直接得到所研究的变量之间的函数关系，却比较容易建立这些变量与它们的导数或微分之间的关系式. 这种联系着自变量、未知函数及它的导数或微分的关系式，称为微分方程，其中未知函数的导数或微分是必不可少的. 通过求解这种方程，就可以找到变量之间的函数关系.

陈省身（1911—2004 年），祖籍浙江嘉兴，是 20 世纪最伟大的几何学家之一，被誉为“微分几何之父”.

本章主要讲授微分方程的一些基本概念及几种常见的微分方程的解法.

常微分方程的概念视频

5.1　常微分方程的概念

5.1.1　两个案例

案例 5.1　一条曲线过点 $(-1,1)$，且曲线上任一点处的切线斜率等于该点横坐标的平方，求该曲线的方程.

【分析】设所求曲线的方程为 $y=f(x)$，由导数的几何意义，则曲线上任一点 (x,y) 应满足方程

$$\frac{\mathrm{d}y}{\mathrm{d}x}=x^2 \tag{5.1}$$

上式两边积分，得

$$y=\frac{1}{3}x^3+C\text{（}C\text{为任意常数）} \tag{5.2}$$

又因为曲线过点 $(-1,1)$，即 $x=-1$ 时，$y=1$；代入式（5.2）得 $C=\dfrac{4}{3}$.

于是所求曲线方程为

$$y=\frac{1}{3}x^3+\frac{4}{3}.$$

案例 5.2　设质量为 m 的物体，受重力作用自由降落，求自由落体下落距离 s 与时间 t 的关系 $s(t)$.

【分析】设物体降落的铅垂线为 s ，正向指向地心，物体在时刻 t 的位置为 $s=s(t)$ ，如图 5.1 所示，由于物体下落只受重力作用，故物体所受之力为 $F=mg$ ，又根据牛顿第二定律：$ma=F$ 及 $a=\dfrac{\mathrm{d}^2s}{\mathrm{d}t^2}$ ，

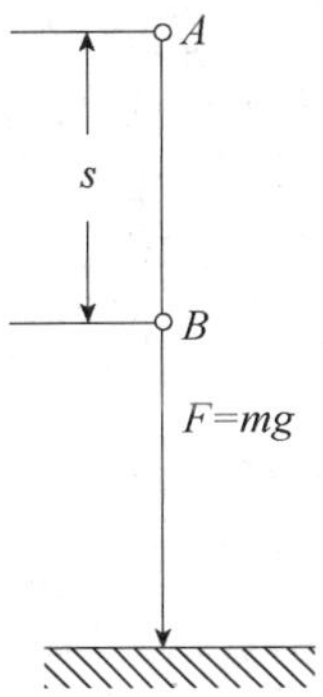

图 5.1

所以
$$m\frac{\mathrm{d}^2s}{\mathrm{d}t^2}=mg$$
于是有关系式
$$\frac{\mathrm{d}^2s}{\mathrm{d}t^2}=g \tag{5.3}$$
为了求 s，两端对 t 积分得
$$\frac{\mathrm{d}s}{\mathrm{d}t}=gt+C_1 \tag{5.4}$$
再次积分，得到运动规律
$$S(t)=\frac{1}{2}gt^2+C_1t+C_2 \tag{5.5}$$
其中 C_1,C_2 是任意常数.

又因为 $t=0$ 时，$S=0,\ \ v_0=S'(0)=0$ ，分别代入式（5.4）、式（5.5）得 $C_1=0,C_2=0$. 所以，所求关系式为
$$S=\frac{1}{2}gt^2 .$$

5.1.2　常微分方程的有关概念

从以上例子可以看出，两个不同的实际问题，最终都转化成了含有自变量、未知函数及其导数的关系式，这些关系式称为微分方程. 下面给出微分方程的一般定义.

定义 5.1　含有未知函数的导数（或微分）的方程，称为**微分方程**.

由定义 5.1 可知，式（5.1）、式（5.3）都是微分方程，又如，$y'-3x^2y=0$ ，$y''-y'=\sin x$ ，$(y-2xy)\mathrm{d}y+x^2\mathrm{d}x=0$ 等也都是微分方程.

未知函数为一元函数的微分方程称为**常微分方程**；未知函数为多元函数的微分方程称为**偏微分方程**. 本章只研究常微分方程，简称为微分方程，有时还简称为方程.

微分方程中出现的未知函数的最高阶导数的阶数称为**微分方程的阶**. 比如方程 $y'-3x^2y=0$ ，$y\mathrm{d}y+x^2\mathrm{d}x=0$ 等都是一阶微分方程；$\dfrac{\mathrm{d}^2s}{\mathrm{d}t^2}=g$ ，$y''+2y'+y=x^2+1$ 等都是二阶微分方程；方程 $y^{(n)}+y''-4xy'=3x^2$ 为 n 阶微分方程；二阶及二阶以上的微分方程称为**高阶微分方程**.

未知函数及其各阶导数都为一次的微分方程称为**线性微分方程**，否则称为**非线性微分方程**.

【同步练习】指出下面微分方程的阶数，并说明方程是否为线性的.

（1）$y'=4x^2-y$ ；　　（2）$y'^2+y'-3y^2=0$ ；

（3）$y''-y'^2+12xy=0$ ；　　（4）$xy''-5y'+3xy=\sin x$.

定义 5.2 如果某个函数代入微分方程能使该方程成为恒等式，那么这个函数称为该**微分方程的解**.

如果微分方程的解中含有任意常数的个数与方程的阶数相同，并且任意常数之间不能合并，则称此解为该微分方程的**通解**. 确定了通解中的任意常数以后，就得到微分方程的**特解**，如表 5.1 所示.

通解的几何意义是平面上的一族曲线，称为积分曲线族.

表 5.1

微分方程	通解	特解
$y' = 3x^2$	$y = x^3 + C$	$y = x^3 + 1$
$\frac{dy}{dx} = x^2$	$y = \frac{1}{3}x^3 + C$	$y = \frac{1}{3}x^3 + \frac{4}{3}$
$\frac{d^2s}{dt^2} = g$	$s(t) = \frac{1}{2}gt^2 + C_1 t + C_2$	$s = \frac{1}{2}gt^2$

在许多实际问题中，我们通常给出确定微分方程一个特定的解所必须满足的某些条件，称为**初始条件**.

特解的几何意义是平面上的一条曲线，称为微分方程的积分曲线.

一般地，一阶微分方程 $y' = f(x,y)$ 的初始条件为

$$y|_{x=x_0} = y_0 \text{ 或 } y(x_0) = y_0 \text{；}$$

二阶微分方程 $y'' = f(x,y,y')$ 的初值条件为

$$y|_{x=x_0} = y_0 \text{，} \quad y'|_{x=x_0} = y_0' \text{ 或 } y(x_0) = y_0 \text{，} \quad y'(x_0) = y_0 .$$

带有初始条件的微分方程问题称为微分方程的**初值问题**.

一阶微分方程的初值问题，记作

$$\begin{cases} y' = f(x,y) \\ y\big|_{x=x_0} = y_0 \end{cases}$$

二阶微分方程的初值问题，记作

$$\begin{cases} y'' = f(x,y,y') \\ y\big|_{x=x_0} = y_0, y'\big|_{x=x_0} = y_0' \end{cases}$$

例 5.1.1 验证：函数 $y = c_1 \sin x + c_2 \cos x$ 是微分方程 $y'' + y = 0$ 的通解，并求满足初始条件 $y|_{x=0} = 1$， $y'|_{x=0} = 1$ 的特解.

解 因为

$$y' = c_1 \cos x - c_2 \sin x \text{，} \tag{5.6}$$

$$y'' = -c_1 \sin x - c_2 \cos x \text{，}$$

把 y 和 y'' 代入微分方程的左边得

$$y'' + y = -c_1 \sin x - c_2 \cos x + c_1 \sin x + c_2 \cos x = 0 \text{，}$$

又因为 $y = c_1 \sin x + c_2 \cos x$ 中有两个不能合并的任意常数，方程 $y'' + y = 0$ 是二阶的，所以 $y = c_1 \sin x + c_2 \cos x$ 是该微分方程的通解.

将初始条件 $y|_{x=0} = 1$， $y'|_{x=0} = 1$ 代入通解 $y = c_1 \sin x + c_2 \cos x$ 及式（5.6）中，可得

$$c_1 = 1,\quad c_2 = 1,$$

所以满足初始条件的特解为 $y = \sin x + \cos x$.

【同步练习】验证：函数 $y = (x^2 + c)\sin x$ （ c 为任意常数）是微分方程 $y' - y\cot x - 2x\sin x = 0$ 的通解，并求满足初始条件 $y\Big|_{x=\frac{\pi}{2}} = 0$ 的特解.

5.2　可分离变量的微分方程

5.2.1　可分离变量的微分方程的解法

形如

$$\frac{\mathrm{d}y}{\mathrm{d}x} = f(x)g(y) \tag{5.7}$$

的微分方程，称为**可分离变量的微分方程**. 其中 $f(x)$ ，$g(y)$ 分别是 x, y 的连续函数.

这种方程的特点是其右端为只含 x 的函数与只含 y 的函数的乘积.

解法是：当 $g(y) \neq 0$ 时，将方程分离变量得

$$\frac{\mathrm{d}y}{g(y)} = f(x)\mathrm{d}x$$

上式两端积分后将可得到方程的通解.

如果 $g(y) = 0$ ，则 $y = C$ 也是方程（5.7）的解.

例 5.2.1　求微分方程 $\dfrac{\mathrm{d}y}{\mathrm{d}x} = -\dfrac{y}{x}$ 的通解.

解　变量分离后得

$$\frac{\mathrm{d}y}{y} = -\frac{1}{x}\mathrm{d}x$$

两边积分得

$$\ln y = \ln\frac{1}{x} + \ln c,\quad \ln y = \ln\frac{c}{x}$$

故通解为

$$y = \frac{c}{x}，其中 c 为任意常数.$$

例 5.2.2　求微分方程 $(1 + y^2)\mathrm{d}x - xy(1 + x^2)\mathrm{d}y = 0$ 的通解.

解　将方程分离变量得 $\dfrac{y}{1 + y^2}\mathrm{d}y = \dfrac{1}{x(1 + x^2)}\mathrm{d}x$

两边积分得 $\ln(1 + y^2) = 2\ln x - \ln(1 + x^2) + \ln c$ ，即

$$\ln(1 + x^2)(1 + y^2) = \ln cx^2$$

故所求通解为

$$(1 + x^2)(1 + y^2) = cx^2 .$$

例 5.2.3　求微分方程 $(1 + \mathrm{e}^x)yy' = \mathrm{e}^x$ 满足初始条件 $y|_{x=0} = 1$ 的特解.

解　分离变量

$$y\mathrm{d}y=\frac{\mathrm{e}^x}{1+\mathrm{e}^x}\mathrm{d}x$$

两边积分得方程的通解

$$\frac{1}{2}y^2=\ln(1+\mathrm{e}^x)+c$$

由初始条件 $y|_{x=0}=1$，代入上式得：$c=\frac{1}{2}-\ln 2$

故所求特解为

$$y^2=2\ln(1+\mathrm{e}^x)+1-2\ln 2\ .$$

案例 5.3 钢块冷却问题：把一块温度为 840℃的钢块，放在水温为 10℃的水池里淬火，已知温度冷却速度与环境温差（钢块与环境之间的温度差值）成正比．试求此钢块温度的变化规律．

【分析】设钢块温度为 θ，时间为 t，在淬火过程中，钢块的温度 θ 随时间 t 发生变化，是时间 t 的函数，记为 $\theta=\theta(t)$．因为钢块温度 $\theta(t)$ 的变化速度是随着时间 t 增加而变慢的，所以变化速度 $\frac{\mathrm{d}\theta}{\mathrm{d}t}<0$，温差为 $\theta-\theta_0$（θ_0 为环境温度，即水温），根据已知条件，得

$$\frac{\mathrm{d}\theta}{\mathrm{d}t}=-k(\theta-\theta_0)$$

其中，k 是正比例常数．

现 $\theta_0=10$℃，因此 $\theta(t)$ 所适合的微分方程是

$$\frac{\mathrm{d}\theta}{\mathrm{d}t}=-k(\theta-10)$$

将它分离变量，并积分得

$$\theta(t)=10+c\mathrm{e}^{-kt}\text{，其中 } c \text{ 是任意常数．}$$

注意到初始条件 $\theta(0)=840$，得

$$c=830$$

于是问题的解为

$$\theta(t)=10+830\mathrm{e}^{-kt}\ .$$

5.2.2 齐次方程的解法

形如

$$\frac{\mathrm{d}y}{\mathrm{d}x}=f\left(\frac{y}{x}\right)$$

的方程，称为齐次方程．

解法是：令 $u=\frac{y}{x}$，即 $y=xu$，于是 $\frac{\mathrm{d}y}{\mathrm{d}x}=u+x\frac{\mathrm{d}u}{\mathrm{d}x}$，代入方程，则原方程化为

$$u+x\frac{\mathrm{d}u}{\mathrm{d}x}=f(u)$$

即
$$x\frac{\mathrm{d}u}{\mathrm{d}x}=f(u)-u$$

分离变量，得
$$\frac{\mathrm{d}u}{f(u)-u}=\frac{\mathrm{d}x}{x}$$

两端分别积分后再用$\frac{y}{x}$代替u，即得原方程的通解.

> 齐次方程的特点是：它的右端是一个以$\frac{y}{x}$为变量的函数，经变量替换，它能化为可分离变量的微分方程.

例 5.2.4　求微分方程$y'=\frac{y}{x}+\tan\frac{y}{x}$的通解.

解　这是一个齐次方程，令$u=\frac{y}{x}$，则$y=xu$，$\frac{\mathrm{d}y}{\mathrm{d}x}=u+x\frac{\mathrm{d}u}{\mathrm{d}x}$，代入方程，得
$$x\frac{\mathrm{d}u}{\mathrm{d}x}=\tan u$$

分离变量，得
$$\frac{\mathrm{d}u}{\tan u}=\frac{\mathrm{d}x}{x}$$

两端积分，得
$$\ln\sin u=\ln x+\ln c\quad 即\quad \sin u=cx$$

用$u=\frac{y}{x}$代回，即得原方程的通解
$$\sin\frac{y}{x}=cx .$$

例 5.2.5　求微分方程 $2xy\mathrm{d}x-(x^2+y^2)\mathrm{d}y=0$ 的通解.

解　将方程变形为
$$\frac{\mathrm{d}y}{\mathrm{d}x}=\frac{2xy}{x^2+y^2}$$

即
$$\frac{\mathrm{d}y}{\mathrm{d}x}=\frac{2\frac{y}{x}}{1+\left(\frac{y}{x}\right)^2}$$

它是齐次方程.

令$u=\frac{y}{x}$，则$\frac{\mathrm{d}y}{\mathrm{d}x}=u+x\frac{\mathrm{d}u}{\mathrm{d}x}$，代入方程得$u+x\frac{\mathrm{d}u}{\mathrm{d}x}=\frac{2u}{1+u^2}$

分离变量得
$$\frac{1+u^2}{u-u^3}\mathrm{d}u=\frac{\mathrm{d}x}{x}$$

两端积分得
$$\frac{u}{x}=\frac{1-u^2}{c}$$

再以$u=\frac{y}{x}$代入，得原方程的通解为　$cy=x^2-y^2$.

【同步练习】 求下面微分方程的通解：

（1）$\dfrac{dy}{dx}=\dfrac{y}{x}+\dfrac{x}{2y}$；　　　　（2）$y'=\dfrac{x+y}{x-y}$.

案例 5.4 汽车前灯和探照灯反射镜面的形状

在设计和制造汽车前灯与探照灯模具时，总是把反射镜面取为抛物面（将抛物线对称轴旋转一周所形成的曲面），将光源安置在抛物线的焦点处，光线经镜面反射就成为平行光线了．现在来说明具有此性质的曲线只有抛物线．

【分析】 设光源为坐标原点，如图 5.2 所示，并取 x 轴平行于光的反射方向．如果所求的曲面是由曲线 $y=f(x)$ 绕 x 轴旋转而成的，则求反射镜面的问题就相当于求曲线 $y=f(x)$ 的问题．

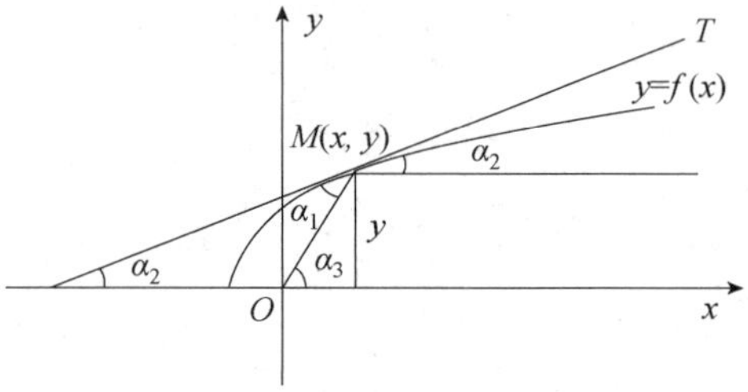

图 5.2

设曲线 $y=f(x)$ 上任一点 $M(x,y)$，作切线 MT，则由光的反射定律可得到图中 α_1 及 α_2 的关系式

$$\frac{\pi}{2}-\alpha_1=\frac{\pi}{2}-\alpha_2$$

光的反射定律：入射角等于反射角.

即
$$\alpha_1=\alpha_2$$

由图形知
$$\alpha_3=\alpha_1+\alpha_2=2\alpha_2$$

故得
$$\tan\alpha_3=\tan 2\alpha_2=\frac{2\tan\alpha_2}{1-\tan^2\alpha_2} \tag{5.8}$$

又
$$\tan\alpha_2=\frac{dy}{dx},\quad \tan\alpha_3=\frac{y}{x} \tag{5.9}$$

将式（5.9）代入式（5.8），得到
$$\frac{y}{x}=\frac{2\dfrac{dy}{dx}}{1-\left(\dfrac{dy}{dx}\right)^2}$$

解出 $\dfrac{dy}{dx}$，得到齐次方程
$$\frac{dy}{dx}=-\frac{x}{y}\pm\sqrt{1+\left(\frac{x}{y}\right)^2}$$

令 $u=\dfrac{y}{x}$，则 $\dfrac{dy}{dx}=u+x\dfrac{du}{dx}$，代入上式，得

$$u+x\frac{du}{dx}=\frac{-1\pm\sqrt{1+u^2}}{u}$$

即
$$x\frac{du}{dx}=\frac{-(1+u^2)\pm\sqrt{1+u^2}}{u}$$

分离变量后得

$$\frac{udu}{(1+u^2)\pm\sqrt{1+u^2}}=-\frac{dx}{x}$$

令 $1+u^2=t^2$，上式变为 $$\frac{\mathrm{d}t}{t\pm1}=-\frac{\mathrm{d}x}{x}$$

两边积分后得 $$\ln|t\pm1|=\ln\left|\frac{c}{x}\right|$$

即 $$\sqrt{u^2+1}\pm1=\frac{c}{x}$$

化简后得 $$u^2=\frac{c^2}{x^2}+\frac{2c}{x}$$

将 $u=\frac{y}{x}$ 代入上式得

$$y^2=2cx+c^2=2c\left(x+\frac{c}{2}\right).$$

5.3　一阶线性微分方程及其应用

5.3.1　一阶线性微分方程的解法

“线性”是指方程中函数 y 及其导数 y' 都是一次的.

形如

$$y'+p(x)y=q(x) \tag{5.10}$$

的方程，称为**一阶线性微分方程**. 其中 $p(x),q(x)$ 都是 x 的连续函数，$q(x)$ 称为自由项.

如果 $q(x)=0$，即 $y'+p(x)y=0$ 称为**一阶齐次线性微分方程**. 当 $q(x)\neq0$ 时，方程（5.10）称**一阶非齐次线性微分方程**.

容易看出，一阶齐次线性方程 $y'+p(x)y=0$ 是可分离变量方程.

例 5.3.1　求微分方程 $y'+y\sin x=0$ 的通解.

解　所给方程是一阶齐次线性方程，且 $p(x)=\sin x$，

所以 $$-\int p(x)\mathrm{d}x=-\int\sin x\mathrm{d}x=\cos x,$$

方程的通解为 $$y=c\mathrm{e}^{-\cos x}.$$

一阶齐次线性方程与一阶非齐次线性方程的差异在于自由项 $q(x)$. 显然函数 $y=c\mathrm{e}^{-\int p(x)\mathrm{d}x}$ 不是一阶非齐次线性方程 $y'+p(x)y=q(x)$ 的解.

现在设想，如果 $y=c\mathrm{e}^{-\int p(x)\mathrm{d}x}$ 中的 c 不是常数，而是 x 的函数，那么能否选取适当的函数 $c(x)$，使 $y=c(x)\mathrm{e}^{-\int p(x)\mathrm{d}x}$ 满足 $y'+p(x)y=q(x)$ 呢?

于是，设 $y=c(x)\mathrm{e}^{-\int p(x)\mathrm{d}x}$ 是非齐次方程（5.10）的解，代入方程（5.10）得

$$c'(x)\mathrm{e}^{-\int p(x)\mathrm{d}x}-p(x)c(x)\mathrm{e}^{-\int p(x)\mathrm{d}x}+p(x)c(x)\mathrm{e}^{-\int p(x)\mathrm{d}x}=q(x)$$

即 $$c'(x)=q(x)\mathrm{e}^{\int p(x)\mathrm{d}x}$$

两端积分，得 $$c(x)=\int q(x)\mathrm{e}^{\int p(x)\mathrm{d}x}\mathrm{d}x+c$$

于是非齐次线性方程（5.10）的通解为：

$$y = e^{-\int p(x)dx}[\int q(x)e^{\int p(x)dx}dx + c]. \tag{5.11}$$

这种把对应的齐次方程通解中的常数 c 变化为待定函数 $c(x)$，然后求得非齐次线性方程通解的方法，称为**常数变易法**.

利用常数变易法求一阶非齐次线性方程的通解的步骤为：

第一步　先求一阶非齐次线性方程对应的齐次方程的通解；

第二步　将对应的齐次方程通解中的常数 c 变化为待定函数 $c(x)$，代入非齐次线性方程中，确定 $c(x)$，这样就得到非齐次线性方程的通解.

可把式（5.11）改写成：

$$y = ce^{-\int p(x)dx} + e^{-\int p(x)dx}\int q(x)e^{\int p(x)dx}dx.$$

可以看出，第一项是对应的齐次线性方程的通解，第二项是非齐次线性方程的一个特解.

由此可见，一阶非齐次线性方程的通解等于对应的齐次线性方程的通解与非齐次线性方程的一个特解之和. 这是**一阶非齐次线性方程通解的结构**.

例 5.3.2　求方程 $\frac{dy}{dx} - \frac{2y}{x+1} = (x+1)^{\frac{5}{2}}$ 的通解.

解法 1（常数变异法）　先求对应的齐次线性方程的通解：

$$\frac{dy}{dx} - \frac{2y}{x+1} = 0$$

分离变量得
$$\frac{dy}{y} = \frac{2dx}{x+1}$$

两端积分
$$\ln y = 2\ln(x+1) + \ln c$$

齐次方程的通解为
$$y = c(x+1)^2$$

令原方程的解为
$$y = c(x)(x+1)^2$$

$$\frac{dy}{dx} = c'(x)\cdot(x+1)^2 + 2c(x)\cdot(x+1)$$

把 y，y' 代入原方程并整理得
$$c'(x) = (x+1)^{\frac{1}{2}}$$

积分得
$$c(x) = \frac{2}{3}(x+1)^{\frac{3}{2}} + c$$

因此，非齐次方程的通解为 $y = (x+1)^2\left[\frac{2}{3}(x+1)^{\frac{3}{2}} + c\right]$.

解法 2（公式法）　因为 $p(x) = -\frac{2}{x+1}$，$q(x) = (x+1)^{\frac{5}{2}}$，由求解公式，得非齐次方程的通解为

$$y = e^{-\int P(x)dx}(\int q(x)e^{\int P(x)dx}dx + c) = e^{\int \frac{2}{x+1}dx}(\int (x+1)^{\frac{5}{2}}e^{-\int \frac{2}{x+1}dx}dx + c)$$
$$= (x+1)^2[\int (x+1)^{\frac{5}{2}}\frac{1}{(x+1)^2}dx + c] = (x+1)^2[\int (x+1)^{\frac{1}{2}}dx + c]$$

$$=(x+1)^2\left[\frac{2}{3}(x+1)^{\frac{3}{2}}+c\right].$$

例 5.3.3　求方程 $y'+y\tan x=\dfrac{1}{\cos x}$ 满足初始条件 $y\big|_{x=0}=1$ 的特解.

解　先求对应齐次方程 $y'+y\tan x=0$ 的通解，由于 $\dfrac{\mathrm{d}y}{y}=-\tan x\mathrm{d}x$，两端积分得齐次方程的通解为：$y=c\cos x$.

设 $y=c(x)\cos x$ 为原方程的解，则 $y'=c'(x)\cos x-c(x)\sin x$

把 y 及 y' 代入原方程，并整理得 $c'(x)=\sec^2 x$，$c(x)=\tan x+c$

所以原方程的通解为　　$y=\cos x(\tan x+c)$

把初始条件 $y\big|_{x=0}=1$ 代入上式得：$c=1$

故所求方程的特解是：$y=\cos x(\tan x+1)$.

例 5.3.4　求方程 $\dfrac{\mathrm{d}y}{\mathrm{d}x}=\dfrac{y}{x+y^3}$ 的通解.

解　原方程不是未知函数 y 的线性方程，若把方程改写为：

$$\frac{\mathrm{d}x}{\mathrm{d}y}-\frac{1}{y}x=y^2$$

并把 x 看作未知函数，y 看作自变量，那么对 x 及 $\dfrac{\mathrm{d}x}{\mathrm{d}y}$ 来说就是一个线性方程. 下面用通解公式求该方程的通解.

因为 $p(y)=-\dfrac{1}{y}$，$q(y)=y^2$，于是有

$$x=\mathrm{e}^{-\int p(y)\mathrm{d}y}\left(\int q(y)\mathrm{e}^{\int p(y)\mathrm{d}y}\mathrm{d}y+c_1\right)=\mathrm{e}^{-\int -\frac{1}{y}\mathrm{d}y}\left(\int y^2\mathrm{e}^{\int -\frac{1}{y}\mathrm{d}y}\mathrm{d}y+c_1\right)$$

$$=y\left(\int y\mathrm{d}y+c_1\right)=y\left(\frac{y^2}{2}+c_1\right)$$

故原方程的通解为：$2x=cy+y^3$.

显然，$y=0$ 也是原方程的解.

【同步练习】（1）求微分方程 $y'+2y=4x$ 的通解.

（2）求微分方程 $\dfrac{\mathrm{d}y}{\mathrm{d}x}=\dfrac{y}{2x-y^2}$ 的通解.

5.3.2　一阶线性微分方程的应用

一阶线性微分方程在工程力学、电路振荡分析、工业自动控制及化学、生物、经济等领域有着广泛的应用. 下面以微分方程在电学上的应用为主线进行介绍.

1. 微分方程在电学上的应用

案例 5.5　如图 5.3 所示 RC 电路中，$R=2\Omega$，$C=3\mathrm{F}$，开关 S 闭合前电路处于零初始状态，即 $u_C(0_-)=0$. 在 $t=0$ 时刻，开关 S 闭合，电路接入直流电压源 U_0，$U_0=5\mathrm{V}$，求 u_C 和 i.

解 现把开关动作时刻取为计时起点（$t=0$）. 开关闭合后，即 $t>0$ 时，根据 KVL 可得

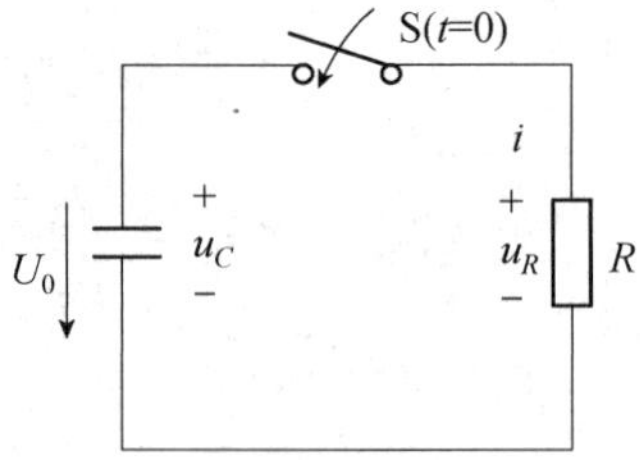

图 5.3

$$u_R-u_C=0$$

而 $u_R=Ri$， $i=-C\dfrac{du_C}{dt}$

得电路的微分方程

$$RC\frac{du_C}{dt}+u_C=0$$

将 $R=2\Omega$， $C=3F$ 代入方程得

$$6\frac{du_C}{dt}+u_C=0$$

分离变量后得

$$\frac{1}{u_C}du_C=-\frac{1}{6}dt$$

两端积分

$$\int\frac{1}{u_C}du_C=\int-\frac{1}{6}dt$$

以 $\ln A$ 表示任意常数，考虑到 $u_C>0$，得

$$\ln u_C=-\frac{1}{6}t+\ln A$$

$$u_C=Ae^{-\frac{1}{6}t}$$

根据 $u_C(0_+)=u_C(0_-)=U_0=5V$，得 $A=5$． 故满足初始值的微分方程的解为

$$u_C=5e^{-\frac{1}{6}t}$$

电路中的电流为

$$i=-C\frac{du_C}{dt}=-3\frac{d(5e^{-\frac{1}{6}t})}{dt}=\frac{5}{2}e^{-\frac{1}{6}t}.$$

> 动态电路在没有外施激励时，由电路中动态元件的初始储能引起的响应称为**零输入响应**.

案例 5.6 图 5.4 所示 RC 电路中，$R=2\Omega$，$C=0.25F$，开关 S 闭合前电路处于零初始状态，即 $u_C(0_-)=0$．在 $t=0$ 时刻，开关 S 闭合，电路接入直流电压源 U_S，$U_S=5V$，求 u_C 和 i．

解 根据 KVL 可得

$$u_R+u_C=U_S$$

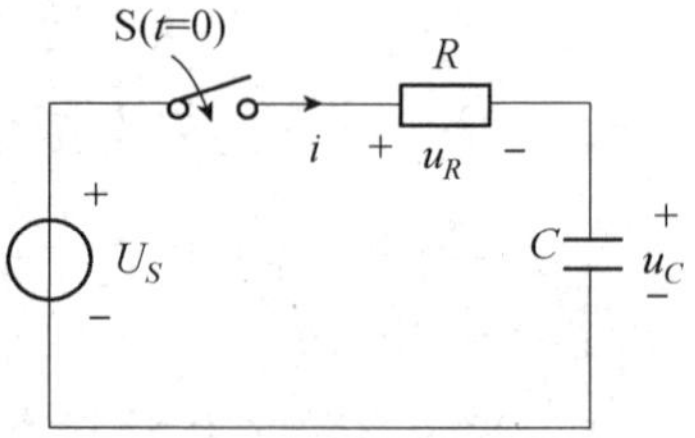

图 5.4

而 $u_R=Ri$， $i=C\dfrac{du_C}{dt}$

得电路的微分方程

$$RC\frac{du_C}{dt}+u_C=U_S$$

此方程为一阶线性非齐次方程，将 $R=2\Omega$， $C=0.25F$， $U_S=5V$ 代入方程得

$$0.5\frac{\mathrm{d}u_C}{\mathrm{d}t}+u_C=5 \Rightarrow \frac{\mathrm{d}u_C}{\mathrm{d}t}+2u_C=10$$

先求出对应的齐次方程的通解.

$$\frac{\mathrm{d}u_C}{\mathrm{d}t}+2u_C=0$$

分离变量后，两端积分得

$$u_C=A\mathrm{e}^{-2t}$$

用常数变易法，把 A 换成 $A(t)$，即令 $u_C=A(t)\mathrm{e}^{-2t}$

那么

$$A'(t)\mathrm{e}^{-2t}=10 \Rightarrow A'(t)=10\mathrm{e}^{2t}$$

两边积分得

$$A(t)=5\mathrm{e}^{2t}+A$$

所求方程的通解为

$$u_C=5+A\mathrm{e}^{-2t}$$

根据 $u_C(0_+)=u_C(0_-)=0$，得 $A=-5$．故满足初始值的微分方程的解为

$$u_C=5(1-\mathrm{e}^{-2t})$$

电路中的电流为

$$i=C\frac{\mathrm{d}u_C}{\mathrm{d}t}=0.25\frac{\mathrm{d}(5(1-\mathrm{e}^{-2t}))}{\mathrm{d}t}=2.5\mathrm{e}^{-2t}.$$

动态电路在初始储能为零时（电路在零初始状态下），由外施激励引起的响应称为**零状态输入响应**.

2. 微分方程的其他应用

案例 5.7（谋杀案发生的时间） 受害者的尸体于晚上 7:30 被发现，法医于晚上 8:20 赶到凶案现场，测得尸体温度为 32.6℃；一小时后，当尸体即将被抬走时，测得尸体温度为 31.4℃，室温在几小时内始终保持在 21.1℃，问受害者的死亡时间是什么时候？

解　设 $T(t)$ 表示 t 时刻尸体的温度，并记晚上 8:20 为 $t=0$，晚上 9:20 为 $t=1$，则 $T(0)=32.6$℃，$T(1)=31.4$℃．假设受害者死亡时体温是正常的，即 T=37℃．要确定受害者死亡时间，也就是求 T=37℃的时刻 t_d．假设尸体温度变化服从牛顿冷却定律，即

$$\frac{\mathrm{d}T}{\mathrm{d}t}=-k(T-21.1)\quad k\text{ 是常数}$$

由一阶微分方程计算公式可得：

$$T(t)=21.1+a\mathrm{e}^{-kt}\text{，其中 } a,k \text{ 待定}$$

由 $T(0)=32.6$℃，$T(1)=31.4$℃得 $a=11.5$，$k\approx 0.11$，

因此，$T(t)=21.1+11.5\mathrm{e}^{-0.11t}$；当 T=37℃时，$21.1+11.5\mathrm{e}^{-0.11t}=37$，得 $t\approx-2.95$，则

$$t_d=8\text{ 小时 }20\text{ 分}-2\text{ 小时 }57\text{ 分}=5\text{ 小时 }23\text{ 分}$$

受害者的死亡时间大约在下午 5:23 分.

【同步练习】 假设质量为 m 的跳伞者在降落伞张开时所受的空气阻力与下落速度成正比，且伞张开时速度为零，求降落伞下降速度与时间的函数关系.

5.4 拉普拉斯变换

在高等数学中，为了把复杂的计算转化为较简单的计算，往往采用变换的方法．拉普拉斯变换（简称拉氏变换）就是其中的一种．拉氏变换是分析和求解常系数线性微分方程的常用方法，并且它在电学及控制论等学科里有着广泛的应用．

拉普拉斯，法国著名数学家，天体力学的主要奠基人，天体演化学的创立者之一，分析概率论的创始人，应用数学的先驱．

5.4.1 拉氏变换及其逆变换的定义

定义 5.3 设函数 $f(t)$ 当 $t \geqslant 0$ 时有定义，且广义积分

$$\int_0^{+\infty} f(t)\mathrm{e}^{-st}\mathrm{d}t$$

在 s 的某一区域内收敛，则由此积分确定的参数为 s 的函数

$$F(s) = \int_0^{+\infty} f(t)\mathrm{e}^{-st}\mathrm{d}t \tag{5.12}$$

叫作函数 $f(t)$ 的**拉普拉斯变换**（简称**拉氏变换**），记作

$$F(s) = L[f(t)].$$

函数 $F(s)$ 也可叫作 $f(t)$ 的**像函数**.

若 $F(s)$ 是 $f(t)$ 的拉氏变换，则称 $f(t)$ 是 $F(s)$ 的**拉式逆变换**（或叫作 $F(s)$ 的像原函数），记作

$$f(t) = L^{-1}[F(s)].$$

在拉氏变换中，只要求 $f(t)$ 在 $[0,+\infty)$ 内有定义即可．为了研究方便，以后总假定在 $(-\infty,0)$ 内，$f(t)\equiv 0$．另外，拉氏变换中的参数 s 是在复数域中取值的，但我们只讨论 s 是实数的情形，所得结论也适用于 s 是复数的情形．

例 5.4.1 求指数函数 $f(t)=\mathrm{e}^{at}$（$a \geqslant 0$，a 是常数）的拉氏变换．

解 由式（5.19）有

$$L[\mathrm{e}^{at}] = \int_0^{+\infty} \mathrm{e}^{at}\mathrm{e}^{-st}\mathrm{d}t = \int_0^{+\infty} \mathrm{e}^{-(s-a)t}\mathrm{d}t$$

此积分在 $s>a$ 时收敛，有

$$\int_0^{+\infty} \mathrm{e}^{-(s-a)t}\mathrm{d}t = \frac{1}{s-a}$$

所以

$$L[\mathrm{e}^{at}] = \frac{1}{s-a} \quad (s>a).$$

例 5.4.2 求如图 5.5 所示单位阶跃函数

$$\varepsilon(t) = \begin{cases} 1, & t \geqslant 0 \\ 0, & t<0 \end{cases}$$

的拉氏变换．

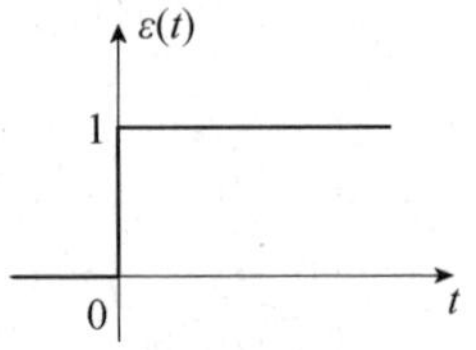

图 5.5

解 $L[\varepsilon(t)] = \int_0^{+\infty} \mathrm{e}^{-st}\mathrm{d}t$

此积分在 $s>0$ 时收敛，有

$$\int_0^{+\infty} \mathrm{e}^{-st}\mathrm{d}t = \frac{1}{s} \quad (s>0)$$

所以
$$L[\varepsilon(t)] = \frac{1}{s} \quad (s>0).$$

例 5.4.3　求 $f(t)=at$（a 为常数）的拉氏变换.

解　$L[at]=\int_0^{+\infty} at\mathrm{e}^{-st}\mathrm{d}t = -\frac{a}{s}\int_0^{+\infty} t\mathrm{d}\mathrm{e}^{-st} = -\frac{a}{s}[t\mathrm{e}^{-st}]_0^{+\infty} + \frac{a}{s}\int_0^{+\infty}\mathrm{e}^{-st}\mathrm{d}t$

$$= -\frac{a}{s^2}[\mathrm{e}^{-st}]_0^{+\infty} = \frac{a}{s^2} \quad (s>0).$$

此积分在 $s>a$ 时收敛，有

$$\int_0^{+\infty} \mathrm{e}^{-(s-a)t}\mathrm{d}t = \frac{a}{s^2}$$

所以
$$L[\mathrm{e}^{at}] = \frac{a}{s^2} \quad (s>a).$$

例 5.4.4　求正弦函数 $f(t)=\sin\omega t$ 的拉氏变换.

解　$F(s)=L[\sin(\omega t)] = \int_{0^-}^{+\infty}\sin(\omega t)\mathrm{e}^{-st}\mathrm{d}t = -\frac{1}{s}\int_{0^-}^{+\infty}\sin(\omega t)\mathrm{d}\mathrm{e}^{-st}$

$$= \left[-\frac{1}{s}\sin(\omega t)\mathrm{e}^{-st}\right]_{0^-}^{+\infty} + \frac{1}{s}\int_{0^-}^{+\infty}\mathrm{e}^{-st}\mathrm{d}\sin(\omega t)$$

$$= \frac{\omega}{s}\int_{0^-}^{+\infty}\cos(\omega t)\mathrm{e}^{-st}\mathrm{d}t = -\frac{\omega}{s^2}\int_{0^-}^{+\infty}\cos(\omega t)\mathrm{d}\mathrm{e}^{-st}$$

$$= \left[-\frac{\omega}{s^2}\cos(\omega t)\mathrm{e}^{-st}\right]_{0^-}^{+\infty} + \frac{\omega}{s^2}\int_{0^-}^{+\infty}\mathrm{e}^{-st}\mathrm{d}\cos(\omega t)$$

$$= \frac{\omega}{s^2} - \frac{\omega^2}{s^2}\int_{0^-}^{+\infty}\sin(\omega t)\mathrm{e}^{-st}\mathrm{d}t = \frac{\omega}{s^2} - \frac{\omega^2}{s^2}F(s)$$

$\because (1+\frac{\omega^2}{s^2})F(s) = \frac{\omega}{s^2}$，$\therefore F(s) = L[\sin(\omega t)] = \frac{\omega}{s^2+\omega^2}$.

同样可求得余弦函数的拉氏变换

$$L[\cos\omega t] = \frac{s}{s^2+\omega^2} \quad (s>0).$$

下面给出狄拉克函数的拉氏变换.

在许多实际问题中，常常会遇到一种集中在极短时间内作用的量，这种瞬间作用的量不能用通常的函数表示．为此假设

$$\delta_\tau(t) = \begin{cases} \frac{1}{\tau}, & 0 \leqslant t \leqslant \tau \\ 0, & 其他 \end{cases}$$

其中 τ 是很小的正数．当 $\tau\to 0$ 时，$\delta_\tau(t)$ 的极限为

$$\delta(t) = \lim_{\tau\to 0}\delta_\tau(t)$$

则称 $\delta_\tau(t)$ 叫作**狄拉克函数**，简称 δ 函数.

$\delta_\tau(t)$ 的图形如图 5.6 所示.

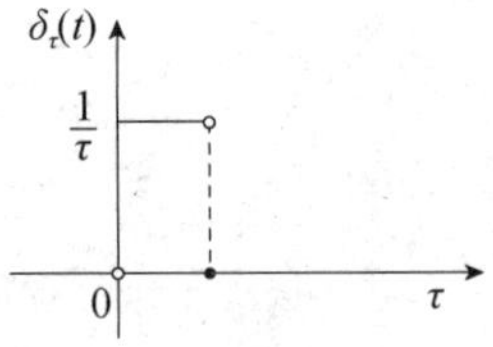

图 5.6

显然，对任何 $\tau > 0$，有

$$\int_{-\infty}^{+\infty} \delta_\tau(t)\mathrm{d}t = \int_0^\tau \frac{1}{\tau}\mathrm{d}t = 1$$

所以规定

$$\int_{-\infty}^{+\infty} \delta(t)\mathrm{d}t = 1 .$$

工程技术中常将 $\delta(t)$ 叫作**单位脉冲函数**.

例 5.4.5 求狄拉克函数的拉氏变换.

解 先对 $\delta_\tau(t)$ 作拉氏变换

$$L[\delta_\tau(t)] = \int_0^{+\infty} \delta_\tau(t)\mathrm{e}^{-st}\mathrm{d}t = \int_0^\tau \frac{1}{\tau}\mathrm{e}^{-st}\mathrm{d}t = \frac{1}{\tau s}(1-\mathrm{e}^{-\tau s})$$

则 $\delta(t)$ 的拉氏变换为：

$$L[\delta(t)] = \lim_{\tau\to 0} L[\delta_\tau(t)] = \lim_{\tau\to 0}\frac{1-\mathrm{e}^{-\tau s}}{\tau s}$$

用洛必达法则计算此极限，得

$$\lim_{\tau\to 0}\frac{1-\mathrm{e}^{-\tau s}}{\tau s} = \lim_{\tau\to 0}\frac{s\mathrm{e}^{-\tau s}}{s} = 1$$

所以 $L[\delta(t)] = 1$.

【同步练习】求 $f(t) = \mathrm{e}^{-4t}$ 的拉氏变换.

5.4.2 拉氏变换的性质

拉氏变换的性质都可由拉氏变换的定义及相应的运算性质加以证明，这里不再给出，它们在拉氏变换的实际应用中都很重要.

> 性质 1 可以推广到有限个函数的线性组合.

性质 1（线性性质） 若 a、b 是常数，且

$$L[f_1(t)] = F_1(s)\,,\quad L[f_2(t)] = F_2(s)$$

则

$$L[af_1(t) + bf_2(t)] = aL[f_1(t)] + bL[f_2(t)] = aF_1(s) + bF_2(s) .$$

性质 1 表明，线性组合的函数的拉氏变换等于各函数的拉氏变换的线性组合.

例 5.4.6 求函数 $f(t) = \frac{1}{a}(1-\mathrm{e}^{-at})$ 的拉氏变换.

解 由性质 1，有

$$L\left[\frac{1}{a}(1-\mathrm{e}^{-at})\right] = \frac{1}{a}L[1-\mathrm{e}^{-at}] = \frac{1}{a}\{L[1] - L[\mathrm{e}^{-at}]\}$$

$$= \frac{1}{a}\left(\frac{1}{s} - \frac{1}{s+a}\right) = \frac{1}{s(s+a)}.$$

【同步练习】求 $f(t) = 2\sin 3t - 5t$ 的拉氏变换.

性质 2（平移性质） 若 $L[f(t)] = F(s)$，则 $L[\mathrm{e}^{at} f(t)] = F(s-a)$.

性质 2 表明，原函数乘以 e^{at}，等于其像函数平移 a 个单位，因此性质 2 称为平移性质.

例 5.4.7　求 $L[te^{at}]$ 及函数 $L[e^{-at}\sin\omega t]$.

解　由性质及

$$L[t]=\frac{1}{s^2}, \quad L[\sin\omega t]=\frac{\omega}{s^2+\omega^2}$$

得

$$L\left[te^{at}\right]=\frac{1}{(s-a)^2}, \quad L[e^{-at}\sin\omega t]=\frac{\omega}{(s+a)^2+\omega^2}.$$

【同步练习】求函数 $L[e^{3t}\sin 2t]$.

性质 3（延滞性质）　若 $L[f(t)]=F(s)$，则 $L[f(t-a)]=e^{-as}F(s)$（$a>0$）.

如图 5.7 所示，函数 $f(t-a)$ 与 $f(t)$ 相比，滞后了 a 个单位，若 t 表示时间，性质 3 表明，时间延迟了 a 个单位，相当于像函数乘以指数因子 e^{-at}.

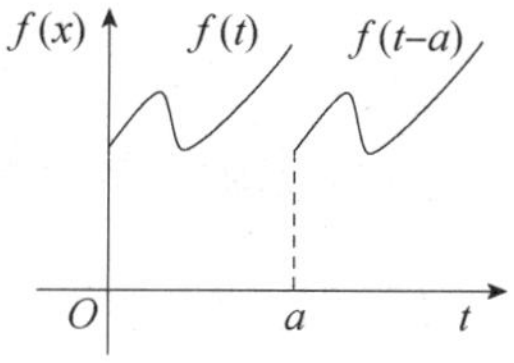

图 5.7

例 5.4.8　求分段函数 $h(t)=\begin{cases}1, & a\leqslant t<b\\ 0, & 其他\end{cases}$ 的拉氏变换.

解　由 $h(t)=u(t-a)-u(t-b)$ 得

$$L[h(t)]=L[u(t-a)-u(t-b)]=L[u(t-a)]-L[u(t-b)]$$
$$=\frac{1}{s}e^{-as}-\frac{1}{s}e^{-bs}=\frac{1}{s}(e^{-as}-e^{-bs}).$$

【同步练习】求函数 $u(t-a)=\begin{cases}0, & t<a\\ 1, & t\geqslant a\end{cases}$ 的拉氏变换.

性质 4（微分性质）　若 $L[f(t)]=F(s)$，则 $L[f'(t)]=sF(s)-f(0)$.

性质 4 表明，一个函数求导后取拉氏变换，等于这个函数的拉氏变换乘以参数 s 再减去这个函数的初值.

推论　若 $L[f(t)]=F(s)$，则

$$L[f^{(n)}(t)]=s^nF(s)-[s^{n-1}f(0)+s^{n-2}f'(0)+\cdots+f^{(n-1)}(0)] \tag{5.13}$$

特别地，若 $f(0)=f'(0)=\cdots=f^{(n-1)}(0)=0$，则

$$L[f^{(n)}(t)]=s^nF(s)\ (n=1,2,\cdots).$$

例 5.4.9　利用微分性质，求 $f(t)=t^m$ 的拉氏变换，其中 m 是正整数.

解　令 $L[f(t)]=F(s)$，由 $f(0)=f'(0)=\cdots=f^{(m-1)}(0)=0$

且 $f^{(m)}(t)=m!$. 由式（5.20），有

$$L[f^{(m)}(t)]=L[m!]=s^mF(s)$$

而

$$L[m!]=m!L[1]=\frac{m!}{s}$$

即得

$$F(s)=\frac{m!}{s^{m+1}}$$

所以

$$F(t^m)=\frac{m!}{s^{m+1}}.$$

【同步练习】利用微分性质求 $L[\sin\omega t]$.

性质5（积分性质） 若 $L[f(t)]=F(s)$，则 $L\left[\int_0^t f(x)\mathrm{d}x\right]=\frac{F(s)}{s}$.

性质5表明，一个函数积分后取拉氏变换，等于这个函数的拉氏变换除以参数 s.

性质5也可以推广到有限次积分的情形

$$L\left[\overbrace{\int_0^t \mathrm{d}t\int_0^t \mathrm{d}t\cdots\int_0^t f(x)\mathrm{d}x}^{n次}\right]=\frac{F(s)}{s^n}\quad(n=1,2,\cdots).$$

除了上述5个性质外，拉氏变换还有一些性质，一并列于表5.2中．另外，我们并不总是用定义求函数的拉氏变换，还可以查表求拉氏变换．现将常用函数的拉氏变换列于附录C以供查用．

表5.2

序号	拉氏变换的性质（设 $L[f(t)]=F(s)$）
1	$L[af_1(t)+bf_2(t)]=aL[f_1(t)]+bL[f_2(t)]$
2	$L[\mathrm{e}^{at}f(t)]=F(s-a)$
3	$L[f(t-a)]=\mathrm{e}^{-as}F(s)$（$a>0$）
4	$L[f'(t)]=sF(s)-f(0)$
5	$L[f^{(n)}(t)]=s^nF(s)-[s^{n-1}f(0)+s^{n-2}f'(0)+\cdots+f^{(n-1)}(0)]$
6	$L\left[\int_0^t f(x)\mathrm{d}x\right]=\frac{F(s)}{s}$
7	$L[f(at)]=\frac{1}{a}F\left(\frac{s}{a}\right)$（$a>0$）
8	$L[t^nf(t)]=(-1)^nF^{(n)}(s)$
9	$L\left[\frac{f(t)}{t}\right]=\int_s^{+\infty}f(s)\mathrm{d}s$
10	如果 $f(t)$ 为周期函数，其周期为 T（$T>0$）则 $L[f(t)]=\frac{1}{1-\mathrm{e}^{-sT}}\int_0^T \mathrm{e}^{-st}f(t)\mathrm{d}t$
11	如果 $L[f(t)]=F(s)$，$L[g(t)]=G(s)$ 则 $L\left[\int_0^t f(u)g(t-u)\mathrm{d}u\right]=F(s)G(s)$

例5.4.10 查表求 $L\left[\mathrm{e}^{-4t}\cos\left(2t+\frac{\pi}{4}\right)\right]$.

解　由 $\cos\left(2t+\frac{\pi}{4}\right)=\frac{1}{\sqrt{2}}(\cos 2t-\sin 2t)$

得 $$L\left[e^{-4t}\cos\left(2t+\frac{\pi}{4}\right)\right]=\frac{1}{\sqrt{2}}L[e^{-4t}\cos 2t-e^{-4t}\sin 2t]$$
$$=\frac{1}{\sqrt{2}}L[e^{-4t}\cos 2t]-\frac{1}{\sqrt{2}}L[e^{-4t}\sin 2t]$$

查表，$L[e^{-4t}\cos 2t]=\frac{s+4}{(s+4)^2+4}$， $L[e^{-4t}\sin 2t]=\frac{2}{(s+4)^2+4}$

所以 $L\left[e^{-4t}\cos\left(2t+\frac{\pi}{4}\right)\right]=\frac{1}{\sqrt{2}}\left[\frac{s+4}{(s+4)^2}-\frac{2}{(s+4)^2}\right]=\frac{1}{\sqrt{2}}\cdot\frac{s+2}{(s+4)^2}$.

> **【同步练习】** 查表求 $L\left[\frac{\sin t}{t}\right]$.

5.4.3　拉氏变换的逆变换

前面讨论了由已知函数 $f(t)$ 求它的像函数 $F(s)$ 的问题. 下面讨论相反的问题——已知像函数 $F(s)$，求它的像原函数 $f(t)$，及拉氏变换的逆变换.

在求像原函数时，常从拉氏变换表（见表 5.3）中找，同时要结合拉氏变换的性质，因此把常用的拉氏变换的性质用逆变换的形式列出如下.

设 $L[f_1(t)]=F_1(s)$， $L[f_2(t)]=F_2(s)$， $L[f(t)]=F(s)$

性质 1（线性性质）　若 a 、b 是常数，则

$$L^{-1}[aF_1(s)+bF_2(s)]=aL^{-1}[F_1(s)]+bL^{-1}[F_2(s)]=af_1(t)+bf_2(t).$$

性质 2（平移性质）　$L^{-1}[F(s-a)]=e^{at}L^{-1}[F(s)]=e^{at}f(t)$.

性质 3（延滞性质）　$L^{-1}[e^{-as}F(s)]=f(t-a)u(t-a)$.

例 5.4.11　求下面函数的拉式逆变换：

（1）$F(s)=\frac{1}{(s-2)^2}$；（2）$F(s)=\frac{4s-3}{s^2+4}$；（3）$F(s)=\frac{s}{(s+5)^2+4}$.

（1）**解**　由附表 C 中的 6 可知，取 $a=2$

得 $$f(t)=L^{-1}\left[\frac{1}{(s-2)^2}\right]=te^{2t};$$

（2）**解**　由性质 1 及附表 C 中的 8 和 9，得

$$f(t)=L^{-1}\left[\frac{4s-3}{s^2+4}\right]=4L^{-1}\left[\frac{s}{s^2+4}\right]-\frac{3}{2}L^{-1}\left[\frac{2}{s^2+4}\right]$$
$$=4\cos 2t-\frac{3}{2}\sin 2t;$$

（3）**解**　$\because L^{-1}\left[\frac{s}{s^2+4}\right]=\cos 2t$， $L^{-1}\left[\frac{2}{s^2+4}\right]=\sin 2t$

$$\therefore L^{-1}\left[\frac{s}{(s+5)^2+4}\right]=L^{-1}\left[\frac{s+5-5}{(s+5)^2+4}\right]$$

$$=L^{-1}\left[\frac{s+5}{(s+5)^2+4}\right]-L^{-1}\left[\frac{5}{(s+5)^2+4}\right]$$

$$=e^{-5t}\cos 2t-\frac{5}{2}e^{-5t}\sin 2t\ .$$

【同步练习】求下面函数的拉式逆变换：

（1）$F(s)=\dfrac{1}{s+3}$；（2）$F(s)=\dfrac{2s-5}{s^2}$.

用拉氏变换解决工程技术中的应用问题时，经常遇到的像原函数是有理分式的情形．一般可将其分解为部分分式之和，然后再利用拉氏变换表求出像原函数．

例 5.4.12 求 $F(s)=\dfrac{3s+1}{s^2+5s+6}$ 的拉式逆变换．

解 $F(s)=\dfrac{3s+1}{s^2+5s+6}=\dfrac{3s+1}{(s+2)(s+3)}=\dfrac{k_1}{s+2}+\dfrac{k_2}{s+3}$

$$\begin{cases}k_1+k_2=3\\3k_1+2k_2=1\end{cases}$$

解得

$$k_1=-5,\quad k_2=8$$

所以

$$f(t)=L^{-1}\left[\frac{-5}{s+2}+\frac{8}{s+3}\right]=-5e^{-2t}+8e^{-3t}\ .$$

例 5.4.13 求 $F(s)=\dfrac{5s^2-s+9}{(s+1)(s^2+4)}$ 的拉氏逆变换．

解 $F(s)=\dfrac{5s^2-s+9}{(s+1)(s^2+4)}=\dfrac{k_1}{s+1}+\dfrac{k_2s+k_3}{s^2+4}$

$$\begin{cases}k_1+k_2=3\\k_2+2k_3=-1\\4k_1+k_3=9\end{cases}$$

解得

$$k_1=3,\quad k_2=2,\quad k_2=-3$$

所以

$$f(t)=L^{-1}\left[\frac{3}{s+1}+\frac{2s-3}{s^2+4}\right]=3e^{-t}+2\cos 2t-\frac{3}{2}\sin 2t\ .$$

【同步练习】求 $F(s)=\dfrac{s+9}{s^2+5s+6}$ 的拉式逆变换．

5.5　拉普拉斯的应用

5.5.1　线性系统的传递函数

拉氏变换在自动控制理论中最重要的应用就是引出了传递函数这一概念. 一般地，线性系统的传递函数是：当初始条件为零时，输出量的拉氏变换与输入量的拉氏变换之比，即

$$\omega(s)=\frac{X_{出}(s)}{X_{入}(s)}$$

对一个线性系统来讲，如果知道了它的传递函数，用拉氏变换就可以根据已知输入量 $X_{入}(s)$，求出输出量 $X_{出}(s)$. 下面通过案例说明传递函数的求法.

案例 5.8　设 u、m、k 分别表示阻尼系数、质量、弹性系数. 它们是已知的系统参数. 输入是外干扰力 $f(t)$，输出是位移 $x(t)$，即求 $\frac{L[x(t)]}{L[f(t)]}$，线性机械振动系统的传递函数，如图 5.8 所示.

【分析】由牛顿第二定律可知

$$ma=f(t)-kx-u\frac{\mathrm{d}x}{\mathrm{d}t}$$

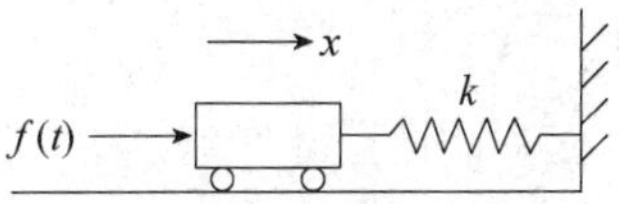

图 5.8

即

$$mx''(t)+ux'(t)+kx=f(t)$$

在初始条件为零时，即

$$x(0)=x'(0)=0$$

对方程两边取拉氏变换，设

$$L[x(t)]=X(s)=X，\quad L[f(t)]=F(s)=F$$

则有

$$ms^2X+usX+kX=0$$

从而有传递函数

$$G(s)=\frac{X(s)}{F(s)}=\frac{1}{ms^2+us+k}$$

显然，传递函数是由系统本身特性所决定的，与外力无关.

5.5.2　用运算法分析 R、L、C 串联电路问题

1. 基尔霍夫定律的运算形式

（1）基尔霍夫电流定律（KCL）：$\sum i=0$，$\sum I(s)=0$，即在集中参数电路中，对于任意的节点，在任一时刻流入该节点的电流代数和恒等于零.

（2）基尔霍夫电压定律（KVL）：$\sum u=0$，$\sum U(s)=0$，即在集中参数电路中，在任一时刻，沿任意闭合回路电压的代数和恒等于零.

2. 元件电压、电流关系的运算形式

1）电阻 R 的电压、电流关系

如图 5.9(a)所示，$u(t)=Ri(t)$．如图 5.9(b)所示，$U(s)=RI(s)$．

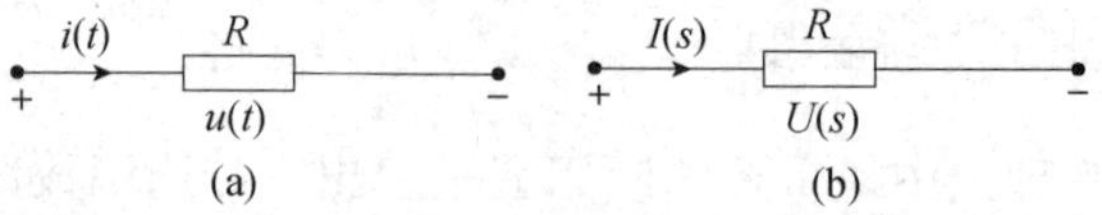

图 5.9

2）电感 L 的电压、电流关系

如图 5.10(a)所示，$u(t)=L\dfrac{\mathrm{d}i(t)}{\mathrm{d}t}$．

如图 5.10(b)所示，$U(s)=sLI(s)-Li(0_-)$．

如图 5.10(c)所示，$I(s)=\dfrac{1}{sL}U(s)+\dfrac{i(0_-)}{s}$．

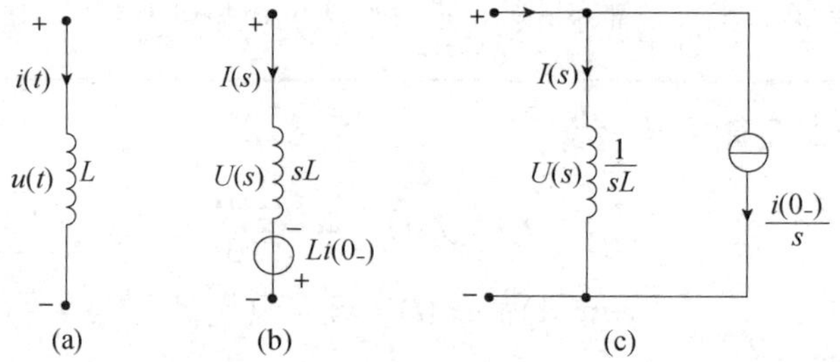

图 5.10

sL，$\dfrac{1}{sL}$ 为电感 L 的运算阻抗和运算导纳，$Li(0_-)$，$\dfrac{i(0_-)}{s}$ 为反映 $i(0_-)$ 作用的附加电压源电流．

3）电容 C 的电压、电流关系

如图 5.11(a)所示，$u(t)=\dfrac{1}{C}\int_{0_-}^{t}i(\xi)\,\mathrm{d}\xi+u(0_-)$．

如图 5.11(b)所示，$U(s)=\dfrac{1}{sC}I(s)+\dfrac{1}{s}u(0_-)$．

或如图 5.11(c)所示，$I(s)=sCU(s)-Cu(0_-)$．

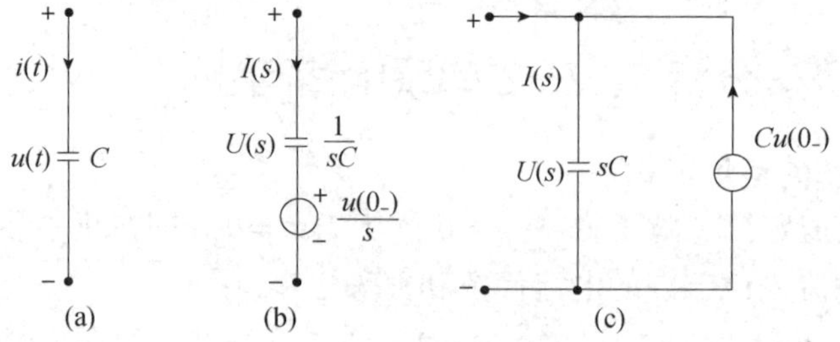

图 5.11

$\dfrac{1}{sC}$，sC 分别为 C 的运算阻抗和运算导纳，$\dfrac{u(0_-)}{s}$ 和 $Cu(0_-)$ 分别为反映 $u(0_-)$ 的附加电压

源电压和附加电流源电流．

3．用拉氏变换分析电路的步骤

（1）将已知的电动势、恒定电流进行拉氏变换．

（2）根据原电路图画出运算等效电路图．

（3）用计算线性系统或电路稳定状态的任何方法解运算电路，求出待定量的像函数．

（4）将求得的像函数变换为原函数．

4．用运算法分析 *R*、*L*、*C* 串联电路问题

例 5.5.1　图 5.12(a)所示 RC 电路中，$R=2\Omega$，$C=3\text{F}$，开关S闭合前，电容C已充电，初始电压$u_C(0^-)=5\text{V}$，$t=0$时开关S闭合，试用运算法求$i(t)$．

解　本例为 RC 电路的零输入响应，运算电路如图 5.12(b)所示．

根据$\sum U(s)=0$，有

$$\left(R+\frac{1}{sC}\right)I(s)=\frac{u_C(0^-)}{s}$$

代入已知数据得

$$\left(2+\frac{1}{3s}\right)I(s)=\frac{5}{s}$$

解得

$$I(s)=\frac{15}{6s+1}=\frac{5}{2}\frac{1}{s+\frac{1}{6}}$$

求其逆变换得

$$i(t)=L^{-1}\left[\frac{5}{2}\frac{1}{s+\frac{1}{6}}\right]=\frac{5}{2}\mathrm{e}^{-\frac{1}{6}t}.$$

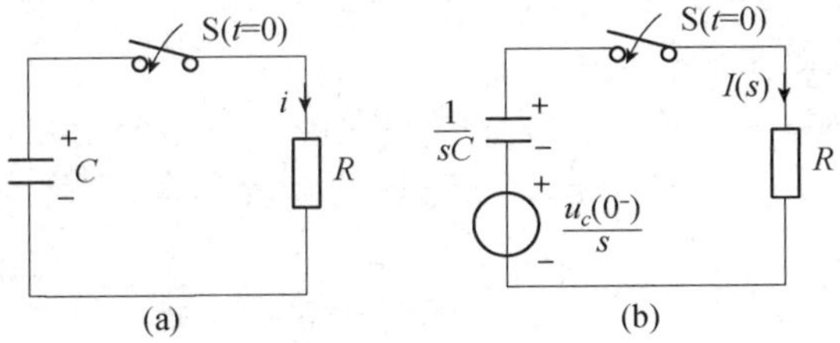

图 5.12

例 5.5.2　图 5.13(a)所示 RL 电路中，$R=6\Omega$，$L=2\text{H}$，开关S闭合前电路处于零初始状态，即$i_L(0_-)=0$．在$t=0$时刻，开关S闭合，电路接入交流电压源$u_S(t)$，$u_S(t)=13\sin 2t$，用运算法求$i_L(t)$．

解　本例为 RL 电路的零状态响应，运算电路如图 5.13(b)所示．

$$\because u_S(t)=13\sin 2t\,,\quad \therefore U_S(s)=\frac{26}{s^2+4}$$

根据$\sum U(s)=0$，有

$$(sL+R)I_L(s)=U_S(s)$$

代入已知数据得

$$(2s+6)I_L(s)=\frac{26}{s^2+4}$$

解得

$$I_L(s)=\frac{13}{(s+3)(s^2+4)}=\frac{1}{s+3}+\frac{-s+3}{s^2+4}$$

求其逆变换得

$$i_L(t)=L^{-1}\left[\frac{1}{s+3}+\frac{-s+3}{s^2+4}\right]=\mathrm{e}^{-3t}-\cos 2t+\frac{3}{2}\sin 2t\ .$$

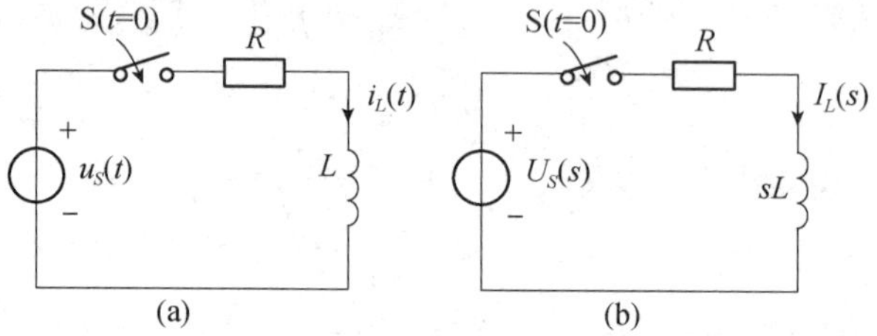

图 5.13

【数学文化聚焦】

李大潜院士谈学数学目的不在定理和公式

许多在实际工作中成功地应用了数学，并取得相当突出成绩的数学系毕业生都有这样的体会：在工作中真正需要用到的具体数学分支学科，具体的数学定理、公式和结论，其实并不很多．学校里学过的一大堆数学知识很多都似乎没有派上什么用场，但所受的数学训练，所领会的数学思想和精神，却无时无刻不在发挥着积极的作用，成为取得成功的最重要的因素．因此，如果仅仅将数学作为知识来学习，而忽略了数学思想对学生的熏陶及学生数学素质的提高，就失去了开设数学课程的意义．

实际上，通过严格的数学训练，可以使学生具备一些特有的素质，这些素质包括：

（1）通过数学的训练，可以使学生树立明确的数量观念，“胸中有数”，认真地注意事物的数量方面及其变化规律．

（2）提高学生的逻辑思维能力，使他们思路清晰，条理分明，有条不紊地处理头绪纷繁的各项工作．

（3）数学上的推导要求每一个正负号、每一个小数点都不能含糊敷衍，有助于培养学生认真细致、一丝不苟的作风．

（4）数学上追求的是最有用（广泛）的结论、最低的条件（代价）及最简明的证明，可以使学生形成精益求精的风格．

（5）通过数学的训练，使学生知道数学概念、方法和理论的产生与发展的渊源和过程，了解和领会由实际需要出发、到建立数学模型、再到解决实际问题的全过程，提高他们运用数学知识处理现实世界中各种复杂问题的意识、信念和能力．

（6）通过数学的训练，可以使学生增强拼搏精神和应变能力，能通过不断分析矛盾，从表面上一团乱麻的困难局面中理出头绪，最终解决问题．

（7）可以调动学生的探索精神和创造力，使他们更加灵活和主动，在改善所学的数学结论、改进证明的思路和方法、发现不同的数学领域或结论之间的内在联系、拓展数学知识的应用范围及解决现实问题等方面，逐步显露出自己的聪明才智.

（8）使学生具有某种数学上的直觉和想象力，包括几何直观能力，能够根据所面对的问题的本质或特点，八九不离十地估计到可能的结论，为实际的需要提供借鉴.

数学教育本质上是一种素质教育，使学生不仅知道许多重要的数学概念、方法和结论，而且领会到数学的精神实质和思想方法，这应该是数学教育努力追求的目标，也是衡量数学教学的成效与优劣的最根本的依据.

习　题　5

习题参考答案

1. 指出下列微分方程的阶数：

（1）$(y')^2+y=1$；　　（2）$(7x-6y)\mathrm{d}x+(x+y)\mathrm{d}y=0$；

（3）$y'\cdot y'''-x^2\cdot y=1$；　　（4）$y''-8y=4x^2+1$；

（5）$(y'')^3+2(y')^4-y^5+x^7=0$；　　（6）$y^{(5)}-2y^{(3)}+y'+2y=0$.

2. 验证下列各函数是否满足对应的微分方程：

函数	微分方程
（1）$y=x\sqrt{1-x^2}$，	$yy'=x-2x^3$；
（2）$y=\mathrm{e}^{-3x}+\dfrac{1}{3}$，	$\dfrac{\mathrm{d}y}{\mathrm{d}x}+3y=1$；
（3）$y=\mathrm{e}^{x}+\mathrm{e}^{-x}$，	$y''-2y'+y=0$；
（4）$y=3\sin x-4\cos x$，	$y''+y=0$.

3. 验证 $y=cx^3$ 是方程 $3y-xy'=0$ 的通解（c 为任意常数），并求满足初始条件 $y(1)=\dfrac{1}{3}$ 的特解.

4. 求下列微分方程的通解：

（1）$y'=\dfrac{x^3}{y^3}$；　　（2）$(xy+x^3y)\mathrm{d}y=(1+y^2)\mathrm{d}x$；

（3）$(1+\mathrm{e}^x)yy'=\mathrm{e}^x$；　　（4）$\sin x\mathrm{d}y=2y\cos x\mathrm{d}x$；

*（5）$y'=\cos\dfrac{y}{x}+\dfrac{y}{x}$；　　*（6）$y^2\mathrm{d}x+(x^2-xy)\mathrm{d}y=0$.

5. 求下列微分方程满足初始条件的特解：

（1）$y\mathrm{d}x=(x-1)\mathrm{d}y, y|_{x=2}=1$；　　（2）$(\ln y)^2y'=\dfrac{y}{x^2}, y|_{x=2}=1$；

（3）$xy'-y=0, y|_{x=1}=2$；　　（4）$y'=\mathrm{e}^{2x-y}, y|_{x=0}=0$.

6. 求下列一阶线性微分方程的通解或满足初始条件的特解：

（1）$y'=x^2+2y$；　　（2）$y'-\dfrac{1}{x+1}y=\mathrm{e}^x(x+1)$；

（3）$xy'+y=\mathrm{e}^x$；　　（4）$y'-3xy=2x$；

（5）$y' = y\tan x + \cos x$；

（6）$(x^2+1)y' + 2xy = 4x^2$；

（7）$2y' + y = 3, y\big|_{x=0} = 10$；

（8）$xy' - y = 2, y\big|_{x=1} = 3$；

*（9）$y' - \dfrac{2}{x+1}y = \mathrm{e}^x(x+1)^2, y\big|_{x=0} = 1$；

*（10）$\dfrac{\mathrm{d}y}{\mathrm{d}x} + \dfrac{2-3x^2}{x^3}y = 1, y\big|_{x=1} = 0$.

7．如图 5.14 所示，在指定的电压 u 和电流 i 参考方向下，写出各元件 u 和 i 的约束方程.

图 5.14

*8．下列各组函数哪些是线性相关的？

（1）x, x^3；

（2）$\sin 2x, \cos 2x$；

（3）$\sin 2x, \sin x\cos x$；

（4）$\ln x, x^2\ln x$；

（5）$\mathrm{e}^{2x}, \mathrm{e}^{3x}$；

（6）$\arctan x, 4\arctan x$.

9．验证 $y_1 = \mathrm{e}^x, y_2 = x\mathrm{e}^x$ 都是方程 $y'' - 2y' + y = 0$ 的解，并写出该方程的通解.

*10．验证函数 $y_1 = \sin 3x, y_2 = 2\sin 3x$ 是方程 $y'' + 9y = 0$ 的两个解，能否说 $y = c_1y_1 + c_2y_2$ 是该方程的通解？又 $y_3 = \cos 3x$ 满足方程，则 $y = c_1y_1 + c_3y_3$ 是该方程的通解吗？为什么？

11．求下列线性齐次方程的通解：

（1）$y'' + y' - 2y = 0$；

（2）$y'' - 4y = 0$；

（3）$y'' - 2y' + y = 0$；

（4）$4y'' - 8y' + 16y = 0$；

（5）$3y'' - 2y' - 8y = 0$；

（6）$y'' + y = 0$；

（7）$4y'' - 8y' + 5y = 0$；

（8）$y'' + y' + y = 0$.

12．求下列微分方程满足初始条件的特解：

（1）$y'' - 4y' + 3y = 0$，$y\big|_{x=0} = 6$，$y'\big|_{x=0} = 10$；

（2）$4y'' + 4y' + y = 0$，$y\big|_{x=0} = 2$，$y'\big|_{x=0} = 0$；

（3）$y'' - 3y' - 4y = 0$，$y\big|_{x=0} = 0$，$y'\big|_{x=0} = -5$；

（4）$y'' + 25y = 0$，$y\big|_{x=0} = 2$，$y'\big|_{x=0} = 5$.

*13．求下列微分方程的通解：

（1）$2y'' + 5y' = 5x^2 - 2x - 1$；

（2）$y'' - 6y' + 9y = 2x^2 - x + 3$；

（3）$2y'' + y' - y = 4\mathrm{e}^x$；

（4）$y'' - 2y' - 3y = x\mathrm{e}^{-x}$；

（5）$y'' + 4y = x\cos x$；

（6）$y'' + 6y' + 13y = \mathrm{e}^{-3x}\cos 5x$.

14．已知一曲线通过原点并且它在点 (x, y) 处的切线的斜率等于 $2x + y$，求该曲线方程.

15．一质点在直线上由静止状态开始运动，其加速度 $a = -4s(t) + 3\sin t$，时刻 t 时质点的位置位为 $s(t)$，求运动方程，并求离起始点的最大距离.

16．一质量为 m 的质点从水平面由静止开始下降，所受的阻力与下降速度成正比（比例系数为 k）求下降的深度与时间的关系.

17．求下列函数的拉氏变换：

（1）$t^2\mathrm{e}^{-2t}$；

（2）$8\sin^2 3t$；

（3）$e^{-4t}\sin 3t\cos 2t$；　　　　（4）$\int_0^t \frac{e^{2t}\sin 3t}{t}dt$.

18．求下列函数的拉氏逆变换：

（1）$F(s)=\frac{2}{s-3}$；　　　　（2）$F(s)=\frac{1}{3s+5}$；

（3）$F(s)=\frac{2s-8}{s^2+36}$；　　　　（4）$F(s)=\frac{4}{s^2+4s+10}$；

（5）$F(s)=\frac{s}{s+2}$；　　　　（6）$F(s)=\frac{s^2+2}{(s^2+10)(s^2+20)}$；

（7）$F(s)=\frac{s}{(s^2+a^2)^2}$；　　　　（8）$F(s)=\frac{s}{(s+3)(s+5)}$.

19．用拉氏变换解下列微分方程：

（1）$y''+2y'+2y=e^{-x}$，满足初始条件 $y(0)=y'(0)=0$；

（2）$y''+2y'=3e^{-2t}$，满足初始条件 $y(0)=y'(0)=0$；

（3）$y''+9y=\cos 3t$，满足初始条件 $y(0)=y'(0)=0$.

20．图 5.15 所示电路，电容初始电压 $u_C(0^-)=0$，电感初始电流 $i_L(0^-)=0$.（1）画出运算电路；（2）写出基尔霍夫定律的运算形式.

21．图 5.16 所示 RL 电路中，$U_0=8\text{V}$，$R_0=4\Omega$，$R=9\Omega$，$L=3\text{H}$，电路在开关 S 动作之前电压和电流已恒定不变，在 $t=0$ 时开关由 1 合到 2，试用运算法求 $i_L(t)$（画出运算电路）.

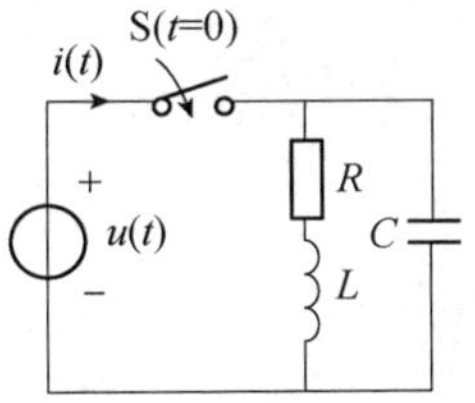

图 5.15

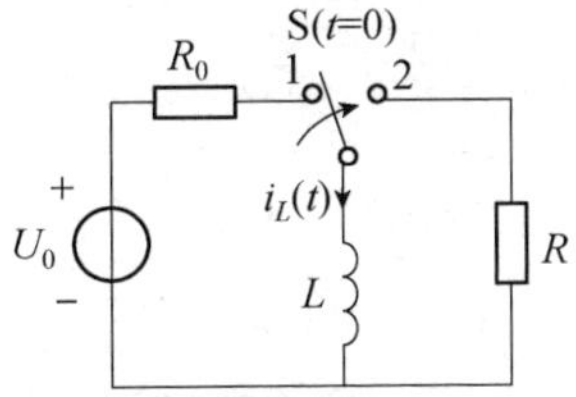

图 5.16

自测题 5

自测题答案

一、单项选择题（每题 3 分，共 18 分）

1．微分方程 $y^2y'''+(xy'')^2=x\ln y$ 的阶数为（　　）.

A．3　　　　B．5　　　　C．4　　　　D．2

2．下列微分方程中，（　　）是线性微分方程.

A．$y''x+2y'\ln x+y^2=0$；　　　　B．$y''x^2-xy=e^y$；

C．$y'''e^x+y\sin x=\ln x$；　　　　D．$y'y-xy''=\cos x$

3．微分方程 $y'+\frac{y}{x}=0$ 满足 $y(2)=1$ 的特解是（　　）.

A．$y=\frac{4}{x^2}$；　　　　B．$y=\frac{2}{x}$；　　　　C．$y=e^{x-2}$；　　　　D．$y=\log_2 x$

4．单位阶梯函数$\eta(t)=\begin{cases}0, & t<0\\1, & t\geqslant 0\end{cases}$的拉氏变换是（　　）.

A．$L[\eta(t)]=-\dfrac{1}{s}$　　B．$L[\eta(t)]=\dfrac{1}{s^2}$

C．$L[\eta(t)]=-\dfrac{1}{s^2}$　　D．$L[\eta(t)]=\dfrac{1}{s}$

5．函数$F[s]=\dfrac{1}{s+2}$的逆变换（　　）.

A．$f(t)=e^{-2t}$　　B．$f(t)=e^{2t}$　　C．$f(t)=e^{-t}$　　D．$f(t)=e^{t}$

6．函数$F[s]=\dfrac{1}{2s+3}$的逆变换（　　）.

A．$\dfrac{1}{2}e^{\frac{3}{2}t}$　　B．$\dfrac{3}{2}e^{-\frac{1}{2}t}$　　C．$\dfrac{1}{2}e^{-\frac{3}{2}t}$　　D．$\dfrac{3}{2}e^{\frac{1}{2}t}$

二、填空题（每题 3 分，共 21 分）

1．指出微分方程$x\mathrm{d}x+y^2\mathrm{d}y=0$的阶数________________.

2．已知一条曲线上任意一点处的切线斜率等于该点横坐标的平方，且该曲线过点$(1,2)$，该曲线为________________.

3．微分方程$y'=-\dfrac{y}{x}$的通解________________.

4．指数函数$f(t)=e^{at}$的拉氏变换________________.

5．函数$F[s]=\dfrac{1}{(s-2)^5}$逆变换________________.

6．函数$f(t)=t^2$的拉氏变换________________.

7．微分方程$y'=e^{x-y}$的通解是________________.

三、解答题（每题 7 分，共 49 分）

1．求微分方程$\mathrm{d}y-\sqrt{y}\,\mathrm{d}x=0$的通解.

2．验证$y=Cx^3$是方程$3y-xy'=0$的通解.

3．求微分方程$x+y'=1+y^2-xy^2$的通解.

4．正弦函数$f(t)=\sin\omega t$的拉氏变换.

5．求函数$F[s]=\dfrac{3s+5}{s^2}$的逆变换.

6．求函数$F[s]=\dfrac{s+9}{s^2+5s+6}$的逆变换.

7．求微分方程$y'=\dfrac{2}{x+1}y$的通解.

四、应用题（每题 6 分，共 12 分）

1．一质量为m的质点，在重力作用下自由下落，求其运动方程.

2．图 5.17 所示为 RL 并联电路，电流源$i_s(t)=\delta(t)$，$i_L(0_-)=0$，用运算法求$u(t)$（画出运算电路）. 已知$R=2\Omega$，$L=4\mathrm{H}$.

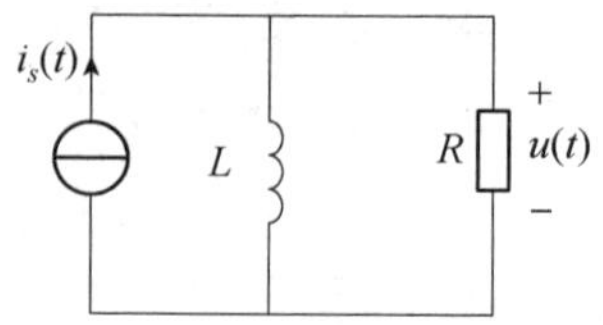

图 5.17

专业模块

第6章　多元函数微积分

在前面几章中，我们讨论的函数都只有一个自变量，这种函数称为一元函数. 但在许多实际问题中，我们往往要考虑多个变量之间的关系，反映到数学上，就是要考虑一个变量（因变量）与另外多个变量（自变量）的相互依赖关系，为此引入多元函数及多元函数的微积分问题.

熊庆来（1893—1969年），中国现代数学先驱，中国函数论的主要开拓者，主要从事函数论方面的研究，定义了一个"无穷级函数"，国际上称为"熊氏无穷数"，因此被载入世界数学史册，奠定了其在国际数学界的地位.

本章将在一元函数微积分学的基础上，进一步讨论多元函数的微积分学. 讨论中将以二元函数为主要对象，这不仅因为有关的概念和方法大都有比较直观的解释，而且这些概念和方法大都能自然推广到二元以上的多元函数.

6.1　空间解析几何简介

空间解析几何用代数方法研究空间图形的问题，它通过点和坐标的对应，把数学研究的两个基本对象——数和形统一起来.

本节我们仅简单介绍空间解析几何的一些基本概念，包括空间直角坐标系、空间两点间的距离、空间曲面及其方程等概念. 这些内容对学习多元函数的微分学和积分学将起到重要的作用.

> 平面解析几何中用代数方法研究了平面几何问题，是学习一元函数微积分不可缺少的知识.

6.1.1　空间直角坐标系

为了确定平面上任一点的位置，我们建立了平面直角坐标系. 为了确定空间上任一点的位置，下面介绍空间直角坐标系.

过空间定点 O 做三条互相垂直的数轴，以 O 为公共的原点，且通常有相同长度单位，记这三条数轴分别为 Ox 、Oy 、Oz ，统称为**坐标轴**，依次简称为 **x 轴（横轴）**、**y 轴（纵轴）**、**z 轴（竖轴）**. 通常把 x 轴和 y 轴配置在水平面上，z 轴是铅垂直线. 这样的三条坐标轴就组成了一个**空间直角坐标系**，记作 $O-xyz$. 点 O 称为**坐标原点**. 通常三条坐标轴的正向满足右手法则的坐标系，即以右手握住 z 轴，让右手的四指从 x 轴的正向以 $\dfrac{\pi}{2}$ 的角度逆时针转向 y 轴的正向时，大拇指的指向就是 z 轴的正向，如图 6.1 所示.

三条坐标轴中的任意两条可以确定一个平面，这样的平面称为**坐标平面**．三个坐标面把空间分成 8 个部分，每一部分称为一个**卦限**（见图 6.2）．x 轴、y 轴、z 轴的正半轴的卦限称为第Ⅰ卦限，从第Ⅰ卦限开始，从 Oz 轴的正向按逆时针方向看，先后出现的卦限依次称为第Ⅱ、Ⅲ、Ⅳ卦限．第Ⅰ、Ⅱ、Ⅲ、Ⅳ卦限下面的空间部分依次称为第Ⅴ、Ⅵ、Ⅶ、Ⅷ卦限．

x 轴与 y 轴所确定的坐标面称为 xOy 面，类似地有 yOz 面、zOx 面．

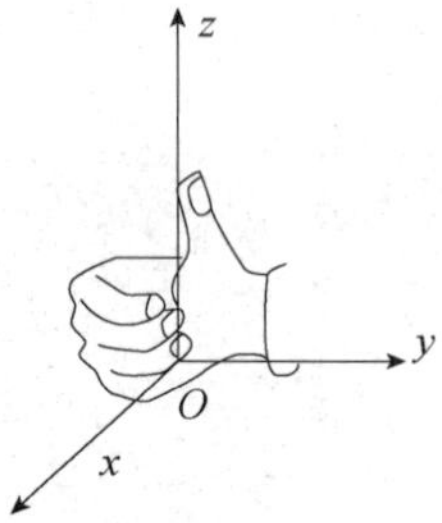

图 6.1

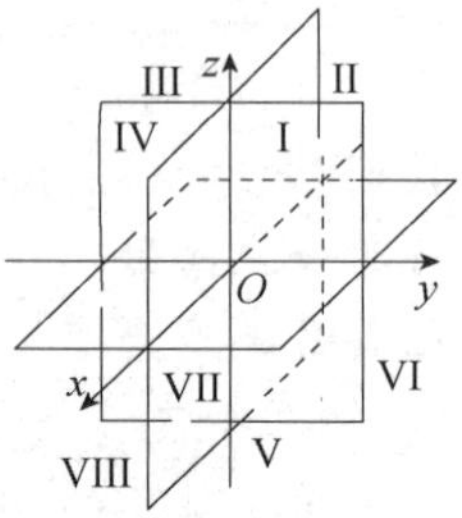

图 6.2

设空间任一点 M，若过点 M 分别做垂直于三个坐标轴的垂线，与三坐标轴分别相交于 P、Q、R 三点，且这三点在 x 轴、y 轴、z 轴上的坐标依次为 x、y、z，则点 M 唯一地确定了一组有序数组 x、y、z．这样，空间的点 M 和一组有序数组 x、y、z 之间建立了一一对应关系（见图 6.3）．有序数组 x、y、z 称为**点 M 的坐标**，记作 $M(x,y,z)$，x、y、z 依次称为点 M 的**横坐标**、**纵坐标**、**竖坐标**．

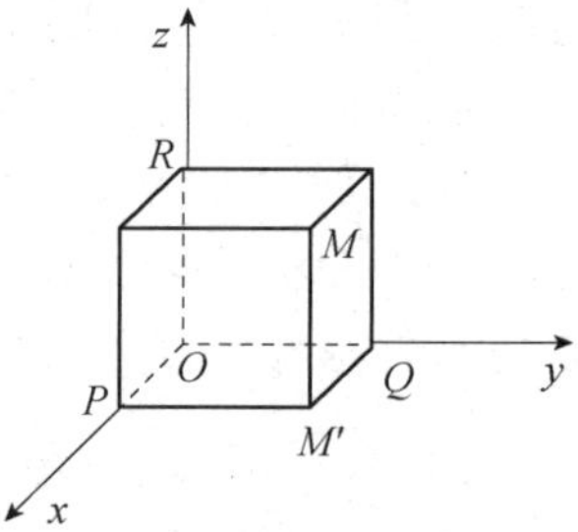

图 6.3

显然，坐标原点 O 的坐标为 $(0,0,0)$，坐标轴上的点至少有两个坐标为 0，坐标面上的点至少有一个坐标为 0．例如，点 M 在 x 轴上，均有 $y=z=0$，即有 $M(x,0,0)$；点 M 在 xOy 面上，均有 $z=0$，即有 $M(x,y,0)$．各卦限点的坐标特征如表 6.1 所示．

表 6.1

坐标 \ 符号 \ 卦限	Ⅰ	Ⅱ	Ⅲ	Ⅳ	Ⅴ	Ⅵ	Ⅶ	Ⅷ
x	+	−	−	+	+	−	−	+
y	+	+	−	−	+	+	−	−
z	+	+	+	+	−	−	−	−

例 6.1.1 设空间两点 $M_1(x_1,y_1,z_1)$、$M_2(x_2,y_2,z_2)$，求它们之间的距离．

解 过点 M_1、M_2 各做三张平面分别垂直于三个坐标轴，这 6 个平面形成以 M_1M_2 为对角线的长方体，如图 6.4 所示．

由于 $\triangle M_1BM_2$、$\triangle M_1AB$ 是直角三角形，易知

$$\begin{aligned}|M_1M_2|^2&=|M_1B|^2+|BM_2|^2\\&=|M_1A|^2+|AB|^2+|BM_2|^2\\&=(x_2-x_1)^2+(y_2-y_1)^2+(z_2-z_1)^2\end{aligned}$$

所以

$$|M_1M_2|=\sqrt{(x_2-x_1)^2+(y_2-y_1)^2+(z_2-z_1)^2}$$

称此式为**空间两点之间的距离公式**.

特别地，点 $M(x,y,z)$ 与原点 $O(0,0,0)$ 的距离为

$$|OM|=\sqrt{x^2+y^2+z^2}$$

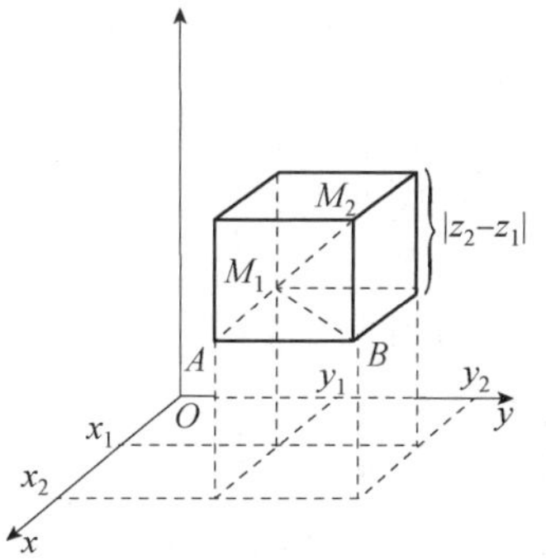

图 6.4

例 6.1.2　在 z 轴上求与点 $A(-4,1,7)$ 和 $B(3,5,-2)$ 等距离的点.

解　设所求点为 $C(0,0,z)$，由题意可知 $|AC|=|BC|$，由距离公式得

$$\sqrt{(-4-0)^2+(1-0)^2+(7-z)^2}=\sqrt{(3-0)^2+(5-0)^2+(-2-z)^2}$$

化简得 $z=\dfrac{14}{9}$，

因此所求点为 $\left(0,0,\dfrac{14}{9}\right)$.

【同步练习】

（1）求点 $M(4,-3,5)$ 到坐标原点的距离.

（2）已知 $A(1,-3,2)$，$B(0,2,5)$，求两点之间的距离.

6.1.2　空间曲面及其方程

1．曲面方程的概念

> 平面解析几何中，把平面曲线当作动点的轨迹．空间解析几何中，把空间曲面看作点的几何轨迹.

定义 6.1　在空间直角坐标系中，如果曲面 Σ 上任一点坐标都满足三元方程 $F(x,y,z)=0$，而不在曲面 Σ 上的任何点的坐标都不满足该方程，则方程 $F(x,y,z)=0$ 称为**曲面 Σ 的方程**，而曲面 Σ 就称为**方程 $F(x,y,z)=0$ 的图形**.

2．几种常见的曲面及其方程

平面是空间中最简单而且最重要的曲面．可以证明空间中任一平面都可以用三元一次方程

$$Ax+By+Cz+D=0 \tag{6.1}$$

来表示，反之亦然．其中 A、B、C、D 是不全为零的常数．方程（6.1）称为**平面的一般方程**.

球面是空间一动点到定点的距离为定值的点的轨迹．以点 $M_0(x_0,y_0,z_0)$ 为球心，R 为半径的球面可以用三元二次方程

$$(x-x_0)^2+(y-y_0)^2+(z-z_0)^2=R^2 \tag{6.2}$$

来表示，方程（6.2）称为**球面方程**.

特别地，当 $x_0=y_0=z_0=0$ 时，得到以原点 $O(0,0,0)$ 为球心，R 为半径的球面方程为

$$x^2+y^2+z^2=R^2$$

例 6.1.3 方程 $x^2+y^2+z^2-2x+4y=0$ 表示什么样的曲面？

解 原方程配方得

$$(x-1)^2+(y+2)^2+z^2=5$$

所以，原方程表示球心在 $(1,-2,0)$ 、半径为 $\sqrt{5}$ 的球面.

> 球面方程的特点：①不含交叉项；②平方项前系数相等.

> **【同步练习】**
> （1）求球面 $x^2+y^2+z^2+3x-4z+1=0$ 的球心与半径.
> （2）求球心为 $(1,2,3)$ ，半径为 $\sqrt{14}$ 的球面方程.

柱面是一动直线 L 沿给定曲线 C 平行移动所形成的曲面．动直线 L 称为**柱面的母线**，定曲线 C 称为**柱面的准线**（如图 6.5）.

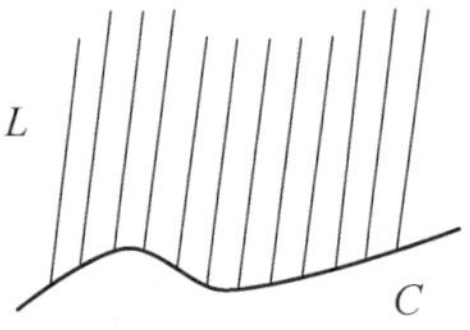

图 6.5

例如，母线平行于 z 轴，准线是 xOy 面上的曲线 C ：$\begin{cases} f(x,y)=0 \\ z=0 \end{cases}$ 的柱面方程为：$f(x,y)=0$ ；母线平行于 x 轴，准线是 yOz 面上的曲线 C ：$\begin{cases} f(y,z)=0 \\ x=0 \end{cases}$ 的柱面方程为：$f(y,z)=0$ ；母线平行于 y 轴，准线是 zOx 面上的曲线 C ：$\begin{cases} f(x,z)=0 \\ y=0 \end{cases}$ 的柱面方程为：$f(x,z)=0$.

旋转曲面是指平面一条定曲线 $\varGamma$ 绕着同一平面上一条定直线 L 旋转一周所形成的曲面．定曲线 $\varGamma$ 称为**旋转曲面的母线**，定直线 L 称为**旋转轴**.

> 坐标平面上的曲线绕该坐标面上的一条坐标轴旋转时，只要将坐标平面上的曲线方程中与旋转轴同名的变量保持不动，而将另一个变量换成与旋转轴不同名两个变量的平方和的平方根，这样所得的方程就是所求旋转曲面方程.

例如，以 yOz 面上曲线 $\varGamma$ ：$\begin{cases} f(y,z)=0 \\ x=0 \end{cases}$ 绕 z 轴旋转所形成的旋转曲面方程为：$f(\pm\sqrt{x^2+y^2},z)=0$ ；绕 y 轴旋转所形成的旋转曲面方程为：$f(y,\pm\sqrt{x^2+z^2})=0$.

在空间直角坐标系中，三元二次方程所表示的图形通常称为**二次曲面**，表 6.2 中所列的是一些常见的二次曲面方程和图形.

表 6.2

曲面	曲面方程	图像
球面	$x^2+y^2+z^2=R^2$ $(R>0)$	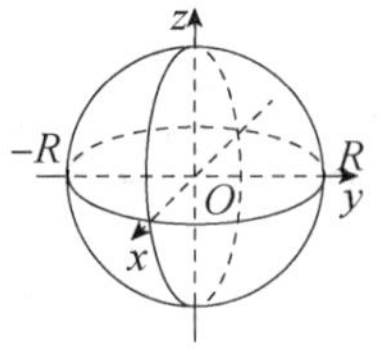

续表

曲面	曲面方程	图像
圆柱面	$x^2+y^2=R^2\ (R>0)$	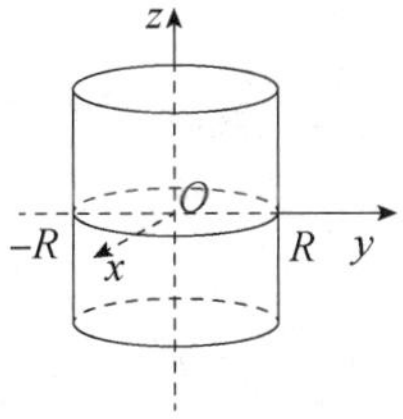
椭圆柱面	$\dfrac{x^2}{a^2}+\dfrac{z^2}{b^2}=1\ (a>0,b>0)$	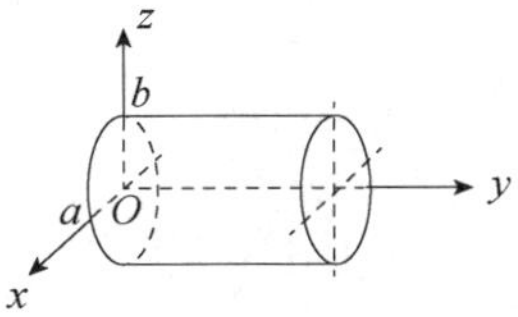
抛物柱面	$y^2=2px\ (p>0)$	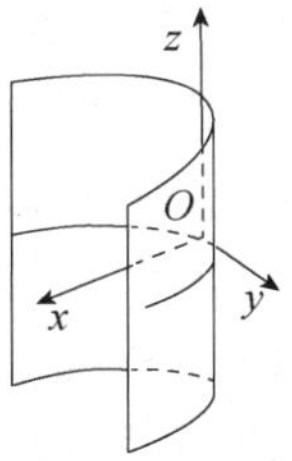
双曲柱面	$\dfrac{x^2}{a^2}-\dfrac{y^2}{b^2}=1\ (a>0,b>0)$	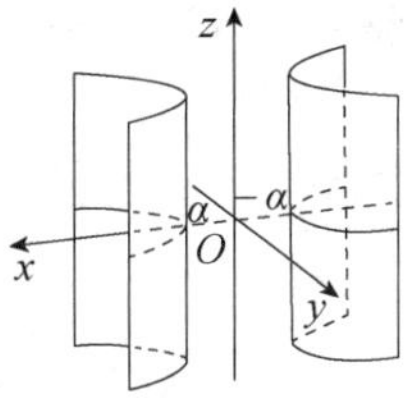
圆锥面	$z^2=a^2(x^2+y^2)\ (a\neq 0)$	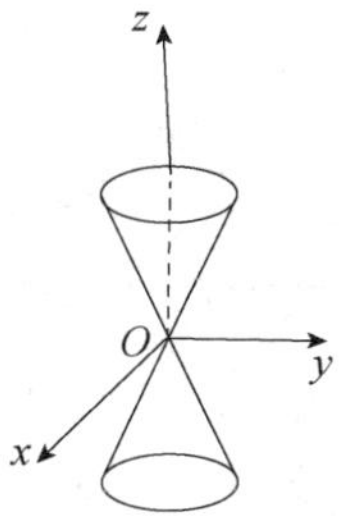
旋转椭球面	$\dfrac{x^2}{b^2}+\dfrac{y^2}{b^2}+\dfrac{z^2}{c^2}=1\ (b>0,c>0)$	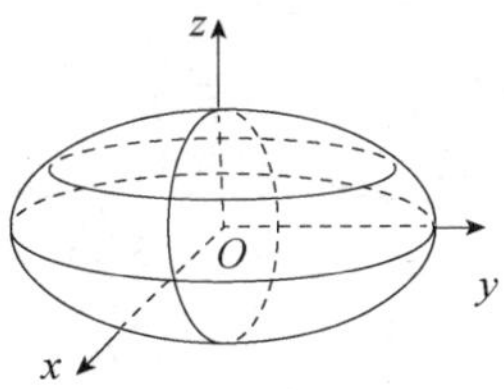

【同步练习】写出方程在空间中所表示的曲面名称：

（1）$x^2+2y^2=1$；　（2）$2x^2+2y^2=z$；　（3）$\dfrac{y^2}{9}-\dfrac{z^2}{4}=1$.

6.2 多元函数的极限与连续

6.2.1 多元函数的概念

案例 6.1	变量关系式
（圆柱体的体积）已知圆柱体的高为 h，底面半径为 r，则圆柱体的体积 V 可表示为右式.	$V=\pi r^2 h$
（理想气态方程）具有一定质量的理想气体，其体积 V、压强 P、热力学温度 T 之间的依赖关系可表示为右式.	$P=\dfrac{RT}{V}$（R 是常数）

【**分析**】圆柱体的体积 V 依赖于 r 和 h 的变化而变化，压强 P 依赖于 V 和 T 的变化而变化，这两个问题有一个共同特征：某一变量依赖于另外两个变量的变化而变化.

> 前面已讨论只有一个自变量的函数，称为一元函数. 在自然科学与工程技术问题中，常遇到含有两个或更多个自变量的函数，通常称为多元函数.

从这些问题中即可抽象出多元函数的概念.

定义 6.2 设有三个变量 x、y 和 z，如果当变量 x、y 在一定范围 D 内任意取定一对数值时，变量 z 按照一定的对应规律 f 都有唯一确定的值与它们对应，则称 z 是变量 x、y 的**二元函数**，记为 $z=f(x,y)$. 其中 x、y 称为**自变量**，z 称为**因变量**. 自变量 x、y 的取值范围 D 称为**函数的定义域**.

二元函数 $z=f(x,y)$ 在点 (x_0,y_0) 处所取得的函数值记为：

$$z\big|_{\substack{x=x_0\\y=y_0}},\quad z\big|_{(x_0,y_0)} \text{ 或 } f(x_0,y_0).$$

类似地，可以定义三元函数 $u=f(x,y,z)$ 及以上的函数，二元及二元以上的函数统称为**多元函数**.

同一元函数一样，定义域和对应规律是二元函数定义的两要素. 其定义域就是使式子有意义的自变量的变化范围，它可以是全部 xOy 坐标面，可以是一条曲线，也可以是由曲线所围成的部分平面等. 全部 xOy 坐标平面或由曲线所围成的部分平面称为**区域**，常用字母 D 表示. 围成平面区域的曲线称为该**区域的边界**. 不包括边界的区域称为**开区域**；包括边界在内的区域称为**闭区域**，包含部分边界的区域称为**半开区域**. 如果一个区域可以被包含在一个以原点为圆心，适当长为半径的圆内，则称此区域为**有界区域**；否则称为**无界区域**. 开区域内的点称为**内点**，而边界上的点称为**边界点**.

如同区间可以用不等式表示一样，区域也可以用不等式或不等式组表示.

设 $P_0(x_0,y_0)$ 是 xOy 平面上的一个定点，δ 是某一正数，以 $P_0(x_0,y_0)$ 为圆心，δ 为半径的开圆区域

$$U(P_0,\delta)=\{P\,|\,|P_0P|<\delta\}=\{(x,y)\,|\,\sqrt{(x-x_0)^2+(y-y_0)^2}<\delta\}$$

称为点 P_0 的 δ **邻域**，记为 $U(P_0,\delta)$，如图 6.6 所示.

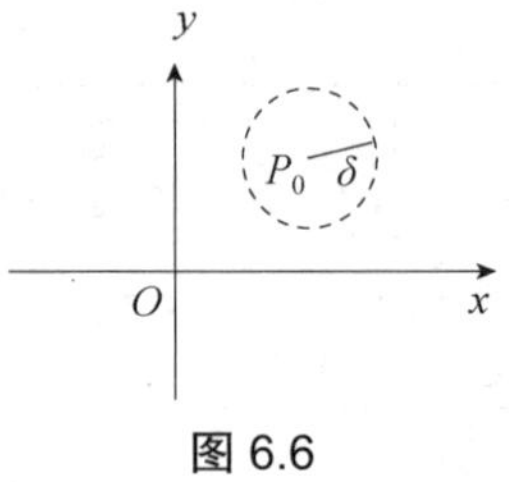

图 6.6

例 6.2.1 求下列函数的定义域 D，并画出 D 的图形：

（1）$z=\ln(y-x^2)$；

（2）$z=\sqrt{4-x^2-y^2}+\sqrt{x^2+y^2-1}$.

解　（1）因为要使函数有意义，x、y 必须满足 $y-x^2>0$，即定义域 $D=\{(x,y)\,|\,y>x^2\}$ 是以抛物线 $y=x^2$ 为边界的上方部分，不包括边界，如图 6.7 所示.

（2）因为要使函数有意义，x、y 必须满足

$$\begin{cases}4-x^2-y^2\geqslant 0\\ x^2+y^2-1\geqslant 0\end{cases}$$

即
$$1\leqslant x^2+y^2\leqslant 4$$

所以函数的定义域 $D=\{(x,y)\,|\,1\leqslant x^2+y^2\leqslant 4\}$ 是以原点为圆心的环形区域，是有界的闭区域如图 6.8 所示.

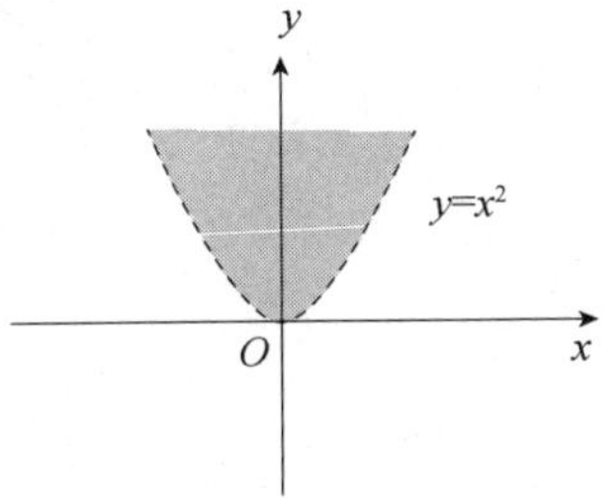

图 6.7

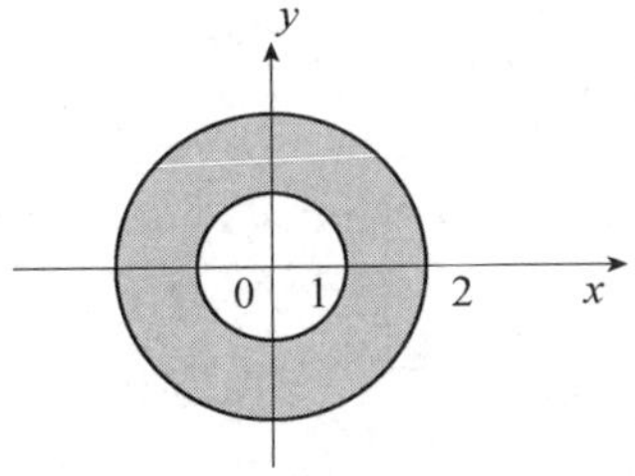

图 6.8

> **【同步练习】** 求下列函数的定义域 D，并画出 D 的图形：
>
> （1）$z=\ln(x+y)$；　（2）$z=\arcsin(x^2+y^2-2)$；　（3）$z=\sin\dfrac{1}{xy}$.

6.2.2　二元函数的极限

二元函数的极限视频

与一元函数情况类似，对于二元函数 $z=f(x,y)$，我们需要考察当自变量 x、y 无限趋向于常数 x_0、y_0 时，对应的函数值的变化趋势，这就是二元函数的极限问题.

定义 6.3　设函数 $z=f(x,y)$ 在 $M_0(x_0,y_0)$ 的某去心邻域内有定义，对邻域内任意一点 $M(x,y)$ 按任意路线无限趋向于 $M_0(x_0,y_0)$ 时，函数 $z=f(x,y)$ 的值趋向于一个确定的常数 A，则称 A 为二元函数 $z=f(x,y)$ 当点 (x,y) 趋向于点 (x_0,y_0) 时的**极限**（又称**二重极限**）. 记作

$$\lim_{\substack{x\to x_0\\ y\to y_0}} f(x,y)=A,\quad \lim_{(x,y)\to(x_0,y_0)} f(x,y)=A,\ 或 \lim_{M\to M_0} f(M)=A$$

因此，如果点 M 沿不同路径趋向于点 M_0 时，函数趋向于不同的值，则函数的极限一定不存在.

> 二元函数极限的定义中，要求点 $M(x,y)$ 按任意方式趋向于 $M_0(x_0,y_0)$.

二元函数的极限具有与一元函数极限相类似的性质和四则运算法则.

例 6.2.2　求 $\lim\limits_{\substack{x\to 1\\ y\to 2}}(3x+y)$.

解　$\lim\limits_{\substack{x\to 1\\ y\to 2}}(3x+y)=\lim\limits_{\substack{x\to 1\\ y\to 2}}3x+\lim\limits_{\substack{x\to 1\\ y\to 2}}y=3\times 1+2=5$.

例 6.2.3 求 $\lim\limits_{\substack{x\to 0\\ y\to 0}}\dfrac{\sin(x^2+y^2)}{x^2+y^2}$.

解 令 $u=x^2+y^2$，因为当 $x\to 0, y\to 0$ 时，$u\to 0$，所以

$$\lim_{\substack{x\to 0\\ y\to 0}}\frac{\sin(x^2+y^2)}{x^2+y^2}=\lim_{u\to 0}\frac{\sin u}{u}=1 .$$

***例 6.2.4** 证明函数 $f(x,y)=\dfrac{xy}{x^2+y^2}$ 在点 $(0,0)$ 处的极限不存在.

要说明极限不存在，只需要找到一条路径的极限不存在，或找到两条路径的极限值不相等即可.

证明 当点 (x,y) 沿直线 x 轴趋向于点 $(0,0)$，即当 $y=0$，$x\to 0$ 时，有

$$\lim_{\substack{x\to 0\\ y=0}}f(x,y)=\lim_{\substack{x\to 0\\ y=0}}\frac{xy}{x^2+y^2}=\lim_{\substack{x\to 0\\ y=0}}\frac{x\cdot 0}{x^2+0^2}=0 .$$

当点 (x,y) 沿直线 $y=x$ 趋向于点 $(0,0)$，即当 $y=x$，$x\to 0$ 时，有

$$\lim_{\substack{x\to 0\\ y=x\to 0}}f(x,y)=\lim_{\substack{x\to 0\\ y=x\to 0}}\frac{xy}{x^2+y^2}=\lim_{\substack{x\to 0\\ y=x\to 0}}\frac{x\cdot x}{x^2+x^2}=\frac{1}{2} .$$

所以，$f(x,y)=\dfrac{xy}{x^2+y^2}$ 在点 $(0,0)$ 处的极限不存在.

【同步练习】求下列二元函数极限：

（1）$\lim\limits_{\substack{x\to 3\\ y\to -4}}\sqrt{x^2+y^2}$；（2）$\lim\limits_{\substack{x\to 0\\ y\to 0}}(x^2+y^2)\sin\dfrac{1}{x^2+y^2}$.

6.2.3 二元函数的连续性

定义 6.4 设函数 $z=f(x,y)$ 在点 $M_0(x_0,y_0)$ 及其某邻域内有定义，如果当点 $M(x,y)$ 趋向于点 $M_0(x_0,y_0)$ 时，函数 $z=f(x,y)$ 的极限存在，且等于它在点 $M_0(x_0,y_0)$ 处的函数值 $f(x_0,y_0)$，即

$$\lim_{\substack{x\to x_0\\ y\to y_0}}f(x,y)=f(x_0,y_0)$$

则称函数 $z=f(x,y)$ 在点 $M_0(x_0,y_0)$ 处**连续**，称 (x_0,y_0) 为**连续点**. 否则称函数 $z=f(x,y)$ 在点 $M_0(x_0,y_0)$ 处**间断**，称 (x_0,y_0) 为**间断点**.

二元连续函数经过有限次的四则运算后仍是连续函数，二元连续函数经过有限次的复合后的函数也仍是连续函数，因此，多元初等函数在其定义域内也是连续的.

由例 6.2.4 可知，函数 $f(x,y)=\dfrac{xy}{x^2+y^2}$ 在点 $(0,0)$ 处的极限不存在，

故函数 $g(x,y)=\begin{cases}\dfrac{xy}{x^2+y^2}, & x^2+y^2\neq 0\\ 1, & x^2+y^2=0\end{cases}$ 在点 $(0,0)$ 处不连续.

如果函数 $z=f(x,y)$ 在区域 D 内的每一点都连续，则称函数 $z=f(x,y)$ 在区域 D 内连续，此时称 $z=f(x,y)$ 是区域 D 内的**连续函数**. 二元连续函数的图形是一张无孔隙、无裂缝的曲面.

以上关于二元函数极限与连续的讨论完全可以推广到三元及三元以上的函数.

6.3　多元函数微分及其应用

6.3.1　偏导数

1. 偏导数的概念

在研究一元函数时，我们已经看到函数变化率（导数）的重要性. 对于多元函数，同样需要研究它的变化率，常常需要考虑各个方向的变化率，所以要对不同的自变量分别求变化率，这就产生了偏导数.

案例 6.2　具有一定质量的理想气体，其压强 P 、体积 V 、热力学温度 T 三者之间的依赖关系为 $P=\dfrac{RT}{V}$（R 是常数），分析压强 P 随体积 V 或温度 T 单一变量变化的情况.

【分析】 如果研究当温度 T 不变（等温过程）的条件下，此时将 P 视为 V 的一元函数，压强 P 对体积 V 的变化率为 $P_V'=-\dfrac{RT}{V^2}$；研究保持体积 V 不变的条件下，此时将 P 视为 T 的一元函数，压强 P 对温度 T 的变化率为 $P_T'=\dfrac{R}{V}$.

> 变化率的特点是，考虑函数对其中某一自变量的变化率，此时把其余自变量都看成了常量进行求导得到，这种形式的变化率称为多元函数的偏导数.

定义 6.5　设函数 $z=f(x,y)$ 在点 (x_0,y_0) 的某个邻域内有定义，当 x 在 x_0 处有改变量 $\Delta x(\neq 0)$ ，而 $y=y_0$ 保持不变时，函数 z 得到一个改变量

$$\Delta_x z=f(x_0+\Delta x,y_0)-f(x_0,y_0),$$

称为**函数 z 对 x 的偏增量**. 如果当 $\Delta x\to 0$ 时，极限

$$\lim_{\Delta x\to 0}\frac{\Delta_x z}{\Delta x}=\lim_{\Delta x\to 0}\frac{f(x_0+\Delta x,y_0)-f(x_0,y_0)}{\Delta x}$$

存在，则称此极限值为函数 $z=f(x,y)$ 在点 (x_0,y_0) 处**对 x 的偏导数**，记作

$$f_x'(x_0,y_0),\quad \left.\frac{\partial z}{\partial x}\right|_{\substack{x=x_0\\y=y_0}},\quad \left.\frac{\partial f}{\partial x}\right|_{\substack{x=x_0\\y=y_0}},\quad 或\ \left.z_x'\right|_{\substack{x=x_0\\y=y_0}}$$

类似地，称 $\Delta_y z=f(x_0,y_0+\Delta y)-f(x_0,y_0)$ 为**函数 z 对 y 的偏增量**. 如果极限

$$\lim_{\Delta y\to 0}\frac{\Delta_y z}{\Delta y}=\lim_{\Delta y\to 0}\frac{f(x_0,y_0+\Delta y)-f(x_0,y_0)}{\Delta y}$$

存在，则称此极限值为函数 $z=f(x,y)$ 在点 (x_0,y_0) 处**对 y 的偏导数**，记作

$$f_y'(x_0,y_0),\quad \left.\frac{\partial z}{\partial y}\right|_{\substack{x=x_0\\y=y_0}},\quad \left.\frac{\partial f}{\partial y}\right|_{\substack{x=x_0\\y=y_0}},\quad 或\ \left.z_y'\right|_{\substack{x=x_0\\y=y_0}}$$

如果函数 $z=f(x,y)$ 在平面区域 D 内每一个点 (x,y) 处对 x 的偏导数都存在，称函数 $z=f(x,y)$ 在 D 内有对 x 的偏导数，这偏导数仍是 x ，y 的函数，此函数称为函数 $z=f(x,y)$ **对自变量 x 的偏导函数**，记作 $\dfrac{\partial z}{\partial x}$，$\dfrac{\partial f(x,y)}{\partial x}$，$z_x'$，或 $f_x'(x,y)$. 类似地，可以定义函数 $z=f(x,y)$

关于**自变量 y 的偏导函数**，记作 $\dfrac{\partial z}{\partial y}$，$\dfrac{\partial f(x,y)}{\partial y}$，$z'_y$，或 $f'_y(x,y)$．在不致混淆的情况下，偏导函数也简称为偏导数．

偏导数的概念可以推广到二元以上的函数．

由偏导数的定义可知，求二元函数对某一个自变量的偏导数，只需将另一个变量看作常数，对该变量用一元函数求导法则即可求得．并且函数 $z=f(x,y)$ 在点 (x_0,y_0) 处对 x 的偏导数 $f'_x(x_0,y_0)$ 就是偏导函数 $f'_x(x,y)$ 在点 (x_0,y_0) 处的函数值；$f'_y(x_0,y_0)$ 就是偏导函数 $f'_y(x,y)$ 在点 (x_0,y_0) 处的函数值．

例 6.3.1 求函数 $z=x^y\ (x>0)$ 的偏导数 $\dfrac{\partial z}{\partial x}$，$\dfrac{\partial z}{\partial y}$．

解 将 y 看成常数，对 x 求导，利用幂函数的求导公式可得

$$\frac{\partial z}{\partial x}=yx^{y-1}.$$

将 x 看成常数，对 y 求导，利用指数函数的求导公式可得

$$\frac{\partial z}{\partial y}=x^y\ln x.$$

例 6.3.2 求函数 $f(x,y)=x^3+3xy+y^2$ 在点 $(0,1)$ 处的偏导数．

解 由于 $f_x'(x,y)=3x^2+3y$，$f_y'(x,y)=3x+2y$

将 $x=0$，$y=1$ 代入可得

$$f_x'(0,1)=(3x^2+3y)\Big|_{\substack{x=0\\y=1}}=3,\quad f_y'(0,1)=(3x+2y)\Big|_{\substack{x=0\\y=1}}=2.$$

例 6.3.3 在直流电路中，电流 I、电压 U 和电阻 R 的关系为 $I=\dfrac{U}{R}$．求 $\dfrac{\partial I}{\partial U}$，$\dfrac{\partial I}{\partial R}$．

解 将 R 看成常数，对 U 求导，得 $\dfrac{\partial I}{\partial U}=\dfrac{1}{R}$，

将 U 看成常数，对 R 求导，得 $\dfrac{\partial I}{\partial R}=U\cdot\left(-\dfrac{1}{R^2}\right)=-\dfrac{U}{R^2}$．

要注意的是，偏导数 $\dfrac{\partial z}{\partial x}$、$\dfrac{\partial z}{\partial y}$ 等记号为一个整体记号，不能看成 ∂z 与 ∂x，∂z 与 ∂y 之商，这与一元函数的导数记号 $\dfrac{\mathrm{d}y}{\mathrm{d}x}$ 有本质的区别，因为 $\dfrac{\mathrm{d}y}{\mathrm{d}x}$ 可以看成 $\mathrm{d}y$ 与 $\mathrm{d}x$ 之商，即微商．

> 二元函数 $z=f(x,y)$ 在点 (x_0,y_0) 处的偏导数都存在，却不能保证函数在该点连续．

> **【同步练习】**
> （1）已知函数 $z=5x^2-3y^4$，求 z'_x，z'_y．
> （2）求函数 $f(x,y)=x^2+3xy+y-1$ 在点 $(4,-5)$ 处的偏导数．

2. 偏导数的几何意义

我们知道，一元函数 $y=f(x)$ 的导数的几何意义是曲线 $y=f(x)$ 在点 (x_0,y_0) 处切线的斜率，而二元函数 $z=f(x,y)$ 在点 (x_0,y_0) 处的偏导数，实际上就是一元函数 $z=f(x,y_0)$ 在点 $x=x_0$ 处的导数，及 $z=f(x_0,y)$ 在点 $y=y_0$ 处的导数．因此，二元函数 $z=f(x,y)$ 的偏导数的

几何意义也是曲线切线的斜率，如 $\left.\dfrac{\partial z}{\partial x}\right|_{\substack{x=x_0\\y=y_0}}$ 表示曲面 $z=f(x,y)$ 与平面 $y=y_0$ 相交的曲线在点 $(x_0,y_0,\ f(x_0,y_0))$ 处的切线关于 x 轴的斜率，即 $\left.\dfrac{\partial z}{\partial x}\right|_{\substack{x=x_0\\y=y_0}}=\tan\alpha$；$\left.\dfrac{\partial z}{\partial y}\right|_{\substack{x=x_0\\y=y_0}}$ 表示曲面 $z=f(x,y)$ 与平面 $x=x_0$ 相交的曲线在点 $(x_0,y_0,\ f(x_0,y_0))$ 处的切线关于 y 轴的斜率，即 $\left.\dfrac{\partial z}{\partial y}\right|_{\substack{x=x_0\\y=y_0}}=\tan\beta$，如图 6.9 所示.

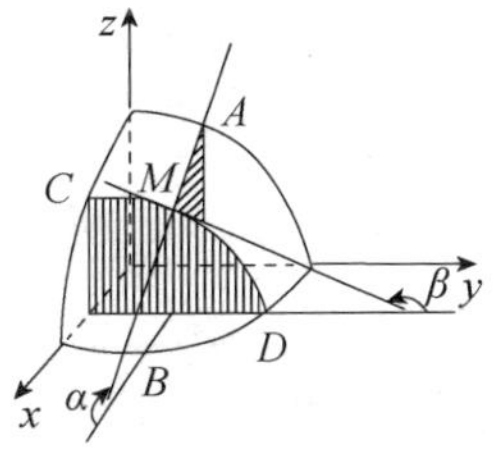

图 6.9

3. 高阶偏导数

如果函数 $z=f(x,y)$ 的两个偏导数 $\dfrac{\partial z}{\partial x}=f'_x(x,y)$，$\dfrac{\partial z}{\partial y}=f'_y(x,y)$ 在平面区域 D 内仍然是 x，y 的二元函数，且这两个函数关于 x，y 的偏导数也存在，则称它们的偏导数为函数 $z=f(x,y)$ 的**二阶偏导数**. 依照对变量的不同求导次序，二阶偏导数有如下 4 个：

$$\left(\frac{\partial z}{\partial x}\right)'_x=\frac{\partial}{\partial x}\left(\frac{\partial z}{\partial x}\right)，记为\frac{\partial^2 z}{\partial x^2}，\ z''_{xx}，\ 或 f''_{xx}(x,y)；$$

$$\left(\frac{\partial z}{\partial x}\right)'_y=\frac{\partial}{\partial y}\left(\frac{\partial z}{\partial x}\right)，记为\frac{\partial^2 z}{\partial x\partial y}，\ z''_{xy}，\ 或 f''_{xy}(x,y)；$$

$$\left(\frac{\partial z}{\partial y}\right)'_x=\frac{\partial}{\partial x}\left(\frac{\partial z}{\partial y}\right)，记为\frac{\partial^2 z}{\partial y\partial x}，\ z''_{yx}，\ 或 f''_{yx}(x,y)；$$

$$\left(\frac{\partial z}{\partial y}\right)'_y=\frac{\partial}{\partial y}\left(\frac{\partial z}{\partial y}\right)，记为\frac{\partial^2 z}{\partial y^2}，\ z''_{yy}，\ 或 f''_{yy}(x,y).$$

其中，$f''_{xy}(x,y)$ 和 $f''_{yx}(x,y)$ 称为**二阶混合偏导数**.

类似地，可以定义三阶、四阶、…、n 阶偏导数. 二阶及二阶以上的偏导数称为**高阶偏导数**. 而 $f'_x(x,y)$、$f'_y(x,y)$ 称为函数 $z=f(x,y)$ 的**一阶偏导数**.

例 6.3.4　求函数 $z=x^3y^2-3xy^3-xy+1$ 的所有二阶偏导数.

解　因为 $\dfrac{\partial z}{\partial x}=3x^2y^2-3y^3-y$，$\dfrac{\partial z}{\partial y}=2x^3y-9xy^2-x$，

所以

$$\frac{\partial^2 z}{\partial x^2}=(3x^2y^2-3y^3-y)'_x=6xy^2,$$

$$\frac{\partial^2 z}{\partial x\partial y}=(3x^2y^2-3y^3-y)'_y=6x^2y-9y^2-1,$$

$$\frac{\partial^2 z}{\partial y\partial x}=(2x^3y-9xy^2-x)'_x=6x^2y-9y^2-1,$$

$$\frac{\partial^2 z}{\partial y^2}=(2x^3y-9xy^2-x)'_y=2x^3-18xy.$$

本例中可以看出 $\dfrac{\partial^2 z}{\partial x\partial y}=\dfrac{\partial^2 z}{\partial y\partial x}$，这不是偶然的，有下述定理.

定理 6.1 如果函数 $z=f(x,y)$ 的两个二阶混合偏导数 $f''_{xy}(x,y)$、$f''_{yx}(x,y)$ 在区域 D 内连续，则在该区域内这两个混合偏导数相等，即 $f''_{xy}(x,y)=f''_{yx}(x,y)$.

定理说明，当二阶混合偏导数在区域 D 内连续时，求导结果与求导次序无关. 这个定理也适用于三元及三元以上的函数.

【**同步练习**】求 $z=x^4+y^4-4x^2y^2$ 的所有二阶偏导数.

6.3.2 全微分

案例 6.3 一块长方形金属薄片，长为 x_0，宽为 y_0，受温度变化的影响，其长由 x_0 变化到 $x_0+\Delta x$，宽由 y_0 变化到 $y_0+\Delta y$，问此薄片的面积改变了多少？

【**分析**】设长方形金属薄片的面积为 A，则有 $A=xy$，显然当长由 x_0 变化到 $x_0+\Delta x$，宽由 y_0 变化到 $y_0+\Delta y$ 时，面积的改变量为

$$\Delta A=(x_0+\Delta x)(y_0+\Delta y)-x_0y_0=y_0\Delta x+x_0\Delta y+\Delta x\Delta y$$

其中，$y_0\Delta x+x_0\Delta y$ 是关于 Δx、Δy 的线性函数，而 $\Delta x\Delta y$ 是比 ρ 较高阶的无穷小量，$\rho=\sqrt{\Delta x^2+\Delta y^2}$，当 $|\Delta x|<0.01$，$|\Delta y|<0.01$ 时，$\Delta A\approx y_0\Delta x+x_0\Delta y$，也就是说当 Δx、Δy 很小时，我们就用 Δx、Δy 的线性函数 $y_0\Delta x+x_0\Delta y$ 近似代替 ΔA.

定义 6.6 设函数 $z=f(x,y)$ 在点 (x_0,y_0) 的某个邻域内有定义，当自变量 x、y 在点 (x_0,y_0) 处分别有改变量 Δx、Δy 时，相应的函数 z 的改变量为

$$\Delta z=f(x_0+\Delta x,y_0+\Delta y)-f(x_0,y_0)$$

称为函数 z 在点 (x_0,y_0) 的**全增量**.

定义 6.7 如果函数 $z=f(x,y)$ 在点 (x_0,y_0) 处的全增量 Δz 可以表示为

$$\Delta z=A\Delta x+B\Delta y+o(\rho)$$

其中，A、B 与 Δx、Δy 无关，$\rho=\sqrt{\Delta x^2+\Delta y^2}$，$o(\rho)$ 表示一个比 ρ 较高阶的无穷小量，则称 $z=f(x,y)$ 在点 (x_0,y_0) **处可微**. 称 $A\Delta x+B\Delta y$ 为函数 $z=f(x,y)$ 在点 (x_0,y_0) **处的全微分**. 记作 $\mathrm{d}z\big|_{\substack{x=x_0\\y=y_0}}$ 或 $\mathrm{d}z\,|_{(x_0,y_0)}$，即

$$\mathrm{d}z\big|_{\substack{x=x_0\\y=y_0}}=A\Delta x+B\Delta y$$

如果函数在区域 D 内每一点都可微，则称函数 $z=f(x,y)$ 在**区域 D 内可微**.

与一元函数类似，二元函数有如下性质：

定理 6.2 如果函数 $z=f(x,y)$ 在点 (x,y) 处可微，则函数 $z=f(x,y)$ 在点 (x,y) 处连续.

定理 6.3（可微的必要条件） 如果函数 $z=f(x,y)$ 在点 (x,y) 处可微，则 $z=f(x,y)$ 在点 (x,y) 处的偏导数 $\dfrac{\partial z}{\partial x}$、$\dfrac{\partial z}{\partial y}$ 存在，并且

$$\mathrm{d}z=\frac{\partial z}{\partial x}\mathrm{d}x+\frac{\partial z}{\partial y}\mathrm{d}y,$$

称此式为**函数 $z=f(x,y)$ 的全微分公式**.

定理 6.4（可微的充分条件） 如果函数 $z=f(x,y)$ 在点 (x,y) 的某一邻域内有连续的偏导数 $f_x'(x,y)$ 和 $f_y'(x,y)$，则函数 $z=f(x,y)$ 在点 (x,y) 处可微.

值得指出的是，在一元函数中，可微与可导是等价的，但在多元函数里，这个结论并不成立. 如在二元函数中，偏导数都存在但不一定可微，二元函数在点 (x,y) 处可微、偏导数存在与连续之间的关系如下：

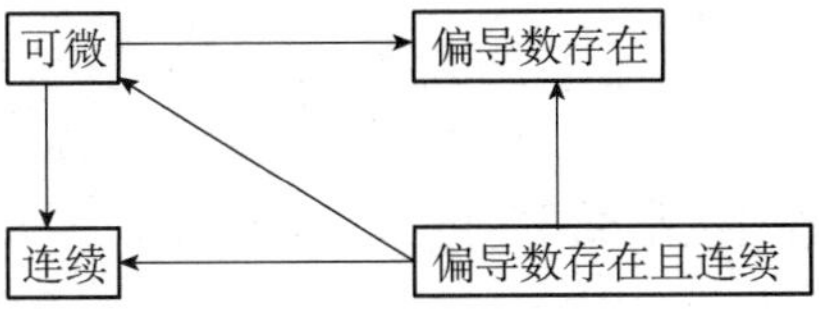

以上二元函数的可微条件与全微分公式可以推广到更一般的情形. 例如，三元函数 $u=f(x,y,z)$，如果三个偏导数 $\frac{\partial u}{\partial x}$、$\frac{\partial u}{\partial y}$、$\frac{\partial u}{\partial z}$ 都存在且连续，则 $u=f(x,y,z)$ 可微且全微分公式为：

$$\mathrm{d}u=\frac{\partial u}{\partial x}\mathrm{d}x+\frac{\partial u}{\partial y}\mathrm{d}y+\frac{\partial u}{\partial z}\mathrm{d}z .$$

由以上定理可知，求函数的全微分，只需要先求函数的所有偏导数，然后代入全微分公式即可.

微分的四则运算法则及微分形式的不变性在多元函数中仍成立，也可以利用微分的运算法则来求全微分.

例 6.3.5 求函数 $z=x^y\,(x>0)$ 的全微分 $\mathrm{d}z$.

解 因为 $\frac{\partial z}{\partial x}=yx^{y-1}$，$\frac{\partial z}{\partial y}=x^y\ln x$，

所以，由全微分公式可得

$$\mathrm{d}z=yx^{y-1}\mathrm{d}x+x^y\ln x\mathrm{d}y .$$

例 6.3.6 求函数 $z=\mathrm{e}^{xy}$ 在点 $(2,1)$ 处的全微分 $\mathrm{d}z\big|_{\substack{x=2\\y=1}}$.

解 因为 $\frac{\partial z}{\partial x}=y\mathrm{e}^{xy}$，$\frac{\partial z}{\partial y}=x\mathrm{e}^{xy}$，

所以，$\frac{\partial z}{\partial x}\bigg|_{\substack{x=2\\y=1}}=(y\mathrm{e}^{xy})\big|_{\substack{x=2\\y=1}}=\mathrm{e}^2$，$\frac{\partial z}{\partial y}\bigg|_{\substack{x=2\\y=1}}=(x\mathrm{e}^{xy})\big|_{\substack{x=2\\y=1}}=2\mathrm{e}^2$.

由全微分公式可得：

$$\mathrm{d}z\big|_{\substack{x=2\\y=1}}=\frac{\partial z}{\partial x}\bigg|_{\substack{x=2\\y=1}}\mathrm{d}x+\frac{\partial z}{\partial y}\bigg|_{\substack{x=2\\y=1}}\mathrm{d}y=\mathrm{e}^2\mathrm{d}x+2\mathrm{e}^2\mathrm{d}y .$$

【同步练习】（1）求 $z=x^2+6xy+3y^2$ 的全微分；
（2）求 $z=x^3+2y^2-3xy^2$ 在点 $(1,1)$ 处的全微分.

例 6.3.7 某工厂制造正圆柱形的高为 25 厘米、半径为 5 厘米的蜜糖存储罐，当高 h 和半径 r 分别有微小的变化 $\mathrm{d}h$ 和 $\mathrm{d}r$ 时，罐的体积 V 近似的变化值 $\mathrm{d}V$ 是多少？

解 正圆柱形的罐的体积

$$V=\pi r^2h$$

所以，$V_r'\big|_{\substack{r=5\\h=25}}=(2\pi rh)\big|_{\substack{r=5\\h=25}}=250\pi$，$V_h'\big|_{\substack{r=5\\h=25}}=(\pi r^2)\big|_{\substack{r=5\\h=25}}=25\pi$，

由此，半径 r 和高 h 的微小变化 $\mathrm{d}r$ 和 $\mathrm{d}h$ 引起的罐的体积 V 近似的变化值是

$$\mathrm{d}V = V_r'\Big|_{\substack{r=5\\h=25}}\mathrm{d}r + V_h'\Big|_{\substack{r=5\\h=25}}\mathrm{d}h = 250\pi\mathrm{d}r + 25\pi\mathrm{d}h.$$

此结果告诉我们，半径 r 变化1个单位，V 将变化大约 250π 个单位；高 h 变化1个单位，V 将变化大约 25π 个单位．罐的体积 V 对 r 的微小变化的敏感度是对 h 的同样大小的变化的敏感度的10倍．如果作为一个关注确保蜜糖存储罐有准确体积的质量控制工程师，将对半径给予特别的注意．

*6.3.3　多元复合函数的求导法则

在前面章节中，我们学过一元复合函数的求导法则，如果函数 $y = f(u)$ 对 u 可导，$u = \varphi(x)$ 对 x 可导，则

$$\frac{\mathrm{d}y}{\mathrm{d}x} = \frac{\mathrm{d}y}{\mathrm{d}u}\cdot\frac{\mathrm{d}u}{\mathrm{d}x} = f'(u)\cdot\varphi'(x).$$

而多元函数的复合函数大致可以分为两种情形，因此求导问题也相对比较复杂，这里对多元复合函数的求导问题做简单讨论．

定理 6.5（多元复合函数的全导数）　如果一元函数 $u = \varphi(t)$、$v = \psi(t)$ 在点 t 处可导，二元函数 $z = f(u,v)$ 在对应的点 (u,v) 处有一阶连续偏导数 $\frac{\partial z}{\partial u}$、$\frac{\partial z}{\partial v}$，则复合函数 $z = f\left[\varphi(t),\psi(t)\right]$ 在点 t 处可导，这时函数 z 对 t 的导数称为**全导数**，记为 $\frac{\mathrm{d}z}{\mathrm{d}t}$，且全导数为

$$\frac{\mathrm{d}z}{\mathrm{d}t} = \frac{\partial z}{\partial u}\cdot\frac{\mathrm{d}u}{\mathrm{d}t} + \frac{\partial z}{\partial v}\cdot\frac{\mathrm{d}v}{\mathrm{d}t} \tag{6.3}$$

由定理可知，复合函数的中间变量为一元函数，复合后得到的是一元函数，它的导数称为全导数，公式（6.3）常用右边线路图记忆．

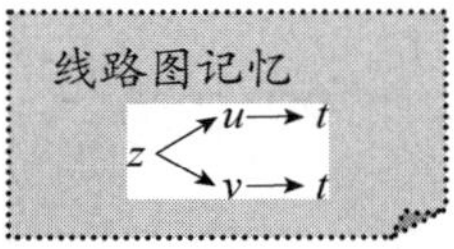

线路图表示：为求 $\frac{\mathrm{d}z}{\mathrm{d}t}$，从函数 z 开始沿每条路径往下读到自变量 t，把一条路径上的导数相乘，然后把乘积相加．因此，我们通常把多元复合函数的求导法则称为**链式求导法则**．一般地，函数到达自变量有几条路径，就有几项相加，而一条路径中有几个环节，这项就有几个导数（或偏导数）相乘．

上述定理中的中间变量为一元函数，推广到中间变量为多元函数的情形，即有如下定理．

定理 6.6（多元复合函数的偏导数）　如果函数 $u = \varphi(x,y)$、$v = \psi(x,y)$ 在点 (x,y) 处的偏导数 $\frac{\partial u}{\partial x}$、$\frac{\partial u}{\partial y}$ 及 $\frac{\partial v}{\partial x}$、$\frac{\partial v}{\partial y}$ 都存在，函数 $z = f(u,v)$ 在对应点 (u,v) 处有连续的偏导数 $\frac{\partial z}{\partial u}$、$\frac{\partial z}{\partial v}$，则复合函数 $z = f\left[\varphi(x,y),\psi(x,y)\right]$ 在点 (x,y) 处的两个偏导数存在，且

$$\frac{\partial z}{\partial x} = \frac{\partial z}{\partial u}\cdot\frac{\partial u}{\partial x} + \frac{\partial z}{\partial v}\cdot\frac{\partial v}{\partial x},\quad \frac{\partial z}{\partial y} = \frac{\partial z}{\partial u}\cdot\frac{\partial u}{\partial y} + \frac{\partial z}{\partial v}\cdot\frac{\partial v}{\partial y}. \tag{6.4}$$

公式（6.4）常用右边的线路图记忆．

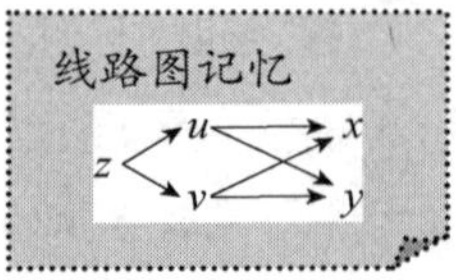

对于自变量或中间变量多于两个的情形，也有相应的链式求导法则．

例 6.3.8　设 $z = uv^2 + \sin(u+v)$，$u = 3t^2$，$v = \ln t$，求 $\frac{\mathrm{d}z}{\mathrm{d}t}$．

解　因为 $\dfrac{\partial z}{\partial u}=v^2+\cos(u+v)$，$\dfrac{\partial z}{\partial v}=2uv+\cos(u+v)$，

$$\frac{\mathrm{d}u}{\mathrm{d}t}=6t\text{，}\quad \frac{\mathrm{d}v}{\mathrm{d}t}=\frac{1}{t}.$$

由公式（6.3）可得
$$\begin{aligned}\frac{\mathrm{d}z}{\mathrm{d}t}&=\frac{\partial z}{\partial u}\cdot\frac{\mathrm{d}u}{\mathrm{d}t}+\frac{\partial z}{\partial v}\cdot\frac{\mathrm{d}v}{\mathrm{d}t}\\
&=[v^2+\cos(u+v)]\cdot 6t+[2uv+\cos(u+v)]\cdot\frac{1}{t}\\
&=\left(6tv+\frac{2}{t}u\right)v+\left(6t+\frac{1}{t}\right)\cos(u+v)\\
&=\left(6t\ln t+\frac{2}{t}3t^2\right)\ln t+\left(6t+\frac{1}{t}\right)\cos\left(3t^2+\ln t\right)\\
&=6t\ln t(\ln t+1)+\frac{1}{t}(6t^2+1)\cos\left(3t^2+\ln t\right)\end{aligned}$$

例 6.3.9　设 $z=\mathrm{e}^u\sin v$，$u=xy$，$v=3x-y$，求 $\dfrac{\partial z}{\partial x}$，$\dfrac{\partial z}{\partial y}$.

解　因为 $\dfrac{\partial z}{\partial u}=\mathrm{e}^u\sin v$，$\dfrac{\partial z}{\partial v}=\mathrm{e}^u\cos v$；

$$\frac{\partial u}{\partial x}=y\text{，}\quad\frac{\partial u}{\partial y}=x\text{，}\quad\frac{\partial v}{\partial x}=3\text{，}\quad\frac{\partial v}{\partial y}=-1.$$

由公式（6.4）可得
$$\begin{aligned}\frac{\partial z}{\partial x}&=\mathrm{e}^u\sin v\cdot y+\mathrm{e}^u\cos v\cdot 3\\
&=\mathrm{e}^u(y\sin v+3\cos v)\\
&=\mathrm{e}^{xy}[y\sin(3x-y)+3\cos(3x-y)]\end{aligned}$$
$$\begin{aligned}\frac{\partial z}{\partial y}&=\mathrm{e}^u\sin v\cdot x+\mathrm{e}^u\cos v\cdot(-1)\\
&=\mathrm{e}^u(x\sin v-\cos v)\\
&=\mathrm{e}^{xy}[x\sin(3x-y)-\cos(3x-y)]\end{aligned}$$

求多元复合函数的偏导数时要注意以下几点：

（1）要搞清楚函数的复合关系（线路图）.

（2）对某个自变量求偏导数，应注意要经过一切有关的中间变量对该自变量求导.

（3）对函数的变量个数要清楚，严格区别导数 $\dfrac{\mathrm{d}z}{\mathrm{d}x}$ 与偏导数 $\dfrac{\partial z}{\partial x}$ 的记号，不能混淆.

例 6.3.10　若椭圆 $\dfrac{x^2}{a^2}+\dfrac{y^2}{b^2}=1$ 的长、短半轴 a、b 都随时间 t 增长，假设它们的增长速率分别为 3cm/min 和 2cm/min，问当 a=200cm，b=180cm 时，椭圆面积 $S=\pi ab$ 的增长速率是多少？

解　由已知可得 $\dfrac{\mathrm{d}a}{\mathrm{d}t}=3$，$\dfrac{\mathrm{d}b}{\mathrm{d}t}=2$.

因此有
$$\frac{\mathrm{d}S}{\mathrm{d}t}=\frac{\partial S}{\partial a}\cdot\frac{\mathrm{d}a}{\mathrm{d}t}+\frac{\partial S}{\partial b}\cdot\frac{\mathrm{d}b}{\mathrm{d}t}=\pi b\cdot 3+\pi a\cdot 2=3\pi b+2\pi a.$$

所以，

$$\left.\frac{\mathrm{d}S}{\mathrm{d}t}\right|_{\substack{a=200\\b=180}}=(3\pi b+2\pi a)\big|_{\substack{a=200\\b=180}}=540\pi+400\pi=940\pi\ (\mathrm{cm}^2/\mathrm{min}).$$

也就是说，当 a=200cm，b=180cm 时，椭圆面积 $S=\pi ab$ 的增长速率是 $940\pi\ \mathrm{cm}^2/\mathrm{min}$.

【同步练习】

（1）设 $z=\mathrm{e}^{2u-3v}$，$u=\sin x$，$v=x^2$，求 $\dfrac{\mathrm{d}z}{\mathrm{d}x}$.

（2）设 $z=\mathrm{e}^u\cos v$，$u=x^2y$，$v=x+3y$，求 $\dfrac{\partial z}{\partial x}$，$\dfrac{\partial z}{\partial y}$.

*6.3.4 隐函数的求导法则

在一元函数中，我们曾学习过利用一元复合函数的求导公式求隐函数的导数的方法，但没有给出一般的求导公式. 利用多元复合函数的链式求导法则却可以得出隐函数的求导公式，提供了求隐函数导数的简便方法.

定理 6.7（一元隐函数的求导公式） 如果函数 $F(x,y)$ 可微，方程 $F(x,y)=0$ 隐式地定义了函数 $y=y(x)$，则当 $F'_y(x,y)\neq 0$ 时，有

$$\frac{\mathrm{d}y}{\mathrm{d}x}=-\frac{F'_x(x,y)}{F'_y(x,y)} \tag{6.5}$$

称公式（6.5）为一元隐函数的求导公式.

定理 6.8（二元隐函数的求导公式） 如果函数 $F(x,y,z)$ 可微，方程 $F(x,y,z)=0$ 隐式地定义了函数 $z=f(x,y)$，则当 $F'_z(x,y,z)\neq 0$ 时，有

$$\frac{\partial z}{\partial x}=-\frac{F'_x}{F'_z},\quad \frac{\partial z}{\partial y}=-\frac{F'_y}{F'_z} \tag{6.6}$$

称公式（6.6）为二元隐函数的求导公式.

例 6.3.11 已知方程 $y-x\mathrm{e}^y+2x=0$ 确定的隐函数 $y=y(x)$，求 $\dfrac{\mathrm{d}y}{\mathrm{d}x}$.

解 设 $F(x,y)=y-x\mathrm{e}^y+2x$，则

$$F'_x=-\mathrm{e}^y+2,\quad F'_y=1-x\mathrm{e}^y.$$

所以
$$\frac{\mathrm{d}y}{\mathrm{d}x}=-\frac{-\mathrm{e}^y+2}{1-x\mathrm{e}^y}=\frac{\mathrm{e}^y-2}{1-x\mathrm{e}^y}.$$

例 6.3.12 方程 $z^3+3xyz=10$ 确定的隐函数 $z=f(x,y)$，求 $\dfrac{\partial z}{\partial x}$，$\dfrac{\partial z}{\partial y}$.

解 设 $F(x,y,z)=z^3+3xyz-10$，则

$$F'_x=3yz,\quad F'_y=3xz,\quad F'_z=3z^2+3xy.$$

所以
$$\frac{\partial z}{\partial x}=-\frac{3yz}{3z^2+3xy}=-\frac{yz}{z^2+xy},\quad \frac{\partial z}{\partial y}=-\frac{3xz}{3z^2+3xy}=-\frac{xz}{z^2+xy}.$$

***例 6.3.13** 已知由方程 $2\sin(x+2y-3z)=x+2y-3z$ 确定隐函数 $z=f(x,y)$，试证

$\frac{\partial z}{\partial x}+\frac{\partial z}{\partial y}=1$.

证　设 $F(x,y,z)=2\sin(x+2y-3z)-(x+2y-3z)$，则

$$F'_x=2\cos(x+2y-3z)-1,$$
$$F'_y=4\cos(x+2y-3z)-2,$$
$$F'_z=-6\cos(x+2y-3z)+3.$$

所以
$$\frac{\partial z}{\partial x}=-\frac{2\cos(x+2y-3z)-1}{-6\cos(x+2y-3z)+3}=\frac{1}{3},$$
$$\frac{\partial z}{\partial y}=-\frac{4\cos(x+2y-3z)-2}{-6\cos(x+2y-3z)+3}=\frac{2}{3}.$$

由此可得
$$\frac{\partial z}{\partial x}+\frac{\partial z}{\partial y}=\frac{1}{3}+\frac{2}{3}=1.$$

【同步练习】

（1）求由方程 $x^2-3y^2+z^2-4z=0$ 所确定的隐函数 $z=f(x,y)$ 的偏导数 $\frac{\partial z}{\partial x}$，$\frac{\partial z}{\partial y}$.

（2）求由方程 $x^2+y^2-3x=0$ 所确定的隐函数 $y=y(x)$ 的导数 $\frac{\mathrm{d}y}{\mathrm{d}x}$.

6.3.5　多元函数的极值

1. 二元函数的极值

案例 6.4　一个快递公司只接收长方体形状的箱子，长为 x 厘米，宽为 y 厘米，高为 z 厘米，并要求其长和腰围（指环绕腰部的长度）之和不超过108厘米，问可以接收的箱子的最大体积是多少？

【分析】因为腰围为 $2y+2z$，要使满足条件 $x+2y+2z=108$ 的箱子的体积 $V=xyz$ 最大（可以接收的最大的箱子），我们可以把箱子的体积写成两个变量的函数

$$V(y,z)=(108-2y-2z)yz=108yz-2y^2z-2yz^2 \ (y>0,z>0)$$

这样，本问题就转化成了二元函数的最值问题. 与一元函数类似，下面我们讨论二元函数极值与最值的问题.

定义 6.7　设二元函数 $z=f(x,y)$ 在点 (x_0,y_0) 的某邻域内有定义，对于该邻域内异于 (x_0,y_0) 的点 (x,y)，如果总有不等式 $f(x,y)<f(x_0,y_0)$，则称 $f(x_0,y_0)$ 为函数 $z=f(x,y)$ 的**极大值**，点 (x_0,y_0) 称为**极大值点**；如果总有不等式 $f(x,y)>f(x_0,y_0)$，则称 $f(x_0,y_0)$ 为函数 $z=f(x,y)$ 的**极小值**，点 (x_0,y_0) 称为**极小值点**.

函数的极大值与极小值统称为**极值**；使函数取得极值的点称为**极值点**.

由极值定义易知，函数 $z=3x^2+4y^2$ 在 $(0,0)$ 处有极小值，函数 $z=\sqrt{4-x^2-y^2}$ 在 $(0,0)$ 处有极大值，函数 $z=xy^2$ 在 $(0,0)$ 处无极值.

定理 6.9（极值存在的必要条件）　设函数 $z=f(x,y)$ 在点 (x_0,y_0) 处具有偏导数，且在点

(x_0,y_0) 处有极值，则它在该点的偏导数必然为零，即 $f'_x(x_0,y_0)=0$，$f'_y(x_0,y_0)=0$.

定理可以推广到三元及以上函数.

同时，类似于一元函数，凡能使函数的一阶偏导数同时为零的点，称为函数的驻点. 由定理 6.9 可知，极值点可能在驻点取得，但驻点不一定是极值点. 偏导数不存在的点也可能是极值点.

例如：点 $(0, 0)$ 是函数 $z=xy$ 的驻点，函数在点 $(0,0)$ 处的值为 0，但在原点的任一邻域内既有正值又有负值，故点 $(0,0)$ 不是函数的极值点. 又如函数 $z=\sqrt{x^2+y^2}$ 在 $(0,0)$ 处取得极小值，但函数在 $(0,0)$ 处偏导数不存在.

定理 6.10（极值存在的充分条件） 如果函数 $z=f(x,y)$ 在点 (x_0,y_0) 的某邻域内连续，且有二阶连续偏导数，又点 (x_0,y_0) 是它的驻点（即 $f'_x(x_0,y_0)=0$，$f'_y(x_0,y_0)=0$），设 $A=f''_{xx}(x_0,y_0)$，$B=f''_{xy}(x_0,y_0)$，$C=f''_{yy}(x_0,y_0)$，$\Delta=B^2-AC$，则

（1）如果 $\Delta<0$，函数 $z=f(x,y)$ 在点 (x_0,y_0) 处有极值，且当 $A<0$ 时，$f(x_0,y_0)$ 是极大值；当 $A>0$ 时，$f(x_0,y_0)$ 是极小值；

（2）如果 $\Delta>0$，$f(x_0,y_0)$ 不是极值；

（3）如果 $\Delta=0$，不能确定 $f(x_0,y_0)$ 是否为极值，还需另作讨论.

例 6.3.14 求函数 $f(x,y)=x^3+y^3-3xy$ 的极值.

解 因为 $f'_x(x,y)=3x^2-3y, f'_y(x,y)=3y^2-3x$，

所以 $\begin{cases}3x^2-3y=0\\3y^2-3x=0\end{cases}$，得驻点 $(0,0)$ 和 $(1,1)$. 又

$$f''_{xx}(x,y)=6x，\quad f''_{xy}(x,y)=-3，\quad f''_{yy}(x,y)=6y.$$

在 $(0,0)$ 处，$A=f''_{xx}(0,0)=0$，$B=f''_{xy}(0,0)=-3$，$C=f''_{yy}(0,0)=0$，

$\Delta=B^2-AC=9>0$. 因此，驻点 $(0, 0)$ 不是极值点.

在 $(1,1)$ 处，$A=f''_{xx}(1,1)=6>0$，$B=f''_{xy}(1,1)=-3$，$C=f''_{yy}(1,1)=6$，

$\Delta=B^2-AC=-27<0$. 因此，驻点 $(1,1)$ 是极小值点，极小值为

$$f(1,1)=1^3+1^3-3\times1\times1=-1.$$

2. 二元函数的最值

如果二元函数 $z=f(x,y)$ 在有界闭区域 D 上连续，则函数 $z=f(x,y)$ 在该区域 D 上必然取得最大值和最小值，如何求得最大值和最小值呢？

与一元函数相类似，我们可以利用函数的极值来求函数的最大值和最小值. 但对于一般的二元函数 $z=f(x,y)$，在区域 D 上求最大值和最小值还是相当复杂的. 然而对于实际问题，如果问题的最大值（或最小值）确实存在，而在定义域内只有唯一的驻点，那么可以断定在该驻点取得最大值（或最小值）.

例 6.3.15 某厂要用铁板做一个体积为 2 m^3 的有盖长方体水箱，问当长、宽、高各取怎样的尺寸时，才能使所用的材料最省？

解 设水箱的长为 x m、宽为 y m，则高为 $\dfrac{2}{xy}$ m.

此水箱所用材料的面积为

$$A=2\left(xy+y\cdot\frac{2}{xy}+x\cdot\frac{2}{xy}\right)=2\left(xy+\frac{2}{x}+\frac{2}{y}\right),\quad (x>0,y>0)\ ,$$

求偏导数得

$$A'_x=2\left(y-\frac{2}{x^2}\right),\quad A'_y=2\left(x-\frac{2}{y^2}\right).$$

令

$$\begin{cases}A'_x=2\left(y-\dfrac{2}{x^2}\right)=0\\[2ex] A'_y=2\left(x-\dfrac{2}{y^2}\right)=0\end{cases}$$

解得唯一驻点$(\sqrt[3]{2},\sqrt[3]{2})$．而由该问题的实际意义可知，面积最小值在定义域内应存在．因此，可断定此唯一驻点就是最小值点，即当长、宽均为$\sqrt[3]{2}$ m、高为$\dfrac{2}{\sqrt[3]{2}\cdot\sqrt[3]{2}}=\sqrt[3]{2}$ m时，水箱所用材料最省．

***3．多元函数的条件极值**

案例 6.5　小王有 400 元钱，他决定用来购买两种急需物品：计算机磁盘和录音磁带，设他购买x张磁盘，y盒录音磁带达到最佳效果，效果函数为$U(x,y)=\ln x+\ln y$．设每张磁盘 8 元，每盒磁带 10 元，问他如何分配这 400 元以达到最佳效果？

【分析】　问题转化为求$U(x,y)=\ln x+\ln y$在条件$8x+10y=400$下的极值点．

这种对自变量有附加条件的极值问题称为**条件极值问题**，称此条件为**约束条件或约束方程**．而对自变量仅仅限制在定义域内，此外没有其他约束条件的极值问题，称为**无条件极值问题**，简称**极值**．

如果由约束条件$\varphi(x,y)=0$可解出一个变量用另一个变量表示的解析表达式，则可将此表达式代入问题的目标函数$z=f(x,y)$中，则此条件极值问题就化为一元函数的无条件极值问题．但在许多情形中，由约束条件$\varphi(x,y)=0$很难解出一个变量用另一个变量表示的解析表达式，或者即使解出但表达式很复杂．因此需要研究其他的求解条件极值问题的方法——**拉格朗日乘数法**．

下面介绍求条件极值的拉格朗日乘数法．

利用拉格朗日乘数法找函数$z=f(x,y)$在条件$\varphi(x,y)=0$下的可能极值点的一般步骤如下：

第一步　构造拉格朗日函数$F(x,y,\lambda)=f(x,y)+\lambda\varphi(x,y)$，其中$\lambda$为某一常数，称$\lambda$为**拉格朗日乘数**．

第二步　求$F(x,y,\lambda)$分别对x、y和λ的一阶偏导数，并构成一个联立方程组

$$\begin{cases}F'_x=f'_x(x,y)+\lambda\varphi'_x(x,y)=0\\ F'_y=f'_y(x,y)+\lambda\varphi'_y(x,y)=0\\ F'_\lambda=\varphi(x,y)=0\end{cases}$$

消去λ，解出x、y，得点(x_0,y_0)，则函数$z=f(x,y)$的极值可能在点(x_0,y_0)处取得．

第三步　判别点(x_0,y_0)是否是极值点，但一般可以由具体问题的性质进行判别．

拉格朗日乘数法可推广到自变量多于两个或附加条件多于一个的情况．

案例 6.5 的解 因为效果函数为 $U(x,y)=\ln x+\ln y$，由题意可得约束条件 $8x+10y=400$．构造拉格朗日函数

$$F(x,y,\lambda)=\ln x+\ln y+\lambda(8x+10y-400)$$

可得联立方程组

$$\begin{cases} F'_x=\dfrac{1}{x}+8\lambda=0 \\ F'_y=\dfrac{1}{y}+10\lambda=0 \\ F'_\lambda=8x+10y-400=0 \end{cases}$$

消去 λ，解得 $x=25$，$y=20$．根据问题的实际意义，在点 $(25,20)$ 处 $U(x,y)$ 有唯一的极大值，即最大值．所以用这 400 元，当购买 25 张磁盘，20 盒录音磁带时达到最佳效果．

6.4 多元函数积分及其应用

定积分是一元函数在所给定区间上采用“分割作近似，求和取极限”的方法得出的一种特定形式的极限．用类似的方法，我们可以得到二元函数和三元函数在相应的范围上的重积分的概念，重积分是定积分的推广，它们的基本思想是一致的，因此存在着许多的共同点．下面介绍二重积分的概念、计算方法和简单应用．

6.4.1 二重积分的概念与性质

1．二重积分的概念

案例 6.6 设有一立体，它的底是 xOy 面上的区域 D，其侧面是以区域 D 的边界为准线，平行于 z 轴的直线为母线的柱面，其顶是曲面 $z=f(x,y)$，其中 $(x,y)\in D$ 时 $f(x,y)\geqslant 0$，且在 D 上连续，如图 6.10 所示，这种立体图形叫作曲顶柱体．问该曲顶柱体的体积 V 是多少？

【分析】 我们知道平顶柱体的体积 = 底面积×高（高为常量），而曲顶柱体的高 $f(x,y)$ 是随着点 $(x,y)\in D$ 的不同而不断变化的量，其体积不能直接用上面的公式计算，这个问题与求曲边梯形的面积问题相类似．因此，我们可以仿照求曲边梯形面积的方法，通过“分割、近似、求和、取极限”四个步骤来计算曲顶柱体的体积，具体如下：

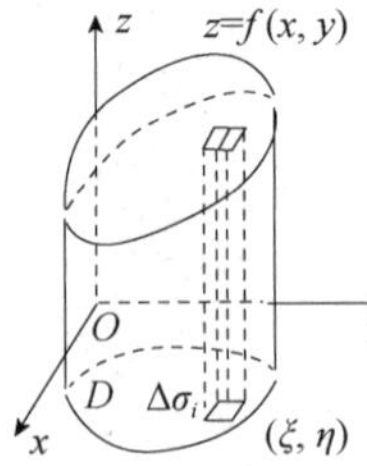

图 6.10

（1）分割 将区域 D 任意分成 n 个小区域，称为**子域**：$\Delta\sigma_1,\Delta\sigma_2,\cdots,\Delta\sigma_n$．并用 $\Delta\sigma_i$ $(i=1,2,\cdots,n)$ 表示第 i 个子域的面积；然后分别对每个子域做以它的边界曲线为准线、母线平行于 z 轴的柱面，这些柱面就把原来的曲顶柱体分成 n 个小曲顶柱体．

（2）近似 在每个小曲顶柱体的底 $\Delta\sigma_i$ 上任取一点 (ξ_i,η_i) $(i=1,2,\cdots,n)$，以高为 $f(\xi_i,\eta_i)$，底为 $\Delta\sigma_i$ 的平顶柱体的体积

$f(\xi_i,\eta_i)\ \Delta\sigma_i$ 近似替代第 i 个小曲顶柱体的体积，即：$\Delta V_i \approx f(\xi_i,\eta_i)\Delta\sigma_i\ (i=1,2,\cdots,n)$.

（3）求和　将这 n 个小平顶柱体的体积相加，得到原曲顶柱体的体积的近似值，即：$V=\sum_{i=1}^{n}\Delta V_i \approx \sum_{i=1}^{n} f(\xi_i,\eta_i)\Delta\sigma_i$.

（4）取极限　区域上任意两点间距离的最大值称为**有界闭区域的直径**．将区域 D 无限细分，且每个小区域 $\Delta\sigma_i$ 趋向于一点，近似值 $\sum_{i=1}^{n} f(\xi_i,\eta_i)\Delta\sigma_i$ 就趋向于原曲顶柱体的体积 V ．记小区域 $\Delta\sigma_i\ (i=1,2,\cdots,n)$ 的直径的最大值为 $\lambda=\max\limits_i\{d_i\}$，其中 d_i 为 $\Delta\sigma_i$ 的直径，即有

$$V=\lim_{\lambda\to 0}\sum_{i=1}^{n} f(\xi_i,\eta_i)\Delta\sigma_i .$$

由此，对于这类极限问题，抽取它的具体意义，就有如下的二重积分的定义．

定义 6.8　设二元函数 $z=f(x,y)$ 在有界闭区域 D 上有定义．将区域 D 任意分成 n 个小区域：$\Delta\sigma_1,\Delta\sigma_2,\cdots,\Delta\sigma_n$，其中 $\Delta\sigma_i$ 也表示第 i 个子域的面积．在小区域 $\Delta\sigma_i$ 上任取一点 (ξ_i,η_i)，作乘积 $f(\xi_i,\eta_i)\Delta\sigma_i$，并作和式 $\sum_{i=1}^{n} f(\xi_i,\eta_i)\Delta\sigma_i$ ．如果当各个小区域的直径的最大值 $\lambda\to 0$ 时，和式的极限 $\lim\limits_{\lambda\to 0}\sum_{i=1}^{n} f(\xi_i,\eta_i)\Delta\sigma_i$ 存在（此极限的存在不依赖于 (ξ_i,η_i) 的取法与 D 的分割法），则称函数 $f(x,y)$ 在区域 D 上**可积**．称此极限值为函数 $z=f(x,y)$ 在区域 D 上的**二重积分**，记为 $\iint\limits_D f(x,y)\mathrm{d}\sigma$．即

$$\iint\limits_D f(x,y)\mathrm{d}\sigma=\lim_{\lambda\to 0}\sum_{i=1}^{n} f(\xi_i,\eta_i)\Delta\sigma_i .$$

其中函数 $f(x,y)$ 称为**被积函数**，x 、y 称为**积分变量**，区域 D 称为**积分区域**，$\mathrm{d}\sigma$ 称为**面积元素**，$f(x,y)\mathrm{d}\sigma$ 称为**被积表达式**，$\iint$ 称为**二重积分号**．

二重积分 $\iint\limits_D f(x,y)\mathrm{d}\sigma$ 是一个数值，其大小只与被积函数 $f(x,y)$ 和积分区域 D 有关，与积分变量记号无关，即 $\iint\limits_D f(x,y)\mathrm{d}\sigma=\iint\limits_D f(u,v)\mathrm{d}\sigma$.

根据二重积分的定义可知，案例 6.6 所讨论的曲顶柱体的体积可表示为

$$V=\iint\limits_D f(x,y)\mathrm{d}\sigma .$$

若函数 $f(x,y)$ 在有界闭区域 D 上连续，则 $f(x,y)$ 在区域 D 上可积．

当 $f(x,y)\geqslant 0$，$(x,y)\in D$ 时，二重积分 $\iint\limits_D f(x,y)\mathrm{d}\sigma$ 在几何上表示以曲面 $z=f(x,y)$ 为曲顶，以平面区域 D 为底，侧面是母线平行于 z 轴的柱面的曲顶柱体的体积．

2. 二重积分的性质

二重积分具有与定积分类似的性质，假定以下所遇到的函数均可积．

性质 1　被积函数中的常数因子可以提到二重积分号的外面，即

$$\iint\limits_D kf(x,y)\mathrm{d}\sigma=k\iint\limits_D f(x,y)\mathrm{d}\sigma \quad (k\text{ 为常数}).$$

性质 2 函数的和（或差）的二重积分等于各个函数的二重积分的和（或差），即

$$\iint_D [f(x,y)\pm g(x,y)]\,\mathrm{d}\sigma=\iint_D f(x,y)\mathrm{d}\sigma\pm\iint_D g(x,y)\,\mathrm{d}\sigma .$$

性质 3（对积分区域的可加性） 如果积分区域 D 被分成 D_1 与 D_2 两部分，即 $D=D_1+D_2$，则在 D 上的二重积分等于各子区域 D_1、D_2 上的二重积分之和，即

$$\iint_D f(x,y)\mathrm{d}\sigma=\iint_{D_1} f(x,y)\mathrm{d}\sigma+\iint_{D_2} f(x,y)\mathrm{d}\sigma .$$

性质 4 如果在区域 D 上有 $f(x,y)\equiv 1$，σ 为 D 的面积，则 $\iint\limits_D \mathrm{d}\sigma=\sigma$.

性质 5（积分不等式） 如果在区域 D 上，$f(x,y)\leqslant g(x,y)$，则

$$\iint_D f(x,y)\mathrm{d}\sigma\leqslant\iint_D g(x,y)\mathrm{d}\sigma .$$

推论 在区域 D 上，有 $\left|\iint\limits_D f(x,y)\mathrm{d}\sigma\right|\leqslant\iint\limits_D |f(x,y)|\,\mathrm{d}\sigma$.

性质 6（估值定理） 如果 M 与 m 分别是函数 $z=f(x,y)$ 在 D 上的最大值与最小值，σ 为区域 D 的面积，则 $m\sigma\leqslant\iint\limits_D f(x,y)\mathrm{d}\sigma\leqslant M\sigma$.

性质 7（二重积分的中值定理） 如果函数 $z=f(x,y)$ 在有界闭区域 D 上连续，σ 为 D 的面积，则在 D 内至少存在一点 (ξ,η)，使得

$$\iint_D f(x,y)\mathrm{d}\sigma=f(\xi,\eta)\sigma .$$

二重积分的中值定理的几何意义：在区域 D 上以曲面 $z=f(x,y)$ 为顶的曲顶柱体的体积，等于区域 D 上以某一点 (ξ,η) 的函数值 $f(\xi,\eta)$ 为高的平顶柱体的体积.

6.4.2 二重积分的计算

按定义来计算二重积分显然是很困难的，需要找一种实际可行的计算方法. 我们将首先介绍在直角坐标系中的计算法，然后再介绍在极坐标系中的计算法.

1. 直角坐标系中的计算法

由于当 $f(x,y)\geqslant 0$，$(x,y)\in D$ 时，二重积分 $\iint\limits_D f(x,y)\mathrm{d}\sigma$ 在几何上表示以曲面 $z=f(x,y)$ 为曲顶，以平面区域 D 为底，侧面是母线平行于 z 轴的柱面的曲顶柱体的体积. 下面我们仍然以计算曲顶柱体的体积来给出二重积分的计算方法.

由二重积分的定义可知，二重积分的值与区域的划分方法无关，因此我们分别用平行于两个坐标轴的直线来划分区域 D，如图 6.11 所示，那么除了 D 的边界小区域外，其他的小区域都是矩形，显然有图中阴影部分的面积 $\mathrm{d}\sigma=\mathrm{d}x\mathrm{d}y$，因此二重积分又可记作 $\iint\limits_D f(x,y)\mathrm{d}x\mathrm{d}y$.

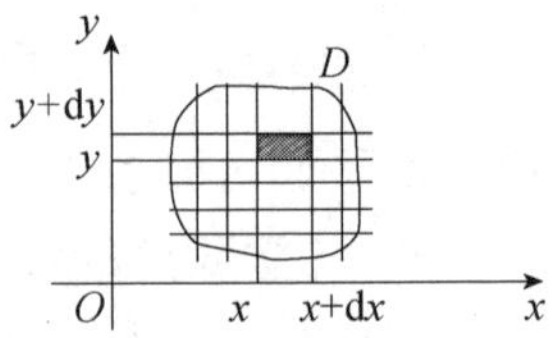

图 6.11

函数 $z=f(x,y)$ 在区域 D 上连续，假定当 $(x,y)\in D$ 时 $f(x,y)\geqslant 0$，下面用微元法来计算二重积分 $\iint\limits_D f(x,y)\mathrm{d}\sigma$ 所表示的曲顶柱体的体积 V .

对函数 $z=f(x,y)$ 而言，积分区域 D 可分为以下两种形式，分析可得二重积分的计算公式：

积分区域 D	积分区域 D 的图像	二重积分的计算公式
$\begin{cases} a \leqslant x \leqslant b \\ \varphi_1(x) \leqslant y \leqslant \varphi_2(x) \end{cases}$ x 型区域	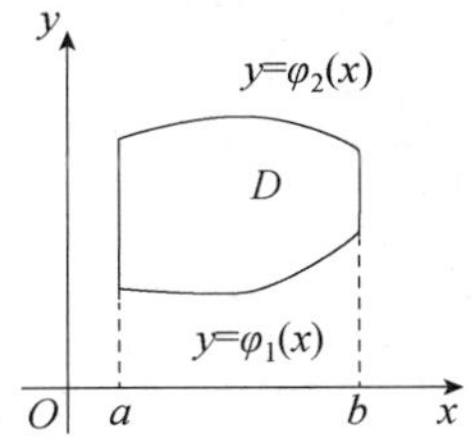	$\iint\limits_D f(x,y)\mathrm{d}\sigma =$ $\int_a^b \left[\int_{\varphi_1(x)}^{\varphi_2(x)} f(x,y)\mathrm{d}y\right]\mathrm{d}x$
$\begin{cases} \psi_1(y) \leqslant x \leqslant \psi_2(y) \\ c \leqslant y \leq d \end{cases}$ y 型区域	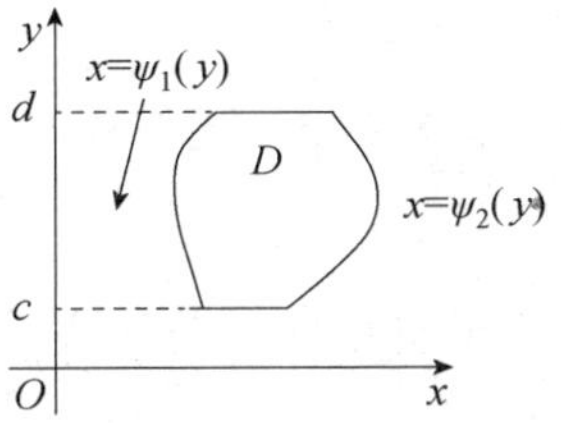	$\iint\limits_D f(x,y)\mathrm{d}\sigma =$ $\int_c^d \mathrm{d}y \int_{\psi_1(y)}^{\psi_2(y)} f(x,y)\mathrm{d}x$

由此看到，二重积分的计算可化为两次定积分来计算．第一次积分时，把 x 看成常数，对变量 y 积分，它的积分限一般为 x 的函数；第二次是对变量 x 积分，它的积分限是常量．这种先对一个变量积分，然后再对另一个变量积分的方法，称为**累次积分法**，又称**二次积分法**．

由以上两种情形可知，化 $\iint\limits_D f(x,y)\mathrm{d}\sigma$ 为累次积分的关键是根据给出的积分区域 D，确定出两次定积分的上下限，并且累次积分的下限必须小于上限．同时，在计算二重积分时，应画出积分区域 D 的示意图，方便确定出定积分的上下限．

如果积分区域 D 的边界线与平行于坐标轴的直线的交点多于两点，则不能直接应用公式计算，这时可以用平行于 y 轴（或平行于 x 轴）的直线，把 D 分成几个小区域，使每个小区域的边界线与平行于坐标轴的直线的交点不多于两个，再利用二重积分对积分区域的可加性，即有 D 上的二重积分就是这些小区域上的二重积分的和．例如，图 6.12 所示的区域 D，若先积 y 后积 x，就要用如图 6.12 所示的一条平行于 y 轴的虚线把 D 分割成 D_1、D_2、D_3 三部分．

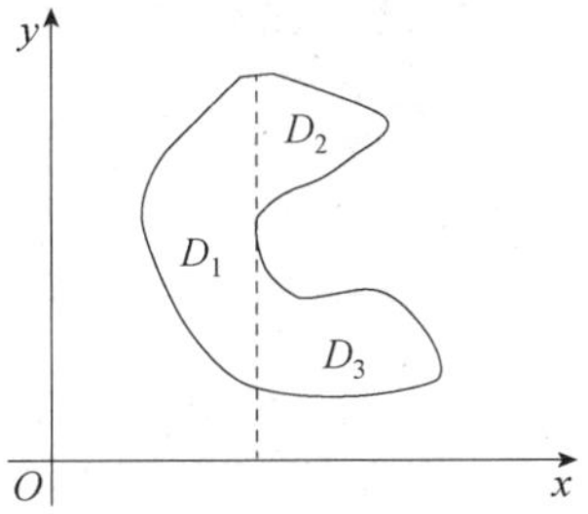

图 6.12

例 6.4.1　计算二重积分 $\iint\limits_D xy\mathrm{d}x\mathrm{d}y$，其中 D 是由抛物线 $y^2=x$ 与直线 $y=x-2$ 所围成的区域．

解　画出积分区域 D 的图形，如图 6.13 所示．由 $\begin{cases} y^2=x \\ y=x-2 \end{cases}$，得边界曲线的交点 $(1,-1)$，$(4,2)$．因此，区域 D 可表示成

$$D:\begin{cases} y^2 \leqslant x \leqslant y+2 \\ -1 \leqslant y \leqslant 2 \end{cases},$$

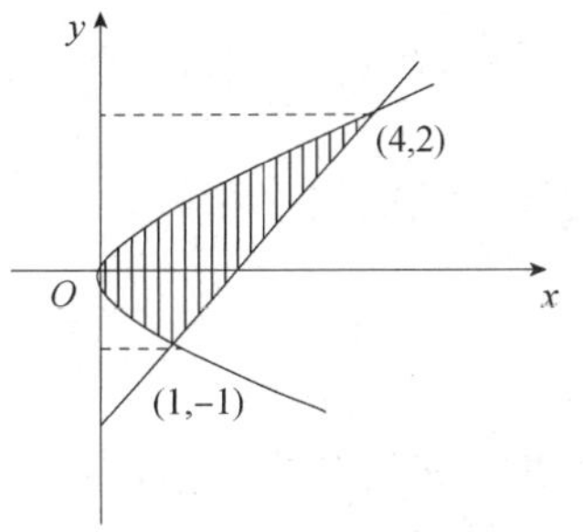

图 6.13

因此，先对 x 积分，再对 y 积分可得

$$\iint_D xy\mathrm{d}x\mathrm{d}y = \int_{-1}^{2}\mathrm{d}y\int_{y^2}^{y+2} xy\mathrm{d}x$$
$$= \int_{-1}^{2}\left[\frac{x^2}{2}y\right]_{y^2}^{y+2}\mathrm{d}y$$
$$= \frac{1}{2}\int_{-1}^{2}[y(y+2)^2 - y^5]\mathrm{d}y$$
$$= \frac{1}{2}\left[\frac{1}{4}y^4 + \frac{4}{3}y^3 + 2y^2 - \frac{1}{6}y^6\right]_{-1}^{2}$$
$$= 5\frac{5}{8}$$

在本例中，如果先积 y 后积 x，应如何计算这个二重积分？请读者思考，并比较两种不同次序的累次积分的简便程度.

例 6.4.2 计算二重积分 $\iint_D xy\mathrm{d}x\mathrm{d}y$，其中 D 是由抛物线 $y = x^2$ 与直线 $y = x + 2$ 所围成的区域.

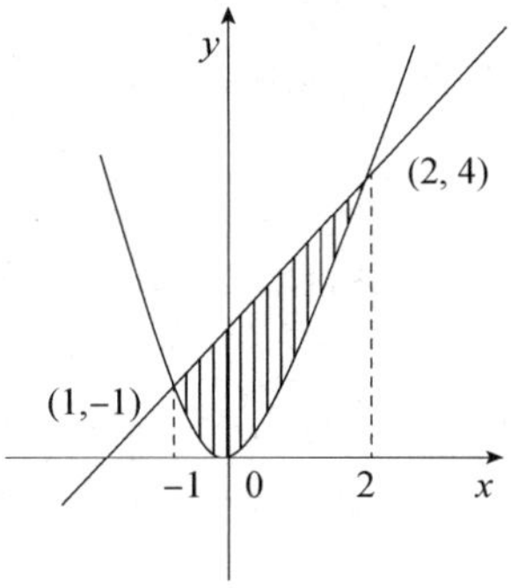

图 6.14

解 画出积分区域 D 的图形，如图 6.14 所示. 由 $\begin{cases} y = x^2 \\ y = x + 2 \end{cases}$，得边界曲线的交点 $(-1,1)$，$(2,4)$. 因此，区域 D 可表示成

$$D: \begin{cases} -1 \leqslant x \leqslant 2 \\ x^2 \leqslant y \leqslant x + 2 \end{cases},$$

因此，先对 y 积分，再对 x 积分可得

$$\iint_D xy\mathrm{d}x\mathrm{d}y = \int_{-1}^{2}\mathrm{d}x\int_{x^2}^{x+2} xy\mathrm{d}y = \int_{-1}^{2}\left[x\frac{y^2}{2}\right]_{x^2}^{x+2}\mathrm{d}x$$
$$= \frac{1}{2}\int_{-1}^{2}[x(x+2)^2 - x^5]\mathrm{d}x$$
$$= \frac{1}{2}\left[\frac{1}{4}x^4 + \frac{4}{3}x^3 + 2x^2 - \frac{1}{6}x^6\right]_{-1}^{2} = 5\frac{5}{8}$$

在本例中，如果先积 x 后积 y，应如何计算这个二重积分？请读者思考，并比较两种不同次序的累次积分的简便程度.

例 6.4.3 计算二重积分 $\iint_D xy^2\mathrm{d}x\mathrm{d}y$，其中 D 是由抛物线 $y = x^2$ 与 $y^2 = x$ 所围成的区域.

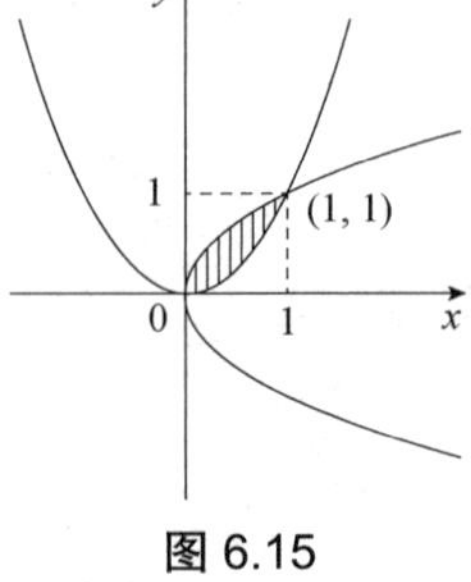

图 6.15

解 画出积分区域 D 的图形，如图 6.15 所示. 由 $\begin{cases} y = x^2 \\ y^2 = x \end{cases}$，得边界曲线的交点 $(1,1)$，$(0,0)$. 因此，区域 D 可表示成

$$D: \begin{cases} 0 \leqslant x \leqslant 1 \\ x^2 \leqslant y \leqslant \sqrt{x} \end{cases},$$

因此，先对 y 积分，再对 x 积分可得

$$\iint_D xy^2\mathrm{d}x\mathrm{d}y = \int_0^1 \mathrm{d}x\int_{x^2}^{\sqrt{x}} xy^2\mathrm{d}y$$

$$= \int_0^1 \left[x\frac{y^3}{3}\right]_{x^2}^{\sqrt{x}} \mathrm{d}x = \frac{1}{3}\int_0^1 (x^{\frac{5}{2}} - x^7)\mathrm{d}x$$

$$= \frac{1}{3}\left[\frac{2}{7}x^{\frac{7}{2}} - \frac{1}{8}x^8\right]_0^1 = \frac{3}{56}$$

另外，区域 D 又可表示成

$$D:\begin{cases} y^2 \leqslant x \leqslant \sqrt{y} \\ 0 \leqslant y \leqslant 1 \end{cases},$$

因此，先对 x 积分，再对 y 积分可得

$$\iint_D xy^2\mathrm{d}x\mathrm{d}y = \int_0^1 \mathrm{d}y\int_{y^2}^{\sqrt{y}} xy^2\mathrm{d}x$$

$$= \int_0^1 \left[y^2\frac{x^2}{2}\right]_{y^2}^{\sqrt{y}} \mathrm{d}y = \frac{1}{2}\int_0^1 (y^3 - y^6)\mathrm{d}y$$

$$= \frac{1}{2}\left[\frac{1}{4}y^4 - \frac{1}{7}y^7\right]_0^1 = \frac{3}{56}$$

显然对本例来说，积分次序的不同，求解的难易程度则没区别.

例 6.4.4　计算二重积分 $\iint\limits_D \mathrm{e}^{-x^2}\mathrm{d}x\mathrm{d}y$，其中 D 是由直线 $y = x$、$y = 0$ 与 $x = 1$ 所围成的区域.

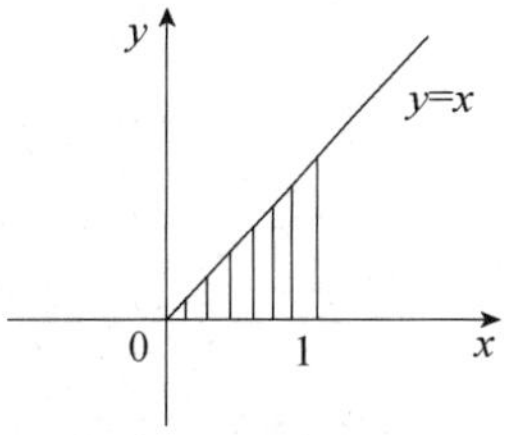

图 6.16

> 积分次序的选择，不仅要看积分区域的特征，而且要考虑到被积函数的特点，原则上既要使计算能进行，又要使计算尽可能得简便.

解　画出积分区域 D 的图形，如图 6.16 所示.

区域 D 可表示成

$$D:\begin{cases} 0 \leqslant x \leqslant 1 \\ 0 \leqslant y \leqslant x \end{cases},$$

因此，先对 y 积分，再对 x 积分可得

$$\iint_D \mathrm{e}^{-x^2}\mathrm{d}x\mathrm{d}y = \int_0^1 \mathrm{d}x\int_0^x \mathrm{e}^{-x^2}\mathrm{d}y = \int_0^1 \mathrm{e}^{-x^2}x\mathrm{d}x = -\frac{1}{2}[\mathrm{e}^{-x^2}]_0^1 = \frac{1}{2}\left(1 - \frac{1}{\mathrm{e}}\right)$$

如果将区域 D 表示成

$$D:\begin{cases} y \leqslant x \leqslant 1 \\ 0 \leqslant y \leqslant 1 \end{cases}$$

先对 x 积分，再对 y 积分，则有

$$\iint_D \mathrm{e}^{-x^2}\mathrm{d}x\mathrm{d}y = \int_0^1 \mathrm{d}y\int_y^1 \mathrm{e}^{-x^2}\mathrm{d}x$$

因为 $\int \mathrm{e}^{-x^2}\mathrm{d}x$ 积不出来（即 e^{-x^2} 的原函数不能用初等函数表示），因此按这样的积分次序无法算出结果.

例 6.4.5　已知累次积分 $\int_0^2 \mathrm{d}y\int_{y^2}^{2y} f(x,y)\mathrm{d}x$，交换其积分次序.

解 这是一个 y 型区域 D

$$D:\begin{cases} y^2 \leqslant x \leqslant 2y \\ 0 \leqslant y \leqslant 2 \end{cases}$$

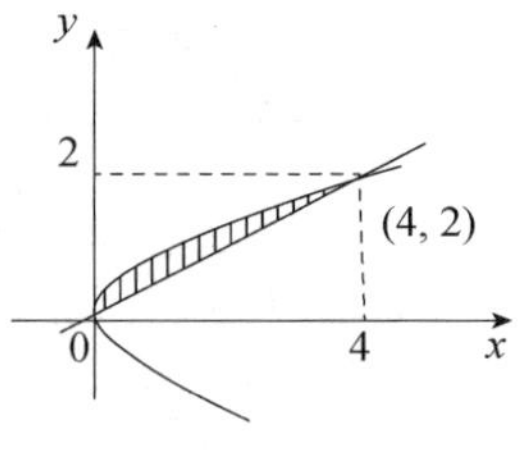

图 6.17

如图 6.17 所示．D 可以表示成 x 型区域

$$D:\begin{cases} 0 \leqslant x \leqslant 4 \\ \dfrac{x}{2} \leqslant y \leqslant \sqrt{x} \end{cases}$$

改变积分次序得

$$\int_0^2 \mathrm{d}y \int_{y^2}^{2y} f(x,y)\mathrm{d}x = \int_0^4 \mathrm{d}x \int_{\frac{x}{2}}^{\sqrt{x}} f(x,y)\mathrm{d}y .$$

【同步练习】

（1）计算二重积分 $\iint\limits_D x\sqrt{y}\mathrm{d}x\mathrm{d}y$，其中 D 由 $y = x^2, y = 1$ 所围成的区域.

（2）计算二重积分 $\iint\limits_D x\mathrm{e}^y\mathrm{d}x\mathrm{d}y$，其中 D 由 $x = 1, x = 2, y = 1, y = 2$ 所围成的矩形区域.

6.4.3　二重积分在几何上的应用

由二重积分的几何意义，以曲面 $z = f(x,y)$ $(f(x,y) \geqslant 0)$ 为顶，以 xOy 面上的有界区域 D 为底，以 D 的边界为准线，母线平行于 z 轴的柱面为侧面的曲顶柱体的体积 $V = \iint\limits_D f(x,y)\mathrm{d}\sigma$．因此，利用二重积分的几何意义，可以求某些简单立体图形的体积.

例 6.4.6 求由平面 $2x + 3y + z = 6$ 和三个坐标面所围成的立体图形的体积.

解 平面 $2x + 3y + z = 6$ 与三个坐标面的交点分别为 $(3,0,0)$，$(0,2,0)$，$(0,0,6)$，如图 6.18 所示．显然该立体图形可以看作是以曲面 $z = 6 - 2x - 3y$ 为顶的曲顶柱体，底面区域是在 xOy 面上由直线 $2x + 3y = 6$ 、x 轴和 y 轴所围成的，如图 6.19 所示，区域可以表示为

$$D:\begin{cases} 0 \leqslant x \leqslant 3 \\ 0 \leqslant y \leqslant 2 - \dfrac{2}{3}x \end{cases}.$$

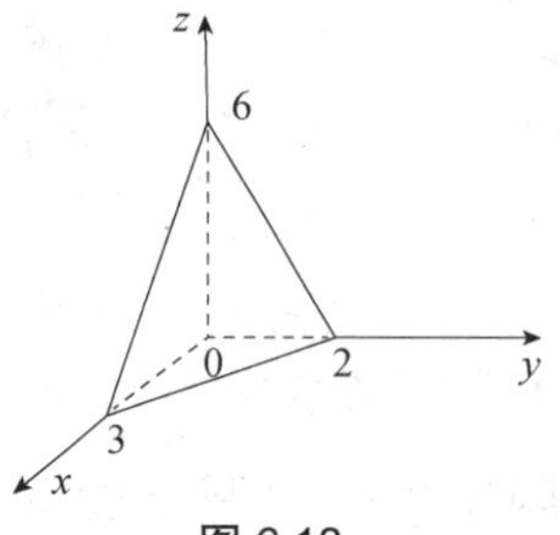

图 6.18

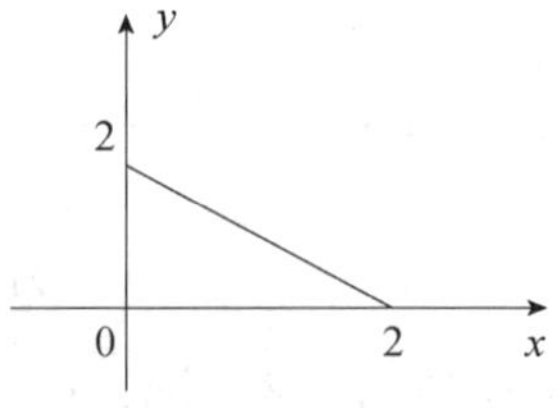

图 6.19

因此，所求立体的体积为

$$V=\iint_D(6-2x-3y)\mathrm{d}\sigma=\int_0^3\mathrm{d}x\int_0^{2-\frac{2}{3}x}(6-2x-3y)\mathrm{d}y$$

$$=\int_0^3\left[(6-2x)y-\frac{3}{2}y^2\right]_0^{2-\frac{2}{3}x}\mathrm{d}x$$

$$=\int_0^3(6-4x+\frac{2}{3}x^2)\mathrm{d}x=6.$$

例 6.4.7　求由平面 $z=4-x-y$ 、 $x=2$ 、 $y=1$ 和三个坐标面所围成的立体图形的体积.

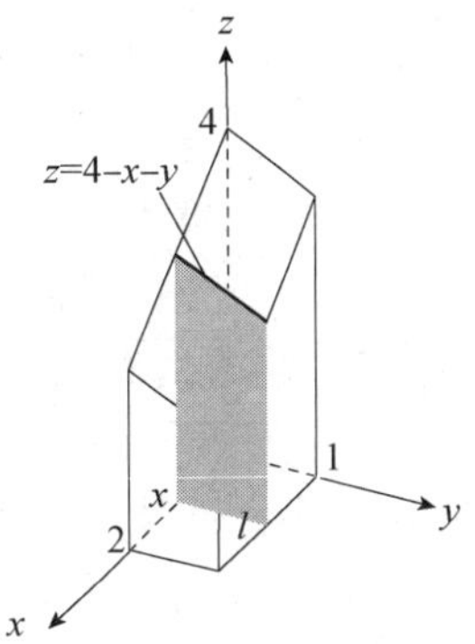

图 6.20

解　立体图形如图 6.20 所示. 显然该立体图形可以看作是以曲面 $z=4-x-y$ 为顶的曲顶柱体，底面区域是在 xOy 面上由直线 $x=2$ 、 $y=1$ 、 x 轴和 y 轴所围成的矩形域，区域可以表示为 $D:\begin{cases}0\leqslant x\leqslant 2\\0\leqslant y\leqslant 1\end{cases}$.

因此，所求立体的体积为

$$V=\iint_D(4-x-y)\mathrm{d}\sigma=\int_0^2\mathrm{d}x\int_0^1(4-x-y)\mathrm{d}y$$

$$=\int_0^2\left[4y-xy-\frac{1}{2}y^2\right]_0^1\mathrm{d}x$$

$$=\int_0^2\left(\frac{7}{2}-x\right)\mathrm{d}x=5.$$

【同步练习】已知一立体图形，其底是 xOy 平面上的三角形，由 x 轴、直线 $y=x$ 和 $x=1$ 围成，其顶是平面 $z=3-x-y$ 的棱柱. 求该棱柱的体积.

【数学文化聚焦】

数学大师丘成桐细谈数学艺术

"费尔兹数学奖"是由世界数学大会颁发的数学最高奖项，首位获得此殊荣的中国人正是丘成桐教授. 丘教授是美国哈佛大学讲座教授，浙江大学数学中心主任，中科院晨兴数学中心主任，香港理工大学数学研究所所长. 丘教授在数学界屡获殊荣，究竟他有什么治学的心得呢？

1．情有独钟

丘教授认为，做学问要做得好，培养兴趣相当重要. 他回忆道："小学时，自己的数学跟别人没有分别，成绩平平无奇，到了中学时代，由于得到几位数学科良师的悉心引领，开始对数学产生兴趣，尤对平面几何情有独钟." 中学二年级开始，所有在数学教科书或作业上所出现过的习题，丘教授都会一题不漏地钻研. 到了中学三四年级，更主动自学大学数学课程. 在旁人眼中，大学课程对于一位初中生来说可能困难重重，但丘教授却认为，只要对研究的学问有相当兴趣，就算遇到难解的问题，你都会愿意花时间参考不同的相关资料．你接触的书本越多，解决的问题就会越多，与此同时，做学问的兴趣也会相应地提升．

2．天人合一

对于不少人而言，数学是一门硬邦邦的学问，不能容许有轻微的偏差，更谈不上有半点儿人情味，但获奖无数的丘教授却对它有另一番见解．“数学家就像音乐家及画家一样，要懂得从前，从人遗留下来的遗产中分出优劣，继而从中吸取养料，把既有东西推前一步．假若能够应用一些简单数学定理把大自然万物之间的关系描述出来，对于我来说就是一门漂亮的艺术．”丘教授接着说，“在研究过程中，甚至你发觉原来世间万物都可以用你的脑袋及双手计算出来，自己更会不期然地感受到庄子所言的‘天地与我并生，万物与我为一’这种天人合一的最高境界．虽然有时所创出来的定理未必有实际应用机会；或对整个数学界发展未必有重大的影响，但对于我来说却是一种共鸣．”

3．高瞻远瞩

就是基于这一点点共鸣，丘教授在数学领域上仍然不离不弃，继续不停地在数字游戏中寻找新意．丘成桐教授总结多年做学问的心得指出，做学问除了要有兴趣外，懂得减压也是一把通往成功大道的钥匙．丘成桐的父亲虽然在他初中时代就已过世，但他所留下来的东西却对丘成桐影响深远．“先父虽然离世，但他所教给我的文学、哲学及历史的学问却是终身受用的．由于在学习文学的过程中，需要反复背诵，对于年轻的我当然觉得好讨厌，好花时间．但成长后，却发现过去读过的诗词歌赋不但可以帮助自己宣泄情绪及舒缓学习或做学问的压力，同时亦影响到本身对人生及做学问的看法．丘教授坦言：“中国虽然有好多数学家，但很少能有大的发展，皆因他们缺乏远见．而自己优胜的地方在于看事物会远一点及透彻点，绝不会只局限于在某一个小问题上兜圈，反而会顾及全局来看．”丘教授更直言，这种高瞻远瞩的眼界，与过去研究历史及哲学时所学到的涵养有一定的关系．

习　题　6

习题参考答案

1．求证以 $M_1(4,3,1)$、$M_2(7,1,2)$、$M_3(5,2,3)$ 三点为顶点的三角形是一个等腰三角形．

2．设点 P 在 x 轴上，它到点 $P_1(0,\sqrt{2},3)$ 的距离为到点 $P_2(0,1,-1)$ 的距离的两倍，求点 P 的坐标．

3．在空间中下列方程表示什么曲面？

（1）$x^2+3z^2=1$；　　（2）$x^2+y^2=2z$；

（3）$x^2+y^2+z^2-6z=7$；　　（4）$y^2=4z$．

4．求下列函数的定义域 D，并画出 D 的图形：

（1）$z=\sqrt{y-x^2}$；　　（2）$z=\dfrac{\sqrt{1+x}}{x^2+y^2}$．

5．求下列极限：

（1）$\lim\limits_{\substack{x\to 0\\ y\to 0}}\dfrac{x^2+y^2}{\sqrt{1+x^2+y^2}-1}$；　　（2）$\lim\limits_{\substack{x\to 0\\ y\to 1}}\dfrac{x-xy+3}{x^2y+y^2}$．

6．求下列函数的偏导数：

（1）$z=2x^2+y^5+1$；　（2）$z=y+x\sin(3y)$；

（3）$z=\ln(x^2+2y^3)$；　（4）$z=x\ln(xy)$；

（5）$z=\sin(x^2y^5+1)$；　（6）$z=\mathrm{e}^y+y\sin x$；

（7）$z=x^2\mathrm{e}^y+y^3$；　（8）$z=(1+xy)^2$；

*（9）$z=\sqrt{x^2+y^2}$；　*（10）$z=\ln(x\mathrm{e}^x+\mathrm{e}^y)$．

7．已知函数 $f(x,y)=y^2+\sin(xy)$，求在点 $(0,2)$ 处的偏导数．

8．求函数 $f(x,y)=\mathrm{e}^{2x+y}$ 的所有二阶偏导数．

9．求函数 $z=2x^3+x^2y^5-y^4$ 的所有二阶偏导数．

10．求下列函数的全微分：

（1）$z=\mathrm{e}^{x+y}\cos x$；　（2）$z=\ln\left(2x^2+3y^2\right)$；

（3）$z=x^2+xy^2+y^5$；　*（4）$u=\mathrm{e}^{x+y^2+z^3}$．

*11．设 $z=x^2y+\mathrm{e}^{x+y}$，$x=\sin t$，$y=\tan t$，求 $\dfrac{\mathrm{d}z}{\mathrm{d}t}$．

12．设 $z=v^2+3uv$，$u=\mathrm{e}^{xy}$，$v=y\sin x$，求 $\dfrac{\partial z}{\partial x}$，$\dfrac{\partial z}{\partial y}$．

13．设 $z=u^2\ln v$，$u=\dfrac{x}{y}$，$v=3x-2y$，求 $\dfrac{\partial z}{\partial x}$，$\dfrac{\partial z}{\partial y}$．

14．已知方程 $y^2-x^3+2\sin x=0$ 确定的隐函数 $y=y(x)$，求 $\dfrac{\mathrm{d}y}{\mathrm{d}x}$．

15．求下列各方程所确定的隐函数 $z=f(x,y)$ 的偏导数 $\dfrac{\partial z}{\partial x}$，$\dfrac{\partial z}{\partial y}$：

（1）$\mathrm{e}^x-z+xy^3z=0$；　（2）$z^2-2xyz=a^2$（a 为常数）；

（3）$\dfrac{x}{z}=\ln\dfrac{z}{y}$；　（4）$x^3y^2-3z+z^2=1$．

16．已知 R_1 和 R_2 欧姆的电阻并联成 R 欧姆的电阻，R 的值可以从下式求得

$$\frac{1}{R}=\frac{1}{R_1}+\frac{1}{R_2}$$

求 $R_1=30$，$R_2=45$ 欧姆时的 $\dfrac{\partial R}{\partial R_2}$ 的值．

*17．求平面 $2x+y-z-5=0$ 上到原点最近的点．

*18．在 xOy 坐标面上找出一点 P，使它到三点 $P_1(0,0)$、$P_2(1,0)$、$P_3(0,1)$ 的距离的平方和为最小．

*19．求表面积为 $a^2\ (a>0)$ 而体积为最大的长方体的体积．

20．计算下列二重积分：

（1）$\iint\limits_D x^2\mathrm{e}^y\mathrm{d}x\mathrm{d}y$，其中 D 由 $x=1,x=3,y=2,y=4$ 所围成的矩形区域；

（2）$\iint\limits_D x^2y^2\mathrm{d}x\mathrm{d}y$，其中 D 由 $x=0,x=1,y=-1,y=1$ 所围成的矩形区域；

（3）$\iint\limits_D (x^2+y-1)\mathrm{d}x\mathrm{d}y$，其中$D$由直线$y=x$，$y=2x$与$y=2$所围成的区域；

（4）$\iint\limits_D y\mathrm{e}^x\mathrm{d}x\mathrm{d}y$，其中$D$由$y^2=x, y=x-2$所围成的区域；

*（5）$\iint\limits_D x^2y\mathrm{d}x\mathrm{d}y$，其中$D$由$x=0$，$y=0$与$x^2+y^2=4$所围成的第一象限部分．

21．计算下列各累次积分：

（1）$\int_0^1 \mathrm{d}x\int_x^{2x} \mathrm{e}^{x^2}\mathrm{d}y$；　　（2）$\int_0^{\sqrt{2}} \mathrm{d}x\int_{x^3}^{2x} xy\mathrm{d}y$．

22．交换下列各累次积分的积分次序再求积分：

（1）$\int_1^2 \mathrm{d}x\int_1^x f(x,y)\mathrm{d}y$；　　（2）$\int_1^{\mathrm{e}} \mathrm{d}x\int_0^{\ln x} f(x,y)\mathrm{d}y$．

23．计算二重积分$\iint\limits_D (x^2+y^2-1)\mathrm{d}\sigma$，其中$D$是由圆环形区域$1\leqslant x^2+y^2\leqslant 4$所围成的．

24．计算二重积分$\iint\limits_D \sqrt{25-x^2-y^2}\mathrm{d}\sigma$，其中$D$是由圆形区域$x^2+y^2\leqslant 4$所围成的．

25．求由曲面$z=x^2+y^2$和平面$z=3$所围成的立体图形的体积．

*26．求由旋转抛物面$z=4-x^2-y^2$和xOy坐标面所围成的立体图形的体积．

自测题6

自测题答案

一、单项选择题（每题3分，共18分）

1．函数$z=\sqrt{1-x^2}+\dfrac{1}{\sqrt{y^2-1}}$的定义域是（　　）．

A．$\{(x,y) | x\leqslant 1 且 y\geqslant 1\}$　　B．$\{(x,y) | |x|\leqslant 1 且 |y|>1\}$

C．$\{(x,y) | |x|\leqslant 1 且 |y|\geqslant 1\}$　　D．$\{(x,y) | |x|<1 且 |y|\geqslant 1\}$

2．函数$z=f(x,y)$在点$P(x_0,y_0)$处满足$f'_x(x_0,y_0)=f'_y(x_0,y_0)=0$，则（　　）．

A．点P可能是函数$z=f(x,y)$的极值点

B．点P是函数$z=f(x,y)$的极值点

C．点P是函数$z=f(x,y)$的最大值点

D．点P是函数$z=f(x,y)$的最小值点

3．二元函数$f(x,y)=y^3-x^2+6x-12y+5$的极大值点是（　　）．

A．$(3,2)$　　B．$(2,3)$　　C．$(3,-2)$　　D．$(-2,3)$

4．设$z=x^3+y^3-3xy$，则（　　）．

A．点$(1,1)$是驻点，但不是极值点　　B．点$(0,0)$是极大值点

C．点$(0,0)$不是驻点　　D．点$(1,1)$是极小值点

5．二元函数$f(x,y)=x^2y(5-x-y)$在闭域$D: x\geqslant 0, y\geqslant 0, x+y\leqslant 4$中的最大值是（　　）．

A．0　　B．$-\dfrac{625}{64}$　　C．$\dfrac{625}{64}$　　D．1

6．计算 $\iint\limits_D xy\mathrm{d}x\mathrm{d}y$，其中 $D: x \geqslant 0, y \geqslant 0, x^2 + y^2 \leqslant 1$（　　）.

A．$\dfrac{1}{8}$　　B．$-\dfrac{1}{8}$　　C．$\dfrac{3}{8}$　　D．$-\dfrac{3}{8}$

二、填空题（每题 3 分，共 21 分）

1．设 $z = f(x, y) = x^2 - y^2$，则 $f(x+y, x-y) =$__________.

2．设二元函数 $z = \mathrm{e}^{x^2 y}$，则 $\dfrac{\partial z}{\partial x} =$__________.

3．设二元函数 $z = \ln(xy^2 + \ln y)$，则 $\dfrac{\partial z}{\partial y} =$__________.

4．计算 $\iint\limits_D 2xy^2\mathrm{d}x\mathrm{d}y$，其中 $D: y = x - 2, y^2 = x$ 所围成区域________.

5．若 $z = \mathrm{e}^{x^2+y^2}$，则 $z'_x(1,1) =$______________.

6．某工厂生产两种不同的产品，总成本为 $C(x, y) = \dfrac{3}{2}x^2 - 2xy + 3y^2$，则总成本 $C(x, y)$ 对产品 x 的边际成本为________；$C(x, y)$ 对产品 y 的边际成本为____________.

7．某种产品利润 L 是销量 x 和售价 y 的函数 $L(x, y) = 2x^2 - \dfrac{1}{2}xy + 5y + 40$，则总利润 L 对销售量 x 的边际利润为______________；总利润 L 对售价 y 的边际利润为______________.

三、解答题（每题 7 分，共 49 分）

1．设 $z = \mathrm{e}^{-x}\sin(2x - y)$，求 $z'_x\left(\dfrac{\pi}{4}, 0\right)$，$z'_y\left(\dfrac{\pi}{4}, 0\right)$.

2．设 $z = x\ln(x + y)$，求 z''_{xy}.

3．设二元函数 $z = \arctan(xy)$，求 $\dfrac{\partial z}{\partial x}$，$\dfrac{\partial z}{\partial y}$.

4．设 $z = 4(x - y) - x^2 - y^2$，求函数的极值.

5．设 $z = (x + y^2)\mathrm{e}^{\frac{x}{2}}$，求函数的极值.

6．求球面 $x^2 + y^2 + z^2 = 14$ 在点 $(1,2,3)$ 处的切平面方程.

7．交换 $\int_0^1 \mathrm{d}y \int_y^1 x^2 \sin xy \mathrm{d}x$ 的积分次序.

四、应用题（每题 6 分，共 12 分）

1．某工厂生产甲种产品 x（单位：百个）和乙种产品 y（单位：百个）的总成本函数 $C(x, y) = x^2 + 2xy + y^2 + 100$（单位：万元），甲、乙两种产品的需求函数分别为 $x = 26 - p_1$，$y = 10 - \dfrac{1}{4}p_2$，其中 p_1，p_2 分别为产品甲和乙相应的售价（单位：万元/百个）. 求两种产品产量 x，y 各为多少时，可获最大利润，最大利润是多少？

2．求椭圆抛物面 $z = 4 - x^2 - \dfrac{y^2}{4}$ 与平面 $z = 0$ 所围成的立体体积.

专业模块

第 7 章　无穷级数

无穷级数是高等数学的一个重要组成部分，它是表示函数、研究函数的性质及进行数值计算的一种重要工具，在电学、力学等学科中有着广泛的应用. 在抽象理论与应用学科中，级数都处于重要的地位.

本章先讨论数项级数的一些最基本的内容，然后讨论函数项级数，进一步重点讨论幂级数和傅立叶级数.

熊庆来主要从事函数论方面的研究工作，定义了一个“无穷级函数”，国际上称为“熊氏无穷数”.

7.1　数项无穷级数

7.1.1　数项无穷级数的概念与性质

认识事物在数量方面的特性，往往有一个由近似到精确的过程，在这种认识过程中，会遇到由有限个数量相加到无穷多个数量相加的问题.

案例 7.1　“割圆术”则以“圆内接正多边形的周长”来无限逼近“圆周长”. 魏晋时期的数学家刘徽首创割圆术，他形容“割圆术”是：割之弥细，所失弥少，割之又割，以至于不可割，则与圆合体，而无所失矣. 下面利用类型方法计算半径为 R 的圆面积 A .

【分析】做圆的内接正六边形（见图 7.1），算出这六边形的面积 a_1 ，它是圆面积 A 的一个粗糙的近似值. 为了比较准确地计算出 A 的值，我们以这个正六边形的每一边为底分别做一个顶点在圆周上的等腰三角形，算出这 6 个等腰三角形的面积之和 a_2 . 那么 a_1+a_2 （即内接正十二边形的面积）就是 A 的一个较好的近似值. 同样地，在这正十二边形的每一边上分别做一个顶点在圆周上的等腰三角形，算出这 12 个等腰三角形的面积之和 a_3 . 那么 $a_1+a_2+a_3$（即内接正二十四边形的面积）是 A 的一个更好的近似值. 如此继续下去，内接正 3×2^n 边形的面积就逐步逼近圆面积

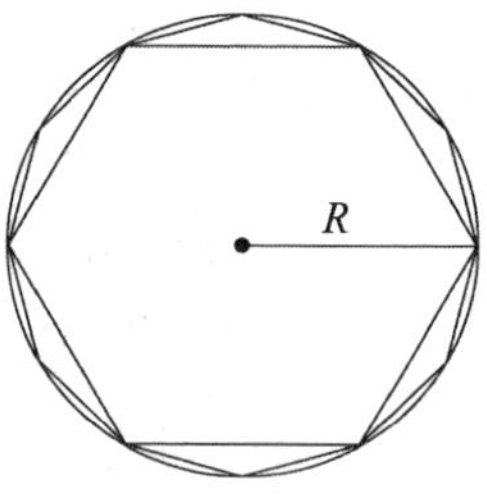

图 7.1

$$A\approx a_1 ,\quad A\approx a_1+a_2 ,\quad A\approx a_1+a_2+a_3 ,\quad \cdots ,\quad A\approx a_1+a_2+\cdots+a_n$$

如果内接正多边形的边数无限增多，即 n 无限增大，则和 $a_1+a_2+\cdots+a_n$ 的极限就是所要求的圆面积 A . 这时和式中的项数无限增多，于是出现了无穷多个数量依次相加的数学式子.

定义 7.1　设 u_1 ， u_2 ， u_3 ，⋯， u_n ，⋯ 为一给定无穷数列，则表达式

$$u_1+u_2+u_3+\cdots+u_n+\cdots \tag{7.1}$$

称为**数项无穷级数**，简称**级数**，记作 $\sum_{n=1}^{\infty}u_n$ ，即

$$\sum_{n=1}^{\infty}u_n=u_1+u_2+u_3+\cdots+u_n+\cdots,$$

其中 u_n 称为级数（7.1）的**第 n 项或通项**.

级数（7.1）是无限多个数的和．怎样理解无穷级数中无穷多个数量相加呢？联系上面关于计算圆面积的例子，我们可以从有限项的和出发，观察它们的变化趋势，由此来理解无穷多个数量相加的含义.

设级数（7.1）的前 n 项和是 s_n ，即

$$s_n=u_1+u_2+\cdots+u_n$$

或

$$s_n=\sum_{k=1}^{n}u_k$$

称为级数（7.1）的 n 项**部分和**．显然，对给定级数（7.1），其任意 n 项部分和 s_n 都是已知的．于是，级数（7.1）对应着一个部分和数列 $\{s_n\}$ ，即

$$s_1=u_1,\quad s_2=u_1+u_2,\quad s_3=u_1+u_2+u_3,\quad \cdots,\quad s_n=u_1+u_2+\cdots+u_n,\quad \cdots$$

定义 7.2　如果级数 $\sum_{n=1}^{\infty}u_n$ 的部分和数列 $\{s_n\}$ 有极限 s ，即

$$\lim_{n\to\infty}s_n=s,$$

则称**级数收敛**，极限 s 叫作这级数的和，表示为

$$s=u_1+u_2+\cdots+u_n+\cdots.$$

如果部分和数列 $\{s_n\}$ 没有极限，则称**级数发散**.

> 级数是研究数列及其极限的一种新形式．但是这个新形式并不是数列极限的简单重复.

当级数收敛时，其部分和 s_n 是级数的和 s 的近似值，它们之间的差

$$r_n=s-s_n=u_{n+1}+u_{n+2}+\cdots$$

叫作**级数的余项**.

由定义 7.2 可知，级数的收敛与发散是借助于级数的部分和数列是否有极限来定义的．于是，讨论级数的各种性质都是借助于讨论该级数的部分和数列进行的.

例 7.1.1　讨论几何级数 $\sum_{n=1}^{\infty}aq^{n-1}$ 的敛散性．其中 $a\neq 0$ ， q 是公比.

解　（1）首先考虑公比的绝对值 $|q|\neq 1$ ，此时由等比数列的求和公式

$$s_n=a+aq+aq^2+\cdots+aq^{n-1}=\frac{a-aq^n}{1-q}.$$

若 $|q|<1$ ，则

$$\lim_{n\to\infty}s_n=\frac{a}{1-q},$$

故此时 $\sum_{n=1}^{\infty}aq^{n-1}$ 收敛，且 $\sum_{n=1}^{\infty}aq^{n-1}=\frac{a}{1-q}$.

若$|q|>1$，则s_n趋于无穷，故$\sum\limits_{n=1}^{\infty}aq^{n-1}$发散.

（2）再考虑$|q|=1$.

当$q=1$时，$s_n=na\to\infty(n\to\infty)$，由定义可知$\sum\limits_{n=1}^{\infty}aq^{n-1}$发散.

当$q=-1$时，$s_n=\begin{cases}a, & n\text{为奇数}\\0, & n\text{为偶数}\end{cases}$

可以看出s_n的极限不存在，由定义可知$\sum\limits_{n=1}^{\infty}aq^{n-1}$发散.

综上所述：几何级数$\sum\limits_{n=1}^{\infty}aq^{n-1}$，当$|q|<1$时，收敛；当$|q|\geqslant 1$时，发散.

例 7.1.2 判断级数$\sum\limits_{n=1}^{\infty}\ln(1+\dfrac{1}{n})$的敛散性.

解 由于 $u_n=\ln(1+\dfrac{1}{n})=\ln\dfrac{n+1}{n}=\ln(n+1)-\ln n$，

则 $s_n=(\ln 2-\ln 1)+(\ln 3-\ln 2)+\cdots+[\ln(n+1)-\ln n]$
$=\ln(n+1)$.

于是，$\lim\limits_{n\to\infty}s_n=\lim\limits_{n\to\infty}\ln(n+1)=\infty$，所以级数发散.

用定义直接判断级数的收敛性需要求出部分和s_n.

例 7.1.3 判断级数$\sum\limits_{n=1}^{\infty}n$的敛散性.

解 级数的部分和

$$s_n=1+2+3+\cdots+n+\cdots=\frac{n(n+1)}{2},$$

于是，$\lim\limits_{n\to\infty}s_n=\lim\limits_{n\to\infty}\dfrac{n(n+1)}{2}=\infty$，所以级数是发散的.

例 7.1.4 判断级数$\sum\limits_{n=1}^{\infty}\dfrac{1}{\sqrt{n}}$的敛散性.

解 直接考虑部分和$s_n=\dfrac{1}{1}+\dfrac{1}{\sqrt{2}}+\cdots+\dfrac{1}{\sqrt{n}}\geqslant n\dfrac{1}{\sqrt{n}}=\sqrt{n}$，

由此可知，当$n\to\infty$时，s_n趋于无穷大，故由定义可知级数$\sum\limits_{n=1}^{\infty}\dfrac{1}{\sqrt{n}}$发散.

【同步练习】 判断级数$\sum\limits_{n=1}^{\infty}\dfrac{1}{n(n+1)}$的敛散性.

7.1.2 收敛级数的性质

性质 1 若级数$\sum\limits_{n=1}^{\infty}u_n$收敛于$A$，$\sum\limits_{n=1}^{\infty}v_n$收敛于$B$，则$\sum\limits_{n=1}^{\infty}(u_n\pm v_n)$收敛于$A\pm B$.

但要注意的是发散级数与发散级数相加（相减）所成的级数，可能是发散级数，也可能是收敛级数.

例如，发散级数 $\sum_{n=1}^{\infty} 1$ 与 $\sum_{n=1}^{\infty}(-1)^n$.

> 收敛级数与发散级数逐项相加（相减）所成的级数是发散级数.

性质 2　若级数 $\sum_{n=1}^{\infty} u_n$ 收敛于 s，则级数 $\sum_{n=1}^{\infty} cu_n$ 收敛于 cs，其中 c 是常数.

性质 3　若去掉、增添或改变级数 $\sum_{n=1}^{\infty} u_n$ 的有限项，不改变级数的敛散性.

例如，去掉发散级数 $\sum_{n=1}^{\infty} \frac{1}{\sqrt{n}}$ 的前100项，则级数

$$\sum_{n=1}^{\infty} \frac{1}{\sqrt{100+n}} = \frac{1}{\sqrt{101}} + \frac{1}{\sqrt{102}} + \cdots + \frac{1}{\sqrt{100+n}} + \cdots$$

也是发散级数.

性质 4　如果级数 $\sum_{n=1}^{\infty} u_n$ 收敛，则对这级数的项任意加括号后所成的级数

$$(u_1 + \cdots + u_{k_1}) + (u_{k_1+1} + \cdots u_{k_2}) + \cdots + (u_{k_{n-1}+1} + \cdots u_{k_n}) + \cdots \qquad (7.2)$$

仍收敛，且其和不变. 级数（7.2）也可写成

$$v_1 + v_2 + \cdots + v_n + \cdots ,$$

其中 $v_1 = u_1 + \cdots + u_{k_1}$ ，$v_2 = u_{k_1+1} + \cdots + u_{k_2}$ ，$\cdots$ ，$v_n = u_{k_{n-1}+1} + \cdots + u_{k_n}$ ，$\cdots$.

要注意的是，如果加括号后所成的级数收敛，则不能断定去括号后原来的级数也收敛. 例如，级数

> 如果加括号后所成的级数发散，则原来的级数也发散.

$$(1-1) + (1-1) + \cdots$$

收敛于零，但级数

$$1-1+1-1+\cdots$$

却是发散的.

性质 5　（收敛的必要条件）若级数 $\sum_{n=1}^{\infty} u_n$ 收敛，则 $\lim_{n\to\infty} u_n = 0$.

> （逆否命题）若 $\lim_{n\to\infty} u_n \neq 0$ ，则该级数 $\sum_{n=1}^{\infty} u_n$ 发散的.

例如，级数 $\sum_{n=1}^{\infty}(\sqrt{n^2+n}-n)$ ，当 $n\to\infty$ 时，

$$\sqrt{n^2+n} - n = \frac{n}{\sqrt{n^2+n}+n} = \frac{1}{\sqrt{1+\frac{1}{n}}+1} \to \frac{1}{2},$$

则级数 $\sum_{n=1}^{\infty}(\sqrt{n^2+n}-n)$ 发散.

例如，级数 $\sum_{n=1}^{\infty} \frac{1}{\sqrt{n}}$ ，有 $\lim_{n\to\infty} \frac{1}{\sqrt{n}} = 0$ ，而级数 $\sum_{n=1}^{\infty} \frac{1}{\sqrt{n}}$ 却是发散的.

7.2 数项级数的审敛方法

7.2.1 正项级数

定义 7.3 如果级数 $\sum_{n=1}^{\infty} u_n$ 中的每一项 u_n 都是非负数，即 $u_n \geqslant 0$（$n=1,2,3,\cdots$），那么称此级数为**正项级数**.

由于正项级数的部分和数列为单调递增数列，故可得下列正项级数的收敛定理.

定理 7.1 正项级数 $\sum_{n=1}^{\infty} u_n$ 收敛的充分必要条件是其部分和数列 $\{s_n\}$ 有上界.

例 7.2.1 证明正项级数 $\sum_{n=1}^{\infty} \frac{1}{n!}$ 是收敛的.

证明 已知 $\frac{1}{n!} = \frac{1}{1\cdot 2\cdot 3\cdots n} \leqslant \frac{1}{1\cdot \underbrace{2\cdot 2\cdots 2}_{n-1}} = \frac{1}{2^{n-1}}$，$n=2,3,\cdots$.

于是，对任意 n，有

$$s_n = \frac{1}{1!}+\frac{1}{2!}+\frac{1}{3!}+\cdots+\frac{1}{n!} \leqslant 1+\frac{1}{2}+\frac{1}{2^2}+\cdots+\frac{1}{2^{n-1}} = \frac{1-\frac{1}{2^n}}{1-\frac{1}{2}} = 2-\frac{1}{2^{n-1}} < 2,$$

即部分和数列 $\{s_n\}$ 有上界，则级数 $\sum_{n=1}^{\infty} \frac{1}{n!}$ 是收敛的.

从上例看到，判别正项级数的敛散性，可将其通项与某个收敛性已知的正项级数的通项进行比较，再应用定理 7.1 判别其敛散性. 于是，有下面的正项级数比较原则.

定理 7.2（比较判别法） 设 $\sum_{n=1}^{\infty} u_n$，$\sum_{n=1}^{\infty} v_n$ 是两个正项级数，且满足

$$u_n \leqslant v_n,\quad n=1,2,\cdots$$

（1）若 $\sum_{n=1}^{\infty} v_n$ 收敛，则 $\sum_{n=1}^{\infty} u_n$ 收敛；

（2）若 $\sum_{n=1}^{\infty} u_n$ 发散，则 $\sum_{n=1}^{\infty} v_n$ 发散.

> 在利用比较判别法时，首先需要猜测所讨论的级数的收敛性，其次必须找一个参照级数（即比较对象），而此参照级数的收敛性是已知的.

注意到级数的每一项同乘不为零的常数 k，以及去掉有限项不会影响级数的收敛性，我们可以把比较判别法的条件适当放宽，得到如下的推论.

推论 设 $\sum_{n=1}^{\infty} u_n$ 及 $\sum_{n=1}^{\infty} v_n$ 都是正项级数，并且从某项起（例如，从第 N 项起）$u_n \leqslant kv_n$（$n \geqslant N$），其中 k 是常数.

（1）若 $\sum_{n=1}^{\infty} v_n$ 收敛，则 $\sum_{n=1}^{\infty} u_n$ 收敛；

（2）若 $\sum_{n=1}^{\infty}u_n$ 发散，则 $\sum_{n=1}^{\infty}v_n$ 发散.

当 $x\geqslant 0$ 时，$\ln(1+x)\leqslant x$ 的结论可以利用导数证明其单调得到.

例 7.2.2 判断调和级数 $\sum_{n=1}^{\infty}\frac{1}{n}$ 的敛散性.

解 由于 $x\geqslant 0$ 时，$\ln(1+x)\leqslant x$，所以

$$\ln(1+\frac{1}{n})\leqslant\frac{1}{n},$$

而在 7.1 节的例 7.1.2 已证明正项级数 $\sum_{n=1}^{\infty}\ln(1+\frac{1}{n})$ 发散，故 $\sum_{n=1}^{\infty}\frac{1}{n}$ 发散.

例 7.2.3 讨论 p −级数 $\sum_{n=1}^{\infty}\frac{1}{n^p}$ 的敛散性.

解 （1）当 $p\leqslant 1$ 时，有 $\frac{1}{n^p}\geqslant\frac{1}{n}$，又级数 $\sum_{n=1}^{\infty}\frac{1}{n}$ 发散，故 $\sum_{n=1}^{\infty}\frac{1}{n^p}$ 发散；

（2）当 $p>1$ 时，函数 $\frac{1}{x^p}$ 在 $[1,+\infty)$ 上的图形如图 7.2 所示. p −级数从第二项起到第 n 项的和 $\frac{1}{2^p}+\frac{1}{3^p}+\cdots+\frac{1}{n^p}$ 可看作有阴影的台阶形面积. 该台阶形面积小于在区间 $[1,n]$ 上曲线 $y=\frac{1}{x^p}$ 所对应的曲边梯形面积，所以有

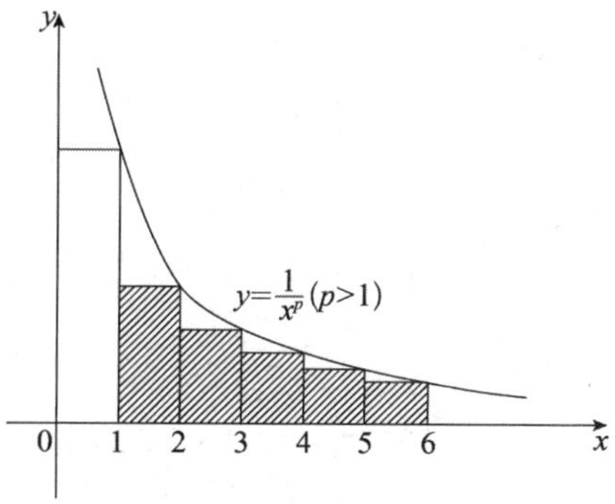

图 7.2

$$\begin{aligned}s_n&=1+(\frac{1}{2^p}+\frac{1}{3^p}+\cdots+\frac{1}{n^p})\\&<1+\int_1^n\frac{1}{x^p}\mathrm{d}x=1+\frac{1}{1-p}x^{1-p}\Big|_1^n\\&=1+\frac{1}{p-1}\left(1-\frac{1}{n^{p-1}}\right)\leqslant 1+\frac{1}{p-1},\end{aligned}$$

即 $\{s_n\}$ 有上界，所以 $p>1$ 时 p −级数收敛.

综上所述：p −级数，当 $p\leqslant 1$ 时发散，当 $p>1$ 时收敛.

例 7.2.4 判断正项级数 $\sum_{n=2}^{\infty}\frac{1}{\sqrt[3]{n^2-1}}$ 的敛散性.

解 $\frac{1}{\sqrt[3]{n^2-1}}>\frac{1}{\sqrt[3]{n^2}}=\frac{1}{n^{\frac{2}{3}}}$，级数 $\sum_{n=1}^{\infty}\frac{1}{n^{\frac{2}{3}}}$ $(p=\frac{2}{3}<1)$ 是发散的，

故级数 $\sum_{n=2}^{\infty}\frac{1}{\sqrt[3]{n^2-1}}$ 发散.

【同步练习】 判断正项级数 $\sum_{n=1}^{\infty}\frac{1}{\sqrt{n(n^2+1)}}$ 的敛散性.

下面给出极限形式的比较判别法，它在应用时更为方便.

定理 7.3（极限形式的比较判别法） 设$\sum_{n=1}^{\infty}u_n$，$\sum_{n=1}^{\infty}v_n$是两个正项级数，

如果$\lim_{n\to\infty}\frac{u_n}{v_n}=l \quad (0\leqslant l\leqslant+\infty)$，

（1）若级数$\sum_{n=1}^{\infty}v_n$收敛，且$0\leqslant l<+\infty$，则级数$\sum_{n=1}^{\infty}u_n$也收敛；

（2）若级数$\sum_{n=1}^{\infty}v_n$发散，且$0<l\leqslant+\infty$，则级数$\sum_{n=1}^{\infty}u_n$也发散.

例 7.2.5 判断下列正项级数的敛散性：

（1）$\sum_{n=1}^{\infty}\sin\frac{1}{n}$；（2）$\sum_{n=1}^{\infty}\frac{1}{n\cdot n!}$.

解 （1）因为 $\lim_{n\to\infty}\frac{\sin\frac{1}{n}}{\frac{1}{n}}=1$，

而级数$\sum_{n=1}^{\infty}\frac{1}{n}$是发散的，故级数$\sum_{n=1}^{\infty}\sin\frac{1}{n}$发散.

（2）因为 $\lim_{n\to\infty}\frac{\frac{1}{n\cdot n!}}{\frac{1}{n!}}=\lim_{n\to\infty}\frac{1}{n}=0$，

由 7.2 节的例 7.2.2 知$\sum_{n=1}^{\infty}\frac{1}{n!}$收敛，故级数$\sum_{n=1}^{\infty}\frac{1}{n\cdot n!}$收敛.

【同步练习】 判断下列正项级数的敛散性：

（1）$\sum_{n=1}^{\infty}\ln\left(1+\frac{1}{n^2}\right)$；　　（2）$\sum_{n=1}^{\infty}\frac{1}{\ln(n+1)}$.

定理 7.4 （达朗贝尔比值判别法） 设$\sum_{n=1}^{\infty}u_n$是正项级数，且$\lim_{n\to\infty}\frac{u_{n+1}}{u_n}=l$，则

（1）$l<1$时，级数$\sum_{n=1}^{\infty}u_n$收敛；

（2）$l>1$（包括l为$+\infty$）时，级数$\sum_{n=1}^{\infty}u_n$发散.（证明略）

（3）$l=1$时，级数无法用达朗贝尔比值判别法判断.

例 7.2.6 判断下列正项级数的敛散性：

（1）$\sum_{n=1}^{\infty}\frac{n^4}{2^n}$；　（2）$\sum_{n=1}^{\infty}\frac{n^n}{n!}$；　（3）$\sum_{n=1}^{\infty}\frac{n!}{10^n}$.

解 （1）$\lim_{n\to\infty}\frac{u_{n+1}}{u_n}=\lim_{n\to\infty}\frac{(n+1)^4}{2^{n+1}}\bigg/\frac{n^4}{2^n}=\lim_{n\to\infty}\frac{1}{2}(\frac{n+1}{n})^4=\frac{1}{2}<1$，

所以，级数 $\sum_{n=1}^{\infty}\frac{n^4}{2^n}$ 收敛.

（2）$\lim\limits_{n\to\infty}\frac{u_{n+1}}{u_n}=\lim\limits_{n\to\infty}\frac{(n+1)^{n+1}}{(n+1)!}\bigg/\frac{n^n}{n!}=\lim\limits_{n\to\infty}(1+\frac{1}{n})^n=\mathrm{e}>1$，

所以，级数 $\sum_{n=1}^{\infty}\frac{n^n}{n!}$ 发散.

（3）$\lim\limits_{n\to\infty}\frac{u_{n+1}}{u_n}=\lim\limits_{n\to\infty}\frac{(n+1)!}{10^{n+1}}\bigg/\frac{n!}{10^n}=\lim\limits_{n\to\infty}\frac{n+1}{10}=+\infty$，

所以，级数 $\sum_{n=1}^{\infty}\frac{n^n}{n!}$ 收敛.

【同步练习】判断正项级数 $\sum_{n=1}^{\infty}\frac{1}{1\cdot 2\cdot 3\cdots(n-1)}$ 的敛散性.

定理 7.5（柯西判别法）　设 $\sum_{n=1}^{\infty}u_n$ 是正项级数，且 $\lim\limits_{n\to\infty}\sqrt[n]{u_n}=l$，则

（1）$l<1$ 时，级数 $\sum_{n=1}^{\infty}u_n$ 收敛；

（2）$l>1$（包括 l 为 $+\infty$）时，级数 $\sum_{n=1}^{\infty}u_n$ 发散.（证明略）

（3）$l=1$ 时，级数无法用柯西判别法判断.

例 7.2.7　判断下列正项级数的敛散性.

（1）$\sum_{n=1}^{\infty}\left(\frac{n}{2n+1}\right)^n$；　（2）$\sum_{n=1}^{\infty}\frac{2^n}{3^{\ln n}}$.

解　（1）$\lim\limits_{n\to\infty}\sqrt[n]{u_n}=\lim\limits_{n\to\infty}\sqrt[n]{\left(\frac{n}{2n+1}\right)^n}=\lim\limits_{n\to\infty}\frac{n}{2n+1}=\frac{1}{2}<1$，

级数 $\sum_{n=1}^{\infty}\left(\frac{n}{2n+1}\right)^n$ 收敛.

（2）$\lim\limits_{n\to\infty}\sqrt[n]{u_n}=\lim\limits_{n\to\infty}\sqrt[n]{\frac{2^n}{3^{\ln n}}}=\lim\limits_{n\to\infty}\frac{2}{3^{\frac{\ln n}{n}}}=\frac{2}{3^0}=2>1$，级数 $\sum_{n=1}^{\infty}\frac{2^n}{3^{\ln n}}$ 发散.

> 与比较判别法相比，达朗贝尔比值判别法与柯西判别法用起来比较简便. 只要知道了正项级数的一般项，我们就能应用达朗贝尔判别法或柯西判别法，不必另找用于比较的级数.

【同步练习】判断正项级数 $\sum_{n=1}^{\infty}\frac{1}{(\ln n)^n}$ 的敛散性.

需要注意的是当 $\lim\limits_{n\to\infty}\frac{u_{n+1}}{u_n}=1$ 或 $\lim\limits_{n\to\infty}\sqrt[n]{u_n}=1$ 时，级数 $\sum_{n=1}^{\infty}u_n$ 可能收敛，也可能发散. 例如，$p-$级数 $\sum_{n=1}^{\infty}\frac{1}{n^p}$，不论 p 为何值都有

$$\lim_{n\to\infty}\frac{u_{n+1}}{u_n}=\lim_{n\to\infty}\frac{\frac{1}{(n+1)^p}}{\frac{1}{n^p}}=1,$$

$$\lim_{n\to\infty}\sqrt[n]{u_n}=\lim_{n\to\infty}\sqrt[n]{\frac{1}{n^p}}=\lim_{n\to\infty}\frac{1}{(\sqrt[n]{n})^p}=1.$$

但我们知道，当 $p>1$ 时 p −级数收敛；当 $p\leqslant 1$ 时 p −级数发散.

达朗贝尔比值判别法与柯西判别法也有局限性，当极限不存在或极限等于 1 时，达朗贝尔比值判别法与柯西判别法就失效，这时就需改用其他方法来判定级数的收敛性.

例 7.2.8　判断级数 $\sum_{n=1}^{\infty}\frac{1}{2n(2n-1)}$ 的敛散性.

解　$\lim_{n\to\infty}\frac{u_{n+1}}{u_n}=\lim_{n\to\infty}\frac{2n(2n-1)}{(2n+2)(2n+1)}=1$,

$\lim_{n\to\infty}\sqrt[n]{u_n}=\lim_{n\to\infty}\sqrt[n]{2n(2n-1)}=1$.

这时达朗贝尔比值判别法与柯西判别法失效，必须用其他的方法来判别这个级数的敛散性.

因为 $2n>2n-1\geqslant n$，所以 $\frac{1}{2n(2n-1)}<\frac{1}{n^2}$，而级数 $\sum_{n=1}^{\infty}\frac{1}{n^2}$ 收敛，由比较判别法可知所给级数收敛.

例 7.2.9　判定级数 $\sum_{n=1}^{\infty}\frac{n}{3^n}\sin^2\frac{n\pi}{6}$ 的敛散性.

解　由于 $\lim_{n\to\infty}\frac{u_{n+1}}{u_n}$，$\lim_{n\to\infty}\sqrt[n]{u_n}$ 不存在，所以达朗贝尔比值判别法与柯西判别法失效.

因为 $\frac{n}{3^n}\sin^2\frac{n\pi}{6}\leqslant\frac{n}{3^n}$. 而对级数 $\sum_{n=1}^{\infty}\frac{n}{3^n}$ 应用达朗贝尔比值判别法，

$$\lim_{n\to\infty}\frac{n+1}{3^{n+1}}\Big/\frac{n}{3^n}=\lim_{n\to\infty}\frac{n+1}{3n}=\frac{1}{3}<1,$$

因而 $\sum_{n=1}^{\infty}\frac{n}{3^n}$ 收敛. 由比较判别法知所给级数收敛.

7.2.2　交错级数

$\sum_{n=1}^{\infty}(-1)^{n-1}\frac{1-\cos n\pi}{n}$ 不是交错级数.

定义 7.4　形如 $\sum_{n=1}^{\infty}(-1)^{n-1}u_n$ 或 $\sum_{n=1}^{\infty}(-1)^n u_n$（$u_n>0$）的级数，称为**交错级数**.

关于交错级数收敛性的判别有以下结论：

定理 7.6（莱布尼兹判别法）　如果交错级数 $\sum_{n=1}^{\infty}(-1)^{n-1}u_n$（$u_n>0$）满足下列条件：（1）自某项以后的所有项有 $u_n\geqslant u_{n+1}$；（2）$\lim_{n\to\infty}u_n=0$，则此交错级数 $\sum_{n=1}^{\infty}(-1)^{n-1}u_n$ 收敛，且其和 $s\leqslant u_1$. 交错级数的余项为

不难看出，绝对值的右端也是一个交错级数，它也满足收敛的两个条件，所以其和小于级数的第一项，也就是说 $|r_n|\leqslant u_{n+1}$. 这个公式可用于莱布尼兹型级数近似求和 $s\approx s_n$ 时的误差估计.

$$r_n = \pm(u_{n+1} - u_{n+2} + \cdots)$$

绝对值为　$|r_n| = u_{n+1} - u_{n+2} + \cdots$.

例 7.2.10　判断下列交错级数的敛散性：

（1）$\sum\limits_{n=1}^{\infty}(-1)^{n-1}\dfrac{1}{n}$；　　　　（2）$\sum\limits_{n=1}^{\infty}(-1)^{n-1}\dfrac{n}{10^n}$.

解　（1）由于 $u_n = \dfrac{1}{n} > \dfrac{1}{n+1} = u_{n+1}$，且 $\lim\limits_{n\to\infty} u_n = \lim\limits_{n\to\infty}\dfrac{1}{n} = 0$．根据莱布尼兹判别法，交错级数 $\sum\limits_{n=1}^{\infty}(-1)^{n-1}\dfrac{1}{n}$ 收敛.

（2）因为
$$10n > n+1 \Rightarrow \frac{10n}{10^{n+1}} > \frac{n+1}{10^{n+1}}$$

故有
$$\frac{n}{10^n} > \frac{n+1}{10^{n+1}}$$

即
$$u_n > u_{n+1};$$

又 $\lim\limits_{x\to\infty}\dfrac{x}{10^x} = \lim\limits_{x\to\infty}\dfrac{1}{10^x \ln 10} = 0$，所以有 $\lim\limits_{n\to\infty}\dfrac{n}{10^n} = 0$．

根据莱布尼兹判别法，交错级数 $\sum\limits_{n=1}^{\infty}(-1)^{n-1}\dfrac{n}{10^n}$ 收敛.

> **【同步练习】** 判断交错级数 $\sum\limits_{n=1}^{\infty}(-1)^{n-1}\dfrac{1}{3\cdot 2^n}$ 的敛散性.

7.2.3　任意项级数

前面讨论的正项级数、交错级数都是形式比较特殊的级数．下面我们讨论一般形式的数项级数

$$u_1 + u_2 + \cdots + u_n + \cdots,$$

它的各项为任意实数，此级数通常称为**任意项级数**.

定义 7.5　如果级数 $\sum\limits_{n=1}^{\infty}u_n$ 各项的绝对值所构成的正项级数 $\sum\limits_{n=1}^{\infty}|u_n|$ 收敛，则称级数 $\sum\limits_{n=1}^{\infty}u_n$ **绝对收敛**.

例如，级数 $\sum\limits_{n=1}^{\infty}(-1)^{n-1}\dfrac{1}{n^2}$ 的每项绝对值组成的级数 $\sum\limits_{n=1}^{\infty}\left|(-1)^{n-1}\dfrac{1}{n^2}\right| = \sum\limits_{n=1}^{\infty}\dfrac{1}{n^2}$ 收敛，于是级数 $\sum\limits_{n=1}^{\infty}(-1)^{n-1}\dfrac{1}{n^2}$ 绝对收敛.

定义 7.6　如果级数 $\sum\limits_{n=1}^{\infty}u_n$ 收敛，而每项取绝对值组成的级数 $\sum\limits_{n=1}^{\infty}|u_n|$ 发散，称级数 $\sum\limits_{n=1}^{\infty}u_n$ **条件收敛**.

例如，已知交错级数 $\sum\limits_{n=1}^{\infty}(-1)^{n-1}\dfrac{1}{n}$ 收敛，而 $\sum\limits_{n=1}^{\infty}\left|(-1)^{n-1}\dfrac{1}{n}\right| = \sum\limits_{n=1}^{\infty}\dfrac{1}{n}$ 发散，于是级数 $\sum\limits_{n=1}^{\infty}(-1)^{n-1}\dfrac{1}{n}$

条件收敛.

级数绝对收敛与级数收敛有以下重要关系：

定理 7.7 如果级数 $\sum_{n=1}^{\infty} u_n$ 绝对收敛，则级数 $\sum_{n=1}^{\infty} u_n$ 必定收敛.

定理 7.7 的逆定理并不成立.

定理 7.7 说明对于一般的级数 $\sum_{n=1}^{\infty} u_n$，如果我们用正项级数收敛法判定级数 $\sum_{n=1}^{\infty} |u_n|$ 收敛，则此级数收敛. 这就使得一大类级数的收敛性判别问题，转化成为正项级数的收敛性判别问题.

例 7.2.11 判别下列级数是绝对收敛还是条件收敛：

（1）$\sum_{n=1}^{\infty} \frac{\sin\frac{\pi}{4}}{2^n}$；（2）$\sum_{n=1}^{\infty} \frac{(-1)^n}{\sqrt{n}}$.

解 （1）$\left|\frac{\sin\frac{\pi}{4}}{2^n}\right| \leqslant \frac{1}{2^n}$，已知级数 $\sum_{n=1}^{\infty} \frac{1}{2^n}$ 收敛，根据正项级数的比较判别法，级数 $\sum_{n=1}^{\infty} \left|\frac{\sin\frac{\pi}{4}}{2^n}\right|$ 收敛. 故级数 $\sum_{n=1}^{\infty} \frac{\sin\frac{\pi}{4}}{2^n}$ 绝对收敛.

（2）由于 $u_n = \frac{1}{\sqrt{n}} > \frac{1}{\sqrt{n+1}} = u_{n+1}$，且 $\lim\limits_{n\to\infty} u_n = \lim\limits_{n\to\infty} \frac{1}{\sqrt{n}} = 0$.

根据莱布尼兹判别法，级数 $\sum_{n=1}^{\infty} (-1)^{n-1} \frac{1}{\sqrt{n}}$ 收敛.

而级数 $\sum_{n=1}^{\infty} \left|\frac{(-1)^n}{\sqrt{n}}\right| = \sum_{n=1}^{\infty} \frac{1}{\sqrt{n}}$，且 $\sum_{n=0}^{\infty} \frac{1}{\sqrt{n}}$ 发散.

于是，级数 $\sum_{n=1}^{\infty} \frac{(-1)^n}{\sqrt{n}}$ 条件收敛.

【同步练习】 判别下列级数是绝对收敛还是条件收敛.

（1）$\sum_{n=1}^{\infty} (-1)^n \frac{1}{n^2}$；（2）$\sum_{n=1}^{\infty} \frac{(-1)^n}{2n-1}$.

7.3 幂级数及其展开应用

7.3.1 函数项级数的概念

前面讨论的是数项级数，它的每一项都是常数，现在考虑每一项都是函数的级数.

定义 7.7 如果给定一个定义在区间 I 上的函数列

$$u_1(x), u_2(x), u_3(x), \cdots, u_n(x), \cdots$$

则由这函数列构成的表达式

$$u_1(x)+u_2(x)+u_3(x)+\cdots+u_n(x)+\cdots \tag{7.3}$$

称为定义在区间 I 上的**函数项无穷级数**，简称**函数项级数，记为** $\sum\limits_{n=1}^{\infty}u_n(x)$.

对于每一个确定的值 $x_0\in I$ ，函数项级数（7.3）成为常数项级数

$$u_1(x_0)+u_2(x_0)+u_3(x_0)+\cdots+u_n(x_0)+\cdots \tag{7.4}$$

这个级数（7.4）可能收敛也可能发散．如果级数（7.4）收敛，我们称点 x_0 是函数项级数（7.3）的**收敛点**；如果级数（7.4）发散，我们称点 x_0 是函数项级数（7.3）的**发散点**．函数项级数（7.3）的所有收敛点的全体称为它的**收敛域**，所有发散点的全体称为它的**发散域**.

对应于收敛域内的任意一个数 x ，函数项级数成为一收敛的常数项级数，因而有一确定的和 s ．这样，在收敛域上，函数项级数的和是 x 的函数 $s(x)$ ，通常称 $s(x)$ 为函数项级数的**和函数**，该函数的定义域就是级数的收敛域．此函数写成

$$s(x)=u_1(x)+u_2(x)+u_3(x)+\cdots+u_n(x)+\cdots.$$

把函数项级数（7.3）的前 n 项的部分和记作 $s_n(x)$ ，则在收敛域上有

$$\lim_{n\to\infty}s_n(x)=s(x).$$

一般来说，由于函数项级数的形式是很复杂的，要确定它的收敛域也十分困难，在这里我们主要研究一类形式上很简单，而应用又很广泛的函数项级数——幂级数.

7.3.2　幂级数的概念

定义 7.8　形如

$$\sum_{n=1}^{\infty}a_n(x-x_0)^n=a_0+a_1(x-x_0)+\cdots+a_n(x-x_0)^n+\cdots \tag{7.5}$$

的函数项级数称为**幂级数**，其中 a_0 ， a_1 ， a_2 ， $\cdots$ ， a_n ， $\cdots$ 皆为常数，叫作**幂级数的系数**.

特别地，当 $x_0=0$ 时，幂级数为

$$\sum_{n=1}^{\infty}a_nx^n=a_0+a_1x+a_2x^2+\cdots+a_nx^n+\cdots \tag{7.6}$$

例如，$1+x+x^2+\cdots+x^n+\cdots$ 与 $1+x+\frac{1}{2!}x^2+\cdots+\frac{1}{n!}x^n+\cdots$ 都是幂级数．我们主要讨论幂级数（7.6）.

7.3.3　幂级数的敛散性

现在我们来讨论：对于一个给定的幂级数，它的收敛域与发散域是怎样的？即 x 取数轴上哪些点时幂级数收敛，取哪些点时幂级数发散？

考察幂级数

$$\sum_{n=1}^{\infty}x^n=1+x+x^2+\cdots+x^n+\cdots$$

的收敛性．由 7.1 节例 7.1.1 可知，当$|x|<1$时，该幂级数收敛于和$\dfrac{1}{1-x}$；当$|x|\geqslant 1$，该幂级数发散．因此，该幂级数的收敛域是开区间$(-1,1)$，发散域是$(-\infty,-1]$及$[1,+\infty)$．如果x在区间$(-1,1)$内取值，则

$$\frac{1}{1-x}=1+x+x^2+\cdots+x^n+\cdots.$$

在这个例子中我们看到，这个幂级数的收敛域是一个区间．事实上，这个结论对于一般的幂级数也是成立的．我们有如下定理．

定理 7.8（阿贝尔定理） （1）如果级数$\sum\limits_{n=0}^{\infty}a_nx^n$当$x=x_0$（$x_0\neq 0$）时收敛，则适合不等式$|x|<|x_0|$的一切$x$使该幂级数收敛；（2）如果级数$\sum\limits_{n=0}^{\infty}a_nx^n$当$x=x_0$时发散，则适合不等式$|x|>|x_0|$的一切$x$使该幂级数发散．

正数R通常称为幂级数（7.5）的**收敛半径**，开区间$(-R,R)$称为幂级数（7.5）的**收敛区间**．再由幂级数在$x=\pm R$处的收敛性就可以决定它的收敛域是$(-R,R)$、$[-R,R)$、$(-R,R]$、$[-R,R]$这 4 个区间之一．当幂级数在$(-\infty,+\infty)$内收敛时，规定$R=+\infty$．如果幂级数仅在$x=0$收敛，规定$R=0$．

定理 7.9 对幂级数$\sum\limits_{n=0}^{\infty}a_nx^n$，若$\lim\limits_{n\to\infty}\left|\dfrac{a_{n+1}}{a_n}\right|=l$，则该幂级数的收敛半径为

> 定理 7.9 指出，幂级数的收敛半径由幂级数的系数唯一确定．

$$R=\begin{cases}\dfrac{1}{l}, & 0<l<+\infty,\\ +\infty, & l=0,\\ 0, & l=+\infty.\end{cases}$$

求幂级数收敛域的基本步骤：

（1）求出幂级数的收敛半径R．

（2）写出收敛区间．

（3）讨论收敛区间两个端点$x=R$的敛散性．

例 7.3.1 求幂级数$\sum\limits_{n=0}^{\infty}\dfrac{n}{2^n}x^n$的收敛半径和收敛域．

解 （1）由 $l=\lim\limits_{n\to\infty}\left|\dfrac{a_{n+1}}{a_n}\right|=\lim\limits_{n\to\infty}\dfrac{(n+1)2^n}{2^{n+1}n}=\lim\limits_{n\to\infty}\dfrac{n+1}{2n}=\dfrac{1}{2}$，所以$R=2$，

（2）由定理 7.9 知$\sum\limits_{n=0}^{\infty}\dfrac{n}{2^n}x^n$在区间$(-2,2)$内收敛．

（3）当$x=\pm 2$时，幂级数$\sum\limits_{n=0}^{\infty}\dfrac{n}{2^n}x^n$的通项不趋于$0$，由收敛的必要条件可知$\sum\limits_{n=0}^{\infty}\dfrac{n}{2^n}x^n$在$x=-2$或$x=2$处均是发散的．

因此，幂级数$\sum\limits_{n=0}^{\infty}\dfrac{n}{2^n}x^n$的收敛域是$(-2,2)$．

例 7.3.2　求幂级数 $\sum_{n=0}^{\infty} n!x^n$ 的收敛半径和收敛域.

解　由 $l=\lim_{n\to\infty}\left|\frac{a_{n+1}}{a_n}\right|=\lim_{n\to\infty}\frac{(n+1)!}{n!}=\lim_{n\to\infty}(n+1)=+\infty$，

所以收敛半径 $R=0$，级数 $\sum_{n=0}^{\infty} n!x^n$ 只在 $x=0$ 点收敛.

例 7.3.3　求幂级数 $\sum_{n=0}^{\infty}\frac{x^n}{n!}$ 的收敛半径和收敛域.

解　因为 $l=\lim_{n\to\infty}\left|\frac{a_{n+1}}{a_n}\right|=\lim_{n\to\infty}\frac{\frac{1}{(n+1)!}}{\frac{1}{n!}}=\lim_{n\to\infty}\frac{1}{n+1}=0$，

因此收敛半径 $R=+\infty$，级数 $\sum_{n=0}^{\infty}\frac{x^n}{n!}$ 的收敛域为 $(-\infty,+\infty)$.

> **【同步练习】** 求幂级数 $\sum_{n=0}^{\infty} nx^n$ 的收敛半径和收敛域.

例 7.3.4　求幂级数 $\sum_{n=0}^{\infty}\frac{(2n)!}{(n!)^2}x^{2n}$ 的收敛半径和收敛区间.

解　该幂级数缺少奇次幂的项，定理 7.9 不能直接应用. 我们根据达朗贝尔比值判别法来求收敛半径

$$\lim_{n\to\infty}\left|\frac{[2(n+1)]!x^{2(n+1)}}{[(n+1)!]^2}\Big/\frac{(2n)!x^{2n}}{(n!)^2}\right|=4|x|^2,$$

当 $4|x|^2<1$ 即 $|x|<\frac{1}{2}$ 时级数收敛；当 $4|x|^2>1$ 时，即 $|x|>\frac{1}{2}$ 时级数发散.

所以，收敛半径 $R=\frac{1}{2}$，收敛区间为 $\left(-\frac{1}{2},\frac{1}{2}\right)$.

> **【同步练习】** 求幂级数 $\sum_{n=0}^{\infty}\frac{1}{3^n}x^{2n-1}$ 的收敛半径和收敛区间.

幂级数（7.5）也存在着一个收敛半径. 若令 $y=x-x_0$，则幂级数（7.5）便化为 $\sum_{n=0}^{\infty}a_n y^n$，当 $\sum_{n=0}^{\infty}a_n y^n$ 在区间 $(-R,R)$ 内收敛时，幂级数（7.5）在区间 (x_0-R,x_0+R) 内收敛.

例 7.3.5　求幂级数 $\sum_{n=0}^{\infty}\frac{1}{5^n\sqrt{n}}(x-2)^n$ 的收敛半径和收敛域.

解　由于

$$l=\lim_{n\to\infty}\left|\frac{a_{n+1}}{a_n}\right|=\lim_{n\to\infty}\frac{5^n\sqrt{n}}{5^{n+1}\sqrt{n+1}}=\frac{1}{5},$$

故，收敛半径 $R=5$，即 $|x-2|<5$，所以，得 $-3<x<7$.

由此可知，$\sum_{n=0}^{\infty}\frac{1}{5^n\sqrt{n}}(x-2)^n$ 在区间 $(-3,7)$ 内收敛.

当 $x=-3$ 时，幂级数成为 $\sum_{n=0}^{\infty}\frac{(-1)^n}{\sqrt{n}}$，这是一个交错级数，由莱布尼兹判别法知 $\sum_{n=0}^{\infty}\frac{(-1)^n}{\sqrt{n}}$ 收敛；当 $x=7$，幂级数成为 $\sum_{n=0}^{\infty}\frac{1}{\sqrt{n}}$，由 7.2 节的例 7.2.3 知 $\sum_{n=0}^{\infty}\frac{1}{\sqrt{n}}$ 发散.

因此，幂级数 $\sum_{n=0}^{\infty}\frac{1}{5^n\sqrt{n}}(x-2)^n$ 的收敛域为 $[-3,7)$.

【同步练习】 求幂级数 $\sum_{n=0}^{\infty}(-1)^{n-1}\frac{(x-3)^n}{2n-1}$ 的收敛半径和收敛区间.

7.3.4 幂级数的性质

性质 1 如果幂级数 $\sum_{n=0}^{\infty}a_nx^n$ 和 $\sum_{n=0}^{\infty}b_nx^n$ 的收敛半径分别为 R_1，R_2，$R=\min\{R_1,R_2\}$，则在 $(-R,R)$ 内，幂级数 $\sum_{n=0}^{\infty}(a_n\pm b_n)x^n$ 收敛，且有

$$\sum_{n=0}^{\infty}(a_n\pm b_n)x^n=\sum_{n=0}^{\infty}a_nx^n\pm\sum_{n=0}^{\infty}b_nx^n .$$

性质 2 设幂级数 $\sum_{n=0}^{\infty}a_nx^n$ 的收敛半径 $R>0$，则和函数 $s(x)$ 具有下列性质：

（1）$s(x)$ 在 $(-R,R)$ 内连续. 如果幂级数在 $x=R$（或 $x=-R$）也收敛，则和函数 $s(x)$ 在 $(-R,R]$（或 $[-R,R)$）连续.

（2）$s(x)$ 在 $(-R,R)$ 内可导，且

$$s'(x)=(\sum_{n=0}^{\infty}a_nx^n)'=\sum_{n=0}^{\infty}(a_nx^n)'=\sum_{n=1}^{\infty}na_nx^{n-1} .$$

即幂级数在收敛区间内可以逐项求导.

（3）$s(x)$ 在 $(-R,R)$ 内可积，且

$$\int_0^x s(x)\mathrm{d}x=\int_0^x(\sum_{n=0}^{\infty}a_nx^n)\mathrm{d}x=\sum_{n=0}^{\infty}(\int_0^x a_nx^n\mathrm{d}x)=\sum_{n=0}^{\infty}\frac{a_n}{n+1}x^{n+1} .$$

即幂级数在收敛区间内可以逐项积分.

幂级数经逐项求导或逐项积分后，收敛半径不变，但在端点处的敛散性则可能改变.

例 7.3.6 求幂级数 $\sum_{n=1}^{\infty}(-1)^{n-1}\frac{x^{2n-1}}{2n-1}$ 的和函数及收敛区间.

解 容易获知这个幂级数的收敛区间是 $(-1,1)$，设此幂级数的和函数是 $s(x)$，由幂级数的性质 2 中的（2）有

$$s'(x)=\sum_{n=1}^{\infty}\left[(-1)^{n-1}\frac{x^{2n-1}}{2n-1}\right]'=\sum_{n=1}^{\infty}(-1)^{n-1}x^{2n-2}$$
$$=\sum_{n=0}^{\infty}(-1)^{n}x^{2n}=\sum_{n=0}^{\infty}(-x^{2})^{n}=\frac{1}{1+x^{2}}$$

再对两边从 0 到 x 积分，得

$$s(x)-s(0)=\int_0^x\frac{1}{1+x^2}\mathrm{d}x=\arctan x$$

又 $s(0)=0$，从而 $s(x)=\arctan x$.

例 7.3.7　求幂级数 $\sum\limits_{n=0}^{\infty}(n+1)x^n$ 的和函数及收敛区间.

解　容易获知这个幂级数的收敛区间是 $(-1,1)$，设此幂级数的和函数是 $s(x)$. 由幂级数性质 2 中的（3）有

$$\int_0^x s(x)\mathrm{d}x=\sum_{n=0}^{\infty}\int_0^x(n+1)x^n\mathrm{d}x=\sum_{n=0}^{\infty}x^{n+1}=\frac{x}{1-x}$$

所以
$$s(x)=\left(\int_0^x s(x)\mathrm{d}x\right)'=\left(\frac{x}{1-x}\right)'=\frac{1}{(1-x)^2}.$$

例 7.3.8　在区间 $(-1,1)$ 内求幂级数 $\sum\limits_{n=0}^{\infty}\frac{x^n}{n+1}$ 的和函数.

解　设和函数为 $s(x)$，则 $s(x)=\sum\limits_{n=0}^{\infty}\frac{x^n}{n+1}$. 于是 $xs(x)=\sum\limits_{n=0}^{\infty}\frac{x^{n+1}}{n+1}$. 利用幂级数性质 2 中的（2），逐项求导，则

$$[xs(x)]'=\sum_{n=0}^{\infty}\left(\frac{x^{n+1}}{n+1}\right)'=\sum_{n=0}^{\infty}x^n=\frac{1}{1-x},$$

对上式从 0 到 x 积分，得

$$xs(x)=\int_0^x\frac{1}{1-x}\mathrm{d}x=-\ln(1-x),$$

于是，当 $x\neq0$ 时，有 $s(x)=-\frac{1}{x}\ln(1-x)$. 又显然 $s(0)=1$. 从而

$$s(x)=\begin{cases}-\frac{1}{x}\ln(1-x), & 0<|x|<1,\\ 1, & x=0.\end{cases}$$

【同步练习】求幂级数 $\sum\limits_{n=0}^{\infty}\frac{n+1}{n}x^n$ 的和函数及收敛区间.

7.3.5　函数的幂级数展开式

在上节的最后三个例子中，通过求幂级数的和函数将幂级数表示成了一个初等函数，但在许多应用中，我们却遇到相反的问题：对于一个给定的函数，可否把它表示成一个幂函数

呢？如果能够做到这一点，那就给我们进一步研究函数带来了方便.

1. 泰勒级数

若 $f(x)$ 在点 x_0 的某领域内有任意阶导数，则级数

$$f(x_0)+f'(x_0)(x-x_0)+\frac{f''(x_0)}{2!}(x-x_0)^2+\cdots+\frac{f^{(n)}(x_0)}{n!}(x-x_0)^n+\cdots \tag{7.7}$$

称为函数 $f(x)$ 在点 x_0 处的**泰勒级数**. 记为 $\sum\limits_{n=0}^{\infty}\frac{f^{(n)}(x_0)}{n!}(x-x_0)^n$.

定理 7.10 设函数 $f(x)$ 在 x_0 的某领域内具有任意阶导数，则 $f(x)$ 的泰勒级数

$$f(x_0)+f'(x_0)(x-x_0)+\frac{f''(x_0)}{2!}(x-x_0)^2+\cdots+\frac{f^{(n)}(x_0)}{n!}(x-x_0)^n+\cdots$$

收敛于 $f(x)$ 的充分必要条件是 $\lim\limits_{n\to\infty}r_n(x)=0$.

余项 $r_n(x)$ 有几种表达形式，其中常用的一种是

$$r_n(x)=\frac{f^{(n+1)}(\xi)}{(n+1)!}(x-x_0)^{n+1},$$

ξ 在 x_0 与 x 之间，称为**拉格朗日余项**.

特别地，当 $x_0=0$ 时，泰勒级数为

$$f(0)+f'(0)x+\frac{f''(0)}{2!}x^2+\cdots+\frac{f^{(n)}(0)}{n!}x^n+\cdots$$

称为函数 $f(x)$ 的**马克劳林级数**.

2. 将函数展成幂级数

1）直接展开法

要把函数 $f(x)$ 展成 x 的幂级数（马克劳林级数）的基本步骤：

第一步　求出 $f(x)$ 的各阶导数 $f'(x)$ ， $f''(x)$ ， $f'''(x)$ ， $\cdots$ ， $f^{(n)}(x)$.

第二步　求函数及其各阶导数在 $x=0$ 处的值

$$f(0)\text{，}\ f'(0)\text{，}\ f''(0)\text{，}\ f'''(0)\text{，}\ \cdots\text{，}\ f^{(n)}(0)\text{，}\ \cdots .$$

第三步　写出幂级数

$$f(0)+f'(0)x+\frac{f''(0)}{2!}x^2+\cdots+\frac{f^{(n)}(0)}{n!}x^n+\cdots,$$

并求出收敛域.

第四步　在收敛域内考察余项 $r_n(x)$ 的极限：

$$\lim_{n\to\infty}r_n(x)=\lim_{n\to\infty}\frac{f^{(n+1)}(\xi)}{(n+1)!}x^{n+1}\ （\xi \text{ 在 } 0 \text{ 与 } x \text{ 之间}）.$$

例 7.3.9 将指数函数 $f(x)=\mathrm{e}^x$ 展成 x 的幂级数.

解 各阶导数为 $f^{(n)}(x)=\mathrm{e}^x$ $(n=1,2,\cdots)$ ，记 $f^{(0)}(x)=f(x)=\mathrm{e}^x$ ，则有 $f^{(n)}(x)=\mathrm{e}^x$ $(n=0,1,2,\cdots)$. 所以 $f^{(n)}(0)=1$ ，于是得幂级数

$$1+x+\frac{x^2}{2!}+\cdots+\frac{x^n}{n!}+\cdots,$$

它的收敛域为 $(-\infty,+\infty)$.

对于任何有限的数 x 、ξ （ξ 在 0 与 x 之间），余项的绝对值为

$$|r_n(x)| = \left|\frac{e^{\xi}}{(n+1)!}x^{n+1}\right| < e^{|x|}\frac{|x|^{n+1}}{(n+1)!}.$$

因为 $e^{|x|}$ 有限，而 $\frac{|x|^{n+1}}{(n+1)!}$ 是收敛级数 $\sum_{n=0}^{\infty}\frac{|x|^{n+1}}{(n+1)!}$ 的通项，所以 $\lim_{n\to\infty}\frac{|x|^{n+1}}{(n+1)!}=0$ ，即 $\lim_{n\to\infty}|r_n(x)|=0$. 于是得展开式

$$e^x = 1 + x + \frac{x^2}{2!} + \cdots + \frac{x^n}{n!} + \cdots \quad (-\infty < x < +\infty).$$

例 7.3.10　将函数 $f(x)=\sin x$ 展成 x 的幂级数.

解　所给函数的各阶导数为 $f^{(n)}(x)=\sin\left(x+\frac{n\pi}{2}\right)$ $(n=1,2,\cdots)$ ，

$f^{(n)}(0)$ 顺序循环地取 0 ， 1， 0 ， -1 ， $\cdots$ $(n=0,1,2,\cdots)$ ，于是得级数

$$x - \frac{x^3}{3!} + \frac{x^5}{5!} - \cdots + (-1)^n\frac{x^{2n+1}}{(2n+1)!} + \cdots,$$

它的收敛域为 $(-\infty,+\infty)$.

对于任何有限的数 x 、ξ （ξ 在 0 与 x 之间），余项的绝对值

$$|r_n(x)| = \left|\frac{\sin\left[\xi+\frac{(n+1)\pi}{2}\right]}{(n+1)!}x^{n+1}\right| \leqslant \frac{|x|^{n+1}}{(n+1)!} \to 0,\ (n\to\infty).$$

因此得展开式

$$\sin x = x - \frac{x^3}{3!} + \frac{x^5}{5!} - \cdots + (-1)^n\frac{x^{2n+1}}{(2n+1)!} + \cdots \quad (-\infty < x < +\infty) \tag{7.8}$$

用类似的方法可以得到：

$$\frac{1}{1-x} = 1 + x + x^2 + \cdots + x^n + \cdots (-1 < x < 1).$$

【同步练习】 将二项式函数 $f(x)=(1+x)^{\alpha}$ 展成 x 的幂级数，其中 α 为任意常数.

2）间接展开法

直接展开的方法计算量较大，利用直接展开法得到的常用展开式，通过变量代换、四则运算、逐项求导、逐项积分等幂级数性质，将函数展开成幂级数的方法称为**间接展开法**.

例 7.3.11　将函数 $f(x)=\cos x$ 展成 x 的幂级数.

解　本题与例 7.3.10 相仿，可以应用直接展开法，但是利用间接展开法，则比较简单. 事实上，对展开式（7.8）逐项求导就可得

$$\cos x = 1 - \frac{x^2}{2!} + \frac{x^4}{4!} - \cdots + (-1)^n\frac{x^{2n}}{(2n)!} + \cdots \quad (-\infty < x < +\infty).$$

例 7.3.12　将对数函数 $f(x)=\ln(1+x)$ 展成 x 的幂级数.

解 因为 $f'(x)=\dfrac{1}{1+x}$，对同步练习中二项式函数展开式的结论

$$(1+x)^{\alpha}=1+\alpha x+\frac{\alpha(\alpha-1)}{2!}x^2+\cdots+\frac{\alpha(\alpha-1)\cdots(\alpha-n+1)}{n!}x^n+\cdots\quad(-1<x<1)$$

取 $\alpha=-1$

$$\frac{1}{1+x}=1-x+x^2-x^3+\cdots+(-1)^n x^n+\cdots\quad(-1<x<1),$$

将上式从 0 到 x 逐项积分，得

$$\ln(1+x)=x-\frac{x^2}{2}+\frac{x^3}{3}-\cdots+(-1)^{n-1}\frac{x^n}{n}+\cdots\quad(-1<x\leqslant 1).$$

上述展开式对 $x=1$ 也成立，这是因为上式右端的幂级数当 $x=1$ 时收敛，而 $\ln(1+x)$ 在 $x=1$ 处有定义且连续.

例 7.3.13 将函数 $f(x)=\mathrm{e}^{-x^2}$ 展成 x 的幂级数.

解 由例 7.3.9，$\mathrm{e}^x=1+x+\dfrac{x^2}{2!}+\cdots+\dfrac{x^n}{n!}+\cdots$. 将 x 换成 $-x^2$，即得

$$\mathrm{e}^{-x^2}=1-x^2+\frac{x^4}{2!}-\cdots+(-1)^n\frac{x^{2n}}{n!}+\cdots\quad(-\infty<x<+\infty).$$

例 7.3.14 将函数 $f(x)=\dfrac{1}{1+x^2}$ 展成 x 的幂级数.

解 因为

$$\frac{1}{1-x}=1+x+x^2+\cdots+x^n+\cdots\quad(-1<x<1),$$

$f(x)=\dfrac{1}{1+x^2}=\dfrac{1}{1-(-x^2)}$，用 $-x^2$ 代换 x 得

$$\frac{1}{1+x^2}=\frac{1}{1-(-x^2)}=1-x^2+x^4-\cdots+(-1)^n x^{2n}+\cdots\quad(-1<x<1).$$

> **【同步练习】** 将函数 $f(x)=x\mathrm{e}^{2x}$ 展成 x 的幂级数.

例 7.3.15 将函数 $\sin x$ 展成 $\left(x-\dfrac{\pi}{4}\right)$ 的幂级数.

解 因为

$$\begin{aligned}\sin x&=\sin\left[\left(x-\frac{\pi}{4}\right)+\frac{\pi}{4}\right]\\&=\sin\left(x-\frac{\pi}{4}\right)\cos\frac{\pi}{4}+\cos\left(x-\frac{\pi}{4}\right)\sin\frac{\pi}{4}\\&=\frac{1}{\sqrt{2}}\left[\sin\left(x-\frac{\pi}{4}\right)+\cos\left(x-\frac{\pi}{4}\right)\right],\end{aligned}$$

即

$$\sin x=\frac{1}{\sqrt{2}}\left[1+\left(x-\frac{\pi}{4}\right)-\frac{1}{2!}\left(x-\frac{\pi}{4}\right)^2-\frac{1}{3!}\left(x-\frac{\pi}{4}\right)^3+\cdots\right.$$

$$+\frac{(-1)^n}{(2n)!}\left(x-\frac{\pi}{4}\right)^{2n}+\frac{(-1)^n}{(2n+1)!}\left(x-\frac{\pi}{4}\right)^{2n+1}+\cdots\Bigg]\quad(-\infty<x<+\infty).$$

*例 7.3.16 将函数 $f(x)=\dfrac{1}{x^2+4x+3}$ 展成 $x-1$ 的幂级数.

解 因为 $f(x)=\dfrac{1}{x^2+4x+3}=\dfrac{1}{(x+1)(x+3)}$

$$=\frac{1}{2(1+x)}-\frac{1}{2(3+x)}=\frac{1}{4(1+\frac{x-1}{2})}-\frac{1}{8(1+\frac{x-1}{4})},$$

而

$$\frac{1}{4(1+\frac{x-1}{2})}=\frac{1}{4}\left[1-\frac{x-1}{2}+\frac{(x-1)^2}{2^2}-\cdots+(-1)^n\frac{(x-1)^n}{2^n}+\cdots\right](-1<x<3),$$

$$\frac{1}{8(1+\frac{x-1}{4})}=\frac{1}{8}\left[1-\frac{x-1}{4}+\frac{(x-1)^2}{4^2}-\cdots+(-1)^n\frac{(x-1)^n}{4^n}+\cdots\right](-3<x<5),$$

故 $f(x)=\dfrac{1}{x^2+4x+3}=\displaystyle\sum_{n=0}^{\infty}(-1)^n\left(\frac{1}{2^{n+2}}-\frac{1}{2^{2n+3}}\right)(x-1)^n\quad(-1<x<3).$

> 【同步练习】将函数 $f(x)=\dfrac{1}{x}$ 展成 $x-2$ 的幂级数.

*7.3.6 函数的幂级数展开式的应用

例 7.3.17 计算 $\sqrt[5]{240}$ 的近似值.

解 $\sqrt[5]{240}=\sqrt[5]{243-3}=3(1-\frac{1}{3^4})^{\frac{1}{5}}$，所以在二项展开式中取 $m=\dfrac{1}{5}$， $x=-\dfrac{1}{3^4}$，即得

$$\sqrt[5]{240}=3\left(1-\frac{1}{5}\cdot\frac{1}{3^4}-\frac{1\cdot4}{5^2\cdot2!}\cdot\frac{1}{3^8}-\frac{1\cdot4\cdot9}{5^3\cdot3!}\cdot\frac{1}{3^{12}}-\cdots\right)$$

取前两项的和作为 $\sqrt[5]{240}$ 的近似值，于是

$$\sqrt[5]{240}\approx3\left(1-\frac{1}{5}\cdot\frac{1}{3^4}\right)=2.9926.$$

例 7.3.18 求 $\dfrac{2}{\sqrt{\pi}}\displaystyle\int_0^{\frac{1}{2}}e^{-x^2}dx$ 的近似值.

解 由例 7.3.13 可知

$$e^{-x^2}=1-x^2+\frac{x^4}{2!}-\cdots+(-1)^n\frac{x^{2n}}{n!}+\cdots\quad(-\infty<x<+\infty),$$

即 $e^{-x^2}=\displaystyle\sum_{n=0}^{\infty}(-1)^n\frac{x^{2n}}{n!}\quad(-\infty<x<+\infty),$

于是，根据幂级数在收敛区间内逐项可积，得

$$\frac{2}{\sqrt{\pi}}\int_0^{\frac{1}{2}}\mathrm{e}^{-x^2}\mathrm{d}x=\frac{2}{\sqrt{\pi}}\int_0^{\frac{1}{2}}\left[\sum_{n=0}^{\infty}(-1)^n\frac{x^{2n}}{n!}\right]\mathrm{d}x=\frac{2}{\sqrt{\pi}}\sum_{n=0}^{\infty}\frac{(-1)^n}{n!}\int_0^{\frac{1}{2}}x^{2n}\mathrm{d}x$$

$$=\frac{1}{\sqrt{\pi}}\left(1-\frac{1}{2^2\cdot 3}+\frac{1}{2^4\cdot 5\cdot 2!}-\frac{1}{2^6\cdot 7\cdot 3!}+\cdots\right),$$

前4项的和作为近似值

$$\frac{2}{\sqrt{\pi}}\int_0^{\frac{1}{2}}\mathrm{e}^{-x^2}\mathrm{d}x\approx\frac{1}{\sqrt{\pi}}\left(1-\frac{1}{2^2\cdot 3}+\frac{1}{2^4\cdot 5\cdot 2!}-\frac{1}{2^6\cdot 7\cdot 3!}\right)\approx 0.5295\,.$$

【同步练习】计算 $\ln 2$ 的近似值.

【数学文化聚焦】

陈省身谈数学是有很强活力的

有些人可能会想，数学家们一天到晚没有事情可做，无中生有，搞这些多面体有什么意思？我认为，现在化学里的钛化合物就跟正多面体有关系．这就是说，经过2000年之后，正多面体居然会在化学里有用，有些数学家正在研究正多面体和分子结构间的关系．我们现在知道，生物学上的病毒也具有正多面体的形状．这表明，当年数学家的一种“空想”，经历了这么长的时间之后，竟然是很“实用”的．

陈省身，美籍华裔数学大师，20世纪伟大的几何学家.

现在谈谈主流数学与非主流数学的问题．大家知道，数学有很多特点．比如做数学不需要很多设备，现在有电子邮件，要的资料很容易拿到．做数学是个人的学问，不像别的学科必须依赖于设备，大家争分夺秒在一些最主要的方向上工作，在主流方向做出你自己的贡献．而数学则不同，由于数学的方向很多，又是个人的学问，不一定大家都集中做主流数学．因此，我觉得做数学的人，有可能找到现在并非主流但很有意义、将来很有希望的方向．主流方向上集中了世界上许多优秀人物，投入了大量的经费，你抢不过他们，赶不上，不如做其他同样很有意义的工作．我希望中国数学在某些方面能够生根，搞得特别好，具有自己的特色．

因此，我觉得数学研究不但是很深很难很强的，而且做到一定的地步仍然维持一个整体，到现在为止，数学没有分裂为好几块，依旧是完整的．尽管现代数学的研究范围在不断扩大，有些观念看来比较次要，慢慢就被丢掉了，但基本的观念始终在维持着．

中国数学的根必须在中国，现在我讲21世纪的数学，也就是要讲中国的数学该怎么发展，如何使中国数学在21世纪占有若干方面的优势．办法说来很简单，就是要培养人才，找有能力的人来做数学，找到优秀的年轻人在数学上获得发展．具体一些讲，就是要在国内办世界水平的第一流的数学研究院．中国这么大，不仅北京要有，别的地方也应该办．

发展数学势必要办够高水平的研究院，怎样才会够水平呢？

第一，应当开一些基本的先进课程．学生来了，要给他们基本训练，就要为他们开高水平的课．所谓的基本训练有两方面．一是培养推理能力，一个学生应该知道什么是正确的推理，什么是不正确的推理．你必须保证每步都正确．不能急于得结果就马马虎虎，最后一定出毛病；二是要知道一些数学，对整个数学有个判断．从前与分析有关的学科较重要，20 世纪以来则是代数，再后来是拓扑学等．总之，好的研究中心应该能开这些基本课程．

第二，我想必须要有好的学生．我们每年派去参加国际奥林匹克数学竞赛的中学生都很不错．虽然中学里数学念得好将来不一定都研究数学，不过希望有一部分人搞数学，而且能有成就．我和在北京的一些数学竞赛获奖学生见面，谈了话．我对他们说，搞数学的人将来会有大前途，十年、二十年之后，世界上一定会缺乏数学人才．现在的年轻人不愿念数学，势必造成人才短缺．学生不想念数学也难怪．因为数学很难，又没有把握．苦读多年之后，往往离成为数学家还很远．同时，又有许多因素在争夺数学家，例如计算机．做一个好的计算机软件，需要具有很高的才能，很不容易．不过它与数学相比，需要的准备知识很少．搞数学的人不知要念多少书，好像一直念不完．这样，有能力的人就转到计算机领域去了．也有一些数学博士，毕业后到股票市场做生意．例如预测股票市场的变化，写个计算机程序，以供决策．这样做，虽然还是别人的雇员，并非自己当老板，但这比大学教授的薪水高得多了．因此，数学人才的流失，是世界性的问题．

培养学生我主张流动．19 世纪的德国数学当然是世界第一的．德国的大学生可以到任何大学去注册．这学期在柏林听魏尔斯特拉斯的课，下学期到格丁根听施瓦兹的课，随便流动．教授也可以流动．例如柏林大学已有普朗克、爱因斯坦，一个理论物理学家在柏林大学自然没有发展的希望，就不妨到别的学校去创业．

我希望中国的学生、教授都能流动．教授可以到别的学校去教课．各个数学研究院的教授也能互相交换．

习题参考答案

习　题　7

1．写出下列数项级数的通项：

（1）$1+\frac{1}{3}+\frac{1}{5}+\frac{1}{7}+\cdots$；　（2）$1+\frac{6}{2^2}+\frac{12}{2^3}+\frac{20}{2^4}+\frac{30}{2^5}+\cdots$；

（3）$\frac{1}{1\cdot 4}+\frac{a}{4\cdot 7}+\frac{a^2}{7\cdot 10}+\frac{a^3}{10\cdot 13}+\cdots$；　（4）$\frac{2}{1}-\frac{3}{2}+\frac{4}{3}-\frac{5}{4}+\frac{6}{5}-\cdots$；

（5）$\frac{\sqrt{x}}{2}+\frac{x}{2\cdot 4}+\frac{x\sqrt{x}}{2\cdot 4\cdot 6}+\frac{x^2}{2\cdot 4\cdot 6\cdot 8}+\cdots$；　（6）$\frac{a^2}{3}-\frac{a^3}{5}+\frac{a^4}{7}-\frac{a^5}{9}+\cdots$．

2．求下列级数的和：

（1）$\sum\limits_{n=1}^{\infty}\left(\frac{1}{3}\right)^{2n+1}$；　（2）$\sum\limits_{n=1}^{\infty}\frac{1}{(5n-4)(5n+1)}$；

（3）$\sum\limits_{n=1}^{\infty}\frac{2}{3^{n-1}}$；　（4）$\sum\limits_{n=1}^{\infty}\left(\frac{1}{2^n}+\frac{1}{3^n}\right)$；

（5）$\sum\limits_{n=1}^{\infty}\frac{2n-1}{2^n}$；　（6）$\sum\limits_{n=1}^{\infty}\frac{3+(-1)^n}{3^n}$．

3．判断下列正项级数的敛散性：

（1）$\sum_{n=1}^{\infty}\frac{1}{n^2+1}$； （2）$\sum_{n=1}^{\infty}\frac{1}{\sqrt[3]{n-6}}$；

（3）$\sum_{n=1}^{\infty}\frac{n+1}{2n+1}$； （4）$\sum_{n=1}^{\infty}\frac{1}{\sqrt{n(n+1)}}$；

（5）$\sum_{n=1}^{\infty}\frac{2n-1}{\left(\sqrt{2}\right)^n}$； （6）$\sum_{n=1}^{\infty}\frac{1}{\sqrt{n+1}+\sqrt{n}}$．

（7）$\sum_{n=1}^{\infty}(1+\frac{1}{n})^n$； （8）$\sum_{n=1}^{\infty}\frac{2\cdot 5\cdot 8\cdots(3n-1)}{1\cdot 5\cdot 9\cdots(4n-3)}$；

（9）$\sum_{n=1}^{\infty}\frac{2^n n!}{n^n}$； （10）$\sum_{n=1}^{\infty}\frac{3^n n!}{n^n}$；

（11）$\sum_{n=2}^{\infty}\frac{1}{\ln n}$； （12）$\sum_{n=2}^{\infty}\frac{1}{n^2\ln n}$；

（13）$\sum_{n=1}^{\infty}\frac{2+(-1)^n}{2^n}$； （14）$\sum_{n=1}^{\infty}\frac{1}{(2n+1)!}$；

（15）$\sum_{n=1}^{\infty}\frac{1}{3n}$； *（16）$\sum_{n=1}^{\infty}\ln^n 3$；

*（17）$\sum_{n=1}^{\infty}\tan\frac{\pi}{4n}$； *（18）$\sum_{n=1}^{\infty}n^2\sin\frac{\pi}{2^n}$；

*（19）$\sum_{n=1}^{\infty}\frac{1}{\sqrt{n}}\ln\left(1+\frac{1}{n}\right)$； *（20）$\sum_{n=1}^{\infty}\left(1-\cos\frac{\pi}{n}\right)$．

4．判断下列级数是否收敛，如果是收敛的，判别是绝对收敛还是条件收敛：

（1）$\sum_{n=1}^{\infty}(-1)^n\sin\frac{1}{n}$； （2）$\sum_{n=1}^{\infty}(-1)^{n-1}\frac{n}{3^{n-1}}$；

（3）$\sum_{n=1}^{\infty}(-1)^{n-1}\frac{1}{3\cdot 2^n}$； （4）$\sum_{n=1}^{\infty}(-1)^{n-1}\frac{1}{\ln(n+1)}$．

5．求下列幂级数的收敛半径和收敛域：

（1）$\sum_{n=1}^{\infty}\frac{x^n}{n\cdot 2^n}$； （2）$\sum_{n=1}^{\infty}\frac{x^{2n-1}}{2n-1}$；

（3）$\sum_{n=1}^{\infty}\frac{(n+1)^5}{2n+1}x^{2n}$； （4）$\sum_{n=1}^{\infty}\frac{n!}{n^n}x^n$；

（5）$\sum_{n=1}^{\infty}\frac{n!}{n^2 e^{2n}}x^n$； （6）$\sum_{n=1}^{\infty}\frac{(x-2)^n}{(2n-1)\cdot 2^n}$；

（7）$\sum_{n=1}^{\infty}\frac{(x-5)^n}{\sqrt{n}}$； *（8）$\sum_{n=1}^{\infty}(-1)^n\frac{(2n-1)!}{(2n)!}(x-1)^n$；

*（9）$\sum_{n=1}^{\infty}\frac{(-1)^n}{n!}\left(\frac{n}{e}\right)^n(x-e)^n$； *（10）$\sum_{n=1}^{\infty}(1+\frac{1}{2}+\cdots+\frac{1}{n})x^n$；

*（11）$\sum_{n=1}^{\infty}(-1)^n\frac{x^n}{n!}$； *（12）$\sum_{n=1}^{\infty}(-1)^{n-1}\frac{x^n}{n^2}$．

6．利用幂级数的性质求下列幂级数的和函数及和函数的定义域：

（1）$\sum_{n=1}^{\infty}\frac{x^n}{n}$；　　（2）$\sum_{n=1}^{\infty}\frac{x^{2n-1}}{2n-1}$；

（3）$\sum_{n=1}^{\infty}nx^n$；　　（4）$\sum_{n=1}^{\infty}\frac{x^n}{n(n+1)}$；

（5）$\sum_{n=1}^{\infty}\frac{2^n}{n}x^n$；　　（6）$\sum_{n=1}^{\infty}n^2x^n$.

7．将下列函数展成 x 的幂级数，并求收敛区间：

（1）a^x；　　（2）$\sin^2 x$（提示：$\sin^2 x=\frac{1-\cos 2x}{2}$）;

（3）$\sqrt[3]{1-x}$；　　（4）$\ln\frac{1}{1-x}$；

*（5）$\sin(x+\frac{\pi}{4})$；　　*（6）$\int_0^x \mathrm{e}^{-t^2}\mathrm{d}t$；

*（7）$\frac{x}{2+x}$；

*（8）$\frac{1}{(x-1)(x-2)}$（提示：将函数拆成两项的代数和）.

*8．将函数 $f(x)=\cos x$ 展成 $\left(x+\frac{\pi}{3}\right)$ 的幂级数.

*9．将函数 $f(x)=\frac{1}{x^2+3x+2}$ 展成 $(x+4)$ 的幂级数.

自测题 7

自测题答案

一、单项选择题（每题 4 分，共 20 分）

1．下列级数中收敛的是（　　）.

A．$\sum_{n=1}^{\infty}\frac{4^n+8^n}{8^n}$　　B．$\sum_{n=1}^{\infty}\frac{8^n-4^n}{8^n}$

C．$\sum_{n=1}^{\infty}\frac{2^n+4^n}{8^n}$　　D．$\sum_{n=1}^{\infty}\frac{2^n\cdot 4^n}{8^n}$

2．下列级数中不收敛的是（　　）.

A．$\sum_{n=1}^{\infty}\ln(1+\frac{1}{n})$　　B．$\sum_{n=1}^{\infty}\frac{1}{3^n}$

C．$\sum_{n=1}^{\infty}\frac{1}{n(n+2)}$　　D．$\sum_{n=1}^{\infty}\frac{3^n+(-1)^n}{4^n}$

3．若级数 $\sum_{n=1}^{\infty}u_n$ 收敛于 S，则级数 $\sum_{n=1}^{\infty}(u_n+u_{n+1})$（　　）.

A．收敛于 $2S-u_1$　　B．收敛于 $2S+u_1$

C．收敛于 $2S$　　D．发散

4．部分和数列 $\{s_n\}$ 有界是正项级数 $\sum_{n=1}^{\infty}u_n$ 收敛的（　　）.

A．充分条件　　　　B．必要条件

C．充要条件　　　　D．既非充分又非必要条件

5．设a为非零常数，则当（　　）时，级数$\sum_{n=1}^{\infty}\frac{a}{r^n}$收敛.

A．$r<1$　　　　B．$|r|\leqslant 1$

C．$|r|<|a|$　　　　D．$|r|>1$

二、判断题（每题3分，共24分）

1．$\sum_{n=1}^{\infty}u_n$ 收敛，则$\lim_{n\to\infty}(u_n{}^2-u_n+3)=3$.　（　　）

2．若$\lim_{n\to\infty}u_n\neq 0$，$\sum_{n=1}^{\infty}u_n$发散.　（　　）

3．$\sum_{n=1}^{\infty}u_n$收敛，则$\sum_{n=1}^{\infty}(u_n+10)$ 收敛.　（　　）

4．$\sum_{n=1}^{\infty}u_n$发散，$\sum_{n=1}^{\infty}v_n$发散，则$\sum_{n=1}^{\infty}(u_n-v_n)$也发散.　（　　）

5．若$\sum_{n=1}^{\infty}u_n$ 收敛，则$\sum_{n=1}^{\infty}u_{n+2}$ 也收敛.　（　　）

6．级数$\sum_{n=1}^{\infty}(-1)^{n-1}\frac{1}{\ln(n+1)}$收敛.　（　　）

7．级数$\sum_{n=1}^{\infty}\frac{2\cdot 5\cdot 8\cdots(3n-1)}{1\cdot 5\cdot 9\cdots(4n-3)}$发散.　（　　）

8．级数$\sum_{n=1}^{\infty}\frac{1}{n^2+1}$收敛.　（　　）

三、解答题（每题7分，共56分）

1．判别级数$\sum_{n=1}^{\infty}\frac{(n!)^2}{2n^2}$的收敛性.

2．判别级数$\sum_{n=1}^{\infty}\frac{n\cos^2\frac{n\pi}{3}}{2^n}$的收敛性.

3．判别级数$\sum_{n=1}^{\infty}(-1)^n\ln\frac{n+1}{n}$的收敛性.

4．求极限 $\lim_{n\to\infty}[2^{\frac{1}{3}}\cdot 4^{\frac{1}{9}}\cdot 8^{\frac{1}{27}}\cdots\cdots(2^n)^{\frac{1}{3^n}}]$.

5．求幂级数 $\sum_{n=1}^{\infty}n(n+1)x^n$ 在其收敛区间内的和函数，并求常数项级数$\sum_{n=1}^{\infty}\frac{n(n+1)}{2^n}$的和.

6．求幂级数$\sum_{n=1}^{\infty}\frac{(-1)^n}{n4^n}(x-1)^{2n-1}$的收敛区间.

7．将函数$f(x)=\ln(4-3x-x^2)$展开成x的幂级数.

专业模块

第 8 章　线性代数初步

线性代数是数学的一个分支，被广泛地应用于自然科学、工程技术和经济管理等领域．矩阵是研究线性代数的一种重要工具．

本章讨论矩阵的加、减法，数乘，乘法，矩阵的转置运算，矩阵的初等变换，矩阵的秩和矩阵的求逆等问题．最后进一步讨论矩阵与线性方程组的问题．

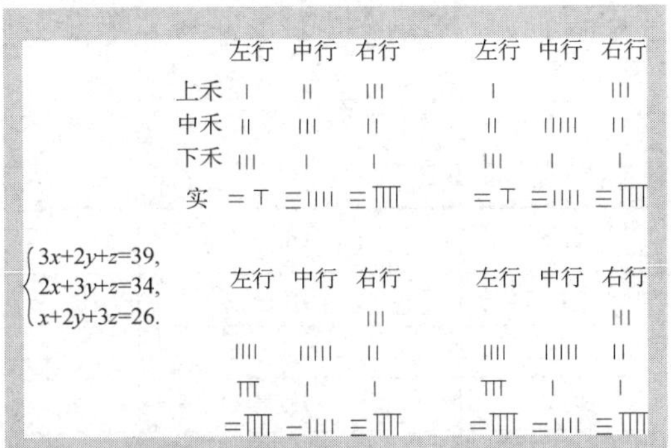

方程术中国古算法．指《九章算术》中提出的一种解线性方程组的消元法．

8.1　矩阵

8.1.1　矩阵的概念

矩阵的概念
视频

中学里我们学过消元法求解线性方程组，从消元法求解线性方程组的过程中可以看到，方程组的求解只与其系数及常数项有关，而与表示未知量的字母无关．因此，我们若将方程组的未知量去掉，将其系数和常数项保持原来的顺序排列成一个矩形数表，那么求解方程组就相当于对矩形数表进行一系列的变换．数学上抽象地称这种矩形数表为矩阵．如，三元一次线性方程组

$$\begin{cases} 2x_1 + x_3 = 2 \\ x_1 - 4x_2 - x_3 = 0 \\ -x_1 + 8x_2 + 3x_3 = 4 \end{cases}$$

方程组又称"联立方程"．是指把若干个方程合在一起研究，使其中的未知数同时满足每一个方程的一组方程．

对应的矩形数表

$$\begin{bmatrix} 2 & 0 & 1 & 2 \\ 1 & -4 & -1 & 0 \\ -1 & 8 & 3 & 4 \end{bmatrix}$$

事实上，许多实际问题的描述和计算经常碰到由数据排列而成的矩形数表，如火车时刻表，生产统计量等．

案例 8.1　某学校新建的校区要做绿化，为了保证公平公正，学校决定对其中的主要项目进行竞标，5 家公司的竞标报价如表 8.1 所示（单位：元）．

表 8.1

	公司 A	公司 B	公司 C	公司 D	公司 E
草皮/平方米	7.2	7.0	8.0	7.8	8.1
香樟/棵	21000	21300	20800	21100	20000
银杏/棵	24000	23700	23000	23900	22800
茶梅/棵	1000	900	1200	1100	1000

案例 8.2 某校要从数学建模选修课中选拔一批学生参加竞赛，老师决定综合考虑学生以下几个方面的成绩如表 8.2 所示．

表 8.2

学号	平时作业成绩	上课表现	期末成绩	数学基础成绩
1	90	88	90	87
2	85	90	95	90
3	78	80	75	70
…	…	…	…	…
52	92	90	95	85

【分析】 两个案例中表格所表示的内容虽然不相同，但是表格中的数据部分都是由若干行和列组成的，因此可将它们简记成下面的矩阵数表：

$$\begin{bmatrix} 7.2 & 7.0 & 8.0 & 7.8 & 8.1 \\ 21000 & 21300 & 20800 & 21100 & 20000 \\ 24000 & 23700 & 23000 & 23900 & 22800 \\ 1000 & 900 & 1200 & 1100 & 1000 \end{bmatrix} \text{与} \begin{bmatrix} 90 & 88 & 90 & 87 \\ 85 & 90 & 95 & 90 \\ 78 & 80 & 75 & 70 \\ \vdots & \vdots & \vdots & \vdots \\ 92 & 90 & 95 & 85 \end{bmatrix}$$

定义 8.1 由 $m\times n$ 个数 a_{ij} $(i=1,2,\cdots,m; j=1,2,\cdots,n)$ 排成 m 行 n 列的数表

$$\begin{bmatrix} a_{11} & a_{12} & \cdots & a_{1n} \\ a_{21} & a_{22} & \cdots & a_{2n} \\ \vdots & \vdots & & \vdots \\ a_{m1} & a_{m2} & \cdots & a_{mn} \end{bmatrix}$$

称为一个 m **行** n **列矩阵**，简称 $m\times n$ 矩阵．其中 a_{ij} 是矩阵第 i 行第 j 列的元素，而 i 称为**行标**，j 称为**列标**．第 i 行与第 j 列的交叉位置记为 (i,j)．

矩阵通常以大写英文字母 $\boldsymbol{A}$，$\boldsymbol{B}$，$\boldsymbol{C}$ 等表示．有时为了指明矩阵的行数 m 和列数 n，也常记为 $\boldsymbol{A}_{m\times n}$ 或 $\boldsymbol{A}=\left(a_{ij}\right)_{m\times n}$．

当 $m=n$ 时，矩阵的行数和列数相同，称 $\boldsymbol{A}=\left(a_{ij}\right)_{n\times n}$ 为 $\boldsymbol{n}$ **阶矩阵**，或者称为 $\boldsymbol{n}$ **阶方阵**．在 n 阶矩阵中，从左上角到右下角的对角线称为**主对角线**，从右上角到左下角的对角线称为**次对角线**．n 阶矩阵的主对角线上的元素 $a_{11},a_{22},\cdots,a_{nn}$ 称为方阵的**对角元**．两个矩阵的行数相等、

列数也相等时，称它们是**同形矩阵**．在矩阵 $\boldsymbol{A}$ 中每个元素的前面都添加一个负号得到的矩阵称为 $\boldsymbol{A}$ 的**负矩阵**，记作 $-\boldsymbol{A}$.

8.1.2　几种常用的特殊矩阵

（1）元素全为零的矩阵称为**零矩阵**，记作 $\boldsymbol{O}$ 或 $\boldsymbol{O}_{m\times n}$.

（2）当 $m=1$ 时，称 $\boldsymbol{A}=(a_{11},a_{12},\cdots,a_{1n})$ 为**行矩阵**.

（3）当 $n=1$ 时，称 $\boldsymbol{A}=\begin{bmatrix} a_{11}\\ a_{21}\\ \vdots\\ a_{n1}\end{bmatrix}$ **为列矩阵**.

（4）主对角线上元素都是 1，其余元素全为零的 n 阶方阵称为 $\boldsymbol{n}$ 阶单位矩阵，用字母 $\boldsymbol{E}$ 或 $\boldsymbol{I}$ 表示单位矩阵，即

$$\boldsymbol{E}=\begin{bmatrix} 1 & 0 & \cdots & 0\\ 0 & 1 & \cdots & 0\\ \vdots & \vdots & & \vdots\\ 0 & 0 & \cdots & 1\end{bmatrix}$$

（5）主对角线以下的元素全是零的方阵称为**上三角矩阵**；主对角线以上的元素全是零的方阵称为**下三角矩阵**.

$$\begin{bmatrix} a_{11} & a_{12} & \cdots & a_{1n}\\ 0 & a_{22} & \cdots & a_{2n}\\ \vdots & \vdots & & \vdots\\ 0 & 0 & \cdots & a_{nn}\end{bmatrix},\ \begin{bmatrix} a_{11} & 0 & \cdots & 0\\ a_{21} & a_{22} & \cdots & 0\\ \vdots & \vdots & & \vdots\\ a_{n1} & a_{n2} & \cdots & a_{nn}\end{bmatrix}$$

（6）主对角线以外的元素全是零的方阵称为**对角矩阵**.

$$\begin{bmatrix} a_{11} & 0 & \cdots & 0\\ 0 & a_{22} & \cdots & 0\\ \vdots & \vdots & & \vdots\\ 0 & 0 & \cdots & a_{nn}\end{bmatrix}$$

对角矩阵必须是方阵．一个方阵是对角矩阵当且仅当它既是上三角矩阵又是下三角矩阵.

8.1.3　矩阵相等

定义 8.2　若两个矩阵 $\boldsymbol{A}=\left(a_{ij}\right)_{m\times n}$ ，$\boldsymbol{B}=\left(b_{ij}\right)_{s\times l}$ ，满足

（1）行、列数分别相同，即 $m=s$，$n=l$ ；

（2）对应元素相等，

即

$$a_{ij}=b_{ij}\ (i=1,2,\cdots,m;\ j=1,2,\cdots,\ n),$$

则称矩阵 $\boldsymbol{A}$ 与矩阵 $\boldsymbol{B}$ **相等**，记作 $\boldsymbol{A}=\boldsymbol{B}$.

注意：

$$\begin{bmatrix} 0 & 0\\ 0 & 0\end{bmatrix}\neq\begin{bmatrix} 0 & 0 & 0\\ 0 & 0 & 0\\ 0 & 0 & 0\end{bmatrix}$$

即，只有两个矩阵的行数和列数相等时才可能相等.

由矩阵相等的定义可知，两个矩阵相等是指两个具有相同行数和相同列数的同形矩阵，对应位置上的元素都必须对应相等.

8.2 矩阵的运算

本节介绍矩阵的加法、减法、数乘、乘法和转置等基本运算．只有在对矩阵定义了一些有理论意义和实际意义的运算之后，才能使矩阵成为进行理论研究和解决实际问题的有力工具.

8.2.1 矩阵的加法与减法

定义 8.3 设 $\boldsymbol{A}=\left(a_{ij}\right)_{m\times n}$，$\boldsymbol{B}=\left(b_{ij}\right)_{m\times n}$ 是两个 $m\times n$ 矩阵，由 $\boldsymbol{A}$ 和 $\boldsymbol{B}$ 的对应位置上的元素相加（减）而得到的矩阵，称为 $\boldsymbol{A}$ 和 $\boldsymbol{B}$ 的和（差），记作 $\boldsymbol{A}\pm\boldsymbol{B}$，即

$$\boldsymbol{A}\pm\boldsymbol{B}=\left(a_{ij}\pm b_{ij}\right)_{m\times n}$$

由定义可知，只有同形矩阵才能进行加（减）法运算.

矩阵的加法满足以下运算规律：

（1）交换律 $\boldsymbol{A}+\boldsymbol{B}=\boldsymbol{B}+\boldsymbol{A}$.

（2）结合律 $(\boldsymbol{A}+\boldsymbol{B})+\boldsymbol{C}=\boldsymbol{A}+(\boldsymbol{B}+\boldsymbol{C})$.

（3）零矩阵满足 $\boldsymbol{A}+\boldsymbol{O}=\boldsymbol{O}+\boldsymbol{A}=\boldsymbol{A}$.

（4）消去律 $\boldsymbol{A}+\boldsymbol{C}=\boldsymbol{B}+\boldsymbol{C}\Leftrightarrow\boldsymbol{A}=\boldsymbol{B}$.

8.2.2 矩阵的数乘

定义 8.4 以实数 k 乘矩阵 $\boldsymbol{A}=\left(a_{ij}\right)_{m\times n}$ 的每个元素所得的矩阵，称为数 k 与矩阵 $\boldsymbol{A}$ 的乘积，记为矩阵 $k\boldsymbol{A}=\left(ka_{ij}\right)_{m\times n}$，即

$$k\boldsymbol{A}=k\begin{bmatrix}a_{11} & a_{12} & \cdots & a_{1n}\\ a_{21} & a_{22} & \cdots & a_{2n}\\ \vdots & \vdots & & \vdots\\ a_{m1} & a_{m2} & \cdots & a_{mn}\end{bmatrix}=\begin{bmatrix}ka_{11} & ka_{12} & \cdots & ka_{1n}\\ ka_{21} & ka_{22} & \cdots & ka_{2n}\\ \vdots & \vdots & & \vdots\\ ka_{m1} & ka_{m2} & \cdots & ka_{mn}\end{bmatrix}$$

容易验证对任意实数 k,l，矩阵的数量乘法满足下列运算规律：

（1）结合律 $(kl)\boldsymbol{A}=k(l\boldsymbol{A})=kl\boldsymbol{A}$.

（2）分配律 $k(\boldsymbol{A}+\boldsymbol{B})=k\boldsymbol{A}+k\boldsymbol{B},(k+l)\boldsymbol{A}=k\boldsymbol{A}+l\boldsymbol{A}$.

例 8.2.1 已知 $\boldsymbol{A}=\begin{bmatrix}5 & 2\\ 3 & 0\end{bmatrix}$，$\boldsymbol{B}=\begin{bmatrix}1 & 3\\ -1 & 2\end{bmatrix}$，求 $-\boldsymbol{A}+4\boldsymbol{B}$

解 $-\boldsymbol{A}+4\boldsymbol{B}=4\begin{bmatrix}1 & 3\\ -1 & 2\end{bmatrix}-\begin{bmatrix}5 & 2\\ 3 & 0\end{bmatrix}=\begin{bmatrix}4 & 12\\ -4 & 8\end{bmatrix}-\begin{bmatrix}5 & 2\\ 3 & 0\end{bmatrix}$

$$=\begin{bmatrix}-1 & 10\\ -7 & 8\end{bmatrix}$$

例 8.2.2　已知 $\boldsymbol{A}=\begin{bmatrix}3 & 0 & -1 & 2\\ 2 & 8 & 3 & 1\end{bmatrix}$，$\boldsymbol{B}=\begin{bmatrix}5 & 6 & 3 & 2\\ 2 & 4 & 7 & -1\end{bmatrix}$，

且 $\boldsymbol{A}+2\boldsymbol{X}=\boldsymbol{B}$，求 $\boldsymbol{X}$．

解　$\boldsymbol{X}=\dfrac{1}{2}(\boldsymbol{B}-\boldsymbol{A})=\dfrac{1}{2}\begin{bmatrix}2 & 6 & 4 & 0\\ 0 & -4 & 4 & -2\end{bmatrix}=\begin{bmatrix}1 & 3 & 2 & 0\\ 0 & -2 & 2 & -1\end{bmatrix}$.

例 8.2.3　已知 $\boldsymbol{A}=\begin{bmatrix}-1 & 2\\ 3 & 1\end{bmatrix}$，$\boldsymbol{C}=\begin{bmatrix}4 & 1\\ -3 & 2\end{bmatrix}$且 $\boldsymbol{A}+\boldsymbol{C}=\boldsymbol{B}+\boldsymbol{C}$，求矩阵 $\boldsymbol{B}$．

解　$\boldsymbol{A}+\boldsymbol{C}=\begin{bmatrix}-1 & 2\\ 3 & 1\end{bmatrix}+\begin{bmatrix}4 & 1\\ -3 & 2\end{bmatrix}=\begin{bmatrix}3 & 3\\ 0 & 3\end{bmatrix}$，

故

$$\boldsymbol{B}=\begin{bmatrix}3 & 3\\ 0 & 3\end{bmatrix}-\begin{bmatrix}4 & 1\\ -3 & 2\end{bmatrix}=\begin{bmatrix}-1 & 2\\ 3 & 1\end{bmatrix}$$

即 $\boldsymbol{B}=\boldsymbol{A}$．

【同步练习】设矩阵 $\boldsymbol{A}=\begin{bmatrix}1 & -2 & 3\\ -4 & 5 & -6\end{bmatrix}$，$\boldsymbol{B}=\begin{bmatrix}0 & 3 & 5\\ 7 & -8 & -2\end{bmatrix}$，

求 $\boldsymbol{A}+\boldsymbol{B},\boldsymbol{A}-\boldsymbol{B},3\boldsymbol{A}-2\boldsymbol{B}$．

8.2.3　矩阵的乘法

在定义矩阵乘法这一重要运算之前，先来考察一个实际例子．

案例 8.3　我国很多城市为避开高峰期用电，实行分时段计费，鼓励夜间用电．某地分为白天（8：00-23：00）与夜间（23：00-8：00）两个时段．是否安装峰谷电由居民自己决定，若某单元有两户人家某月的用电情况如下：$\boldsymbol{A}=\begin{matrix}\text{第一户人家}\\ \text{第二户人家}\end{matrix}\overset{\begin{matrix}\text{白天} & \text{夜间}\end{matrix}}{\begin{bmatrix}120 & 150\\ 320 & 20\end{bmatrix}}$，电价 $\boldsymbol{B}=\begin{matrix}\text{白天}\\ \text{夜间}\end{matrix}\overset{\begin{matrix}\text{峰谷电} & \text{非峰谷电}\end{matrix}}{\begin{bmatrix}0.568 & 0.538\\ 0.288 & 0.538\end{bmatrix}}$，试计算这两户人家安装峰谷电是否受益？

【分析】并不是所有的居民执行峰谷电价后都可以受益的．只有当居民低谷用电达到总用电量的一定比例时，平均电价才会低于峰谷电价．对这两户人家来说要查看执行峰谷电价是否受益，需要比较执行峰谷电价和不执行峰谷电价他们应缴电费的高低．用矩阵 $\boldsymbol{C}$ 来表示执行峰谷电价和不执行峰谷电价时他们应缴的电费，则有

$$\boldsymbol{C}=\begin{bmatrix}120\times0.568+150\times0.288 & 120\times0.538+150\times0.538\\ 320\times0.568+20\times0.288 & 320\times0.568+20\times0.288\end{bmatrix}$$

$$=\begin{bmatrix}111.36 & 145.26\\ 187.52 & 182.92\end{bmatrix}.$$

由此可见第一户人家安装峰谷电受益，第二户人家安装峰谷电并没有受益．

从上例中可以看出，矩阵 $\boldsymbol{C}$ 的元素 $c_{ij}\,(i,j=1,2)$ 正是矩阵 $\boldsymbol{A}$ 的第 i 行与矩阵 $\boldsymbol{B}$ 的第 j 列对应元素的乘积之和，这就是两个矩阵的乘积.

案例 8.4 在计算机图形学中，矩阵乘法运算经常被用到图形变换中．如图 8.1 所示，已知 P 点的坐标和角 θ，求 P' 的坐标．

解 由图可知：$\begin{cases} x' = x\cos\theta - y\sin\theta \\ y' = x\sin\theta + y\cos\theta \end{cases}$

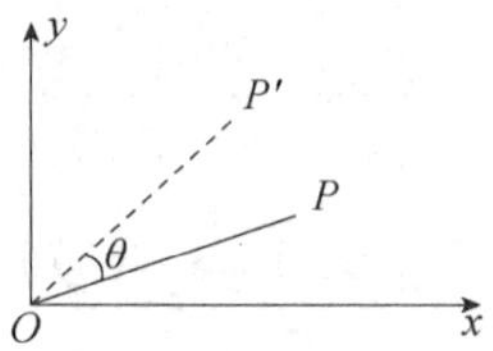

图 8.1

即

$$[x' \quad y' \quad 1] = [x \quad y \quad 1]\begin{bmatrix} \cos\theta & \sin\theta & 0 \\ -\sin\theta & \cos\theta & 0 \\ 0 & 0 & 1 \end{bmatrix}$$

下面给出矩阵乘积的定义.

定义 8.5 设 $\boldsymbol{A}=\left(a_{ij}\right)_{m\times s}$，$\boldsymbol{B}=\left(b_{ij}\right)_{s\times n}$，则称矩阵 $\boldsymbol{C}=\left(c_{ij}\right)_{m\times n}$ 为 $\boldsymbol{A}$ 与 $\boldsymbol{B}$ 的乘积，记为 $\boldsymbol{C}=\boldsymbol{AB}$，其中 $c_{ij}=a_{i1}b_{1j}+a_{i2}b_{2j}+\cdots+a_{is}b_{sj}=\sum_{k=1}^{s}a_{ik}b_{kj}\quad i=1,2,\cdots,m;\ j=1,2,\cdots,n$.

> 不是任意两个矩阵都可以相乘的．如：$\boldsymbol{A}_{2\times3}$ 和 $\boldsymbol{B}_{2\times4}$ 的乘积 $\boldsymbol{AB}$ 就没有意义，但是 $\boldsymbol{BA}$ 是有意义的.

由定义 8.5 可知，只有当左边矩阵 $\boldsymbol{A}$ 的列数与右边矩阵 $\boldsymbol{B}$ 的行数相同时，$\boldsymbol{A}$ 与 $\boldsymbol{B}$ 才能相乘得 $\boldsymbol{AB}$；两个矩阵的乘积 $\boldsymbol{AB}$ 亦是矩阵，它的行数等于左边矩阵 $\boldsymbol{A}$ 的行数，它的列数等于右边矩阵 $\boldsymbol{B}$ 的列数；乘积矩阵 $\boldsymbol{AB}$ 中的第 i 行第 j 列的元素等于矩阵 $\boldsymbol{A}$ 的第 i 行与矩阵 $\boldsymbol{B}$ 的第 j 列对应元素乘积之和.

例 8.2.4 已知 $\boldsymbol{A}=\begin{bmatrix} 1 & -1 & 0 \\ 2 & 1 & -2 \end{bmatrix}$，$\boldsymbol{B}=\begin{bmatrix} 0 & 2 \\ -1 & 1 \\ 1 & 0 \end{bmatrix}$，求 $\boldsymbol{AB}$ 与 $\boldsymbol{BA}$.

解 $\boldsymbol{AB}=\begin{bmatrix} 1\times0+(-1)\times(-1)+0\times1 & 1\times2+(-1)\times1+0\times0 \\ 2\times0+1\times(-1)+(-2)\times1 & 2\times2+1\times1+(-2)\times0 \end{bmatrix}=\begin{bmatrix} 1 & 1 \\ -3 & 5 \end{bmatrix}$.

$$\boldsymbol{BA}=\begin{bmatrix} 0\times1+2\times2 & 0\times(-1)+2\times1 & 0\times0+2\times(-2) \\ (-1)\times1+1\times2 & (-1)\times(-1)+1\times1 & (-1)\times0+1\times(-2) \\ 1\times1+0\times2 & 1\times(-1)+0\times1 & 1\times0+0\times(-2) \end{bmatrix}=\begin{bmatrix} 4 & 2 & -4 \\ 1 & 2 & -2 \\ 1 & -1 & 0 \end{bmatrix}.$$

由上例可以看出，$\boldsymbol{AB}$ 有意义时，$\boldsymbol{BA}$ 不一定有意义．即使 $\boldsymbol{AB}$ 和 $\boldsymbol{BA}$ 都有意义，也可能 $\boldsymbol{AB}\neq\boldsymbol{BA}$．这说明矩阵乘法一般不满足交换律．有时为了强调顺序，$\boldsymbol{AB}$ 称为 $\boldsymbol{A}$ 左乘 $\boldsymbol{B}$ 或 $\boldsymbol{B}$ 右乘 $\boldsymbol{A}$．若 $\boldsymbol{AB}=\boldsymbol{BA}$，则称矩阵 $\boldsymbol{A}$ 与矩阵 $\boldsymbol{B}$ **可交换**.

例 8.2.5 设 $\boldsymbol{A}=\begin{bmatrix} 1 & 1 & 2 \\ 2 & 2 & 4 \end{bmatrix}$，$\boldsymbol{B}=\begin{bmatrix} 1 & -3 & 2 \\ 1 & 1 & 0 \\ -1 & 1 & -1 \end{bmatrix}$，求 $\boldsymbol{AB}$.

解 $\boldsymbol{AB}=\begin{bmatrix} 1 & 1 & 2 \\ 2 & 2 & 4 \end{bmatrix}\begin{bmatrix} 1 & -3 & 2 \\ 1 & 1 & 0 \\ -1 & 1 & -1 \end{bmatrix}=\begin{bmatrix} 1+1-2 & -3+1+2 & 2+0-2 \\ 2+2-4 & -6+2+4 & 4+0-4 \end{bmatrix}$

$$=\begin{bmatrix}0&0&0\\0&0&0\end{bmatrix}.$$

由上例可以看出，在矩阵乘法中有 $\boldsymbol{AB}=\boldsymbol{O}$，不能推出 $\boldsymbol{A}=\boldsymbol{O}$ 或 $\boldsymbol{B}=\boldsymbol{O}$.

例 8.2.6　设 $\boldsymbol{A}=\begin{bmatrix}2&3&0\\1&2&0\end{bmatrix}$，$\boldsymbol{B}=\begin{bmatrix}1&0\\0&2\\3&0\end{bmatrix}$，$\boldsymbol{C}=\begin{bmatrix}1&0\\0&2\\4&5\end{bmatrix}$，求 $\boldsymbol{AB}$，$\boldsymbol{AC}$.

解　$$\boldsymbol{AB}=\begin{bmatrix}2&3&0\\1&2&0\end{bmatrix}\begin{bmatrix}1&0\\0&2\\3&0\end{bmatrix}=\begin{bmatrix}2&6\\1&4\end{bmatrix},$$

$$\boldsymbol{AC}=\begin{bmatrix}2&3&0\\1&2&0\end{bmatrix}\begin{bmatrix}1&0\\0&2\\4&5\end{bmatrix}=\begin{bmatrix}2&6\\1&4\end{bmatrix}.$$

由上例可以看出，乘法的消去律不成立，即 $\boldsymbol{A}\neq\boldsymbol{O}$，且 $\boldsymbol{AB}=\boldsymbol{AC}$，不能导出 $\boldsymbol{B}=\boldsymbol{C}$.

例 8.2.7　已知 $\boldsymbol{A}=\begin{bmatrix}a_{11}&a_{12}\\a_{21}&a_{22}\end{bmatrix}$，$\boldsymbol{E}=\begin{bmatrix}1&0\\0&1\end{bmatrix}$，求 $\boldsymbol{AE}$, $\boldsymbol{EA}$.

解　$$\boldsymbol{AE}=\begin{bmatrix}a_{11}&a_{12}\\a_{21}&a_{22}\end{bmatrix}\begin{bmatrix}1&0\\0&1\end{bmatrix}=\begin{bmatrix}a_{11}&a_{12}\\a_{21}&a_{22}\end{bmatrix},$$

$$\boldsymbol{EA}=\begin{bmatrix}1&0\\0&1\end{bmatrix}\begin{bmatrix}a_{11}&a_{12}\\a_{21}&a_{22}\end{bmatrix}=\begin{bmatrix}a_{11}&a_{12}\\a_{21}&a_{22}\end{bmatrix}.$$

例 8.2.8　已知 $\boldsymbol{A}=\begin{bmatrix}1&2\\3&4\end{bmatrix}$，求 $\boldsymbol{A}^2,\boldsymbol{A}^3$.

解　$$\boldsymbol{A}^2=\boldsymbol{A}\cdot\boldsymbol{A}=\begin{bmatrix}1&2\\3&4\end{bmatrix}\cdot\begin{bmatrix}1&2\\3&4\end{bmatrix}=\begin{bmatrix}7&10\\15&22\end{bmatrix}.$$

$$\boldsymbol{A}^3=\boldsymbol{A}\cdot\boldsymbol{A}\cdot\boldsymbol{A}=\begin{bmatrix}1&2\\3&4\end{bmatrix}\cdot\begin{bmatrix}1&2\\3&4\end{bmatrix}\cdot\begin{bmatrix}1&2\\3&4\end{bmatrix}=\begin{bmatrix}7&10\\15&22\end{bmatrix}\cdot\begin{bmatrix}1&2\\3&4\end{bmatrix}$$

$$=\begin{bmatrix}37&54\\81&118\end{bmatrix}$$

由上例看出，$\boldsymbol{AE}=\boldsymbol{EA}=\boldsymbol{A}$．即单位矩阵 $\boldsymbol{E}$ 在矩阵乘法中的作用相当于代数中的 1 在数的乘法中的作用.

矩阵乘法也有与数的乘法相似的运算规律：

（1）结合律　　$(\boldsymbol{AB})\boldsymbol{C}=\boldsymbol{A}(\boldsymbol{BC})$.

（2）数乘结合律　　$\lambda(\boldsymbol{AB})=(\lambda\boldsymbol{A})\boldsymbol{B}=\boldsymbol{A}(\lambda\boldsymbol{B})$.

（3）分配律　　$\boldsymbol{A}(\boldsymbol{B}+\boldsymbol{C})=\boldsymbol{AB}+\boldsymbol{AC}$（左分配律）.

$(\boldsymbol{B}+\boldsymbol{C})\boldsymbol{A}=\boldsymbol{BA}+\boldsymbol{CA}$（右分配律）.

由于矩阵乘法不满足交换律，因此一般地 $(\boldsymbol{AB})^k\neq\boldsymbol{A}^k\boldsymbol{B}^k$.

有了矩阵的乘法，我们可以定义方阵的幂．设 $\boldsymbol{A}$ 为 n 阶方阵，k 为正整数，则

$$A^k = \overbrace{AA\cdots A}^{k}$$

称为方阵 A 的 k 次幂.

由定义可知，方阵的幂满足：

$A^kA^l = A^{k+l}$，$(A^k)^l = A^{kl}$，k,l 为任意正整数.

【同步练习】

1．已知矩阵 $A=\begin{bmatrix}2&3\\-2&1\end{bmatrix}$，$B=\begin{bmatrix}1&2\\-1&0\end{bmatrix}$，求 AB，BA .

2．已知矩阵 $A=\begin{bmatrix}3&-1&2\\0&1&4\end{bmatrix}$，$B=\begin{bmatrix}2&1&6&0\\0&2&3&4\\-1&0&5&8\end{bmatrix}$，求 AB .

8.2.4 矩阵的转置

定义 8.6 把一个 $m\times n$ 矩阵

$$A=\begin{bmatrix}a_{11}&a_{12}&\cdots&a_{1n}\\a_{21}&a_{22}&\cdots&a_{2n}\\\vdots&\vdots&&\vdots\\a_{m1}&a_{m2}&\cdots&a_{mn}\end{bmatrix}$$

的行与列依次互换位置，得到 $n\times m$ 矩阵，称为 A 的转置矩阵，记为 A^{T} 或 A'，即

$$A^{\mathrm{T}}=\begin{bmatrix}a_{11}&a_{21}&\cdots&a_{m1}\\a_{12}&a_{22}&\cdots&a_{m2}\\\vdots&\vdots&&\vdots\\a_{1n}&a_{2n}&\cdots&a_{mn}\end{bmatrix}$$

一个 m 行 n 列的矩阵转置之后就变成了一个 n 行 m 列的矩阵. 即矩阵 A 转置后不仅行和列的元素互换位置，行数和列数也互换了.

例如，$A=\begin{bmatrix}1&3&4\\2&0&-1\end{bmatrix}$，则 $A^{\mathrm{T}}=\begin{bmatrix}1&2\\3&0\\4&-1\end{bmatrix}$.

矩阵的转置满足以下运算规律：

（1）$(A^{\mathrm{T}})^{\mathrm{T}}=A$；（2）$(A+B)^{\mathrm{T}}=A^{\mathrm{T}}+B^{\mathrm{T}}$；

（3）$(kA)^{\mathrm{T}}=kA^{\mathrm{T}}$（$k$ 为常数）；（4）$(AB)^{\mathrm{T}}=B^{\mathrm{T}}A^{\mathrm{T}}$.

例 8.2.9 设 $A=\begin{bmatrix}-1&3&2\\4&0&-2\end{bmatrix}, B=\begin{bmatrix}2&1\\-1&3\\0&4\end{bmatrix}$，$A^{\mathrm{T}},B^{\mathrm{T}},(AB)^{\mathrm{T}},B^{\mathrm{T}}A^{\mathrm{T}}$.

解 $A^{\mathrm{T}}=\begin{bmatrix}-1&4\\3&0\\2&-2\end{bmatrix}$，$B^{\mathrm{T}}=\begin{bmatrix}2&-1&0\\1&3&4\end{bmatrix}$；

$$\boldsymbol{AB}=\begin{bmatrix}-1 & 3 & 2\\ 4 & 0 & -2\end{bmatrix}\begin{bmatrix}2 & 1\\ -1 & 3\\ 0 & 4\end{bmatrix}=\begin{bmatrix}-5 & 16\\ 8 & -4\end{bmatrix};$$

$$(\boldsymbol{AB})^{\mathrm{T}}=\begin{bmatrix}-5 & 8\\ 16 & -4\end{bmatrix};$$

$$\boldsymbol{B}^{\mathrm{T}}\boldsymbol{A}^{\mathrm{T}}=\begin{bmatrix}2 & -1 & 0\\ 1 & 3 & 4\end{bmatrix}\begin{bmatrix}-1 & 4\\ 3 & 0\\ 2 & -2\end{bmatrix}=\begin{bmatrix}-5 & 8\\ 16 & -4\end{bmatrix}.$$

对 n 阶方阵 $\boldsymbol{A}$，若 $\boldsymbol{A}^{\mathrm{T}}=\boldsymbol{A}$，即 $a_{ij}=a_{ji}(i,j=1,2,\cdots,n)$，则称 $\boldsymbol{A}$ 为**对称矩阵**．如 $\boldsymbol{A}=\begin{bmatrix}1 & -2 & 3\\ -2 & -1 & 5\\ 3 & 5 & 4\end{bmatrix}$就是对称矩阵．

【同步练习】

1．已知矩阵 $\boldsymbol{A}=\begin{bmatrix}4 & 2 & 1\\ -1 & 7 & 5\end{bmatrix},\boldsymbol{B}=\begin{bmatrix}7 & 3\\ -1 & 0\\ 1 & 6\end{bmatrix}$，求 $\boldsymbol{A}-\frac{1}{2}\boldsymbol{B}^{\mathrm{T}}$．

2．已知矩阵 $\boldsymbol{A}=\begin{bmatrix}2 & -1\\ 3 & 1\end{bmatrix},\boldsymbol{B}=\begin{bmatrix}4 & 2 & 1\\ 1 & 7 & 5\end{bmatrix}$，求 $(\boldsymbol{AB})^{\mathrm{T}}$．

8.3　矩阵的初等变换及其应用

8.3.1　初等变换的概念

定义 8.7　对矩阵进行以下三种变换，称为矩阵的初等变换．

（1）交换矩阵中的任意两行（列）；

（2）用一个非零常数 $k(k\neq 0)$ 乘以矩阵的某一行（列）；

（3）将矩阵的某一行（列）的 k 倍加到另一行（列）上．

上述对矩阵的行进行的变换称为**初等行变换**；对列进行的变换称为**初等列变换**．初等行变换和初等列变换统称为**初等变换**．

> 矩阵的初等行变换是本章研究线性代数的一个重要“工具”．

在本章中主要介绍矩阵的初等行变换．

由矩阵 $\boldsymbol{A}$ 经过初等行变换得到的矩阵 $\boldsymbol{B}$，一般记作 $\boldsymbol{A}\to\boldsymbol{B}$．矩阵经过初等行变换后，可以使元素发生很大变化，从而变换前后两个矩阵是不一样的，但可以发现矩阵的一些特性经过初等行变换后是保持不变的．

> 阶梯形矩阵和行简化阶梯形矩阵是今后矩阵的秩、矩阵的逆和线性方程组学习中的重要研究对象．

定义 8.8　一个矩阵如果满足以下条件：

（1）矩阵的零行（如果存在的话）在矩阵最下方；

（2）首非零元素（即非零行左起第一个不为零的元素）的列标随着行标的递增而严格增大．

则称这个矩阵 $\boldsymbol{A}=\left(a_{ij}\right)_{m\times n}$ 为**阶梯形矩阵**.

定义 8.9 首非零元素等于 1，而且首非零元素 1 所在列的其他元素全为零的阶梯形矩阵称为**行简化阶梯形矩阵**.

例如，$\begin{bmatrix}1&3&2&4\\0&0&1&-1\\0&0&5&-3\end{bmatrix}$不是阶梯形矩阵，$\begin{bmatrix}1&0&2\\0&3&5\\0&0&4\end{bmatrix}$是阶梯形矩阵；而$\begin{bmatrix}1&4&0&3\\0&0&1&-1\\0&0&0&0\end{bmatrix}$为行简化阶梯形矩阵.

定理 8.1 任意一个非零矩阵 $\boldsymbol{A}_{m\times n}$，经过有限次的初等行变换都可以化为阶梯形矩阵.

例 8.3.1 把矩阵 $\boldsymbol{A}=\begin{bmatrix}1&1&1&-1\\2&1&-2&3\\3&2&-1&2\end{bmatrix}$化成阶梯形矩阵.

解 $\boldsymbol{A}=\begin{bmatrix}1&1&1&-1\\2&1&-2&3\\3&2&-1&2\end{bmatrix}\xrightarrow[r_3+(-3)r_1]{r_2+(-2)r_1}\begin{bmatrix}1&1&1&-1\\0&-1&-4&5\\0&-1&-4&5\end{bmatrix}\xrightarrow{r_3+(-1)r_2}\begin{bmatrix}1&1&1&-1\\0&-1&-4&5\\0&0&0&0\end{bmatrix}$.

例 8.3.2 把矩阵 $\boldsymbol{A}$ 化成阶梯形矩阵和行简化阶梯形矩阵.

$$\boldsymbol{A}=\begin{bmatrix}1&-1&2&-1\\3&-5&10&-7\\1&1&-2&3\end{bmatrix}$$

解 $A=\begin{bmatrix}1&-1&2&-1\\3&-5&10&-7\\1&1&-2&3\end{bmatrix}\xrightarrow[r_3+(-1)r_1]{r_2+(-3)r_1}\begin{bmatrix}1&-1&2&-1\\0&-2&4&-4\\0&2&-4&4\end{bmatrix}\xrightarrow{r_3+r_2}$

$\begin{bmatrix}1&-1&2&-1\\0&-2&4&-4\\0&0&0&0\end{bmatrix}$(阶梯形矩阵)$\xrightarrow{-\frac{1}{2}r_2}\begin{bmatrix}1&-1&2&-1\\0&1&-2&2\\0&0&0&0\end{bmatrix}$

$\xrightarrow{r_1+r_2}\begin{bmatrix}1&0&0&1\\0&1&-2&2\\0&0&0&0\end{bmatrix}$（行简化阶梯形矩阵）.

【同步练习】将下列矩阵化为行简化阶梯形矩阵：

（1）$\boldsymbol{A}=\begin{bmatrix}1&2&3\\2&3&-5\\4&7&1\end{bmatrix}$；　（2）$\boldsymbol{B}=\begin{bmatrix}1&1&2&2&1\\0&2&1&5&-1\\1&1&0&4&-1\\2&0&3&-1&3\end{bmatrix}$.

8.3.2 矩阵的秩

定义 8.10 矩阵 $\boldsymbol{A}$ 的阶梯形矩阵中非零行的数目称为矩阵 $\boldsymbol{A}$ 的**秩**，记为 $r(\boldsymbol{A})$ 或 $R(\boldsymbol{A})$.

定理 8.2　对矩阵施行初等变换，不改变矩阵的秩.

由定理 8.2 可知，求一个矩阵 $\boldsymbol{A}$ 的秩，只需利用矩阵的初等行变换将矩阵 $\boldsymbol{A}$ 化为阶梯形矩阵 $\boldsymbol{B}$，则阶梯形矩阵 $\boldsymbol{B}$ 中非零行的数目就是矩阵 $\boldsymbol{A}$ 的秩.

例 8.3.3　已知矩阵 $\boldsymbol{A}=\begin{bmatrix}1&3&0&2\\1&4&-4&2\\2&5&4&4\end{bmatrix}$，用初等变化方法求 $r(\boldsymbol{A})$.

解：因为 $\boldsymbol{A}=\begin{bmatrix}1&3&0&2\\1&4&-4&2\\2&5&4&4\end{bmatrix}\xrightarrow[r_3+(-2)r_1]{r_2+(-1)r_1}\begin{bmatrix}1&3&0&2\\0&1&-4&0\\0&-1&4&0\end{bmatrix}\xrightarrow{r_3+r_2}\begin{bmatrix}1&3&0&2\\0&1&-4&0\\0&0&0&0\end{bmatrix}$ 所以，$r(\boldsymbol{A})=2$.

例 8.3.4　用初等变化方法求下列矩阵的秩.

（1）$\boldsymbol{A}=\begin{bmatrix}2&4&2\\1&2&1\\1&2&3\end{bmatrix}$；　　（2）$\boldsymbol{B}=\begin{bmatrix}0&-1&3&1\\1&2&-2&0\\1&1&-2&5\\2&1&-4&15\end{bmatrix}$

解　（1）因为 $\boldsymbol{A}=\begin{bmatrix}2&4&2\\1&2&1\\1&2&3\end{bmatrix}\xrightarrow{r_2\leftrightarrow r_1}\begin{bmatrix}1&2&1\\2&4&2\\1&2&3\end{bmatrix}\xrightarrow[r_3+(-1)r_1]{r_2+(-2)r_1}\begin{bmatrix}1&2&1\\0&0&0\\0&0&2\end{bmatrix}\xrightarrow{\frac{1}{2}r_3}\begin{bmatrix}1&2&1\\0&0&0\\0&0&1\end{bmatrix}$

$$\xrightarrow{r_2\leftrightarrow r_3}\begin{bmatrix}1&2&1\\0&0&1\\0&0&0\end{bmatrix}$$

所以，$r(\boldsymbol{A})=2$.

（2）因为 $\boldsymbol{B}=\begin{bmatrix}0&-1&3&1\\1&2&-2&0\\1&1&-2&5\\2&1&-4&15\end{bmatrix}\xrightarrow{r_1\leftrightarrow r_2}\begin{bmatrix}1&2&-2&0\\0&-1&3&1\\1&1&-2&5\\2&1&-4&15\end{bmatrix}$

$$\xrightarrow[r_4+(-2)r_1]{r_3+(-1)r_1}\begin{bmatrix}1&2&-2&0\\0&-1&3&1\\0&-1&0&5\\0&-3&0&15\end{bmatrix}\xrightarrow[r_4+(-3)r_2]{r_3+(-1)r_2}\begin{bmatrix}1&2&-2&0\\0&-1&3&1\\0&0&-3&4\\0&0&-9&12\end{bmatrix}$$

$$\xrightarrow{r_4+(-3)r_3}\begin{bmatrix}1&2&-2&0\\0&-1&3&1\\0&0&-3&4\\0&0&0&0\end{bmatrix}$$

所以，$r(\boldsymbol{A})=3$.

定义 8.11　对于 n 阶方阵 $\boldsymbol{A}$，若 $r(\boldsymbol{A})=n$，则称 $\boldsymbol{A}$ 为**满秩矩阵**，或**非奇异矩阵**.

【同步练习】将下列矩阵的秩：

（1）$A=\begin{bmatrix}4 & -2 & 1\\ 1 & 2 & -2\\ -1 & 8 & -7\\ 2 & 14 & -13\end{bmatrix}$；　　（2）$B=\begin{bmatrix}3 & 2 & 0 & 5 & 0\\ 3 & -2 & 3 & 6 & -1\\ 2 & 0 & 1 & 5 & -3\\ 1 & 6 & -4 & -1 & 4\end{bmatrix}$.

*8.3.3　逆矩阵

前面我们讨论了矩阵的加法、减法和乘法运算，那么矩阵有没有“除法”运算呢？这就是本节要讨论的逆矩阵问题．由于只有方阵才可能有逆矩阵，因此如无特别说明本节所讲到的矩阵都是指方阵．

定义 8.12　对于 n 阶方阵 $\boldsymbol{A}$，如果存在 n 阶方阵 $\boldsymbol{B}$，使得 $\boldsymbol{AB}=\boldsymbol{BA}=\boldsymbol{E}$，则把方阵 $\boldsymbol{B}$ 称为 $\boldsymbol{A}$ 的**逆矩阵**（简称**逆阵**）记作 $\boldsymbol{B}=\boldsymbol{A}^{-1}$.

> 不是任意方阵都可逆的，只有当方阵的秩等于方阵的行数时，方阵才可逆．如：$A=\begin{bmatrix}1 & 2\\ 2 & 4\end{bmatrix}$就不可逆.

逆矩阵又称为**满秩矩阵**或者**非奇异矩阵**.

由定义可以看出，当 $\boldsymbol{B}$ 是 $\boldsymbol{A}$ 的逆矩阵时，$\boldsymbol{A}$ 也是 $\boldsymbol{B}$ 的逆矩阵，即 $\boldsymbol{A}$ 和 $\boldsymbol{B}$ 是互为逆矩阵的.

案例 8.5　我国在军事通信中，常将字符（信号）与数字对应，如：

a	b	c	d	e	f	g	…	x	y	z
1	2	3	4	5	6	7	…	24	25	26

例如，are 对应一矩阵 $\boldsymbol{B}=(1,18,5)$，但如果按这种方式传输，则很容易被敌方破译．于是，必须采取加密，即用一个约定的加密矩阵 $\boldsymbol{A}$ 乘以原信号 $\boldsymbol{B}$，传输信号为 $\boldsymbol{C}=\boldsymbol{AB}^{\mathrm{T}}$，收到信号的一方再将信号还原（破译）为 $\boldsymbol{B}^{\mathrm{T}}=\boldsymbol{A}^{-1}\boldsymbol{C}$．如果敌方不知道加密矩阵，则很难破译．设收到的信号为 $\boldsymbol{C}=(21,27,31)^{\mathrm{T}}$，并已知加密矩阵为 $\boldsymbol{A}=\begin{bmatrix}-1 & 0 & 1\\ 0 & 1 & 1\\ 1 & 1 & 1\end{bmatrix}$，问原信号 $\boldsymbol{B}$ 是什么？

定理 8.3　如果矩阵 $\boldsymbol{A}$ 是可逆的，则 $\boldsymbol{A}$ 的逆矩阵是唯一的.

定理 8.4　n 阶可逆矩阵 $\boldsymbol{A}$ 经过一系列的初等变换，必可化成 n 阶单位矩阵 $\boldsymbol{E}$；同时对 n 阶单位矩阵 $\boldsymbol{E}$ 做同样的初等变换，所得到的矩阵则为 $\boldsymbol{A}$ 的逆矩阵 $\boldsymbol{A}^{-1}$.

由定理 8.4 可知，要求一个矩阵 $\boldsymbol{A}$ 的逆矩阵，先要做一个 n 行 $2n$ 列的矩阵 $(\boldsymbol{A},\boldsymbol{E})$，然后对 $(\boldsymbol{A},\boldsymbol{E})$ 做初等行变换，使 $(\boldsymbol{A},\boldsymbol{E})$ 成为行简化阶梯形矩阵，此时 $\boldsymbol{A}$ 就变成了单位矩阵，与此同时单位矩阵则变成了 $\boldsymbol{A}$ 的逆矩阵 $\boldsymbol{A}^{-1}$．即 $(\boldsymbol{A},\boldsymbol{E})\longrightarrow(\boldsymbol{E},\boldsymbol{A}^{-1})$．这就给出了我们求解逆矩阵的一种方法——初等变换法.

例 8.3.5　用初等变换方法求下列矩阵的逆矩阵：

（1）$\boldsymbol{A}=\begin{bmatrix}2 & 5\\ 1 & 3\end{bmatrix}$；　　（2）$\boldsymbol{A}=\begin{bmatrix}1 & -2 & 1\\ 2 & -3 & 1\\ 3 & 1 & -3\end{bmatrix}$.

解　（1）$(\boldsymbol{A},\boldsymbol{E})=\begin{bmatrix}2&5&1&0\\1&3&0&1\end{bmatrix}\xrightarrow{r_1\leftrightarrow r_2}\begin{bmatrix}1&3&0&1\\2&5&1&0\end{bmatrix}\xrightarrow{r_2+(-2)r_1}\begin{bmatrix}1&3&0&1\\0&-1&1&-2\end{bmatrix}\xrightarrow{(-1)r_2}$

$\begin{bmatrix}1&3&0&1\\0&1&-1&2\end{bmatrix}\xrightarrow{r_1+(-3)r_2}\begin{bmatrix}1&0&3&-5\\0&1&-1&2\end{bmatrix}$所以，$\boldsymbol{A}^{-1}=\begin{bmatrix}3&-5\\-1&2\end{bmatrix}$.

（2）$(\boldsymbol{A},\boldsymbol{E})=\begin{bmatrix}1&-2&1&1&0&0\\2&-3&1&0&1&0\\3&1&-3&0&0&1\end{bmatrix}\xrightarrow[r_3+(-3)r_1]{r_2+(-2)r_1}\begin{bmatrix}1&-2&1&1&0&0\\0&1&-1&-2&1&0\\0&7&-6&-3&0&1\end{bmatrix}\xrightarrow{r_3+(-7)r_2}$

$\begin{bmatrix}1&-2&1&1&0&0\\0&1&-1&-2&1&0\\0&0&1&11&-7&1\end{bmatrix}\xrightarrow[r_2+r_3]{r_1+(-1)r_3}\begin{bmatrix}1&-2&0&-10&7&-1\\0&1&0&9&-6&1\\0&0&1&11&-7&1\end{bmatrix}\xrightarrow{r_1+2r_2}\begin{bmatrix}1&0&0&8&-5&1\\0&1&0&9&-6&1\\0&0&1&11&-7&1\end{bmatrix}$

所以，$\boldsymbol{A}^{-1}=\begin{bmatrix}8&-5&1\\9&-6&1\\11&-7&1\end{bmatrix}$.

【同步练习】将下列矩阵的逆矩阵：

（1）$\boldsymbol{A}=\begin{bmatrix}1&-1\\1&1\end{bmatrix}$；　　（2）$\boldsymbol{B}=\begin{bmatrix}1&2&3\\2&1&2\\1&3&3\end{bmatrix}$.

8.4　用初等变换求解线性方程组

本节简单介绍用矩阵的初等行变换解线性方程组的方法，并利用矩阵的秩给出线性方程组解的判断.

8.4.1　*n* 元线性方程组

定义 8.13　一般地，称由 n 个未知量、m 个线性方程组成的方程组

$$\begin{cases}a_{11}x_1+a_{12}x_2+\cdots+a_{1n}x_n=b_1\\a_{21}x_1+a_{22}x_2+\cdots+a_{2n}x_n=b_2\\\qquad\cdots\\a_{m1}x_1+a_{m2}x_2+\cdots+a_{mn}x_n=b_m\end{cases}\tag{8.1}$$

为 n 元线性方程组，其中 x_j 是未知量（也称为未知数），a_{ij} 是第 i 个方程中第 j 个未知量 x_j 的系数，b_i 是第 i 个方程中的常数 $(i=1,2,\cdots,m;\ j=1,2,\cdots,n)$．当方程组（8.1）中的常数项 $b_1,b_2,\cdots,b_m$ 不全为零时，称方程组（8.1）为**非齐次线性方程组**．当 $b_1,b_2,\cdots,b_m$ 全为零时，即

$$\begin{cases} a_{11}x_1 + a_{12}x_2 + \cdots + a_{1n}x_n = 0 \\ a_{21}x_1 + a_{22}x_2 + \cdots + a_{2n}x_n = 0 \\ \cdots \\ a_{m1}x_1 + a_{m2}x_2 + \cdots + a_{mn}x_n = 0 \end{cases} \tag{8.2}$$

称为**齐次线性方程组**.

记

$$\boldsymbol{A} = \begin{bmatrix} a_{11} & a_{12} & \cdots & a_{1n} \\ a_{21} & a_{22} & \cdots & a_{2n} \\ \vdots & \vdots & & \vdots \\ a_{m1} & a_{m2} & \cdots & a_{mn} \end{bmatrix},\quad \boldsymbol{X} = \begin{bmatrix} x_1 \\ x_2 \\ \vdots \\ x_n \end{bmatrix},\quad \boldsymbol{B} = \begin{bmatrix} b_1 \\ b_2 \\ \vdots \\ b_m \end{bmatrix}$$

利用矩阵的乘法，可将线性方程组（8.1）写成如下的矩阵方程形式

$$\boldsymbol{AX} = \boldsymbol{B} \tag{8.3}$$

其中称矩阵 $\boldsymbol{A}$ 为方程组（8.1）的**系数矩阵**，称 $\boldsymbol{X}$ 为**未知量矩阵**，称 $\boldsymbol{B}$ **常数矩阵**. 齐次线性方程组（8.2）中 $\boldsymbol{B} = \boldsymbol{O}$.

由系数和常数项组成的矩阵 $\begin{bmatrix} a_{11} & a_{12} & \cdots & a_{1n} & b_1 \\ a_{21} & a_{22} & \cdots & a_{2n} & b_2 \\ \vdots & \vdots & & \vdots & \vdots \\ a_{m1} & a_{m2} & \cdots & a_{mn} & b_3 \end{bmatrix}$，称为线性方程组的**增广矩阵**，记为 $\overline{\boldsymbol{A}}$.

案例 8.6　（**交通流量问题**）时下，在很多大城市不时听到人们抱怨交通拥挤，高峰期塞车，这是令不少城市头痛的问题，下面我们给出一个交通流量问题.

设交通网络图如图 8.2 所示，均为单向行驶，且不能停车，通行方向用箭头标明，图中所示的数字为高峰期每小时进出网络的车辆数，进入网络的车辆等于离开网络的车辆，另进入每个节点的车辆等于离开节点的车辆. 试问 x_1, x_2, x_3, x_4 路段上的车辆数目是多少？

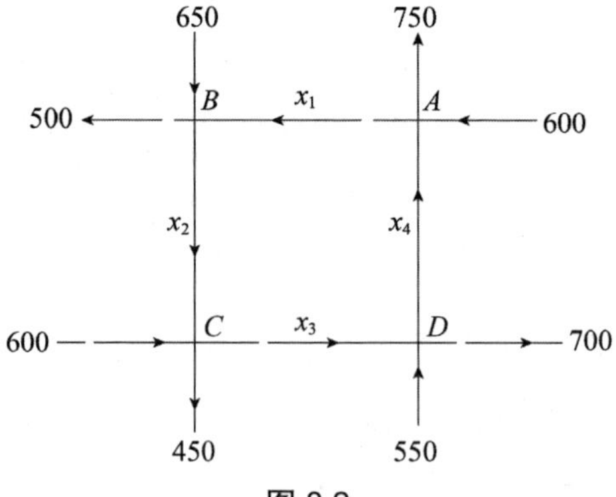

图 8.2

【**分析**】图 8.2 中任何一个路口（十字路口）处都有车辆流进和流出，当一天结束后，流进的车辆数和流出的车辆数应该相等以达到平衡. 在每一个路口处可根据进出的车辆数相等关系建立一个线性代数方程. 图 8.2 中有 4 个路口，可建立含 4 个方程的线性方程组. 求解

线性方程组即可得到问题的答案.

$$\begin{cases} x_4+600=750+x_1 \\ x_3+550=700+x_4 \\ x_2+600=450+x_3 \\ x_1+650=500+x_2 \end{cases}$$

整理得到线性方程组

$$\begin{cases} x_1-x_2=-150 \\ x_2-x_3=-150 \\ x_3-x_4=150 \\ x_4-x_1=150 \end{cases}$$

解线性方程组即可得到 x_1,x_2,x_3,x_4 各个路段上的车辆数目.

8.4.2　线性方程组解的讨论

1. 高斯消元法简介

高斯消元法是线性代数中的一个算法，可用来为线性方程组求解.

例 8.4.1　解线性方程组 $\begin{cases} -x_1-4x_2+x_3=1 \\ -x_2-x_3=1 \\ x_1+3x_2-3x_3=0 \end{cases}$.

解

$$\begin{cases} -x_1-4x_2+x_3=1 \\ -x_2-x_3=1 \\ x_1+3x_2-3x_3=0 \end{cases} \xrightarrow{(1)+(3)} \begin{cases} -x_1-4x_2+x_3=1 \\ -x_2-x_3=1 \\ -x_2-2x_3=1 \end{cases} \xrightarrow{(3)-(2)}$$

$$\begin{cases} -x_1-4x_2+x_3=1 \\ -x_2-x_3=1 \\ -x_3=0 \end{cases} \xrightarrow[-1\times(3)]{-1\times(2)} \begin{cases} -x_1-4x_2+x_3=1 \\ x_2+x_3=-1 \\ x_3=0 \end{cases} \xrightarrow[(2)-(3)]{(1)-(3)}$$

$$\begin{cases} -x_1-4x_2=1 \\ x_2=-1 \\ x_3=0 \end{cases} \xrightarrow{(1)+4\times(2)} \begin{cases} -x_1=-3 \\ x_2=-1 \\ x_3=0 \end{cases}$$ 得到方程组的解.

下面对线性方程组的增广矩阵施行初等行变换化为行简化阶梯形矩阵，其过程可与上面的消元过程一一对照.

$$\overline{\boldsymbol{A}}=\begin{bmatrix} -1 & -4 & 1 & 1 \\ 0 & -1 & -1 & 1 \\ 1 & 3 & -3 & 0 \end{bmatrix} \xrightarrow{r_3+r_1} \begin{bmatrix} -1 & -4 & 1 & 1 \\ 0 & -1 & -1 & 1 \\ 0 & -1 & -2 & 1 \end{bmatrix} \xrightarrow{r_3+(-1)r_2}$$

$$\begin{bmatrix} -1 & -4 & 1 & 1 \\ 0 & -1 & -1 & 1 \\ 0 & 0 & -1 & 0 \end{bmatrix} \xrightarrow[(-1)\times r_3]{(-1)\times r_2} \begin{bmatrix} -1 & -4 & 1 & 1 \\ 0 & 1 & 1 & -1 \\ 0 & 0 & 1 & 0 \end{bmatrix} \xrightarrow[r_2+(-1)r_3]{r_1+(-1)r_3}$$

$$\begin{bmatrix}-1 & -4 & 0 & 1\\ 0 & 1 & 0 & -1\\ 0 & 0 & 1 & 0\end{bmatrix}\xrightarrow{r_1+4r_2}\begin{bmatrix}-1 & 0 & 0 & -3\\ 0 & 1 & 0 & -1\\ 0 & 0 & 1 & 0\end{bmatrix}=\boldsymbol{B}$$

矩阵 $\boldsymbol{B}$ 对应的方程组为

$$\begin{cases}-x_1=-3\\ x_2=-1\\ x_3=0\end{cases}$$

由此可以看出，利用消元法求解线性方程组的过程，实质上是对其增广矩阵施行初等行变换，将增广矩阵化为行简化阶梯形矩阵的过程．因此，用消元法解一般线性方程组，只需写出增广矩阵，对其施行初等行变换，使其化为行简化阶梯形矩阵，最后还原为最简线性方程组，从而写出方程组的解．

2．非齐次线性方程组的解

例 8.4.2 解线性方程组 $\begin{cases}x_1+x_2-3x_3-x_4=1\\ 3x_1-x_2-3x_3+4x_4=4\\ x_1+5x_2-9x_3-8x_4=0\end{cases}$．

解 对方程组的增广矩阵进行初等行变换，化为阶梯形矩阵和行简化阶梯形矩阵．

$$\overline{\boldsymbol{A}}=\begin{bmatrix}1 & 1 & -3 & -1 & 1\\ 3 & -1 & -3 & 4 & 4\\ 1 & 5 & -9 & -8 & 0\end{bmatrix}\xrightarrow{r_2+(-3)r_1}\begin{bmatrix}1 & 1 & -3 & -1 & 1\\ 0 & -4 & 6 & 7 & 1\\ 1 & 5 & -9 & -8 & 0\end{bmatrix}\xrightarrow{r_3+(-1)r_1}$$

$$\begin{bmatrix}1 & -2 & 3 & -1 & 1\\ 0 & -4 & 6 & 7 & 1\\ 0 & 4 & -6 & -7 & -1\end{bmatrix}\longrightarrow\begin{bmatrix}1 & 0 & -\frac{3}{2} & \frac{3}{4} & \frac{5}{4}\\ 0 & 1 & -\frac{3}{2} & -\frac{7}{4} & -\frac{1}{4}\\ 0 & 0 & 0 & 0 & 0\end{bmatrix}$$

由行简化阶梯形矩阵可得等价的方程组

$$\begin{cases}x_1-\frac{3}{2}x_3+\frac{3}{4}x_4=\frac{5}{4}\\ x_2-\frac{3}{2}x_3-\frac{7}{4}x_4=-\frac{1}{4}\end{cases}$$

将方程组中含 x_3 和 x_4 的项移到等式的右端，并取任意实数 k_1,k_2，得原方程组的解为

$$\begin{cases}x_1=\frac{3}{2}k_1-\frac{3}{4}k_2+\frac{5}{4}\\ x_2=\frac{3}{2}k_1+\frac{7}{4}k_2-\frac{1}{4}\end{cases}\quad（k_1,k_2\ 为任意实数）\tag{8.4}$$

式（8.4）表示了方程组的所有解．称未知量 x_3 和 x_4 为原方程组的自由未知量．称用自由未知量表示其他未知量的解的表达式为方程组的**一般解**（或通解）．

例 8.4.3　解线性方程组 $\begin{cases} x_1-2x_2+3x_3-x_4=1 \\ 3x_1-x_2+5x_3-3x_4=2 \\ 2x_1+x_2+2x_3-2x_4=3 \end{cases}$.

解　$\overline{A}=\begin{bmatrix} 1 & -2 & 3 & -1 & 1 \\ 3 & -1 & 5 & -3 & 2 \\ 2 & 1 & 2 & -2 & 3 \end{bmatrix} \longrightarrow \begin{bmatrix} 1 & -2 & 3 & -1 & 1 \\ 3 & 5 & -4 & 0 & -1 \\ 2 & 1 & 2 & -2 & 3 \end{bmatrix} \longrightarrow$

$\begin{bmatrix} 1 & -2 & 3 & -1 & 1 \\ 0 & 5 & -4 & 0 & -1 \\ 0 & 5 & -4 & 0 & 1 \end{bmatrix} \longrightarrow \begin{bmatrix} 1 & -2 & 3 & -1 & 1 \\ 0 & 5 & -4 & 0 & -1 \\ 0 & 0 & 0 & 0 & 2 \end{bmatrix}$

得到的同解线性方程组是

$$\begin{cases} x_1 \quad -2x_2 \quad +3x_3 \quad -x_4=1 & ① \\ \qquad 5x_2 \quad -4x_3 \qquad =-1 & ② \\ \qquad\qquad 0 \qquad\quad =2 & ③ \end{cases}$$

由第③个方程可知，此方程组无解．

综上所述，用矩阵的初等行变换解线性方程组的具体步骤可归纳为：

第 1 步　写出增广矩阵 $\overline{A}$，用初等行变换将 $\overline{A}$ 化成行简化阶梯形矩阵．

第 2 步　根据行简化阶梯形矩阵，写出线性方程组的解．

> 非齐次线性方程组无解，则 $\overline{A}$ 化为阶梯形矩阵后，最后一个非零行唯一的非零元位于矩阵的最后一列．

下面利用矩阵的秩给出非齐次线性方程组解的判定定理．

定理 8.5　设在 n 元非齐次线性方程组 $AX=B$ 中，

（1）若 $r(A)=r(\overline{A})=r$ 且 $r=n$，则方程组有唯一解；

（2）若 $r(A)=r(\overline{A})=r$ 且 $r<n$，则方程组有无穷多组解；

（3）若 $r(A)\neq r(\overline{A})$，则方程组无解．

例 8.4.4　当 a,b 为何值时，方程组 $\begin{cases} x_1+x_2 \qquad +x_3=1 \\ \qquad x_2 \qquad -x_3=1 \\ 2x_1+3x_2+(a+2)x_3=b+3 \end{cases}$ 有唯一解、无穷多解或无解？

解　因为 $\overline{A}=\begin{bmatrix} 1 & 1 & 1 & 1 \\ 0 & 1 & -1 & 1 \\ 2 & 3 & a+2 & b+3 \end{bmatrix} \longrightarrow \begin{bmatrix} 1 & 1 & 1 & 1 \\ 0 & 1 & -1 & 1 \\ 0 & 1 & a & b+1 \end{bmatrix} \longrightarrow$

$\begin{bmatrix} 1 & 1 & 1 & 1 \\ 0 & 1 & -1 & 1 \\ 0 & 0 & a+1 & b \end{bmatrix}$

根据方程组解的判定定理可知：

当 $a=-1$ 且 $b\neq 0$ 时，$r(A)=2<r(\overline{A})=3$，方程组无解；

当 $a\neq -1$ 时，$r(A)=3$，方程组有唯一解；

当 $a=-1$ 且 $b=0$ 时，$r(A)=r(\overline{A})=2<3$，方程组有无穷多解．

【同步练习】 解下列线性方程组：

（1）$\begin{cases} x_1+2x_2-2x_3=-1 \\ 3x_1-\ x_2+2x_3=7 \\ 5x_1+3x_2-4x_3=2 \end{cases}$；（2）$\begin{cases} x_1+2x_2-3x_3=1 \\ 2x_1+5x_2-8x_3=4 \\ 3x_1+8x_2-13x_3=7 \end{cases}$.

3. 齐次线性方程组的解

定理 8.6 在齐次线性方程组 $\boldsymbol{AX}=\boldsymbol{O}$ 中，若 $r(\boldsymbol{A})=n$，则方程组只有零解；若 $r(\boldsymbol{A})<n$，则方程组有非零解.

在齐次线性方程组 $\boldsymbol{AX}=\boldsymbol{O}$ 中，当所有变量都取零时，方程组所有等式都成立. 因此，$\boldsymbol{X}=\boldsymbol{O}$ 一定是齐次线性方程组的解.

例 8.4.5 求线性方程组 $\begin{cases} x_1-x_2+5x_3-x_4=0 \\ x_1+x_2-2x_3+3x_4=0 \\ 3x_1-x_2+8x_3+x_4=0 \\ x_1+3x_2-9x_3+7x_4=0 \end{cases}$ 的解.

解 因为 $\boldsymbol{A}=\begin{bmatrix} 1 & -1 & 5 & -1 \\ 1 & 1 & -2 & 3 \\ 3 & -1 & 8 & 1 \\ 1 & 3 & -9 & 7 \end{bmatrix} \to \begin{bmatrix} 1 & -1 & 5 & -1 \\ 0 & 2 & -7 & 4 \\ 0 & 2 & -7 & 4 \\ 0 & 4 & -14 & 8 \end{bmatrix} \to$

$$\begin{bmatrix} 1 & -1 & 5 & -1 \\ 0 & 2 & -7 & 4 \\ 0 & 0 & 0 & -2 \\ 0 & 0 & 0 & 0 \end{bmatrix} \to \begin{bmatrix} 1 & -1 & 5 & -1 \\ 0 & 2 & -7 & 4 \\ 0 & 0 & 0 & 2 \\ 0 & 0 & 0 & 0 \end{bmatrix} \to \begin{bmatrix} 1 & 0 & \frac{3}{2} & 0 \\ 0 & 1 & -\frac{7}{2} & 0 \\ 0 & 0 & 0 & 1 \\ 0 & 0 & 0 & 0 \end{bmatrix}$$

所以方程组的解为 $\begin{cases} x_1=-\frac{3}{2}k \\ x_2=\frac{7}{2}k \\ x_3=k \\ x_4=0 \end{cases}$（其中 k 为任意常数）.

例 8.4.6 当 a,b 为何值时，$\begin{cases} x_1+x_2+x_3=0 \\ x_1+ax_2-x_3=0 \\ x_1+x_2+bx_3=0 \end{cases}$ 方程组有非零解？

解 因为 $\boldsymbol{A}=\begin{bmatrix} 1 & 1 & 1 \\ 1 & a & -1 \\ 1 & 1 & b \end{bmatrix} \to \begin{bmatrix} 1 & 1 & 1 \\ 0 & a-1 & -2 \\ 0 & 0 & b-1 \end{bmatrix}$

根据方程组解的判定定理可知：

当 $r(\boldsymbol{A})<3$ 时，即 $b=1$ 时，有非零解，此时 a 可以取任意实数.

【同步练习】利用矩阵的秩判定 k 取何值时，齐次线性方程组

$$\begin{cases} kx_1 + x_2 + x_3 = 0 \\ x_1 + kx_2 + x_3 = 0 \\ x_1 + x_2 + kx_3 = 0 \end{cases}$$

（1）有唯一零解；（2）有非零解.

例 8.4.7　一艘载有毒品的船以 63 海里/小时的速度离开港口，由于得到举报，24 分钟后一缉毒船以 75 海里/小时的速度从港口出发追赶毒品走私船，问当缉毒船追上载有毒品的船时，它们各行驶了多长时间？

解　设当缉毒船追上载有毒品的船时，载有毒品的船和缉毒船各行驶了 x_1，x_2 小时，由题意知，它们满足

$$\begin{cases} 63x_1 = 75x_2 \\ x_1 - \dfrac{24}{60} = x_2 \end{cases}$$

即

$$\begin{cases} 63x_1 - 75x_2 = 0 \\ x_1 - x_2 = 0.4 \end{cases}$$

记　$\boldsymbol{AX} = \boldsymbol{B}$，$\overline{\boldsymbol{A}} = \begin{bmatrix} 63 & -75 & 0 \\ 1 & -1 & 0.4 \end{bmatrix}$.

$$\overline{\boldsymbol{A}} = \begin{bmatrix} 63 & -75 & 0 \\ 1 & -1 & 0.4 \end{bmatrix} \to \begin{bmatrix} 1 & -1 & 0.4 \\ 63 & -75 & 0 \end{bmatrix} \to \begin{bmatrix} 1 & -1 & 0.4 \\ 0 & -12 & -25.2 \end{bmatrix}$$

$$\to \begin{bmatrix} 1 & -1 & 0.4 \\ 0 & 1 & 2.1 \end{bmatrix} \to \begin{bmatrix} 1 & 0 & 2.5 \\ 0 & 1 & 2.1 \end{bmatrix}$$

所以，$\begin{cases} x_1 = 2.5 \\ x_2 = 2.1 \end{cases}$

即，当缉毒船追上载有毒品的船时，载有毒品的船行驶了 2.5 个小时，缉毒船行驶了 2.1 个小时.

【数学应用】

工程数学建模简介

1．工程数学建模简介

工程数学建模包含微分方程模型、离散模型等多种类型，其中以微分方程模型最常见．美籍犹太科学家冯·诺伊曼说："一门数学学科在离开它的经验源泉太远之后，或者经过太多的抽象配种，它就有退化的危险．"微分方程在与它的"经验源泉"紧密联系方面是数学当中做得最好的一个分支．因此，微分方程被称为是天上人间常见模型，用它可以解释很多自然现象，也可以解决人类或自然界各种生物的繁殖问题等．

2．工程数学模型案例

扫雪问题模型 今天上午开始降雪，整天稳降不止，中午 12 点一扫雪车开始扫雪，每小时扫的雪按体积计算是一个常数，到下午两点它清扫了两公里，到下午四点它又清扫了一公里，问当日降雪是几点开始的．

【模型假设】

（1）降雪与扫雪皆为匀速的；

（2）道路宽度是固定的．

【符号说明】

（1）清扫的公里数为 $x(t)$；

（2）扫雪时间为 t；

（3）从开始降雪到中午 12 点时间为 t_0；

（4）道路单位长度上单位时间的降雪量为 v_1；

（5）单位时间的扫雪量为 v_2．

【模型建立】

根据假设可得已知条件 $x(0)=0$，$x(2)=2$，$x(4)=3$．建立微分方程

$$\begin{cases}(t_0+t)v_1\dfrac{\mathrm{d}x}{\mathrm{d}t}=v_2\\ x(0)=0,x(2)=2,x(4)=3\end{cases}$$

得

$$\mathrm{d}x=\frac{v_1}{v_2}(t_0+t)^{-1}\mathrm{d}t$$

积分得

$$x(t)=\frac{v_1}{v_2}\left[\ln(t+t_0)+C\right]\text{（其中 }C\text{ 是常数）}$$

由初始条件 $x(0)=0$ 得

$$0=\frac{v_1}{v_2}\left[\ln(t_0)+C\right]=-\ln t_0$$

由初始条件 $x(2)=2$ 得

$$2=\frac{v_1}{v_2}\left[\ln(2+t_0)+C\right]=\frac{v_1}{v_2}\left[\ln(2+t_0)-\ln t_0\right]$$

由初始条件 $x(4)=3$ 得

$$3=\frac{v_1}{v_2}\left[\ln(4+t_0)+C\right]=\frac{v_1}{v_2}\left[\ln(4+t_0)-\ln t_0\right]$$

化简得

$$\frac{2}{3}=\frac{\ln(2+t_0)-\ln t_0}{\ln(4+t_0)-\ln t_0}\Rightarrow\ln\left(\frac{4+t_0}{t_0}\right)^2=\ln\left(\frac{2+t_0}{t_0}\right)^2$$

$$\Rightarrow\left(\frac{4+t_0}{t_0}\right)^2=\left(\frac{2+t_0}{t_0}\right)^2\Rightarrow\frac{2}{t_0}+\frac{4}{t_0^2}-\frac{8}{t_0^3}=0\Rightarrow 1+\frac{2}{t_0}=\frac{4}{t_0^2}$$

解得

$$t_0=\frac{4}{1\mp\sqrt{5}}$$

由于 $t_0>0$，故取

$$t_0=\sqrt{5}-1$$

即今日的雪是午前 $\sqrt{5}-1$ 小时开始下的.

实验作业

樟脑球半径为 $\frac{1}{4}$cm，一个月后变成 $\frac{1}{8}$cm，其挥发率正比于表面积，问樟脑球几个月后完全挥发掉.

习题参考答案

习　题　8

1. 设矩阵 $\begin{bmatrix} a+b & 4 \\ 0 & d \end{bmatrix}=\begin{bmatrix} 2 & a-b \\ c & 3 \end{bmatrix}$，求 a,b,c,d 的值?

2. 设 $\boldsymbol{A}=\begin{bmatrix} 2 & 0 & 1 \\ 4 & 5 & 6 \\ 3 & -1 & 7 \end{bmatrix}$，$\boldsymbol{B}=\begin{bmatrix} -3 & 1 & 0 \\ 2 & 3 & -1 \\ 0 & 5 & 4 \end{bmatrix}$，求 $\boldsymbol{A}-3\boldsymbol{B}$.

3. 设 $\boldsymbol{A}=\begin{bmatrix} 1 & 2 \\ 3 & 4 \end{bmatrix},\boldsymbol{B}=\begin{bmatrix} 0 & 2 \\ 5 & 1 \end{bmatrix}$，已知 $3\boldsymbol{A}+2\boldsymbol{X}=\boldsymbol{B}$，求 $\boldsymbol{X}$.

4. 设矩阵 $\boldsymbol{A}=\begin{bmatrix} 2 & 0 & 1 \\ -1 & 1 & -3 \end{bmatrix},\boldsymbol{B}=\begin{bmatrix} -6 & 1 \\ 2 & 2 \\ -4 & 2 \end{bmatrix}$，则 $\boldsymbol{A}+2\boldsymbol{B}^{\mathrm{T}}$.

5. 计算:

（1）$\begin{bmatrix} 1 & 2 & 3 \end{bmatrix}\begin{bmatrix} 1 \\ 2 \\ 3 \end{bmatrix}$；　　（2）$\begin{bmatrix} 1 \\ 2 \\ 3 \end{bmatrix}\begin{bmatrix} 1 & 2 & 3 \end{bmatrix}$；

（3）$\begin{bmatrix} 2 & 0 & -5 \\ -1 & 3 & 7 \end{bmatrix}\begin{bmatrix} 1 & 2 & 0 \\ 2 & 0 & 1 \\ -1 & 1 & -2 \end{bmatrix}$；　　（4）$\begin{bmatrix} 3 & 1 & 0 \\ -1 & 2 & 5 \\ 3 & 4 & 2 \end{bmatrix}\begin{bmatrix} 1 & 0 & 2 \\ -2 & 1 & -1 \\ 5 & 3 & 1 \end{bmatrix}$.

6. 已知 $\boldsymbol{A}=\begin{bmatrix} 4 & 0 & -1 \\ -1 & 2 & 0 \end{bmatrix}$，$\boldsymbol{B}=\begin{bmatrix} 5 & -1 \\ 2 & 1 \\ -4 & 7 \end{bmatrix}$，求 $(\boldsymbol{AB})^{\mathrm{T}}$.

7．利用矩阵的初等行变换将以下矩阵化为行简化阶梯形矩阵：

（1）$\begin{bmatrix}1&2&3\\4&5&6\\7&8&9\end{bmatrix}$；（2）$\begin{bmatrix}1&-1&3\\2&-1&4\\-1&2&-4\end{bmatrix}$；（3）$\begin{bmatrix}1&-2&1&-2\\1&4&1&5\\2&-3&-2&-2\end{bmatrix}$.

8．求下列矩阵的秩：

（1）$\begin{bmatrix}2&-3&8&2\\2&12&-2&12\\1&3&1&4\end{bmatrix}$；（2）$\begin{bmatrix}3&1&6&2\\-2&1&-2&1\\0&-1&0&-1\\1&2&4&3\end{bmatrix}$；（3）$\begin{bmatrix}1&1&-3&-3\\2&2&-2&-2\\1&1&1&1\\3&3&-5&-5\end{bmatrix}$.

9．设$\boldsymbol{A}=\begin{bmatrix}1&2&3\\1&a&8\\0&6&5\end{bmatrix}$，已知$r(\boldsymbol{A})=2$，求$a$的值.

10．判断以下方阵是不是可逆矩阵？若是求出它们的逆矩阵：

（1）$\boldsymbol{A}=\begin{bmatrix}1&3\\0&5\end{bmatrix}$；（2）$A=\begin{bmatrix}1&2&-1\\2&-3&1\\4&1&-1\end{bmatrix}$；

（3）$\boldsymbol{A}=\begin{bmatrix}1&2&3\\2&-1&4\\0&-1&1\end{bmatrix}$；（4）$\boldsymbol{A}=\begin{bmatrix}1&0&1&2\\0&1&3&4\\0&0&1&0\\0&0&0&1\end{bmatrix}$.

*11．［**交通问题**］设有A,B,C三国，它们的城市$A_1,A_2,A_3,B_1,B_2,B_3,C_1,C_2$之间的交通连接情况（不考虑国内交通）如图8.3所示.

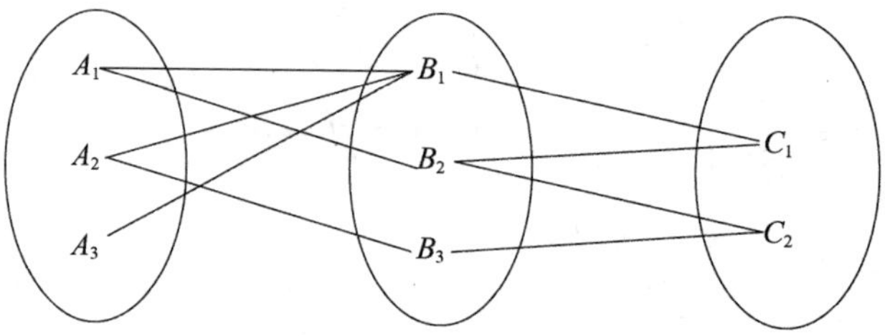

图8.3

若用矩阵$\boldsymbol{M}=\begin{matrix} & B_1 & B_2 & B_3\\ A_1 & 1&1&0\\ A_2 & 1&0&1\\ A_3 & 1&1&0\end{matrix}$表示$A$国和$B$国城市之间交通连接情况，其中

$$m_{ij}=\begin{cases}1 & \text{表示}A_i\text{与}B_j\text{相连}\\ 0 & \text{表示}A_i\text{与}B_j\text{不相连}\end{cases}$$

同样，B 国和 C 国城市之间交通连接情况可用矩阵 $\boldsymbol{N} = \begin{matrix} B_1 \\ B_2 \\ B_3 \end{matrix}\overset{\begin{matrix} C_1 & C_2 \end{matrix}}{\begin{bmatrix} 1 & 0 \\ 1 & 1 \\ 0 & 1 \end{bmatrix}}$ 来表示.

问从 A 国的第 A_i 个城市到 C 国的第 C_j 个城市有几种走法？

*12.［**计算机图形学中的变换矩阵**］三角形 ABC 的坐标为 A（2，2）、B（12，2）、C（2，12），求其绕点 p（15，15）旋转 90 度的变换矩阵.

13．用矩阵的初等变换解下列线性方程组：

（1）$\begin{cases} 2x_1 + 5x_2 + 2x_3 = 2 \\ x_1 + 2x_2 + x_3 = 3 \\ 3x_1 + 6x_2 + 4x_3 = -12 \end{cases}$；　　（2）$\begin{cases} x_1 - x_2 - 2x_3 + x_4 = 3 \\ 2x_1 - 2x_2 - 3x_3 + 3x_4 = 5 \\ x_1 - x_2 - x_3 + 2x_4 = 2 \end{cases}$；

（3）$\begin{cases} x_1 + 2x_2 + 3x_3 = 4 \\ 3x_1 + 5x_2 + 7x_3 = 9 \\ 5x_1 + 8x_2 + 11x_3 = 15 \end{cases}$；　　（4）$\begin{cases} x_1 + x_2 + x_3 + x_4 + x_5 = 7 \\ 3x_1 + 2x_2 + x_3 + x_4 - 3x_5 = -2 \\ x_2 + 2x_3 + 2x_4 + 6x_5 = 23 \\ 5x_1 + 4x_2 - 3x_3 + 3x_4 - x_5 = 12 \end{cases}$.

14．已知线性方程组 $\begin{cases} x_1 + x_2 + \lambda x_3 = -2 \\ x_1 + \lambda x_2 + x_3 = -2 \\ \lambda x_1 + x_2 + x_3 = \lambda - 3 \end{cases}$，

（1）讨论 λ 为何值时，方程组无解、有唯一解、有无穷多个解；

（2）在方程组有无穷多个解时，求出方程组的通解.

15．求下列齐次线性方程组的通解：

（1）$\begin{cases} x_1 + x_2 + x_5 = 0 \\ x_1 + x_2 - x_3 = 0 \\ x_3 + x_4 + x_5 = 0 \end{cases}$；　　（2）$\begin{cases} x_1 - x_2 - x_3 + x_4 = 0 \\ x_1 - x_2 + x_3 - 3x_4 = 0 \\ x_1 - x_2 - 2x_3 + 3x_4 = 0 \end{cases}$；

（3）$\begin{cases} x_1 + 2x_2 + x_3 - x_4 = 0 \\ 2x_1 + 4x_2 - x_3 - 2x_4 = 0 \\ 5x_1 + 10x_2 + x_3 - 5x_4 = 0 \end{cases}$；　　（4）$\begin{cases} x_1 - x_2 + 5x_3 - x_4 = 0 \\ x_1 - 2x_3 + 3x_4 = 0 \\ 3x_1 - x_2 + 8x_3 + x_4 = 0 \\ x_1 + 3x_2 - 9x_3 + 8x_4 = 0 \end{cases}$.

16．当 λ 取何值时，下列齐次线性方程组只有零解？有非零解？并求非零解.

$$\begin{cases} x_1 + x_2 + x_3 = 0 \\ x_1 + 2x_2 + 2x_3 = 0 \\ x_1 + 2x_2 + \lambda x_3 = 0 \end{cases}$$

17．当 λ 取何值时，下列齐次线性方程组只有零解？有非零解？

$$\begin{cases} x_1 + x_2 + \lambda x_3 = 0 \\ -x_1 + \lambda x_2 + x_3 = 0 \\ x_1 - x_2 + 2x_3 = 0 \end{cases}$$

*18.［**电流问题**］如图 8.4 所示电路中，已知 $R_1 = 5\Omega$，$R_2 = 6\Omega$，$R_3 = 4\Omega$，$R_4 = 8\Omega$，控制常数 $k_1 = 0.6$，$k_2 = 2$，$i_s = 4\text{A}$，求 i_1 和 i_2.

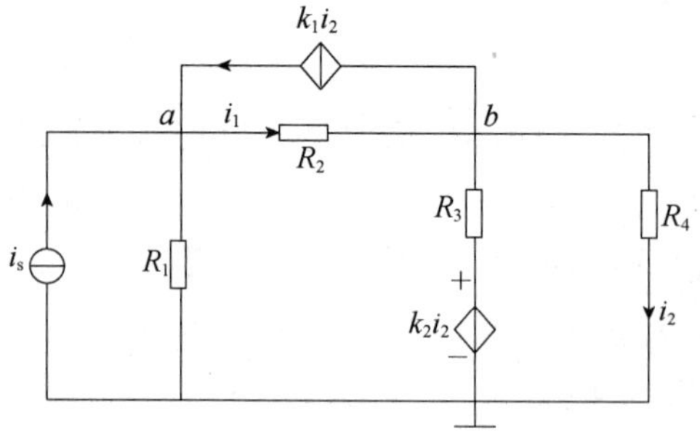

图 8.4

19．三阶幻方：试将整数 1，2，…，9 填入下表，使每行、每列、每条对角线上的三个数字之和相等.

		6
	5	
4		

自测题 8

自测题答案

一、单项选择题（每题 3 分，共 18 分）

1．设有矩阵 $\boldsymbol{A}_{3\times2}$，$\boldsymbol{B}_{2\times3}$，则下列哪个运算可行（　　）.

A．$\boldsymbol{BA}$　　B．$\boldsymbol{AB}^{\mathrm{T}}$　　C．$\boldsymbol{A}+\boldsymbol{B}$　　D．$\boldsymbol{BA}^{\mathrm{T}}$

2．设 $\boldsymbol{A}$、$\boldsymbol{B}$、$\boldsymbol{C}$ 均为 n 阶矩阵，下面（　　）不是运算律.

A．$(\boldsymbol{A}+\boldsymbol{B})+\boldsymbol{C}=(\boldsymbol{B}+\boldsymbol{C})+\boldsymbol{A}$.

B．$\boldsymbol{C}(\boldsymbol{A}+\boldsymbol{B})=\boldsymbol{CA}+\boldsymbol{CB}$

C．$(\boldsymbol{A}+\boldsymbol{B})(\boldsymbol{A}-\boldsymbol{B})=\boldsymbol{A}^2-\boldsymbol{B}^2$

D．$(\boldsymbol{AB})\boldsymbol{C}=\boldsymbol{A}(\boldsymbol{BC})$

3．设 $\boldsymbol{A}$ 为 3×4 矩阵，$\boldsymbol{B}$ 为 5×2 矩阵，且 $\boldsymbol{ACB}^{\mathrm{T}}$ 有意义，则 $\boldsymbol{C}^{\mathrm{T}}$ 为（　　）矩阵.

A．4×2　　B．2×4　　C．3×5　　D．5×3

4．下列说法中正确的是（　　）.

A．若 $\boldsymbol{AB}=\boldsymbol{O}$，则 $\boldsymbol{A}=\boldsymbol{O}$ 或 $\boldsymbol{B}=\boldsymbol{O}$

B．若 $\boldsymbol{AB}=\boldsymbol{AC}$，且 $\boldsymbol{A}$ 可逆，则 $\boldsymbol{B}=\boldsymbol{C}$

C．设 $\boldsymbol{A}$、$\boldsymbol{B}$ 都是同阶可逆矩阵，则 $\boldsymbol{AB}=\boldsymbol{BA}$

D．$((\boldsymbol{AB})^{\mathrm{T}})^{-1}=(\boldsymbol{B}^{\mathrm{T}})^{-1}(\boldsymbol{A}^{\mathrm{T}})^{-1}$

5．矩阵 $\boldsymbol{A}=\begin{pmatrix}1&-1&1\\2&0&-1\\1&-3&4\end{pmatrix}$ 的秩是（　　）.

A．0　　B．1　　C．2　　D．3

6．若 $\begin{cases}2x+ky=0\\x+5y=0\end{cases}$ 有非零解，则（　　）.

A．$k=0$　　B．$k=2$　　C．$k=5$　　D．$k=10$

二、填空题（每题 3 分，共 21 分）

1．若 $\boldsymbol{A}=\begin{pmatrix}2 & 1\\ -1 & 0\end{pmatrix}$，$\boldsymbol{B}=\begin{pmatrix}1 & -1\\ 0 & 2\end{pmatrix}$，则 $3\boldsymbol{A}-2\boldsymbol{B}=$________．

2．设 $\boldsymbol{\alpha}=\begin{pmatrix}-2\\ 1\\ 1\end{pmatrix}$，$\boldsymbol{\beta}=\begin{pmatrix}1\\ -2\\ -3\end{pmatrix}$ 若 $2\boldsymbol{\alpha}-\boldsymbol{\xi}=3\boldsymbol{\beta}$；则 $\boldsymbol{\xi}^{\mathrm{T}}=$________．

3．$\boldsymbol{A}=\begin{pmatrix}1 & 3\\ 2 & 6\\ -1 & -2\end{pmatrix}$，$\boldsymbol{B}=\begin{pmatrix}2 & 1 & 1 & 6\\ 5 & -1 & 0 & 2\end{pmatrix}$，则 $\boldsymbol{AB}=$________．

4．设矩阵 $\boldsymbol{A}=\begin{pmatrix}1 & 3 & -2\\ 4 & 5 & 0\end{pmatrix}$，则 $\boldsymbol{A}\boldsymbol{A}^{\mathrm{T}}=$________．

5．设矩阵 $\boldsymbol{C}=\begin{pmatrix}1 & \frac{1}{2} & \frac{1}{3}\\ 2 & 1 & \frac{2}{3}\\ 3 & \frac{3}{2} & 1\end{pmatrix}$，则 $\boldsymbol{C}^{n}=$________．

6．若线性方程组 $\begin{cases}x_1-2x_2=0\\ 3x_1+kx_2=0\end{cases}$ 有非零解，则 $k=$________．

7．当 k 取何值时，$\begin{cases}2x+ky=0\\ kx+2y=0\end{cases}$ 仅有零解________．

三、解答题（每题 7 分，共 49 分）

1．设 $\boldsymbol{A}=\begin{pmatrix}1 & 2\\ 0 & 3\end{pmatrix}$，$\boldsymbol{B}=\begin{pmatrix}1 & 0\\ 0 & 4\end{pmatrix}$，$\boldsymbol{C}=\begin{pmatrix}1 & 1\\ 0 & 0\end{pmatrix}$，求 $\boldsymbol{AC}$ 和 $\boldsymbol{BC}$.

2．已知矩阵 $\boldsymbol{A}=\begin{pmatrix}1 & -1 & -1 & -1\\ -1 & 1 & -1 & -1\\ -1 & -1 & 1 & -1\\ -1 & -1 & -1 & 1\end{pmatrix}$，求 $\boldsymbol{A}^2$．

3．求秩 $\begin{pmatrix}3 & 2 & 1 & 1\\ 1 & 2 & -3 & 2\\ 4 & 4 & -2 & 3\end{pmatrix}$；

4．已知矩阵 $\boldsymbol{A}=\begin{pmatrix}1 & 2 & 1\\ 1 & 1 & 1\\ 2 & 3 & a+1\end{pmatrix}$，$r(\boldsymbol{A})=2$，求 a．

5．求下列矩阵 $\begin{pmatrix}1 & 0 & 0\\ 0 & 2 & 0\\ 0 & 0 & -3\end{pmatrix}$ 的逆矩阵.

6．求非齐次线性方程组$\begin{cases} x_1 - x_2 + x_3 - x_4 = 0 \\ 2x_1 - x_2 + 3x_3 - 2x_4 = -1 \\ 3x_1 - 2x_2 - x_3 + 2x_4 = 4 \end{cases}$的解.

7．求齐次线性方程组$\begin{cases} x_1 + x_2 - 3x_3 - x_4 = 0 \\ 3x_1 + 4x_2 - 3x_3 + 4x_4 = 0 \\ x_1 \qquad -9x_3 - 8x_4 = 0 \end{cases}$的解.

四、应用题（每题 12 分，共 12 分）

1．某厂生产甲、乙、丙三种产品，一年中 4 个季度的产量（单位：t）如下表所示.

季度 / 产品	一	二	三	四
甲	2	3	4	2
乙	3	2.5	3	3
丙	1	2	3	4

三种产品的单价依次为 5 万元、4 万元、8 万元，试用矩阵乘法计算该厂每个季度的产值及年总产值.

实验模块

第 9 章　MATLAB 数学实验

众所周知，高等数学中求极限、导数、积分、微分方程与变换、多元微积分、级数展开等都可以借助数学软件进行求解. 这样大大提高了学生解决实际问题的能力.

本章根据 MATLAB7.0 版环境编写，运用该软件对上述问题进行计算的基本操作原理介绍.

9.1　MATLAB 软件简介

9.1.1　MATLAB 功能及用户窗口介绍

1. 基本功能

MATLAB 是 MATrix LABoratory 的缩写，是由美国 Math Works 公司于 1982 年推出的一套高性能数值计算的可视化软件，不但可以解决数值计算问题，还可以解决符号演算问题，并且能够方便地绘制函数图形. 它具有语言简单易学易用，代码短小高效，计算功能强大，绘图方便，可扩展性强等特点. 它提供的工具箱能够解决科学与工程计算中的大多数数学问题. MATLAB 目前已广泛地应用于教学和科研领域.

2. 主要用户窗口介绍

打开 MATLAB 界面，我们将显示出来的界面中两个常用的部分进行介绍.

第一部分如图 9.1 所示，第一栏为 MATLAB 标题栏，第二栏为菜单栏，第三栏为工具栏. 工具栏中，除了一般的 Windows 程序通用按钮之外，有 1 个仿真程序启动按钮，另外，在最右端还有一个当前目录窗口.

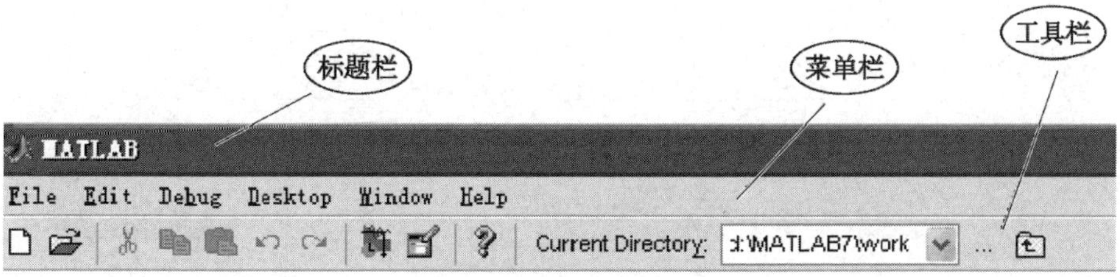

图 9.1

第二部分如图 9.2 所示，命令窗口（Command Window），用于输入和显示计算结果. “>>”代表命令提示符，用户可在此键入指令.

该窗口是人机交互的主要操作窗口，在该窗口中输入命令即给出运算结果. 当命令窗口出现提示符“>>”时，表示 MATLAB 已准备好，可以开始任何计算.

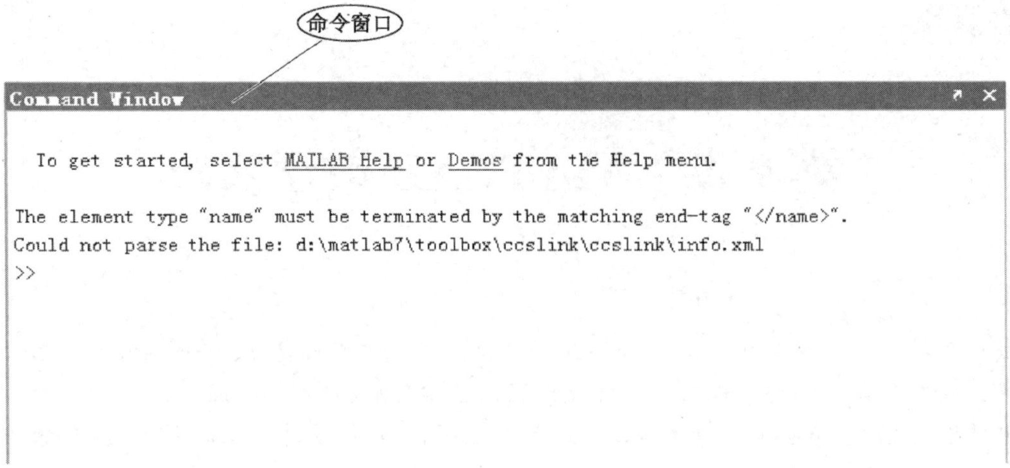

图 9.2

3. 简便的计算器使用法

作为一个数学软件，首先具备计算器的基本功能．可以在命令窗口中直接输入要计算的表达式或者某个矩阵等．

例 9.1.1 计算 $\dfrac{(5\times2+1.3-0.8)\times10}{25}$ 的结果，可按如下方式进行运算．

输入命令	输出结果
>> (5*2+1.3-0.8)*10/25	a = 4.2000

例 9.1.2 简单矩阵 $\boldsymbol{A}=\begin{bmatrix}2 & 0 & 1 & 2\\1 & -4 & -1 & 0\\-1 & 8 & 3 & 4\end{bmatrix}$ 的输入步骤．

输入命令	输出结果
格式一 >> A=[2,0,1,2;1,-4,-1,0;-1,8,3,4] 格式二 >> A=[2 0 1 2;1 -4 -1 0;-1 8 3 4] 格式三 >> A=[2,0,1,2 1,-4,-1,0 -1,8,3,4] %分行输入	A = 2 0 1 2 1 -4 -1 0 -1 8 3 4

例 9.1.3 复数 $z=3+4\mathrm{i}$ 的输入步骤及 $\sqrt[3]{-8}$ 的值．

输入命令	输出结果
>> z=3+4i	z = 3.0000 + 4.0000i
>> z=(-8)^(1/3)	z = 1.0000 + 1.7321i

4. 命令窗口操作要旨

命令窗口是不能重复编辑的一个窗口，对于运行后发现错误的命令只能通过调用并修改的形式进行重新编辑. 命令窗口中常用键及功能如表 9.1 所示.

表 9.1

键	功能	键	功能
↑	调出前一命令行	Backspace	删除光标左边字符
↓	调出后一命令行	Ctrl-K	删除至行尾
←	光标左移一个字符	PageUp	向前翻页
→	光标右移一个字符	PageDown	向后翻页
Ctrl ←	光标左移一个词	Ctrl-Home	把光标移到命令窗口首
Ctrl →	光标右移一个词	Ctrl-End	把光标移到命令窗口尾
Home 键	光标移到行首	clc	清除命令窗口的显示内容，但不清除命令空间.
End 键	光标移到行尾	clear	清除命令空间内所有变量
Esc	清除命令行	diary	将命令窗口文本保存到文件
Del	删除光标处字符	more	命令窗分页输出

9.1.2　变量与常量

1. 变量

MATLAB 通过变量来保存运算中的初始值、临时结果和最终结果. 变量名要遵循以下规则：

（1）变量名必须以字母开头，之后可以是任意字母、数字或下划线，若有下划线，下划线必须位于两字符之间.

（2）变量名长度不得超过 19 个字符. 从第 19 个字符之后的字符将被忽略.

（3）变量名要区分大小，如变量 t 与 T 表示不同的变量.

（4）不能用固有变量（MATLAB 中有特殊含义的内部常量）.

MATLAB 中用 sym 和 syms 创建一个符号变量与多个符号变量，它是符号变量的说明函数. 一般进行符号运算时，须先对符号变量进行说明.

（1）sym a：表示一次创建一个符号变量.

（2）syms a b c：表示一次创建多个符号变量.

（3）sym('x')：表示创建一个符号变量 x，它可以是字符、字符串、表达式或字符表达式.

> 变量赋值语句格式为：
> [变量名=]表达式[;]

例 9.1.4　用 syms 函数创建符号变量 x，定义表达式 $y=x^2+2x$.

输入命令

```
>> syms   x
>> y=x*x+2*x
```

输出结果

```
y =
   x^2+2*x
```

2. 常量

在 MATLAB 语言中有一些特殊定义的变量，把这些特殊变量称为常量，如表 9.2 所示.

表 9.2

符号	含义	符号	含义
pi	表示 π	inf	表示正无穷大
i 和 j	表示复数单位 $\sqrt{-1}$	flops	表示浮点运算数
nargin	表示函数输入变量数目	nargout	表示函数输出变量数目
realmin	最小可用的正实数	realmax	最大可用的正实数
NaN	表示不定值	ans	表示系统默认变量名

3. 函数

MATLAB 具有丰富的函数. 可分为三大类：MATLAB 内部函数；MATLAB 系统附带的各种工具箱中提供的实用函数；用户自定义函数.

函数的调用格式为：
函数（变量）

MATLAB 中提供的通用数理类函数包括：基本数学函数、特殊函数、矩阵函数、微分方程求解函数、解线性方程组函数、信号处理函数等.

例 9.1.5 计算函数值 $y=\sin\frac{\pi}{2}$、$y=\mathrm{e}^{x}$ 在 $x=1$ 时的函数值.

输入命令	输出结果
>> syms x >> y=sin(pi/2)	y = 1
>> syms x >> y=exp(1)	y = 2.7183

这里给出常用的基本函数（见表 9.3），供使用时参考.

表 9.3

三角函数		指数函数与对数函数		其他函数	
sin	正弦	log	自然对数	abs	绝对值
cos	余弦	log10	常用对数	sqrt	平方根
tan	正切	log2（x）	以 2 为底的对数	image	复数虚部
cot	余切	exp	自然指数	real	复数实部
asin	反正弦	pow2（x）	以 2 为底的指数	conj	复共轭
acos	反余弦			dirac（t）	狄拉克函数 $\delta(t)$
atan	反正切				
acot	反余切				

9.2　利用 MATLAB 运算与绘图

9.2.1　算术运算实验

1．实验目的

本实验主要介绍利用 MATLAB 软件进行算术运算. 在计算机科技迅速发展的时代，使用计算器或者计算机进行简单运算变得越来越频繁.

> "/" 与 "\" 这两种符号对数值操作时，作用相同. 但对矩阵操作时，它们是两种完全不同的操作.

2．相关函数简介

MATLAB 中提供的常用算术运算符如表 9.4 所示.

表 9.4

运算符	功能	运算符	功能	运算符	功能
+	加	−	减	*	乘
\	右除	/	左除	^	乘方

3．实验内容

例 9.2.1　计算 $t=\dfrac{\sqrt{\cos(0.32)}}{\left|3^4+4.2^3\right|}$ 的值.

输入命令

```
>> syms  t
>> t=sqrt(cos(0.32))/abs(3^4+(4.2)^3)
```

输出结果

```
t =
    0.0063
```

例 9.2.2　计算 $\ln\left(x^2+2xy+e^y\right)$ 的值，其中 $x=-1.37, y=0.46$.

输入命令

```
>> syms x y     % “;” 表示不显示结果
>> x=-1.37;y=0.46;
>> log(x^2+2*x*y+exp(y))
```

输出结果

```
ans =

    0.7887
```

例 9.2.3　已知 $z_1=1+2\mathrm{i}$ ， $z_2=4-3\mathrm{i}$ ，计算 z_1+z_2 ， $z_1\cdot z_2$.

输入命令

```
>> z1=1+2i;z2=4-3i;
>> z1+z2
>> z1*z2
```

输出结果

```
ans =
    5.0000 - 1.0000i
ans =
    10.0000 + 5.0000i
```

【实验训练】用 MATLAB 软件计算下列式子

（1）计算 $f(x)=\dfrac{\sqrt{\sin x+\cos x}}{\left|1-x^2\right|}$， $x=\dfrac{\pi}{3}$

（2）已知 $z_1=-3+2\mathrm{i}$， $z_2=1-5\mathrm{i}$，计算 z_1-z_2， $z_1\cdot z_2$， $\dfrac{z_1}{z_2}$.

9.2.2 代数式运算实验

1. 实验目的

本实验主要介绍利用 MATLAB 软件进行代数运算，特别是高次的代数式的展开、因式分解、化简等问题时，以提高学生借助计算机进行计算的能力.

2. 相关函数简介

MATLAB 符号工具箱中常用的函数运算命令如表 9.5 所示.

表 9.5

函数	说明	函数	说明
expand	符号表达式的展开	factor	符号表达式因式分解
simple	寻找符号表达式的最简型	simplify	符号表达式化简

3. 实验内容

例 9.2.4 将因式 $(x-1)^5$ 展开.

输入命令

```
>> syms x
>> expand((x-1)^5)
```

输出结果

```
ans =
x^5-5*x^4+10*x^3-10*x^2+5*x-1
```

例 9.2.5 将多项式 x^3+2x^2-5x+2 进行因式分解.

输入命令

```
>> syms x
>> factor(x^3+2*x^2-5*x+2)
```

输出结果

```
ans =
(x-1)*(x^2+3*x-2)
```

例 9.2.6 将 $\dfrac{1}{x-1}-\dfrac{x}{x^2-1}$ 进行化简.

输入命令

```
>> syms x
simplify(1/(x-1)-x/(x^2-1))
```

输出结果

```
ans =
1/(x^2-1)
```

【实验训练】用 MATLAB 软件计算下列式子：

（1）将因式 $(2x+3)^3$ 展开.

（2）将多项式 $4x^3+x^2-2x-3$ 因式分解.

9.2.3　绘图实验

1. 实验目的

本实验主要介绍利用 MATLAB 软件进行二维及三维图像的绘制，使学生学会利用图像分析问题.

2. 相关函数简介

在数学教学中经常要通过图像来分析函数的变化规律. 下面首先介绍一下常见参数控制符（见表 9.6）.

表 9.6

曲线线形		曲线颜色		标记符号	
-	实线	b	蓝色	h	六角形
--	虚线	c	青色	>	右三角
-.	点划线	k	黑色	*	星号
+	十字号	w	白色	s	正方形
:	点连线	m	紫红色	d	菱形
.	点	r	红色	p	五角星
none	无线	g	绿色	x（字母）	叉号
		y	黄色	o（字母）	圆圈

其调用格式如下.

（1）plot（x，y）：表示做函数 $y=f(x)$ 的图形.

（2）plot（x，y，'参数'）：表示给图形添加颜色、确定线形及数据点的图标等.

（3）plot（x1，y1，'参数 1'，x2，y2，'参数 2'⋯）：表示在同一坐标系中画多幅图形，其中 x_1，y_1 用于确定第一条曲线的坐标值，参数 1 为第一条曲线的选项参数；x_2，y_2 为第二条曲线的坐标值，参数 2 为第二条曲线的选项参数⋯⋯

3. 实验内容

例 9.2.7　用青色、点连线、五角星画出在区间 $[0,2\pi]$、步长为 0.1 的正弦曲线 $y=\sin(2x+1)$.

输入命令	输出结果
>> syms x >> x=0:0.1:2*pi; >>y=sin(2*x+1); >>plot(x,y,'c:p')	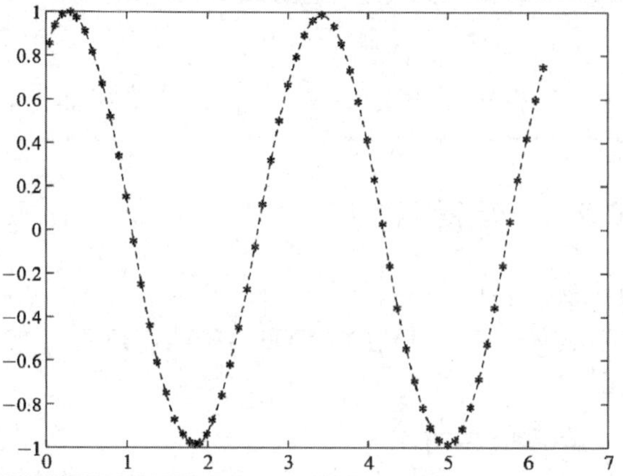

例 9.2.8　在同一坐标内，在区间$[0,10]$、步长为 0.1 的条件下，画$y=\log_{10}x$与$y=\cos x$两条曲线，要求对数函数图像用黄色点连线、数据点用“*”号显示；余弦曲线用红色点连线、数据点用“+”号显示.

输入命令	输出结果
>> syms x >> x=0:0.1:10; >>y1=log10(x); >>y2=cos(x); >>plot(x,y1,'y:*',x,y2,'r:+')	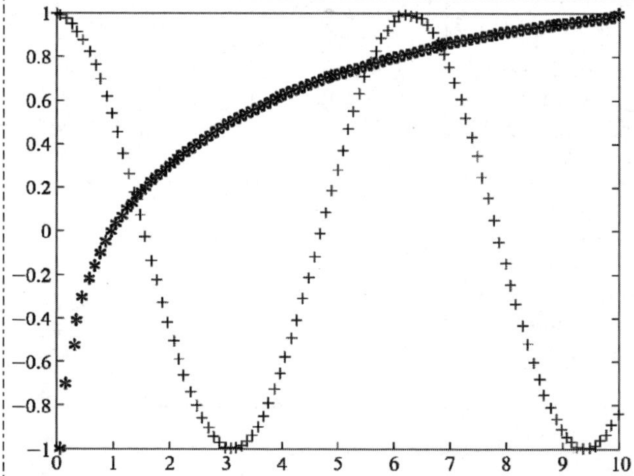

MATLAB 还提供了 plot3 函数用于绘制三维曲线图形. 其功能和使用方法类似于绘制二维图形的函数，在此就不举例说明.

【**实验训练**】用 MATLAB 软件绘制下列图像：

（1）用紫红色、圆圈、点连线绘制函数$y=\sin\left(2x+\dfrac{\pi}{3}\right)$在$[0,4\pi]$上步长为 0.2 的图像.

（2）在同一坐标系中，分别用青色、叉号、实连线与红色、星号、虚连线绘制$y=\cos 3\sqrt{x}$与$y=3\cos\sqrt{x}$的图像.（步长与区间自由确定）

9.3 利用MATLAB软件计算一元微积分

9.3.1 极限实验

1. 实验目的

本实验主要介绍利用 MATLAB 软件计算一元函数极限或者左右极限，使学生能正确使用计算机解决各种极限计算问题.

> 在求极限指令中如果变量是 a 可以直接用：
> limit(f，a)

2. 相关函数简介

在 MATLAB 符号工具箱中求极限的指令是 limit，其调用格式如下：

（1）limit（f，x，a）：表示求函数 f 当 $x \to a$ 时的极限.

（2）limit（f，x，a，'left'）：表示求 f 当 $x \to a$ 时的左极限.

（3）limit（f，x，a，'right'）：表示求 f 当 $x \to a$ 时的右极限.

3. 实验内容

例 9.3.1 求极限 $\lim\limits_{x\to+\infty} \arctan x$ 、$\lim\limits_{x\to-\infty} \arctan x$.

输入命令	输出结果
>> syms x >> limit(atan(x),x,+inf)	ans = 1/2*pi
>> syms x >> limit(atan(x),x,-inf)	ans = -1/2*pi

例 9.3.2 求极限 $\lim\limits_{x\to1} \dfrac{\sqrt{1+x}-2}{x-3}$.

输入命令	输出结果
>> syms x >> limit((sqrt(x+1)-2)/(x-3),x,1)	ans = -1/2*2^(1/2)+1

例 9.3.3 求极限 $\lim\limits_{x\to0^+} \mathrm{e}^{\frac{1}{x}}$.

输入命令	输出结果
>> syms x >> limit(exp(1/x),x,0,'right')	ans = Inf

【实验训练】用 MATLAB 软件求下列极限：

（1）$\lim\limits_{x\to0} \dfrac{\sin\sqrt{2}x}{\sqrt{1-\cos x}}$；　（2）$\lim\limits_{x\to0^+} \left(\dfrac{1}{3}\right)^{\frac{1}{2x}}$；　（3）$\lim\limits_{x\to+\infty} \left(\dfrac{x+1}{x-1}\right)^{2x}$.

9.3.2 导数实验

1. 实验目的

本实验主要介绍利用 MATLAB 软件进行导数及导数值运算，并能利用计算机解决导数应用问题.

2. 相关函数简介

在 MATLAB 符号工具箱中求导数与偏导数的指令是 diff，其调用格式如下：

（1）diff(y,'x')：表示函数 $y=f(x)$ 关于自变量 x 的导数.

（2）diff(y,'x',n)：表示函数 $y=f(x)$ 关于自变量 x 的 n 阶导数.

在求导数指令中如果变量是 x 可以直接用：diff(y)

3. 实验内容

例 9.3.4 求函数 $y=\mathrm{e}^{x\sqrt{x}}$ 的导数.

输入命令

```
>> syms x
>> y=exp(x*sqrt(x));
>> diff(y,x)
```

输出结果

```
ans =
3/2*x^(1/2)*exp(x^(3/2))
```

例 9.3.5 求函数 $y=\dfrac{\sin x}{x}$ 的二阶导数.

输入命令

```
>> syms x
>> y=sin(x)/x;
>> diff(y,x,2)
```

输出结果

```
ans =
-sin(x)/x-2*cos(x)/x^2+2*sin(x)/x^3
```

例 9.3.6 求函数 $y=\mathrm{e}^{x}\cos x$ 在 $x=0$ 处的导数值.

输入命令

```
>> syms x t
>> y=exp(x)*cos(x);
>> t=diff(y);
>> subs(t,x,0)
```

输出结果

```
ans =

     1
```

【实验训练】 用 MATLAB 软件求导数：

（1）$y=\dfrac{x\tan x}{1+x^2}$，求 y'；　　（2）$y=\dfrac{1-x}{1+x}$，求 $y''\big|_{x=1}$.

*9.3.3 极值实验

1. 实验目的

本实验主要介绍利用 MATLAB 软件进行极值运算，并能利用计算机解决导数应用问题.

2. 相关函数简介

MATLAB 最优化工具箱中求解无约束一元函数的最小值的命令是 fminbnd，其调用格式如下：[x,ymin]=fminbnd(f,x1,x2)：表示求函数 $y=f(x)$ 在区间 (x_1, x_2) 上的最小化问题.

其中函数 f 的输入格式：f='函数表达式'

3．实验内容

例 9.3.7　求函数 $y=x^2+5x-3$ 在 $(-4,4)$ 处的极小值.

输入命令	输出结果
>> syms x y='x^2+5*x-3'; [x,ymin]=fminbnd(y,-4,4)	x = -2.5000 ymin = -9.2500

例 9.3.8　求函数 $y=x^2+5x-3$ 在 $(-1,4)$ 处的极小值.

输入命令	输出结果
>> syms x y='x^2+5*x-3'; [x,ymin]=fminbnd(y,-1,4) %当函数在给定区间不存在极值时，fminbnd 将会返回边界的最小值.	x = -1 ymin = -7

【实验训练】 用 MATLAB 软件求极值：

求函数 $y=2x^2+3x-5$ 在 $(-1,6)$ 处的极小值.

9.3.4　积分实验

1．实验目的

本实验主要介绍利用 MATLAB 软件进行积分计算及求不定积分、定积分与广义积分的计算.

在求积分指令中如果变量是 x 可以直接用：int(f)

2．相关函数简介

MATLAB 符号工具箱中求积函数为 int，它可求函数的不定积分与定积分. int 函数的调用格式如下：

（1）int（f，x）：表示求表达式 f 关于 x 的不定积分.

（2）int（f，x，a，b）：表示求表达式 f 关于变量 x 在区间［a，b］上的定积分.

（3）int（f，x，a，+∞）：表示求表达式 f 关于变量 x 在区间［a，$+\infty$］上的广义积分.

3．实验内容

例 9.3.9　求不定积分 $\int \ln x \mathrm{d}x$.

输入命令	输出结果
>> syms x >> y=log(x); >> int(y)	ans = x*log(x)-x

例 9.3.10　求定积分 $\int_0^1 x\mathrm{e}^{2x}\mathrm{d}x$.

输入命令	输出结果
>> syms x >> y=x*exp(2*x); >> int(y,x,0,1)	ans = 1/4*exp(2)+1/4

例 9.3.11 求广义积分 $\int_1^{+\infty}\frac{1}{x^5}\mathrm{d}x$.

输入命令	输出结果
>> syms x >> y=1/(x)^5; >> int(y,x,1,+inf)	ans = 1/4

【实验训练】 用 MATLAB 软件求积分：

（1）$\int\frac{x\arctan x}{\sqrt{1+x}}\mathrm{d}x$ ； （2）$\int_0^1 \mathrm{e}^{-x}(3x+2)\mathrm{d}x$ ； （3）$\int_{-\infty}^{+\infty}\frac{1}{x^2+2x+2}\mathrm{d}x$.

9.4 MATLAB 软件计算方程与变换

9.4.1 常微分方程实验

1. 实验目的

本实验主要介绍利用 MATLAB 软件进行常微分方程计算，求方程的通解与特解.

> 不是所有的微分方程都有解析解，有时候利用 MATLAB 软件可以求数值解.

2. 相关函数简介

MATLAB 符号工具箱中求常微分方程函数 dsolve，可求常微分方程的通解与特解. dsolve 函数的调用格式如下：

（1）dsolve('f','x')：表示求表达式 f 关于 x 的通解.

（2）dsolve('f','c','x')：表示求表达式 f 关于 x 在初始条件 c 下的特解.

3. 实验内容

例 9.4.1 求 $xy'+2y=\sin x$ 的通解.

输入命令	输出结果
>> syms x >> f='x*Dy+2*y=sin(x)'; >> dsolve(f,'x')	ans = (sin(x)-cos(x)*x+C1)/x^2

例 9.4.2 求初值问题 $\begin{cases} y'-\dfrac{2}{x}y=\dfrac{x}{2} \\ y(1)=2 \end{cases}$.

输入命令	输出结果
>> syms x >> f='Dy-2/x*y=x/2'; >> dsolve(f, 'y(1)=2','x')	ans = (1/2*log(x)+2)*x^2

【实验训练】用 MATLAB 软件求微分方程：

（1）求 $x^2y'+y=\mathrm{e}^x$ 的通解；（2）初值问题 $\begin{cases}\dfrac{1}{y}\left(1+\mathrm{e}^x\right)y'=\mathrm{e}^x\\ y(0)=1\end{cases}$.

9.4.2　拉氏变换实验

1. 实验目的

本实验主要介绍利用 MATLAB 软件进行拉普拉斯变换及其拉普拉斯逆变换的计算.

2. 相关函数简介

MATLAB 符号工具箱中求拉普拉斯变换函数 laplace(f)，拉普拉斯逆变换函数 ilaplace(f). laplace(f)及 ilaplace(f)函数的调用格式如下：

> MATLAB 软件中拉普拉斯变换运算时默认函数变量是 t.

（1）laplace(f,t)：表示求表达式 f 关于 x 的积分，返回关于 t 的函数.

（2）laplace(f,w,z)：表示求表达式 f 关于 w 的积分，返回关于 z 的函数.

（3）ilaplace(f,y)：表示对 s 积分，返回关于 y 的函数.

（4）ilaplace(f,y,x)：表示对 y 积分，返回关于 x 的函数.

3. 实验内容

例 9.4.3　求 $f(t)=\cos t+1$ 的拉普拉斯变换.

输入命令	输出结果
>> syms t >> laplace(cos(t)+1)	ans = s/(s^2+1)+1/s

例 9.4.4　求狄拉克函数 $\delta(t)$ 的拉普拉斯变换.

输入命令	输出结果
>> syms t >> laplace(dirac(t))	ans = 1

注：狄拉克函数在 MATLAB 软件 7.0 以下版本中是无法正常显示的.

例 9.4.5　求 $F(s)=\dfrac{1}{(s-3)^2}$ 的拉普拉斯逆变换.

输入命令	输出结果
>> syms s >> ilaplace(1/(s-3)^2)	ans = t*exp(3*t)

【实验训练】用 MATLAB 软件求下列运算：

（1）求 $f(t)=2t^2-1$ 的拉普拉斯变换；

（2）求 $F(s)=\dfrac{1}{s+2}$ 的拉普拉斯逆变换.

9.5 利用MATLAB计算多元微积分与级数

9.5.1 多元函数的极限实验

1. 实验目的

本实验主要介绍利用 MATLAB 软件求多元函数的极限问题.

2. 相关函数简介

MATLAB 符号工具箱中求多元函数的极限可以嵌入使用函数 limit，函数的调用格式如下：

limit(limit(f,x,x0),y,y0)：表示求表达式 f 关于 x，y 的极限.

> 多元函数求极限的指令还可以有另一种形式：limit(limit(f,y,y0), x,x0)

3. 实验内容

例 9.5.1 求 $\lim\limits_{\substack{x\to 1\\ y\to 2}}(3x+y)$.

输入命令	输出结果
>> syms x y z >> z=3*x+y; >> limit(limit(z,x,1),y,2)	ans = 5

【实验训练】用 MATLAB 软件求下列运算：

（1）$\lim\limits_{\substack{x\to 3\\ y\to -4}}\sqrt{x^2+y^2}$；　（2）$\lim\limits_{\substack{x\to 0\\ y\to 0}}\dfrac{\sin(x^2+y^2)}{x^2+y^2}$.

9.5.2 多元函数的偏导数实验

1. 实验目的

本实验主要介绍利用 MATLAB 软件求解多元函数的偏导数.

2. 相关函数简介

MATLAB 符号工具箱中求多元函数的偏导数可以嵌入使用函数 diff，函数的调用格式如下：

diff(diff(f,x,m),y,n)：表示求表达式 f 关于 x，y 的偏导数，其中 m、n 分别表示各变量的阶数.

> 多元函数求极限的指令还可以有另一种形式：diff(diff(f,y,n),x,m)

3. 实验内容

例 9.5.2　已知函数 $z=5x^2-3y^4$，求 $\frac{\partial z}{\partial x}$，$\frac{\partial^2 z}{\partial x\partial y}$，$\frac{\partial^2 z}{\partial y^2}$.

输入命令	输出结果
>> syms x y z >> z=5*x^2-3*y^4; >> diff(diff(z,x,1),y,0)	ans = 10*x
>> diff(diff(z,x,1),y,1)	ans = 0
>> diff(diff(z,x,0),y,2)	ans = -36*y^2

【实验训练】 用 MATLAB 软件求下列运算：

已知函数 $z=\ln\left(x^2+y^2\right)$，求 $\frac{\partial z}{\partial x}$，$\frac{\partial^2 z}{\partial x\partial y}$，$\frac{\partial^2 z}{\partial y^2}$.

9.5.3　二重积分实验

1. 实验目的

本实验主要介绍利用 MATLAB 软件求解多元函数的积分问题.

2. 相关函数简介

MATLAB 符号工具箱中求二重积分问题可以嵌入使用函数 int，函数的调用格式如下：

int(int(f,x,x0,x1),y,y0,y1)：表示求表达式 f 关于 x，y 的二重积分，其中 x_0、x_1 是变量 x 的积分上下限，y_0、y_1 是变量 y 的积分上下限.

> 多元函数求极限的指令还可以有另一种形式：
> int(int(f,y,y0,y1), x,x0,x1)

3. 实验内容

例 9.5.3　计算 $\iint\limits_D\left(x^2+y^2\right)\mathrm{d}x\mathrm{d}y$，其中 D 是矩形区域：$\left\{(x,y)\middle||x|\leqslant 1,|y|\leqslant 1\right\}$.

输入命令	输出结果
>> syms x y z >> z=x^2+y^2; >> int(int(z,x,-1,1),y,-1,1)	ans = 8/3

【实验训练】 用 MATLAB 软件求下列运算：

（1）计算 $\iint\limits_D(x+y)\mathrm{d}x\mathrm{d}y$，其中 D 是积分区域：$\left\{(x,y)\middle|x^2+y^2\leqslant 4\right\}$；

（2）计算 $\iint\limits_D\frac{y}{x}\mathrm{d}x\mathrm{d}y$，其中 D 是积分区域：$\left\{(x,y)\middle||x|\leqslant 1,|y|\leqslant 1\right\}$.

9.5.4　函数展成幂级数实验

1. 实验目的

本实验主要介绍利用 MATLAB 软件求解将函数展成幂级数.

2. 相关函数简介

MATLAB 符号工具箱中求函数展成幂级数可以使用函数 taylor t，函数的调用格式如下：

taylor(f,n)：求函数 f 对默认变量的 $n-1$ 阶泰勒展开多项式.

3. 实验内容

例 9.5.4　求 $f(x)=\mathrm{e}^x$ 的 6 阶泰勒展开多项式.

输入命令	输出结果
>> syms x >> taylor(exp(x),7)	ans = 1+x+1/2*x^2+1/6*x^3+1/24*x^4+1/120 *x^5+1/720*x^6

【实验训练】 用 MATLAB 软件求下列运算：

（1）求 $f(x)=\sin x$ 的 5 阶泰勒展开多项式；

（2）求 $f(x)=\ln(1+2x)$ 的 4 阶泰勒展开多项式.

9.5.5　常数项级数实验

1. 实验目的

本实验主要介绍利用 MATLAB 软件求解常数项级数的问题.

2. 相关函数简介

MATLAB 符号工具箱中求常数项级数的问题可以使用函数 int，函数的调用格式如下：

symsum(f,n,1,inf)：求 $\sum\limits_{n=1}^{\infty} f_n$.

3. 实验内容

例 9.5.5　求 $\sum\limits_{n=1}^{\infty}\dfrac{1}{n^2}$.

输入命令	输出结果
>> syms n >> symsum(1/n^2,n,1,inf)	ans = 1/6*pi^2

【实验训练】 用 MATLAB 软件求下列运算：

（1）求 $\sum\limits_{n=1}^{\infty}\sin\dfrac{1}{n}$；　　　　（2）求 $\sum\limits_{n=1}^{\infty}\dfrac{1}{2n(2n-1)}$.

9.6　利用MATLAB计算线性代数

9.6.1　MATLAB 矩阵生成实验

1．实验目的

本实验主要介绍利用 MATLAB 软件生成矩阵．

2．相关函数简介

在 MATLAB 数学实验中，单位矩阵与零矩阵可直接生成，其调用函数为：

（1）eye(n)：生成 n 阶单位矩阵；

（2）zeros(m,n)：生成 $m\times n$ 阶零矩阵；

（3）zeros(n)：生成 n 阶零矩阵．

3．实验内容

例 9.6.1　生成二阶的单位矩阵、2×3 阶的单位矩阵．

输入命令	输出结果
>> A=eye(2)	A = 1　0 0　1
>> B=zeros(2,3)	B = 0　0　0 0　0　0

【**实验训练**】用 MATLAB 软件生成五阶的单位矩阵、4×5 阶的单位矩阵．

9.6.2　MATLAB 矩阵运算实验

1．实验目的

本实验主要介绍利用 MATLAB 软件进行矩阵加、减、数乘、乘法、转置及次方运算．

2．相关函数简介

在 MATLAB 数学实验中，矩阵运算的函数如表 9.7 所示．

表 9.7

运算	说明	运算	说明
A±B	矩阵 $\boldsymbol{A}$ 与 $\boldsymbol{B}$ 的和（差）	k*A	数 k 与矩阵 $\boldsymbol{A}$ 的数乘
A*B	矩阵 $\boldsymbol{A}$ 与 $\boldsymbol{B}$ 的乘法	A'	矩阵 $\boldsymbol{A}$ 的转置矩阵
A^k	矩阵 $\boldsymbol{A}$ 的 k 次方		

3．实验内容

例 9.6.2　已知 $\boldsymbol{A}=\begin{bmatrix}5 & 2\\3 & 0\end{bmatrix}$，$\boldsymbol{B}=\begin{bmatrix}1 & 3\\-1 & 2\end{bmatrix}$，求 $-\boldsymbol{A}+4\boldsymbol{B}$ ．

输入命令	输出结果
>> syms x >> A=[5,2;3,0];B=[1,3;-1,2]; >> -A+4*B	ans = -1 10 -7 8

例 9.6.3 已知矩阵 $\boldsymbol{A}=\begin{bmatrix}2 & 3\\ -2 & 1\end{bmatrix}$，$\boldsymbol{B}=\begin{bmatrix}1 & 2\\ -1 & 0\end{bmatrix}$，求 $(\boldsymbol{AB})^{\mathrm{T}}$.

输入命令	输出结果
>> syms x >> A=[2,3;-2,1];B=[1,2;-1,0]; >> (A*B)'	ans = -1 -3 4 -4

例 9.6.4 已知矩阵 $\boldsymbol{A}=\begin{bmatrix}2 & 3\\ -2 & 1\end{bmatrix}$，求 $\boldsymbol{A}^3$.

输入命令	输出结果
>> syms x >> A=[2,3;-2,1];B=[1,2;-1,0]; >> A*B	ans = -1 4 -3 -4

【实验训练】用 MATLAB 软件求下列运算：

（1）设矩阵 $\boldsymbol{A}=\begin{bmatrix}2 & 0 & 1\\ -1 & 1 & -3\end{bmatrix}$，$\boldsymbol{B}=\begin{bmatrix}-6 & 1\\ 2 & 2\\ -4 & 2\end{bmatrix}$，则 $\boldsymbol{A}+2\boldsymbol{B}^{\mathrm{T}}$；

（2）$\begin{bmatrix}1 & 2 & 3\end{bmatrix}\begin{bmatrix}1\\ 2\\ 3\end{bmatrix}$；　　　（3）$\begin{bmatrix}1\\ 2\\ 3\end{bmatrix}\begin{bmatrix}1 & 2 & 3\end{bmatrix}$.

9.6.3 MATLAB 矩阵求逆、求秩实验

1. 实验目的

本实验主要介绍利用 MATLAB 软件进行矩阵的逆、秩的运算.

2. 相关函数简介

在 MATLAB 数学实验中，我们还可以调用其有关函数进行矩阵求逆、求秩、求行最简阶梯形矩阵及求矩阵行列式值的运算．其调用函数格式如下：

（1）inv（A）：求矩阵 $\boldsymbol{A}$ 的逆矩阵；

（2）rank（A）：求矩阵 $\boldsymbol{A}$ 的秩；

（3）rref（A）：求矩阵 $\boldsymbol{A}$ 的行最简阶梯形矩阵；

（4）det（A）：计算矩阵 $\boldsymbol{A}$ 的行列式值.

3. 实验内容

例 9.6.5 已知矩阵 $\boldsymbol{A}=\begin{bmatrix}1 & -1\\ 1 & 1\end{bmatrix}$，求 $\boldsymbol{A}$ 的行列式并及矩阵的逆、秩.

输入命令	输出结果
>> A=[1,-1;1,1]; >> det(A)	ans = 2
>> inv(A)	ans = 0.5000　　0.5000 -0.5000　　0.5000
>> rank(A)	ans = 2

例 9.6.6　已知矩阵 $\boldsymbol{B}=\begin{bmatrix}3&2&0&5&0\\3&-2&3&6&-1\\2&0&1&5&-3\\1&6&-4&-1&4\end{bmatrix}$，将矩阵化为行最简阶梯形矩阵并求秩．

输入命令	输出结果
>> B=[3,2,0,5,0;3,-2,3,6,-1;2,0,1,5,-3; 1,6,-4,-1,4]; >> rref(B)	ans = 1　0　0.5　0　3.5 0　1　-0.75　0　-0.25 0　0　0　1　-2 0　0　0　0　0
>> rank(B)	ans = 3

【实验训练】 用 MATLAB 软件求下列运算：

（1）求矩阵 $\begin{bmatrix}1&2&3\\4&5&6\\7&8&9\end{bmatrix}$ 的行列式、逆、秩；

（2）将矩阵 $\begin{bmatrix}1&-2&1&-2\\1&4&1&5\\2&-3&-2&-2\end{bmatrix}$ 化为行最简矩阵．

9.6.4　MATLAB 线性方程组求解实验

1．实验目的

本实验主要介绍利用 MATLAB 软件进行线性方程组的求解．

2．相关函数简介

在 MATLAB 数学实验中，利用矩阵除法，可以很方便地求解线性方程组．矩阵除法，分左除“\”和右除“/”；

（1）X=A\B：表示矩阵方程 $\boldsymbol{AX}=\boldsymbol{B}$ 的解；

（2）X=A/B：表示矩阵方程 $\boldsymbol{XA}=\boldsymbol{B}$ 的解．

特别地当 $\boldsymbol{B}$ 为列向量时，$\boldsymbol{X}=\boldsymbol{A}\backslash\boldsymbol{B}$ 是线性方程组 $\boldsymbol{AX}=\boldsymbol{B}$ 的解．如果 $\boldsymbol{A}$ 是非奇异矩阵，则 $\boldsymbol{X}=\boldsymbol{A}\backslash\boldsymbol{B}\ =\boldsymbol{A}^{-1}\boldsymbol{B}$ ．

3. 实验内容

例 9.6.7 解线性方程组 $\begin{cases} -x_1-4x_2+x_3=1 \\ -x_2-x_3=1 \\ x_1+3x_2-3x_3=0 \end{cases}$.

输入命令	输出结果
>> A=[-1,-4,1;0,-1,-1;1,3,-3]; >> B=[1;1;0]; >> X=A\B %利用矩阵方程 AX = B 求解	X = 3 -1 0

例 9.6.8 已知矩阵 $\boldsymbol{A}=\begin{bmatrix} 2 & 3 \\ -2 & 1 \end{bmatrix}$，$\boldsymbol{B}=\begin{bmatrix} 1 & 2 \\ -1 & 0 \end{bmatrix}$，且 $\boldsymbol{XA}=\boldsymbol{B}$，求 $\boldsymbol{X}$.

输入命令	输出结果
>> A=[2,3;-2,1];B=[1,2;-1,0]; >> x=A/B %利用矩阵方程 AX = B 求解	x = 1.5000 -0.5000 0.5000 2.5000

【实验训练】 用 MATLAB 软件求下列运算：

（1）$\begin{cases} 2x_1+5x_2+2x_3=2 \\ x_1+2x_2+x_3=3 \\ 3x_1+6x_2+4x_3=-12 \end{cases}$；（2）$\begin{cases} x_1-x_2-x_3+x_4=0 \\ x_1-x_2+x_3-3x_4=0 \\ x_1-x_2-2x_3+3x_4=0 \end{cases}$.

习题参考答案

习 题 9

*1．已知 $z_1=1-\mathrm{j}\sqrt{3}$，$z_2=1-\mathrm{j}$，求 z_1-z_2、z_1z_2 和 $\dfrac{z_1}{z_2}$.

2．用 MATLAB 软件计算下列各式的值：

（1）将因式 $(3x-4)^5$ 展开；

（2）将多项式 $\dfrac{1}{3}x^3-x^2-3x+5$ 进行因式分解；

（3）化简多项式 $\dfrac{1}{x-2}-\dfrac{4}{x^2-4}$.

3．用 MATLAB 软件计算下列各式的值：

（1）$y=\dfrac{x^3}{2+x}$ 的值，其中 $x=2$；（2）$y=\dfrac{\cos 2x-\sin 3x}{x-x^2+1}$ 的值，其中 $x=\dfrac{\pi}{3}$；

（3）$y=\dfrac{\cos x}{x^3}\sqrt{\sin x}$ 的值，其中 $x=0.618$；（4）$y=\dfrac{\lg x+3x}{1-x}$ 的值，其中 $x=3/5$；

（5）$y=x\sin x-\dfrac{1}{|x|}+5$ 的值，其中 $x=-\dfrac{\pi}{5}$.

4．用 MATLAB 软件做下列图像：

（1）用紫色、叉号、实连线绘制函数 $y=\cos 2x$ 在 $[0,3]$ 上步长为 0.1 的图像；

（2）用红色、星号、点连线绘制函数 $y=\sin 2x+12$ 在 $[0,2\pi]$ 上步长为 0.2 的图像；

（3）用黄色、十字号、虚线绘制函数 $y=x^2\cdot\sin 2x$ 在 $[2,3\pi]$ 上步长为 0.1 的图像；

（4）用蓝色、圆圈、点连线绘制函数 $y=\sin\left(x+\dfrac{\pi}{6}\right)$ 在 $[0,4\pi]$ 上步长为 0.1 的图像；

（5）在同一坐标系中，分别用青色、叉号、实连线与红色、星号、虚连线绘制 $y=\cos 3\sqrt{x}$ 与 $y=3\cos\sqrt{x}$ 的图像.

5．用 MATLAB 软件求极限：

（1）$\lim\limits_{x\to 0}\dfrac{3x^2+2x+1}{5x+3}$；　（2）$\lim\limits_{x\to 2}\dfrac{e^x-3x}{\sin 2x-1}$；

（3）$\lim\limits_{x\to 2}(|3x-3|-2e^x-1)$；　（4）$\lim\limits_{x\to\infty}\left(1+\dfrac{3}{4x}\right)^{4x+5}$；

（5）$\lim\limits_{x\to\infty}\left(\dfrac{2x+1}{2x-1}\right)^x$；　（6）$\lim\limits_{x\to 0^+}(\sin x)^x$；

（7）$\lim\limits_{x\to 0^+}\dfrac{\ln\cot x}{\ln x}$；　（8）$\lim\limits_{x\to +\infty}\dfrac{(\ln x)^2}{x}$.

6．用 MATLAB 软件求下列函数的导数：

（1）$y=\sin x+3e^x-4$；　（2）$y=\tan 2x+\ln x$；

（3）$y=\dfrac{1}{x^2}+\sqrt{\sin x}-e$；　（4）$y=\sqrt{x\sqrt{x}}+\sin xe^x$；

（5）$y=\arctan x\cdot 2^x-\pi$.

7．求函数 $y=e^x(\sin x+5\ln x)$ 在 $x=1$ 的导数.

8．求函数 $y=2x^3-\dfrac{2}{x^2}+\sqrt{\pi}$ 的二阶导数.

*9．在区间（−1，5）内求函数 $f(x)=(x-1)\sqrt[3]{x^5}$ 的极小值.

10．用 MATLAB 软件求下列积分：

（1）$\int(e^x-2\cos x)dx$；　（2）$\int x^2\cos x dx$；

（3）$\int\dfrac{x\arctan x}{\sqrt{1+x}}dx$；　（4）$\int x\arctan(x-1)dx$；

（5）$\int_0^1 e^{-x}(3x^2-1)dx$；　（6）$\int_0^1(x+1)\arcsin x dx$；

（7）$\int_{\frac{\pi}{6}}^{\frac{\pi}{4}}\tan x\ln x dx$；　（8）$\int_{-\infty}^{+\infty}\dfrac{1}{x^2+1}dx$；

（9）$\int_0^{+\infty}x^3e^x dx$；　（10）$\int_{-\infty}^{+\infty}\dfrac{1}{x^2+x+1}dx$.

11．用 MATLAB 软件求微分方程：

（1）求 $y'+xy=\cos x$ 的通解；　（2）求 $y'+y^2=xe^x$ 的通解；

*（3）初值问题$\begin{cases} y' = -2xy + 4x \\ y(0) = 3 \end{cases}$；　　*（4）$(\ln y - x)y' = y\ln y$，$y|_{x=0} = 2$.

12．求下列函数的拉普拉斯变换：

（1）$f(t) = t^2 - 6t + 7$；　　（2）$f(t) = 3\sin 2t - 5\cos 6t$；

（3）$f(t) = e^{-2t}\delta(t)$；　　（4）$f(t) = te^{3t}\cos\left(2t + \frac{\pi}{6}\right)$.

13．求下列函数的拉普拉斯逆变换：

（1）$F(s) = \frac{6}{5s+2}$；　　（2）$F(s) = \frac{2s}{s^2+9}$；

（3）$F(s) = \frac{s^2-25}{(s^2+25)^2}$；　　（4）$F(s) = \frac{s^3 - s^2 + s + 1}{s(s-1)^2}$.

14．求下列函数的泰勒展开多项式：

（1）$f(x) = e^x \ln(1+x)$（6 阶）；　　（2）$f(x) = \cos 2x$（8 阶）；

（3）$f(x) = \frac{1}{x^2+3x+2}$（7 阶）；　　（4）$f(x) = \ln\sqrt{\frac{1+x}{1-x}}$（9 阶）.

15．计算下列级数：

（1）$\sum_{n=1}^{\infty}\frac{1}{n^4}$；　（2）$\sum_{n=1}^{\infty}\frac{\sin^2 n}{3^n}$；　（3）$\sum_{n=1}^{\infty}\frac{(-1)^{n+1}}{2^n n}$；　（4）$\sum_{n=1}^{\infty}\frac{(-1)^n(n+2)}{n(n+1)}$.

16．用 MATLAB 软件求下列函数的偏导数：

（1）$z = \ln(x^2 + y^2)$，求$\frac{\partial z}{\partial x}$，$\frac{\partial z}{\partial y}$；

（2）$z = \sqrt{\arctan(x^2 + y^2)} + 5e^{xy}$，求$\frac{\partial z}{\partial x}$，$\frac{\partial z}{\partial y}$；

（3）$z = \tan\sqrt{x+y} - \frac{2xy}{1+x^2+y^2}$，求$\left.\frac{\partial z}{\partial x}\right|_{\substack{x=0\\y=1}}$，$\left.\frac{\partial z}{\partial y}\right|_{\substack{x=0\\y=1}}$；

（4）$z = \sin(3x^2 + 2y^3)$，求$\frac{\partial^2 z}{\partial x^2}$，$\frac{\partial^2 z}{\partial x\partial y}$，$\frac{\partial^2 z}{\partial y\partial x}$，$\frac{\partial^2 z}{\partial y^2}$；

（5）$z = \frac{\cos(x+y^2)}{x^3+y^3}$，求$\frac{\partial^2 z}{\partial x^2}$，$\frac{\partial^2 z}{\partial x\partial y}$，$\frac{\partial^2 z}{\partial y^2}$.

17．用 MATLAB 软件求下列函数的二重积分：

（1）计算$\iint_D (x+2y)\mathrm{d}x\mathrm{d}y$，其中 D 是矩形区域：$\{(x,y)|x^2+y^2 \leqslant 9\}$；

（2）计算$\iint_D (\ln x + \ln y)\mathrm{d}x\mathrm{d}y$，其中 D 是矩形区域：$\{(x,y)|x^2+y^2 \leqslant 1\}$；

（3）计算$\iint_D (x^2 + y)\mathrm{d}x\mathrm{d}y$，其中 D 是矩形区域：$\{(x,y)|x^2+y^2 \leqslant 2\}$.

18．用 MATLAB 软件进行矩阵运算：

（1）计算题：设$\boldsymbol{A} = \begin{bmatrix} 8 & 1 \\ 9 & 9 \end{bmatrix}, \boldsymbol{B} = \begin{bmatrix} 6 & 3 \\ 1 & 5 \end{bmatrix}, \boldsymbol{C} = \begin{bmatrix} 10 & 2 \\ 10 & 10 \end{bmatrix}$，求$\boldsymbol{A}^3\boldsymbol{B} + 2\boldsymbol{C}^{\mathrm{T}}$；

（2）计算题：设$A=\begin{bmatrix}1 & 3\\3 & 7\end{bmatrix}, B=\begin{bmatrix}1 & 1\\7 & 7\end{bmatrix}, C=\begin{bmatrix}5 & 7\\8 & 9\end{bmatrix}$，求$3A-C^2B^{\mathrm{T}}$；

（3）计算题：设$A=\begin{bmatrix}7 & 5\\7 & 1\end{bmatrix}, B=\begin{bmatrix}2 & 2\\9 & 8\end{bmatrix}, C=\begin{bmatrix}5 & 1\\10 & 4\end{bmatrix}$，求$6BA^{\mathrm{T}}-C^3$.

19. 用 MATLAB 软件下列计算行列式的值：

（1）求行列式的值$\begin{vmatrix}1 & 3 & -2\\-1 & 2 & 4\\2 & 0 & 5\end{vmatrix}$；　　（2）求行列式的值$\begin{vmatrix}3 & 1 & 3 & 2\\-1 & 2 & 1 & 0\\5 & 2 & 0 & 3\\0 & 1 & 2 & 4\end{vmatrix}$.

20. 设矩阵 $A=\begin{bmatrix}1 & 3\\2 & -2\end{bmatrix}$，求$|A|$与$A^{-1}$.

21. 设矩阵 $A=\begin{bmatrix}1 & 2 & -1\\3 & 1 & -2\\-2 & 3 & 1\end{bmatrix}$，求$|A|$与$A^{-1}$.

22. 将矩阵 $A=\begin{bmatrix}1 & -5 & -3 & 1 & 2\\2 & 3 & 10 & -2 & 1\\-3 & -4 & 2 & 3 & 1\\0 & -9 & -7 & 0 & 3\end{bmatrix}$化为行最简阶梯形矩阵，并求 A 的秩.

23. 将矩阵 $A=\begin{bmatrix}1 & -1 & 2 & 1 & 0\\-2 & 3 & 2 & -3 & 0\\4 & 0 & 5 & -1 & 2\\0 & 1 & 1 & 2 & 1\end{bmatrix}$化为行最简阶梯形矩阵，并求 A 的秩.

*24. 解矩阵方程：

（1）解矩阵方程$\begin{bmatrix}1 & -2 & 0\\2 & 3 & -1\\-1 & 0 & 1\end{bmatrix}X=\begin{bmatrix}-1 & 0\\2 & 1\\1 & -3\end{bmatrix}$；

（2）解矩阵方程$\begin{bmatrix}2 & 1\\-3 & -1\end{bmatrix}X\begin{bmatrix}1 & 2 & -1\\-2 & 1 & 0\\0 & 3 & 1\end{bmatrix}=\begin{bmatrix}1 & 0\\2 & 5\\-3 & 1\end{bmatrix}$.

25. 用 MATLAB 软件求线性方程式组的解：

（1）求线性方程组$\begin{cases}2x_1-x_2+3x_3=1\\ \quad 4x_2-x_3=2\\ x_1-2x_2+x_3=-1\end{cases}$ 的解；

（2）求线性方程组$\begin{cases}3x_1+2x_2+x_3=-1\\ 4x_1-x_2+3x_3=2\\ x_1+2x_2-3x_3=0\end{cases}$ 的解；

（3）求线性方程组$\begin{cases}2x_1-x_2+3x_3-2x_4=4\\ x_1+x_2-2x_3+3x_4=1\\ -x_1-3x_2+2x_3+x_4=5\end{cases}$的解；

（4）求线性方程组$\begin{cases}x_1+x_2-x_3-x_4=0\\ 2x_1-x_2+4x_3-5x_4=0\\ x_1+2x_2-3x_3=0\\ -x_1+x_2-3x_3+3x_4=0\end{cases}$的解；

（5）求线性方程组$\begin{cases}x_1-2x_2-4x_3+3x_4=0\\ 2x_1+x_2-x_3-x_4=0\\ x_1-3x_2+2x_3+5x_4=0\end{cases}$的解.

参 考 文 献

［1］刘莹．高等数学［M］．南京：东南大学出版社，2011．

［2］候风波．高等数学［M］．北京：高等教育出版社，2010．

［3］刘继杰，白淑岩．工科应用数学（下册）［M］．北京：高等教育出版社，2010．

［4］陈笑缘．经济数学［M］．北京：高等教育出版社，2010．

［5］袁崇义，屈婉玲，等．离散数学及其应用［M］．北京：机械工业出版社，2002．

［6］盛祥耀．高等数学（下册）［M］．3版．北京：高等教育出版社，2008．

［7］芬尼，韦尔，焦尔当诺；托马斯微积分［M］．叶其孝，等译．北京：高等教育出版社，2003．

［8］刘连福，许文林．高等数学［M］．北京：中国农业出版社，2007．

［9］于桂萍，梅霞．高等数学［M］．北京：中国农业出版社，2007．

［10］刘悦安，郑艳霞．经济数学简明教程［M］．北京：清华大学出版社，2008．

［11］李晓．高等数学［M］．杭州：浙江大学出版社，2004．

［12］王树和．数学演义［M］．北京：科学出版社，2008．

［13］CEAC 信息化培训认证管理办公室．计算机数学基础［M］．北京：高等教育出版社，2006．

［14］刘银春．大学物理教程［M］．北京：机械工业出版社，2006．

［15］陈笑缘．数学建模［M］．北京：中国财政经济出版社，2011．

［16］高文君．高等数学［M］．郑州：郑州大学出版社，2006．

［17］刘吉佑．线性代数［M］．武汉：武汉大学出版社，2006．

反侵权盗版声明

举报电话：（010）88254396；（010）88258888
传　　真：（010）88254397
E-mail：　dbqq@phei.com.cn
通信地址：北京市海淀区万寿路 173 信箱
　　　　　电子工业出版社总编办公室
邮　　编：100036